스마트팩토리

PLC응용제어

김근수 저

도서출판 GS인터비전

차 례

Chapter 1. PLC 개요 / 1

Chapter 2. HMI 작화 실습 / 81

Chapter 3. PLC 자동제어 응용실습 / 121

Chapter 4. PLC 아날로그 제어실습 / 209

Chapter 5. 인버터 개요 / 243

Chapter 6. PLC 자동제어 기초실습 / 269

1
Chapter

PLC 개요

1.1 PLC의 기초

1.2 GX-Works2

1.1 PLC의 기초

1.1.1 PLC정의

PLC는 프로그래머블 컨트롤러(PC)라고도 부르고 있다. 이것은『입출력을 이용하여 각종 장치를 제어하는 것으로, 프로그램이 가능한 명령을 기하기 위한메모리를 내장한 전자 장치』라고 정의되고 있다.

FA(Factory Automation)의 핵심 기기로 폭넓게 이용되고 있으며, 생력화, 자동화에 필요한 전자 응용 제품이라고 할 수 있다.

이는 공장 전체를 제어하는 전체 관리 타입에서부터 각종 분산 기계를 개별적으로 제어하는 단독 타입 또는 레저용 기기 등 FA 이외의 분야에 적용되는 타입까지 다양한 형식이 있다.

1.1.2 PLC기능

PLC(프로그래머블 컨트롤러 PC)는 조작반에 설치된 푸시 버튼 스위치나 선택 스위치, 디지털 스위치 등의 지령 입력 또는 장치의 동작 상태를 검출하는 리미트 스위치나 근접 스위치, 광전 스위치 등의 센서 입력에 의해 동작하며, 솔레노이드 밸브나 모터, 전자 클러치 등의 구동용 부하나 표시등, 디지털 표시기 등의 표시 부하를 제어한다.

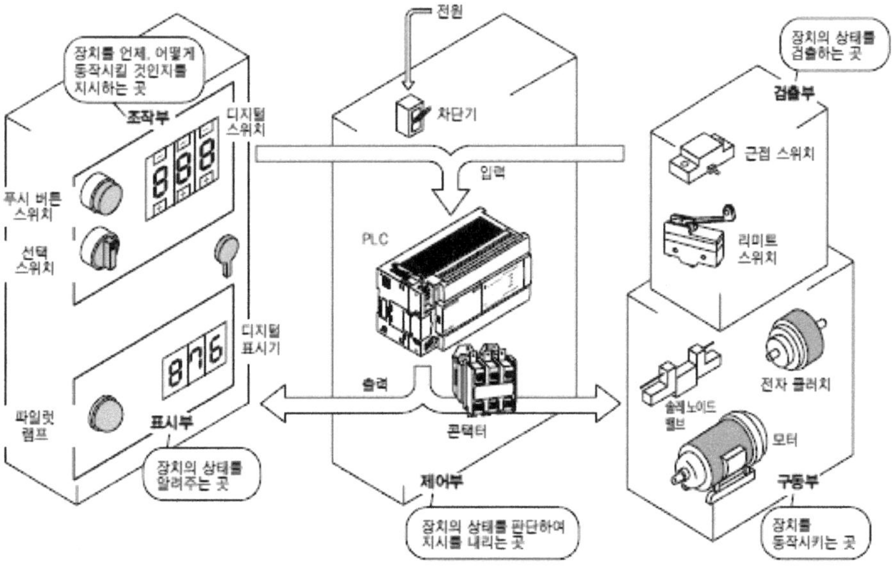

그림 1-1 PLC기능

이러한 입력 신호에 대한 출력 신호의 출력은 PLC에 부여하는 프로그램의 내용에 의해 결정됩니다. 또한, 소형의 솔레노이드 밸브나 표시등과 같은 경부하는 PLC에서 직접 구동할 수 있지만, 삼상 모터나 대형 솔레노이드 밸브 등의 부하는 콘택터나 중간 릴레이를 이용하여 구동할 필요가 있다.

이러한 콘택터나 중간 릴레이 전원용 차단기 등은 PLC와 함께 제어반에 설치된다.

1.1.3 PLC의 구조

PLC는 마이크로컴퓨터 및 메모리를 중심으로 하는 전자 회로로 구성되어 있다.

입출력 기기와 전자 회로부의 중계역으로 입출력 인터페이스부가 있다. 또한, 프로그래밍 툴을 이용하여 PLC의 메모리에 프로그램을 쓴다.

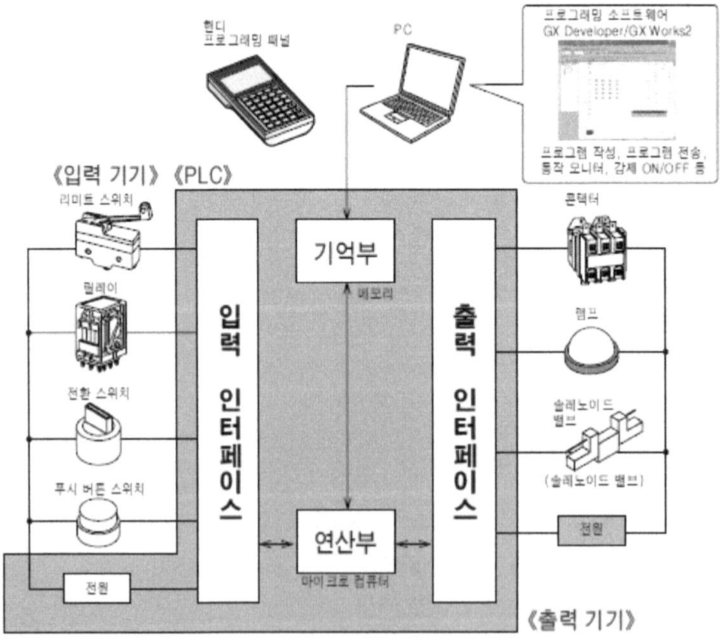

그림 1-2 PLC 구조

PLC는 마이크로컴퓨터를 중심으로 하는 전자 장치이다. 그러나 실제로는 사용자는 컴퓨터에 대한 지식이 없어도, 릴레이나 타이머, 카운터의 집합체라고 생각하기만 하면 충분히 사용할 수 있다.

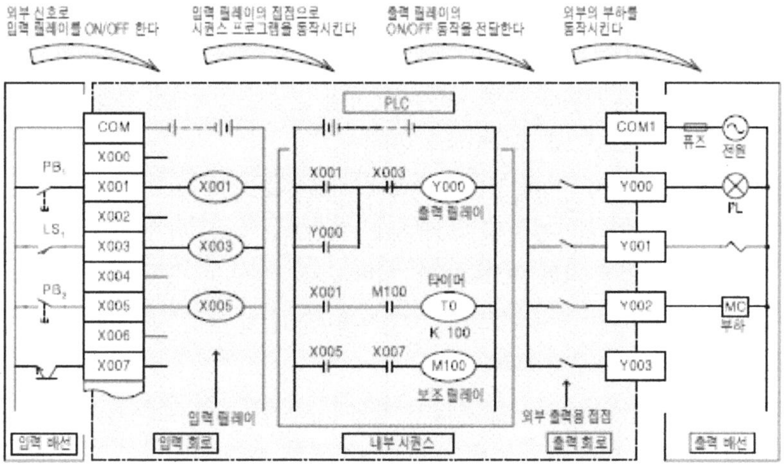

그림 1-3 PLC 신호 흐름

1.1.4 PLC 프로그램

시퀀스 제어를 실행하기 위한 내부 시퀀스는 시퀀스 프로그램으로서 회로도(회로도)나 명령 리스트(프로그램 리스트)라고 하는 형식으로 작성한다.

프로그램은 명령어와 디바이스 번호(오퍼랜드)가 다수 모여 있습니다. 이러한 명령에는 차례로 번호를 붙여, 이를 스텝 번호라고 한다.(스텝 번호는 자동으로 관리되고 있습니다)

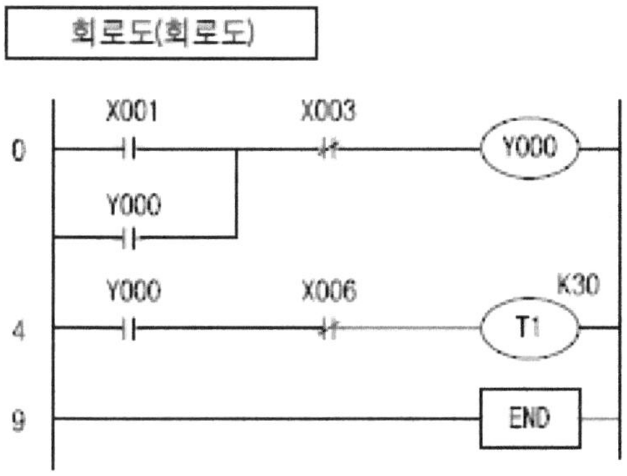

명령 리스트(프로그램 리스트)

스텝 번호	명령	
	명령어	디바이스(번호)(오퍼랜드)
0	LD	X001
1	OR	Y000
2	ANI	X003
3	OUT	Y000
4	LD	Y000
5	ANI	X006
6	OUT	T1 K30
9	END	

반복 연산

그림 1-4 PLC 프로그램 구조

명령」은「명령어+디바이스」로 구성된다. 다만 명령어에는 디바이스를 수반하지 않는 명령도 있습니다. 또한, 명령어를 단지 명령이라고 표현하는 경우도 있다.

프로그램의 스텝 수는 사용하는 PLC가 가지고 있는"프로그램 메모리 용량"의 범위까지 작성할 수 있다. 이를 PLC의 프로그램 용량이라고 한다.

명령은 0스텝에서 END 명령까지를 반복해서 실행합니다. 이를 사이클릭 연산이라고 하며, 한번 실행하는데 필요한 시간을 연산 주기(스캔 타임)라고 한다. 연산 주기는 프로그램의 내용이나 실제의 처리 순서에 따라 변화하지만, 일반적으로 수ms~수십ms 정도의 값이 된다.

회로도(회로도) 형식으로 작성한 시퀀스 프로그램도 PLC의 프로그램 메모리에는"명령 리스트(프로그램 리스트)"형식으로 저장된다.

PC를 사용한 프로그래밍 소프트웨어에서는"명령 리스트(프로그램 리스트)"와 회로도(회로도)를 상호 변환하여 사용한다.

PLC 프로그램 처리순서는 프로그램 메모리의 선두 스텝부터 차례로 회로 블록 단위로 왼쪽에서 오른쪽으로, 위에서 아래로 (①, ②, ……… 13.의 순서로) 직렬로 처리된다.

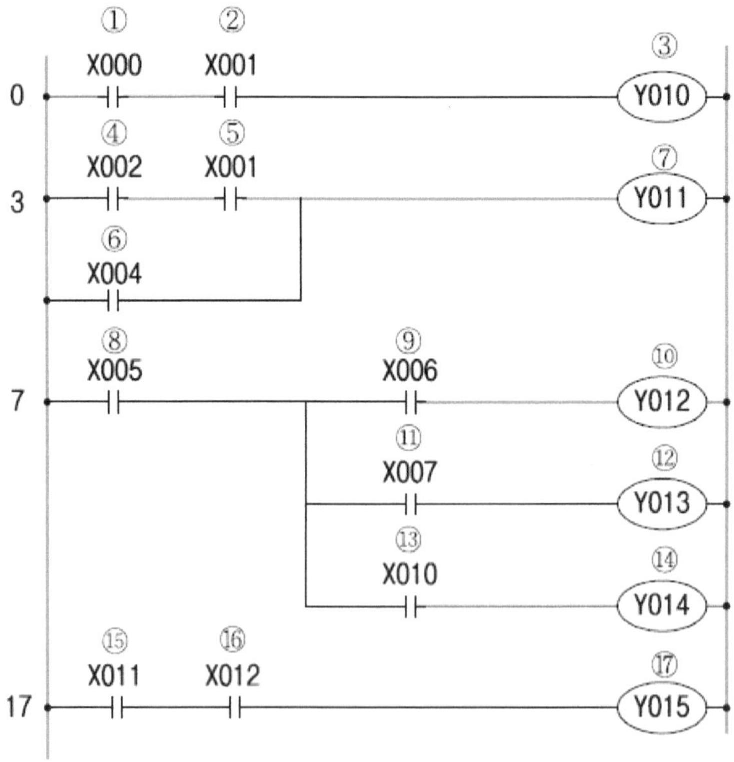

그림 1-5 PLC 프로그램 처리 순서

1.1.5 FX PLC 개요

FX PLC는 콤팩트하고 간편하게 사용할 수 있는 단독타입은 물론, 고속 · 고성능으로 확장성이 뛰어난 고성능 타입까지 라인 업 되어 있다.

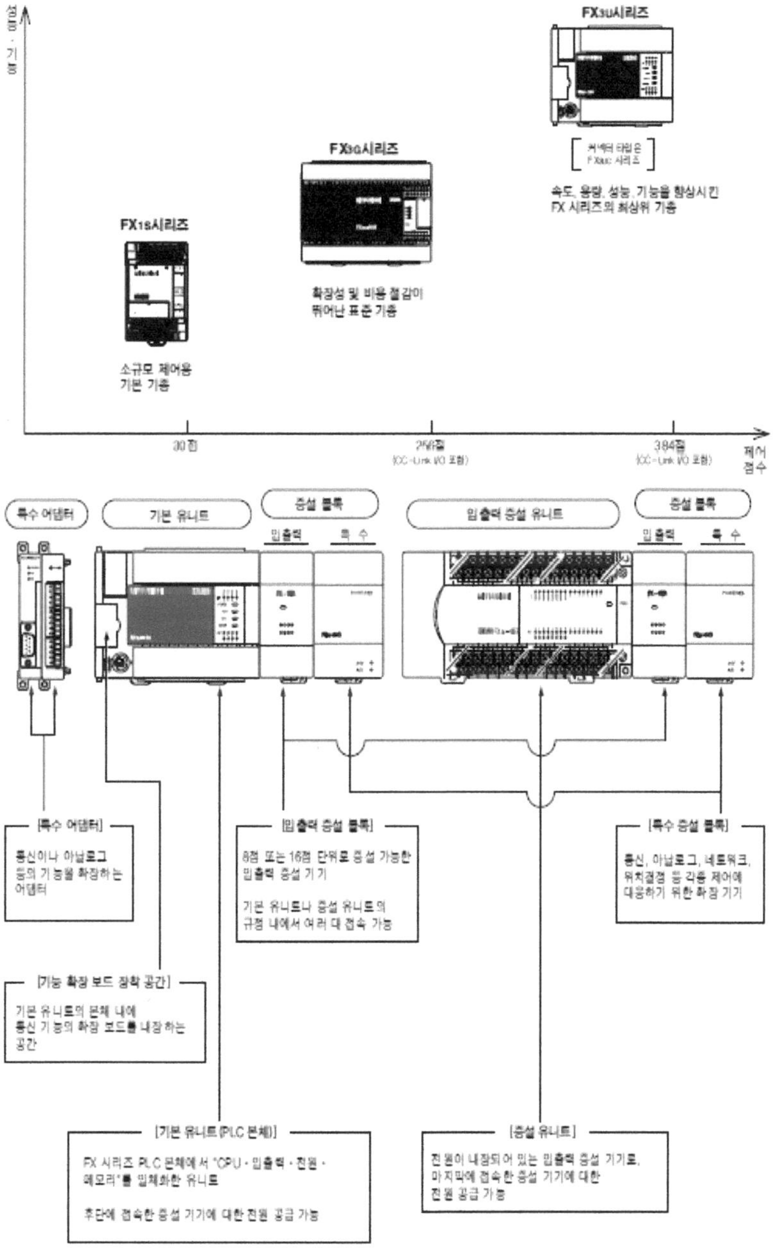

그림 1-6 FX PLC 시스템 기본 구성

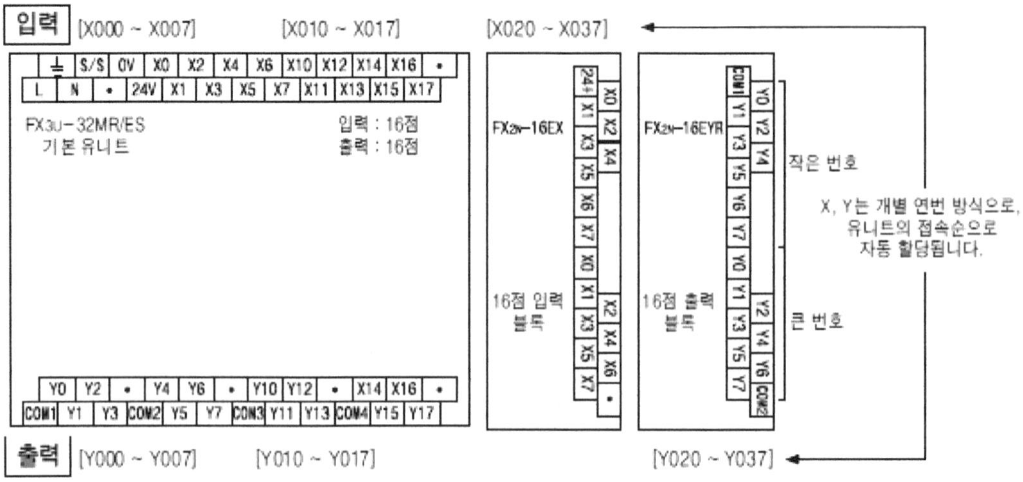

그림 1-7 FX PLC 입출력 번호

각 기본 유니트에는 X000 ~ X007, X010 ~ X017 …, Y000 ~ Y007, Y010 ~ Y017 … 과 같이 8진수로 입출력 번호가 붙여져 있다.(입출력 릴레이 이외의 디바이스는 모두 10진 번호입니다.)

증설 유니트나 증설 블록은 기본 유니트에 계속되는 연속 번호로 구성되어 있다.

1.1.6 PLC 디바이스

1) 내부 사용자 디바이스

내부사용자 디바이스는 사용자의용도에 맞추어 사용할 수 있는 디바이스이다.

내부사용자 디바이스는 미리 사용할 수 있는 점수(디폴트 값)가 설정되어있다.

PLC 파라미터의 디바이스 설정에 의해 사용 점수를 변경할 수 있다.

2) 내부 사용자 디바이스 설정 범위

CPU 모듈의 입력(X), 출력(Y), 스텝릴레이(S), 링크 특수 릴레이(SB), 링크 특수 레지스터(SW) 이외의 내부사용자 디바이스는 PLC 파라미터의 디바이스 설정에서 다음의 범위로사용 점수를 변경할 수 있다.

CPU 모듈	변경 가능 범위
베이식 모델 QCPU	16.4k워드 (상기 디바이스분 1.5k워드 포함)
하이 퍼포먼스 모델 QCPU 프로세스 CPU 이중화 CPU	29k워드 (상기 디바이스분 3.7k워드 포함)

그림 1-8 내부 사용자 디바이스 설정 범위

3) 입력(X)

입력은 누름 버튼, 전환스위치, 리미트 스위치, 디지털 스위치 등의 외부 기기에 의해 CPU 모듈에 지령이나 데이터를 보내기 위한 것이다.

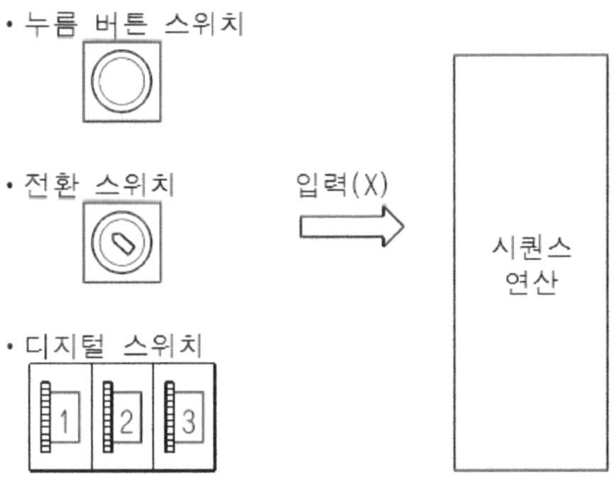

그림 1-9 입력(X) 내부 사용자 디바이스

4) 출력(Y)

출력은 프로그램의 제어 결과를 외부의 신호 등 디지털 표시기, 전자개폐기(콘택터), 솔레노이드 등에 출력하는 것이다.

출력은 외부에 1a 접점에 해당하는 출력을 내보낼 수 있다.

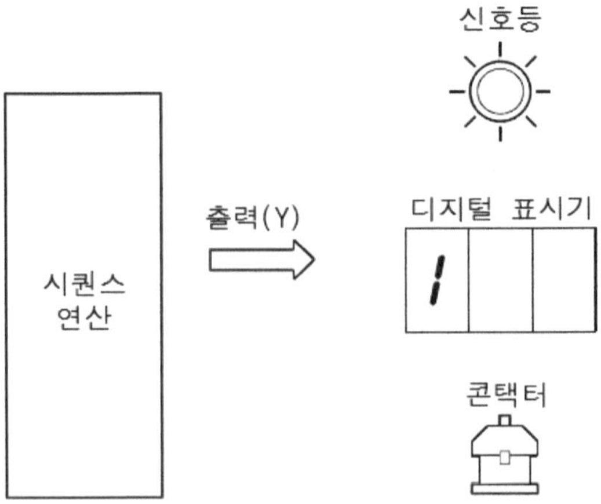

그림 1-10 출력(Y) 내부 사용자 디바이스

5) 내부 릴레이(M)

내부 릴레이는 CPU 모듈 내부에서 사용하는 보조 릴레이이다.

아래와 같이 조작하면 내부 릴레이는 모두 OFF된다.

- PLC의 전원 OFF→ON 시
- CPU 모듈의 리셋 조작 시
- 래치 클리어시

6) 타이머(T)

타이머(T)는 타이머의 코일이 ON되면 계측을시작하고, 현재값이 설정값 이상이 되면 타임업하여 접점이 ON되는 디바이스이다.

타이머는 덧셈 방식이며. 타이머가 타임업 하였을 때, 현재 값과 설정값은 동일한 값이 된다.

타이머에는 코일이 OFF되었을 때 현재 값이 0이 되는 타이머와, 코일이 OFF되어도 현재 값을 유지하는 적산 타이머가 있다.

타이머에는 저속 타이머와 고속 타이머가 있으며, 적산 타이머에는 저속 적산타이머와 고속 적산타이머가 있다.

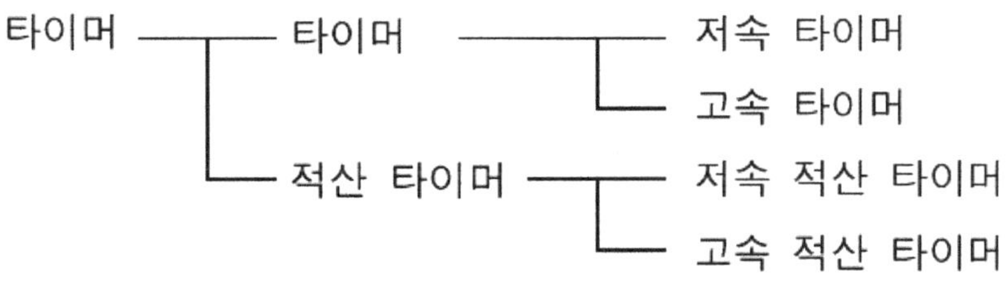

그림 1-11 타이머 종류

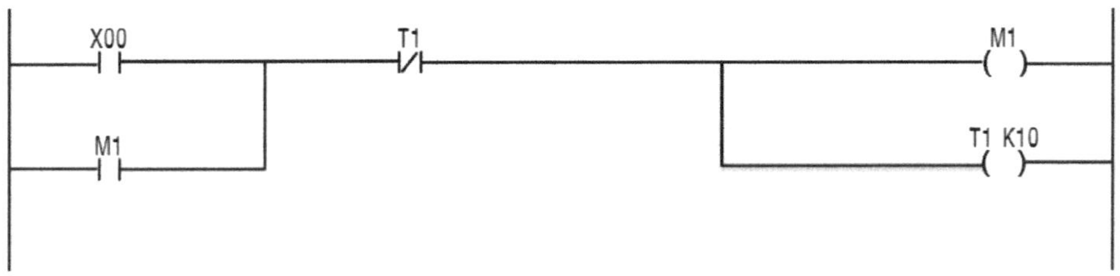

그림 1-12 저속 타이머의 사용

그림 1-13 고속 타이머의 사용

7) 카운터(C)

카운터는 시퀀스 프로그램으로 입력 조건의 펄스상승 횟수를 카운트 하는 디바이스이다. 카운터는 덧셈방식이다.

❑ 카운터 처리

입력조건이 만족되면 현재 카운터값이 +1되며, 설정된 값과 일치하게 되면(카운터 업) 접점이 ON된다. 카운터 업이 되고 나면 카운터의 값은 조건이 만족이 되더라도 더 이상 증가하지 않은 상태를 유지한다.

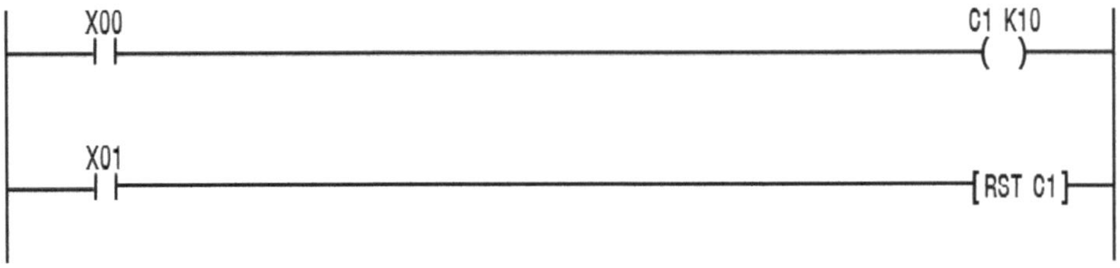

그림 1-14 카운터의 사용

❑ 카운터의 리셋

카운터 값의 리셋은 응용명령 [RST Cn]을 이용하여 수행하며, 이 명령을 실행하면 카운터 값은 클리어 되고 접점도 OFF된다.

8) 데이터 레지스터(D)

데이터레지스터는 수치데이터(- 32768~32767 또는 0000~FFFF)를 저장할 수 있는 메모리이다.

❑ 비트 구성과 읽기 및 쓰기 단위

데이터레지스터는 1점 16비트로 구성되어 16비트단위 로 읽고 쓸 수 있다.

❑ 32비트 명령으로 데이터 레지스터를 사용

32비트 명령으로 데이터 레지스터를 사용할 때는 Dn과 Dn+1이 처리 대상이 된다.

시퀀스 프로그램으로 지정하고 있는 데이터레지스터 번호(Dn)가 하위16비트, 시퀀스 프로그램으로 지정하고 있는 데이터 레지스터 번호+1의 데이터 레지스터가상 위16비트가 된다.

데이터 레지스터 2점에는 -2147483648~2147483647 또는 0~FFFFFFFF 의 데이터를 저장할 수 있다. (32비트 구성 시의 최상위 비트는 부호 비트가 된다.)

1.2 GX-Works2

1.2.1 GX Works2 화면구성

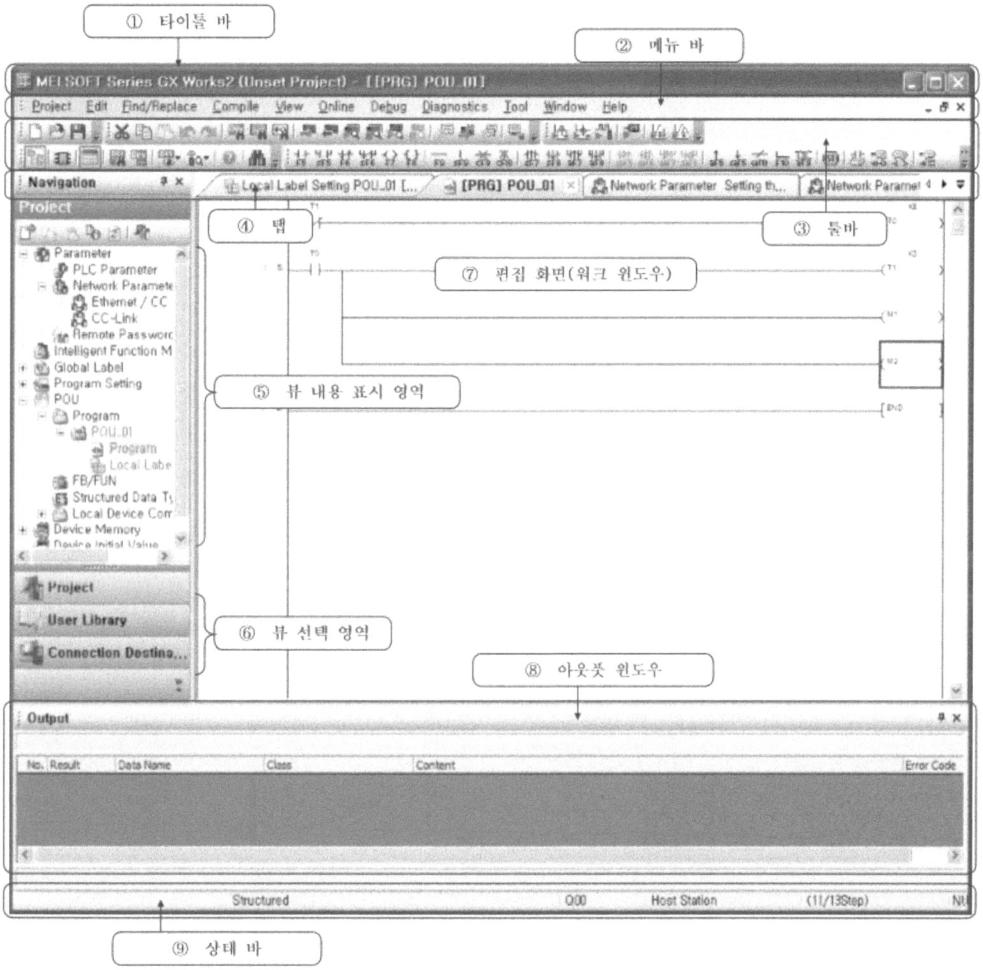

1) 타이틀 바

- 열려 있는 프로젝트명을 표시한다.

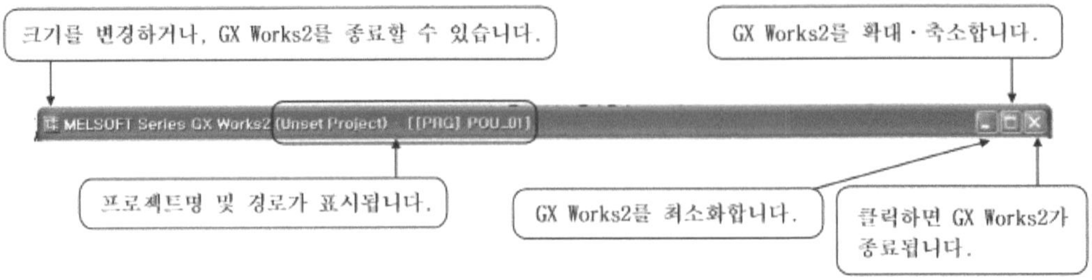

2) 메뉴 바

- GX Works2를 조작하는데 있어서 가장 많이 이용하는 기능이다.
- 메뉴를 선택하면 드롭다운 메뉴가 표시되는데, 여기에서 여러 가지 기능을 사용할 수 있다.

3) 툴 바

- 자주 사용하는 기능을 버튼으로 구성한 것입니다. 이를 이용하면 기능을 빠르게 조작할 수 있다.

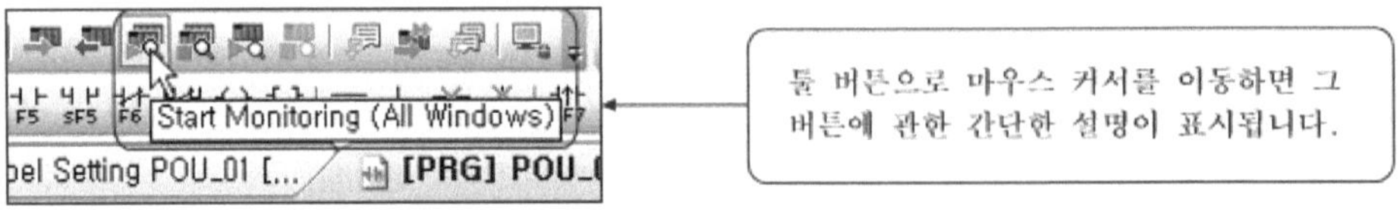

4) 탭

- 워크 윈도우가 여러 개 열려 있을 때 탭을 클릭하면 맨 앞면에 표시할 수 다.

5) 뷰 내용 표시 영역

- 현재 선택되어 있는 뷰에 맞추어 뷰의 내용을 표시한다.

6) 뷰 선택 영역

- 표시되는 뷰를 선택한다.

7) 편집 화면(워크 윈도우)

- 래더 작성 화면이나 코멘트 작성 화면을 표시하여 래더, 코멘트, 파라미터를 설정한다.
- 따라서 편집하는 내용에 여러 가지 화면이 표시됩니다.

8) 아웃풋 윈도우

- 컴파일 조작 결과의 에러 정보 및 경고 정보를 표시한다.

9) 상태 바

- GX Works2의 상태 정보를 표시한다.

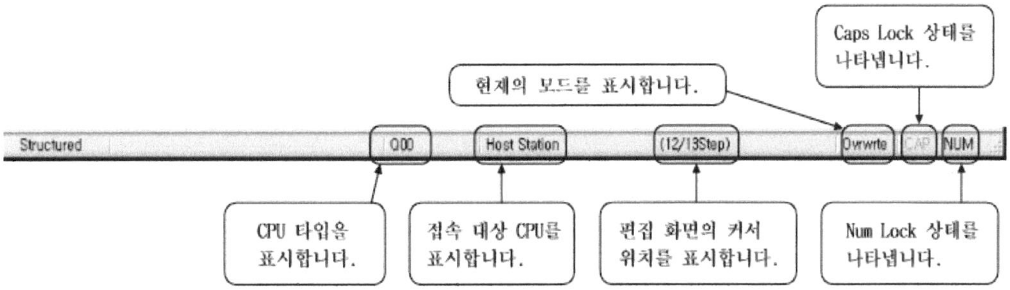

1.2.2 GX Works2 단축키

1) I/O시스템 단축키

- I/O 시스템 설정기능으로 사용할 수 있는 툴바와 단축키를 나타냅니다.

툴바 아이콘	단축 키	대응하는 메뉴	개요
	Ctrl + N	새로 만들기	새로 I/O 시스템 설정을 작성합니다.
	Ctrl + O	열기	기존의 I/O 시스템 설정을 엽니다.
	Ctrl + S	저장	I/O 시스템 설정을 저장합니다.
	Ctrl + X	잘라내기	선택된 데이터를 잘라냅니다
	Ctrl + C	복사	선택된 데이터를 복사합니다.
	Ctrl + V	붙여넣기	커서 위치에 잘라내기/복사한 데이터를 붙여넣습니다.
	–	I/O 시스템 설정 실행	I/O 시스템 설정을 하고 나서 시뮬레이션을 시작합니다.
	–	I/O 시스템 설정 해제	I/O 시스템 설정의 실행을 해제합니다.
	–	모니터 시작	I/O 시스템 설정 화면의 모니터를 시작합니다.
	–	모니터 정지	I/O 시스템 설정 화면의 모니터를 정지합니다.
–	Alt + F4	I/O 시스템 설정 종료	I/O 시스템 설정을 종료합니다.

2) 접점/코일/단축키

- 래더 에디터에서편집하는 경우에 사용할 수 있는 툴바와 단축키를 나타냅니다.

툴바 아이콘	단축 키	대응하는 메뉴	개요
F5	F5	a접점	커서 위치에 a접점을 씁니다.
sF5	Shift + F5	a접점 OR	커서 위치에 a접점 OR을 씁니다.
F6	F6	b접점	커서 위치에 b접점을 씁니다.
sF6	Shift + F6	b접점 OR	커서 위치에 b접점 OR을 씁니다.
F7	F7	코일	커서 위치에 코일을 씁니다.
F8	F8	응용 명령	커서 위치에 응용 명령을 씁니다.
F9	F9	가로선 입력	커서 위치에 가로선을 씁니다.
sF9	Shift + F9	세로선 입력	커서 위치에 세로선을 씁니다.
cF9	Ctrl + F9	가로선 삭제	커서가 위치한 가로선을 삭제합니다.
cF10	Ctrl + F10	세로선 삭제	커서가 위치한 세로선을 삭제합니다.
sF7	Shift + F7	상승펄스	커서 위치에 상승펄스를 씁니다.
sF8	Shift + F8	하강펄스	커서 위치에 하강펄스를 씁니다.
aF7	Alt + F7	상승펄스 OR	커서 위치에 상승펄스 OR을 씁니다.
aF8	Alt + F8	하강펄스 OR	커서 위치에 하강펄스 OR을 씁니다.
saF5	Shift + Alt + F5	상승펄스 부정	커서 위치에 상승펄스 부정을 씁니다.
saF6	Shift + Alt + F6	하강펄스 부정	커서 위치에 하강펄스 부정을 씁니다.
saF7	Shift + Alt + F7	상승펄스 부정 OR	커서 위치에 상승펄스 부정 OR을 씁니다.
saF8	Shift + Alt + F8	하강펄스 부정 OR	커서 위치에 하강펄스 부정 OR을 씁니다.
aF5	Alt + F5	연산 결과 상승펄스화	커서 위치에 연산 결과 상승펄스화를 씁니다.

툴바 아이콘	단축 키	대응하는 메뉴	개요
	Ctrl + Alt + F5	연산 결과 하강펄스화	커서 위치에 연산 결과 하강펄스화를 씁니다.
	Ctrl + Alt + F10	연산 결과 반전	커서 위치에 연산 결과 반전을 씁니다.
	F10	외곽선 쓰기	커서 위치에 외곽선을 입력합니다.
	Alt + F9	외곽선 삭제	커서 위치에서 외곽선을 삭제합니다.
	Ctrl + B	인 라인 ST 박스 삽입	인 라인 ST 박스를 삽입합니다.
	–	디바이스 코멘트 편집	디바이스 코멘트를 편집합니다.
	–	스테이트먼트 편집	스테이트먼트를 편집합니다.
	–	노트 편집	노트를 편집합니다.
	Ctrl + L	행간 스테이트먼트 일람	프로그램에서 사용하고 있는 행간 스테이트먼트를 일람으로 표시합니다.
	Ctrl + Alt + F1	템플릿 표시	명령/함수/제어 구문에 대응하는 템플릿을 삽입합니다.
	Alt + ←	템플릿 인수 선택(왼쪽)	메뉴를 선택할 때 마다 템플릿의 인수를 왼쪽에서 선택 상태로 합니다.
	Alt + →	템플릿의 인수 선택(오른쪽)	메뉴를 선택할 때 마다 템플릿의 인수를 오른쪽에서 선택 상태로 합니다.
	Alt + Ctrl + F6	디바이스 표시	컴파일에 의해 할당된 실제 디바이스를 표시합니다.
	–	확대/축소	래더의 표시 배율을 변경합니다.
–	Shift + Insert	행 삽입	커서의 위치에 행을 삽입합니다.
–	Shift + Delete	행 삭제	커서 위치의 행을 삭제합니다.
–	Ctrl + Insert	열 삽입	커서의 위치에 열을 삽입합니다.
–	Ctrl + Delete	열 삭제	커서 위치의 열을 삭제합니다.
–	Ctrl + Shift + →	오른쪽의 래더 기호에 가로선 접속	커서 위치에서 오른쪽의 래더 기호에 가로선을 접속합니다.
–	Ctrl + Shift + ←	왼쪽의 래더 기호에 가로선 접속	커서 위치에서 왼쪽의 래더 기호에 가로선을 접속합니다.
–	Ctrl + →	오른쪽 방향으로 가로선 입력/삭제	커서 위치에서 오른쪽 방향으로 가로선을 입력/삭제합니다.
–	Ctrl + ←	왼쪽 방향으로 가로선 입력/삭제	커서 위치에서 왼쪽 방향으로 가로선을 입력/삭제합니다.

툴바 아이콘	단축 키	대응하는 메뉴	개요
–	Ctrl + ↓	아래 방향으로 세로선 입력/삭제	커서 위치에서 아래 방향으로 세로선을 입력/삭제합니다.
–	Ctrl + ↑	위 방향으로 세로선 입력/삭제	커서 위치에서 위 방향으로 세로선을 입력/삭제합니다.
–	Ctrl + /	A/B 접점 전환	A 접점과 B접점을 전환합니다.
–	Ctrl + :	스테이트먼트/노트 종류 전환	스테이트먼트/노트의 종류를 전환합니다.

1.2.3 GX Works2 실행

- 바탕화면 “GX Works2” 아이콘을 더블 클릭 프로그램을 실행한다.

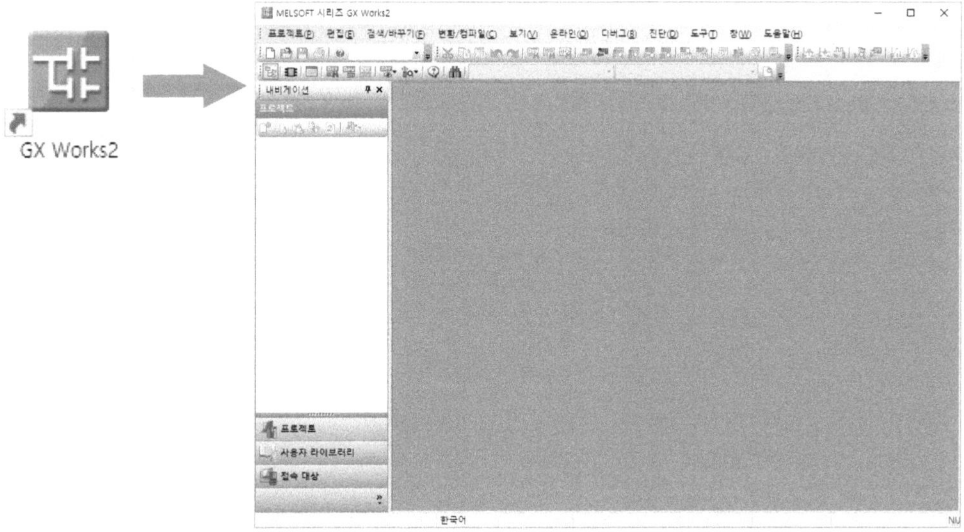

1.2.4 새 프로젝트 작성

- [프로젝트] → [새로 만들기] 클릭한다.

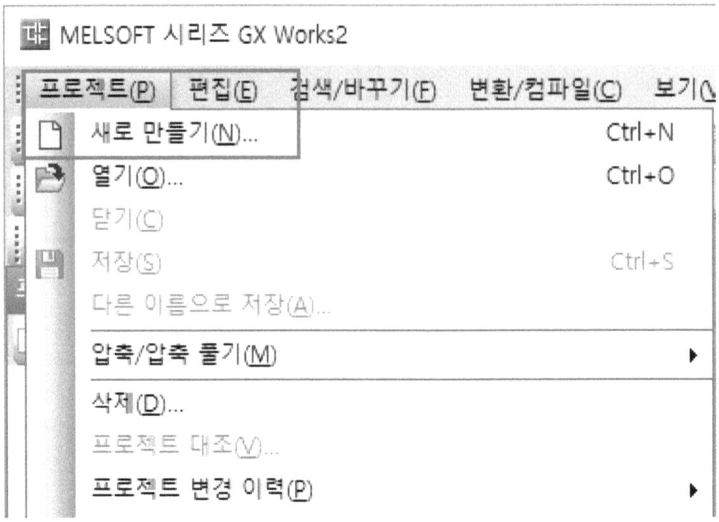

- PLC의 시리즈 및 기종을 선택하며 프로그램 언어는 래더를 선택한다.

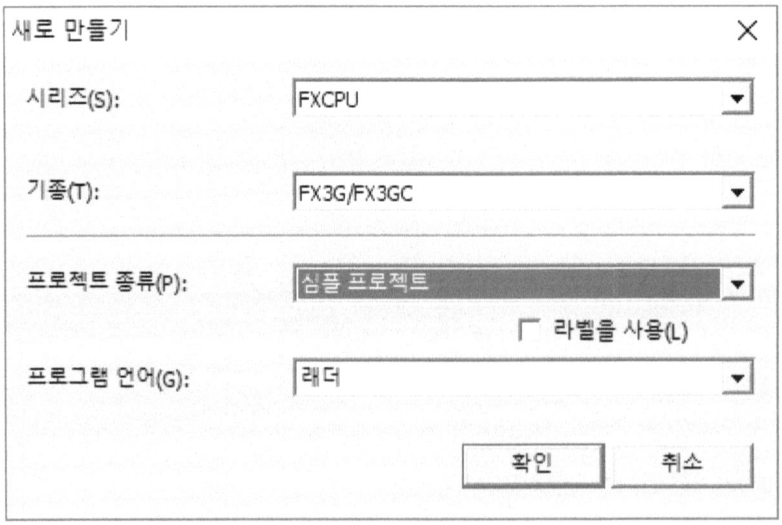

- 새로 프로젝트 창이 생성된다.

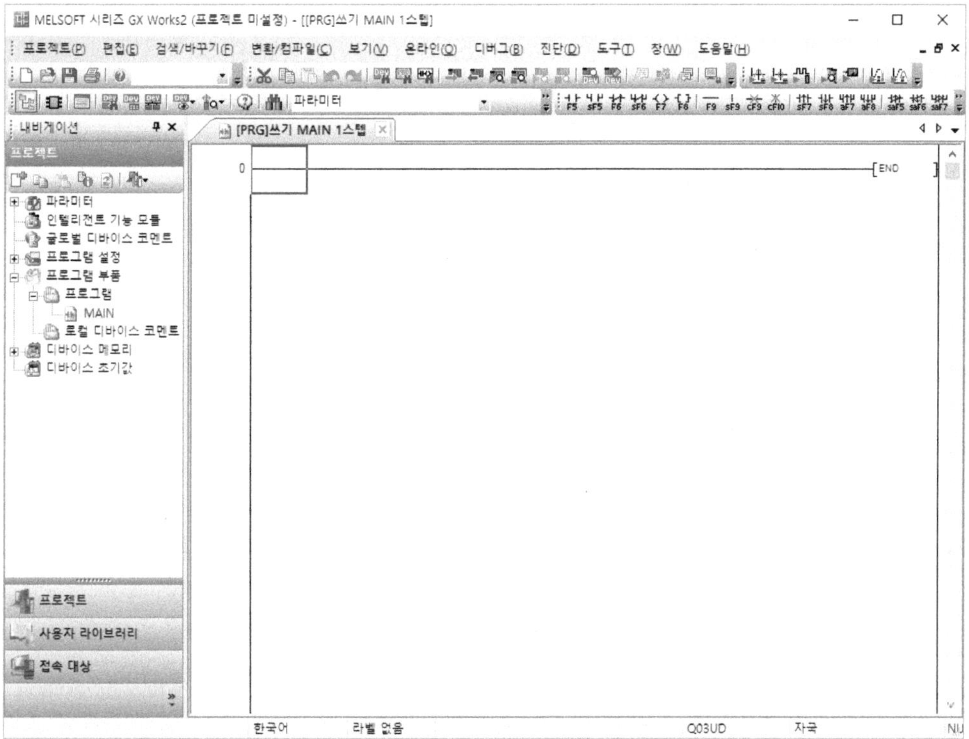

1.2.5 접속 대상 설정

- PLC CPU에 액세스할 때의 접속 대상을 설정한다.
- 네비게이션 윈도우의 뷰 선택 영역에서 접속대상 뷰를 클릭한다.

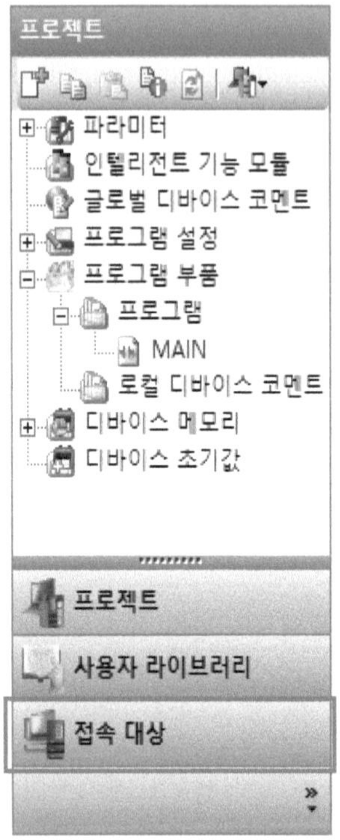

- 접속 대상 뷰가 표시되면, 현재의 접속 대 상"Connection1"을 더블 클릭한다.

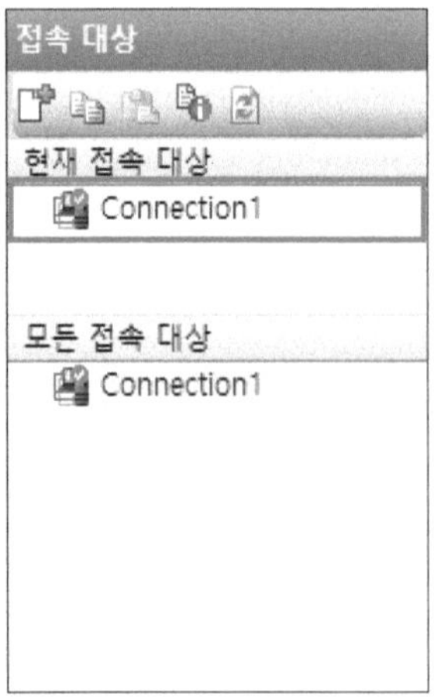

- PC측 I/F의 "Serial USB"를 더블 클릭한다.

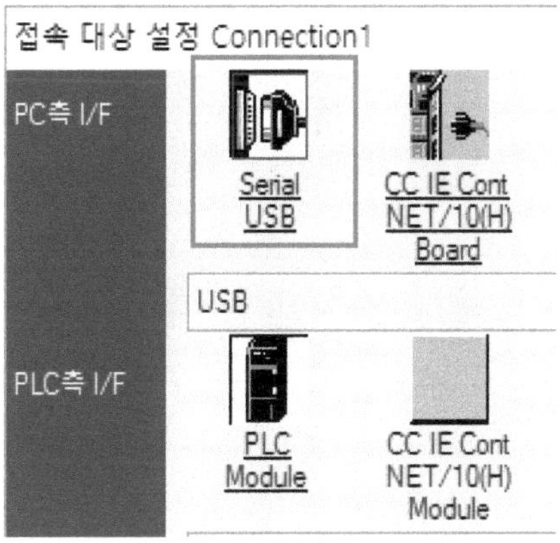

- PC측 I/F 시리얼 상세 설정 대화상자가 표시되면, "USB"에 체크 표시 후 확인 버튼을 클릭한다.

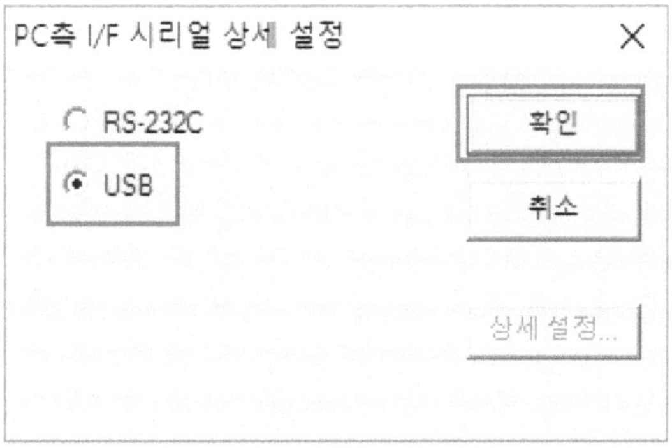

- 접속 대상 설정 Connection1 창의 추측 통신 테스트(T)실행 PC와 PLC 통신을 테스트 한다.

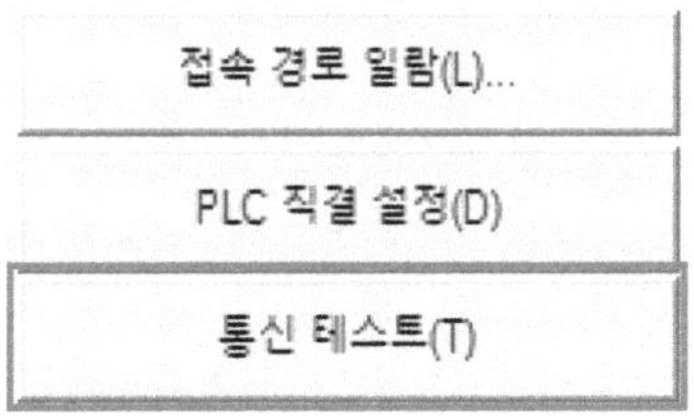

- ※ 초기 통신 설정 시 USB 드라이브 설치를 실행하여야 하며 USB 드라이브 설치파일 폴더 경로는 "C:\Program Files (x86)\MELSOFT\Easysocket\USBDrivers"를 참고한다.

- 통신 설정 및 테스트 완료 후 확인 버튼을 클릭한다.

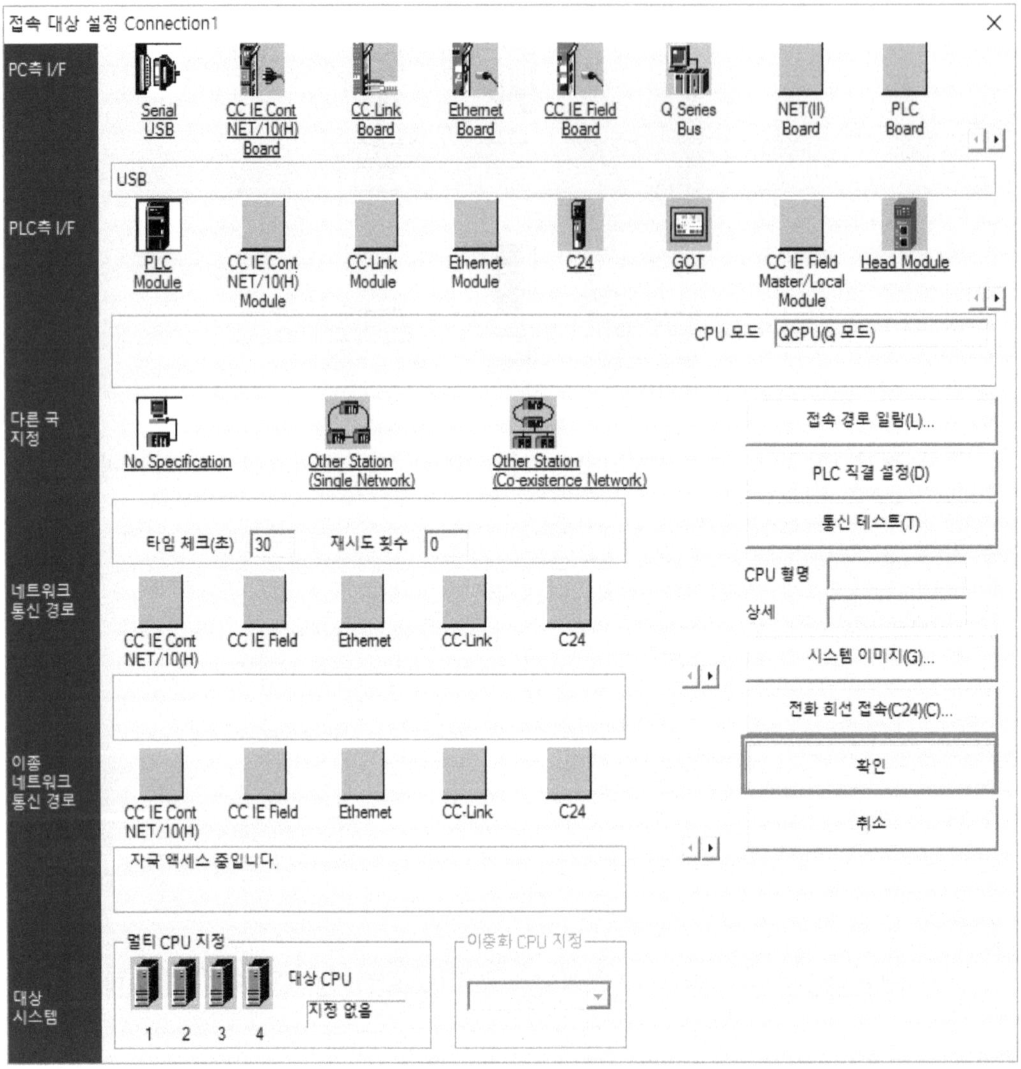

1.2.6 통신 설정

1) Ethernet IP 설정

- [네비게이션] - [파라미터] - [PLC 파라미터]를 클릭한다.

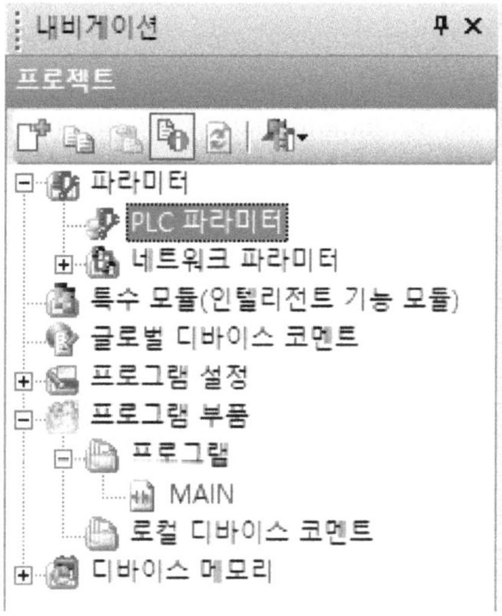

- [FX 파라미터 설정] 창이 나타나면 [Ethernet 포트 설정] 창을 클릭한다.

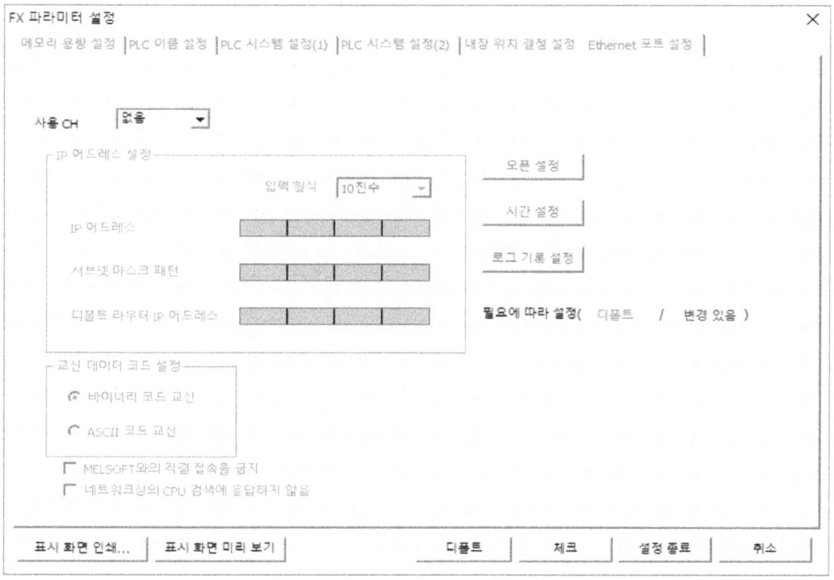

- [사용 CH]를 CH1을 체크한다.
- [IP 어드레스]는 [192.168.1.250], [서브넷 마스크 패턴]은 [255.255.255.0], [디폴트 라우터 IP 어드레스]는 [192.168.1.1]로 설정한다.

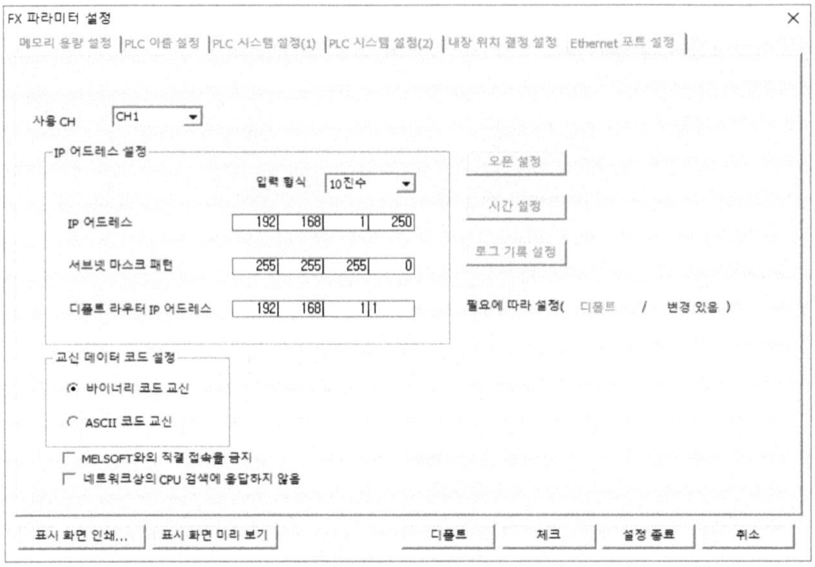

- [오픈 설정]을 클릭한다.
- [Ethernet 포트 오픈 설정]이 되면 [프로토콜1]을 [TCP]로 체크, [오픈 방식]을 [MC프로토콜]로 선택, [자국 포트 번호]를 [1025]로 설정한다.
- 설정 후 [설정 종료]를 클릭한다.

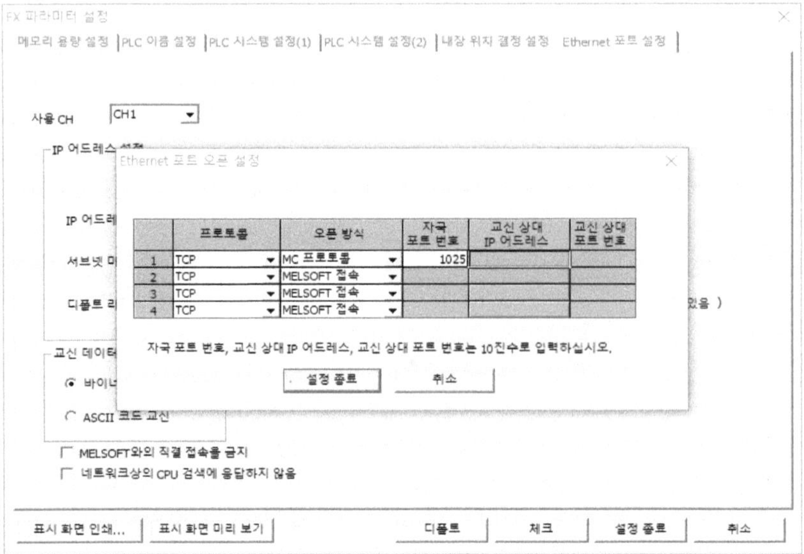

- [체크]를 클릭하여 [에러 체크]를 한다.
- 에러가 없음을 확인 하면 [설정종료]를 클릭한다.

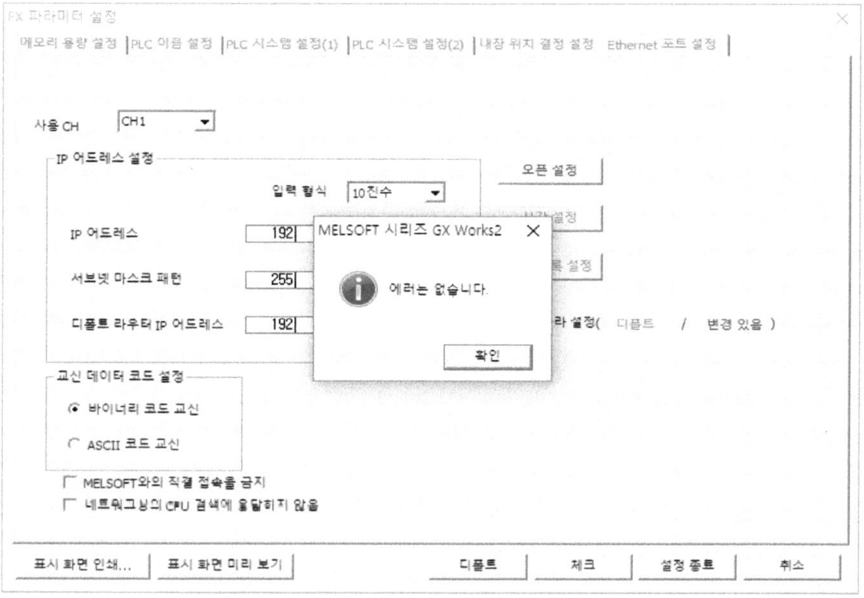

※ IP 어드레스는 상황에 맞게 작성한다.

1.2.7 프로그램 작성

1) 프로그램 동작

- PLC의 내부 릴레이 및 타이머를 사용하여 자기유지와 3초 타이머 프로그램을 작성한다.

2) PLC I/O 구성

입력		출력	
X00	시작 스위치	Y00	램프
X01	정지 스위치		

3) 작성된 프로그램

4) 래더 프로그램 작성

- 툴바의  아이콘을 클릭하면 래더 입력 창이 표시된다.

- 래더 입력창에 [X00]을 입력한 후 확인을 클릭한다.

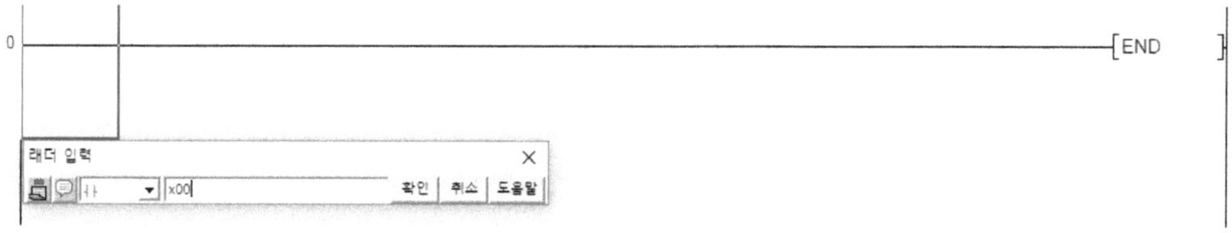

- 아래 그림과 같이 입력한 [X00] 입력 접점이 표시된다.

- 툴바의  아이콘을 클릭한 다음 래더 입력창에 [X01]을 입력한 후 확인을 클릭한다.

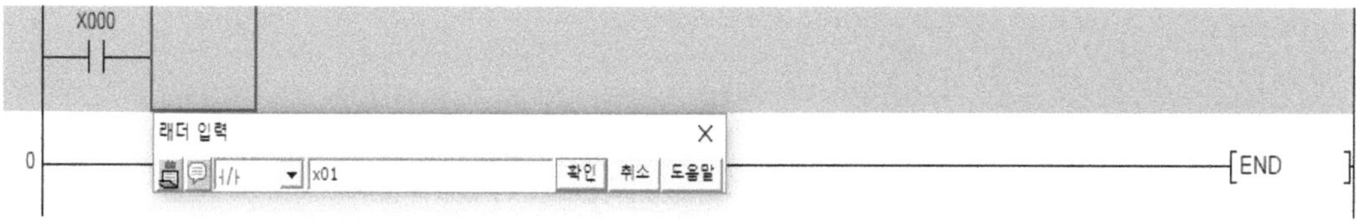

- 아래 그림과 같이 입력한 [X01] 입력 접점이 표시된다.

▪ 툴바의  아이콘을 클릭한 다음 래더 입력창에 [M1]을 입력한 후 확인을 클릭한다.

▪ 아래 그림과 같이 입력한 [M1] 출력 코일이 표시된다.

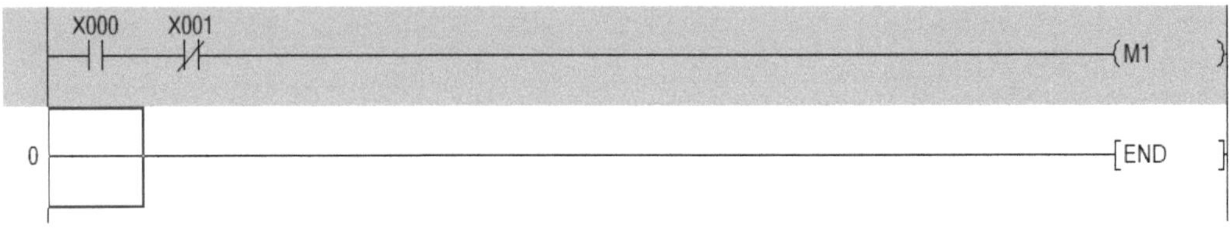

▪ 툴바의  아이콘을 클릭한 다음 래더 입력창에 [M1]을 입력한 후 확인을 클릭한다.

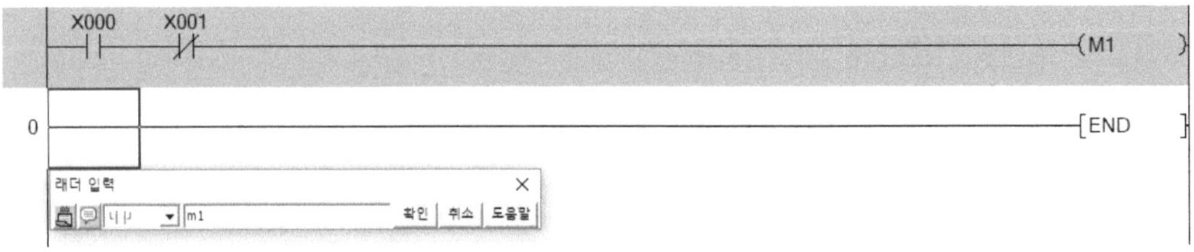

▪ 아래 그림과 같이 입력한 [M1] 입력 접점이 [X00]과 OR회로로 표시된다.

- 입력 커서를 다음 행으로 이동 한다.
- 툴바에서  아이콘을 클릭한 다음 래더 입력창에 [M1]을 입력한 후 확인을 클릭한다.

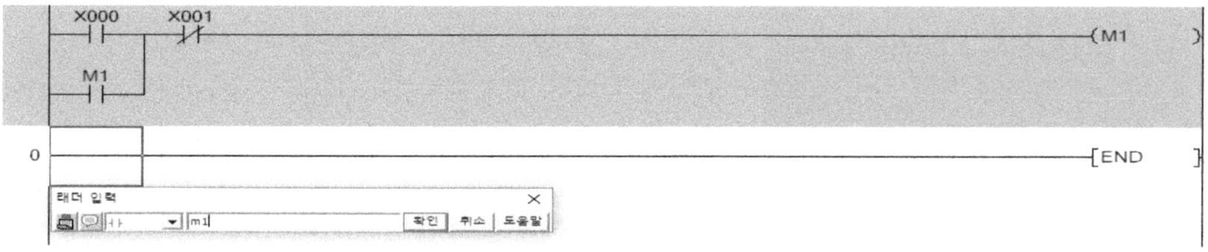

- 아래 그림과 같이 입력한 [M1] 입력 접점이 표시된다.

- 툴바의  아이콘을 클릭한 다음 래더 입력창에 [T1 K30]을 입력한 후 확인을 클릭한다.

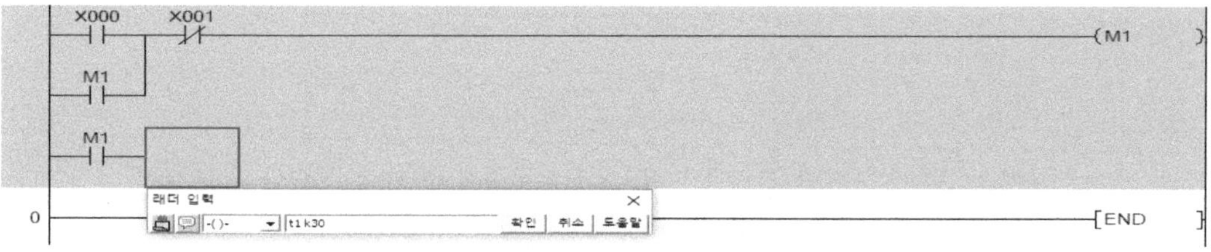

- 아래 그림과 같이 입력한 [T1] 출력 코일이 표시된다.

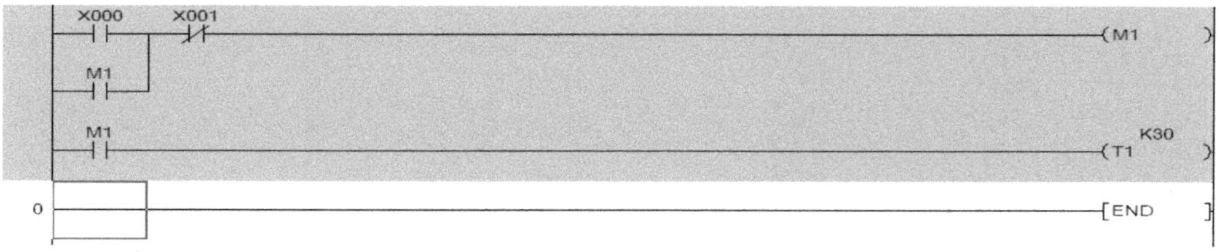

- ※ T1 K30 이란?
  - T : 타이머를 나타내는 문자　　1 : 타이머 번호
  - K : 상수를 의미함　　30 : 3초를 의미함(설정 시간)

- 툴바의 F5 아이콘을 클릭하면 래더 입력 창이 표시된다. 래더 입력창에 [T1]을 입력한 후 확인을 클릭한다.

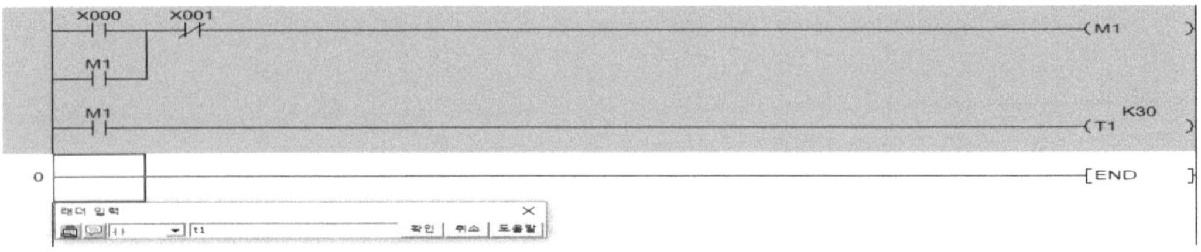

- 아래 그림과 같이 입력한 [T1] 입력 접점이 표시된다.

- 툴바의 F7 아이콘을 클릭한 다음 래더 입력창에 [Y00]을 입력한 후 확인을 클릭한다.

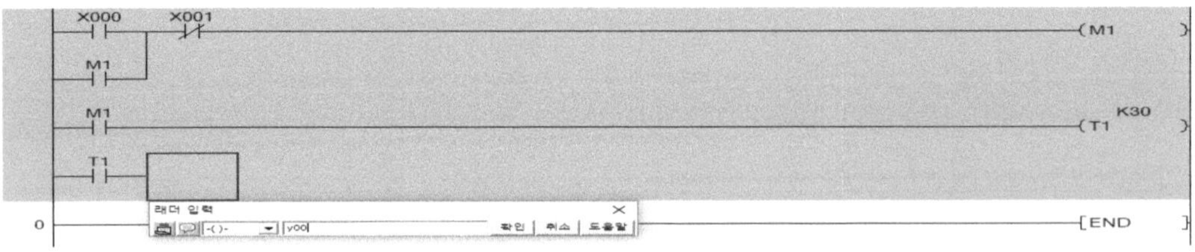

- 아래 그림과 같이 입력한 [Y00] 출력 코일이 표시된다.

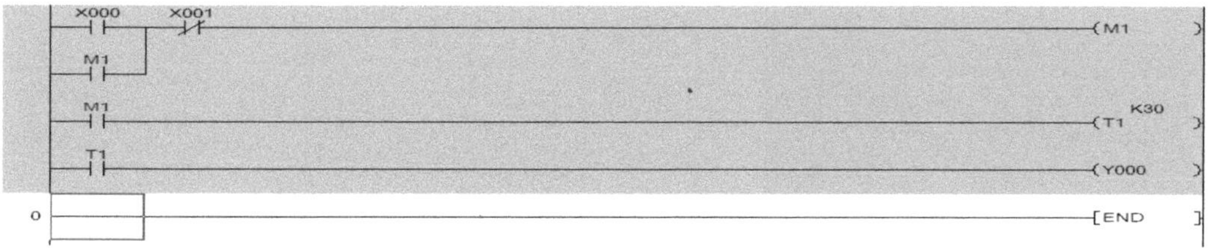

- 래더 작성이 완료 되면 메뉴 툴바 [변환/컴파일(C)] - [변환(F4)]를 클릭한다.

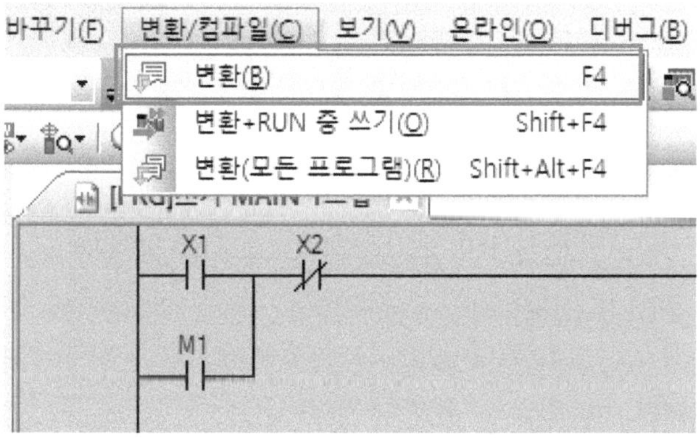

- 아래 그림과 같이 래더가 변환된다.
- 변환 시 에러가 발생한 경우, 래더 작성 오류가 있는 위치로 커서가 이동하므로 래더를 확인한다.

- 메뉴 바에서 PLC 쓰기 아이콘 또는 [온라인] → [PLC 쓰기]를 클릭한다.

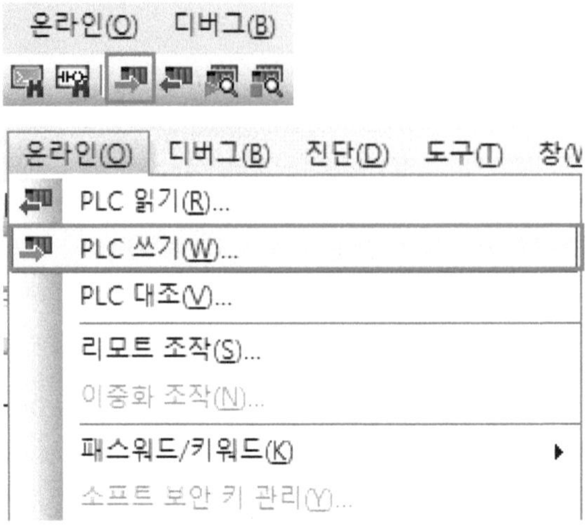

- [파라미터+프로그램]을 클릭한다.

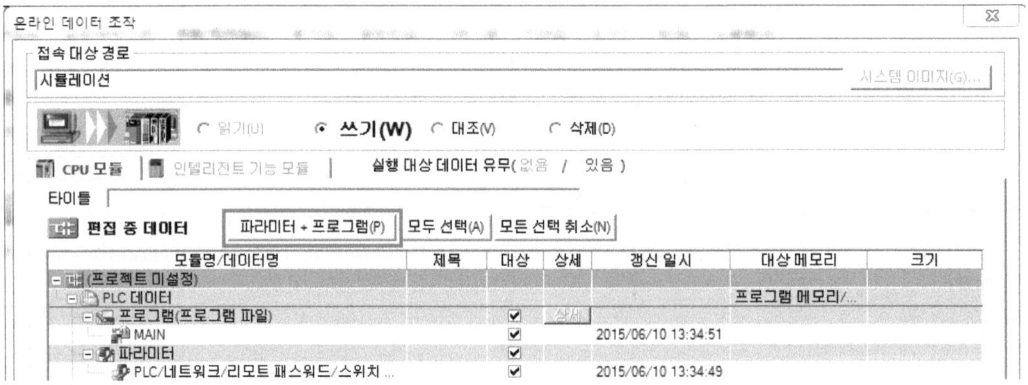

- 파라미터+프로그램 버튼 클릭한 후 실행버튼을 눌러 PLC 쓰기를 시작한다. (실행 도중에 메시지 창이 뜨면 [예] 또는 [모두 예]를 클릭한다.

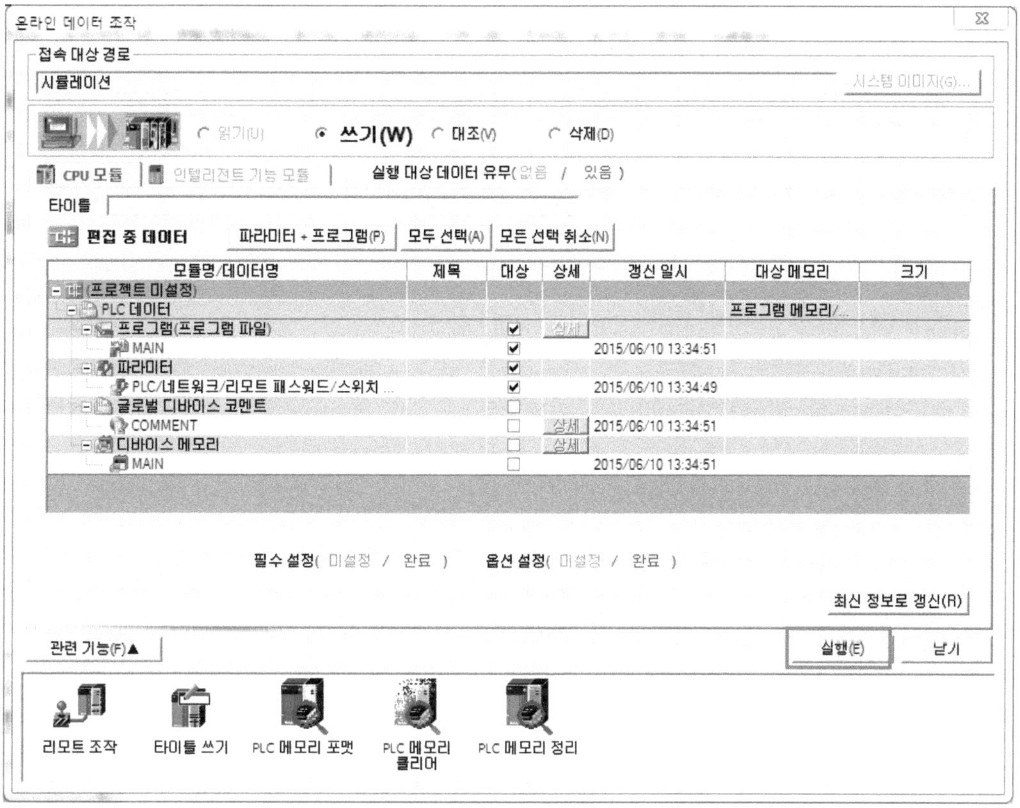

- PLC 쓰기가 완료가 되면 위와 같이 완료 창이 나타난다.

- PLC 쓰기 완료 후 닫기 버튼을 클릭한다.

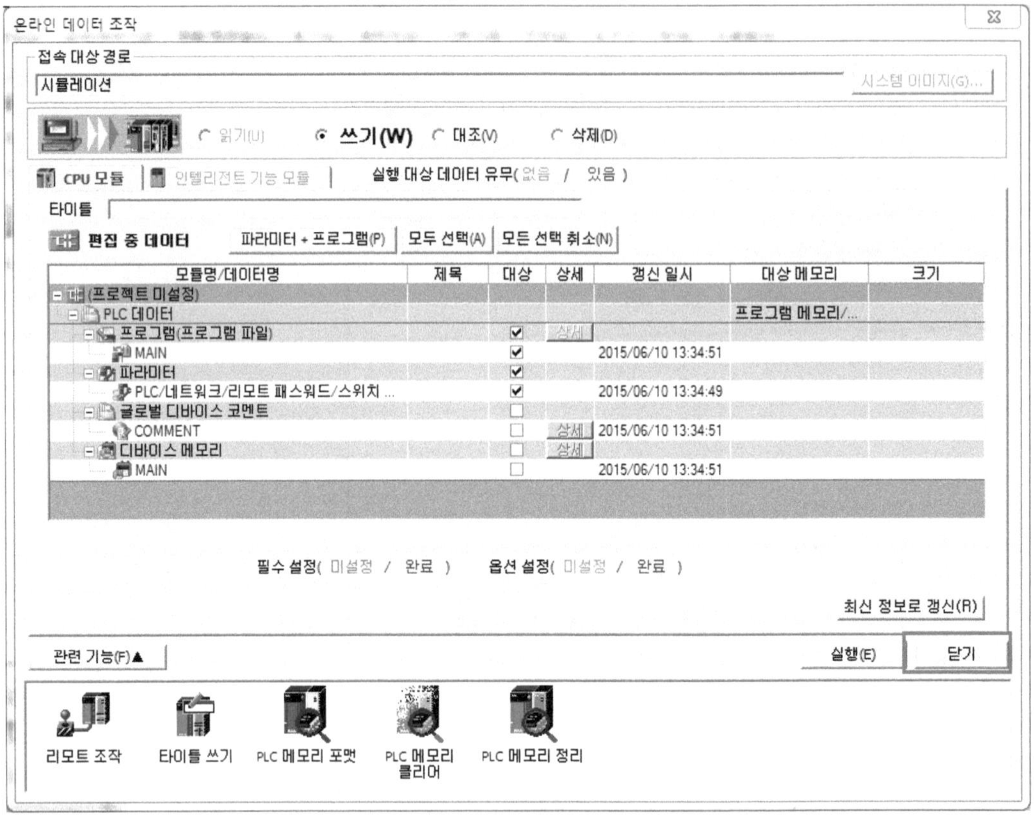

1.2.8 래더편집

1) 래더 편집

- 아래 래더의 일부분을 수정하는 조작에 대해 설명한다.(OUT Y71→OUT Y72)

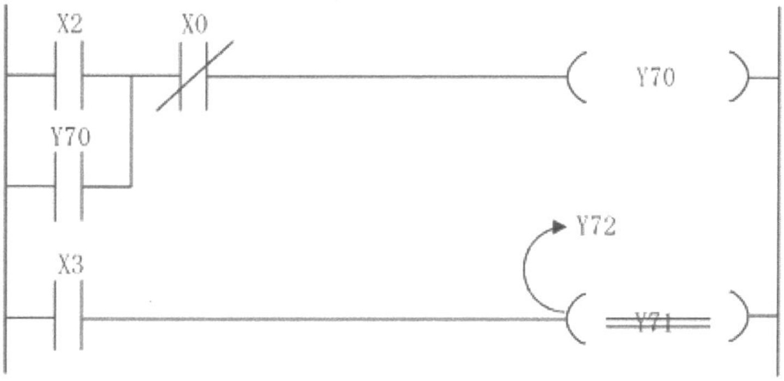

- 작업창 화면 우측 아래의 "덮어쓰기"라고 표시되어 있는지를 확인한다.

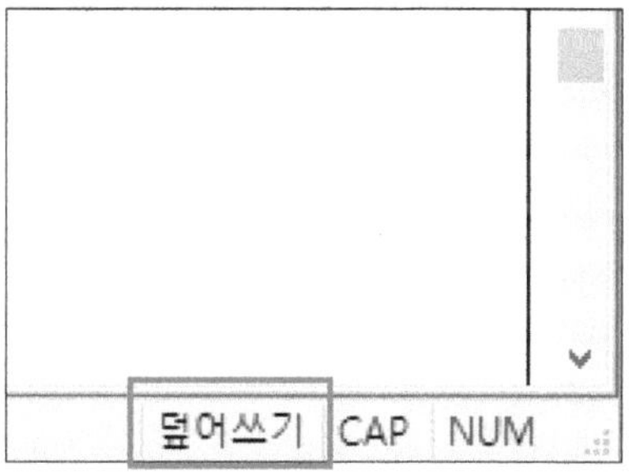

※ "삽입"로 표시되어 있는 경우, 키보드 [inset]를 입력하여 표시를 "덮어쓰기"로 변경한다.
"삽입"으로 표시되어 있는 경우, 접점, 코일 이 추가되어 버린다.

<X2→X5로 수정하려고 한 경우>

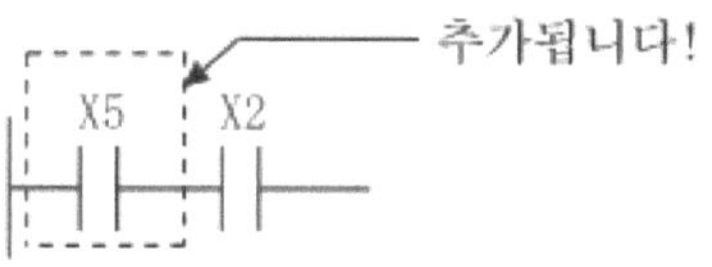

<SET→RST로 수정하려고 한 경우>

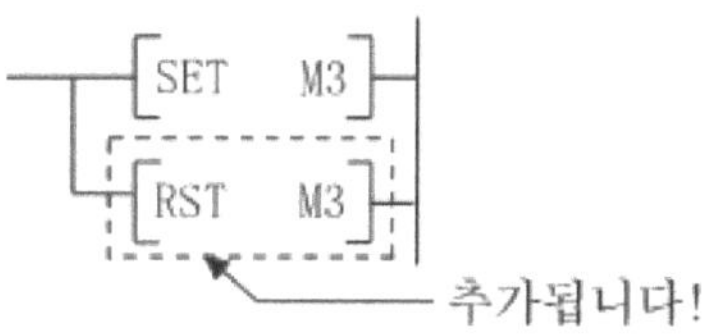

- 수정하는 위치의 Y71 출력 코일을 더블 클릭한다.

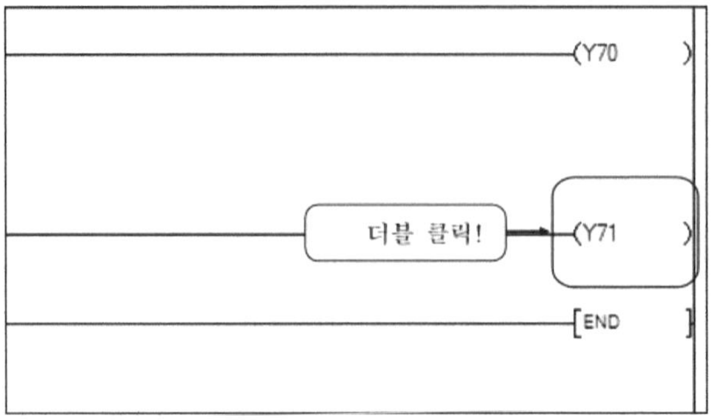

- 래더 입력 윈도우가 표시된다.

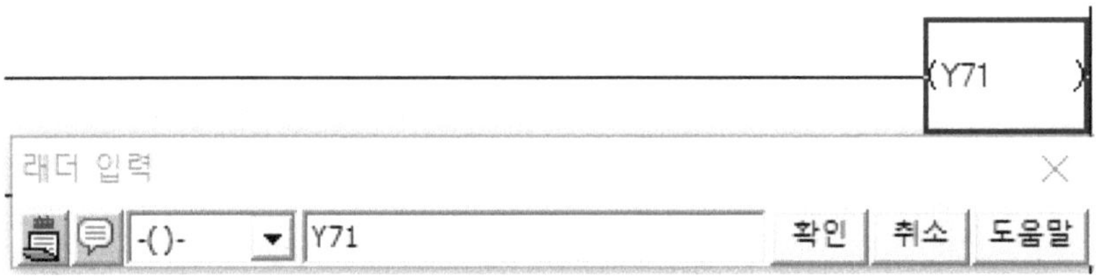

- 클릭하여 문자용 커서(|)가 표시되면, [Y72]를 입력 후 확인을 클릭한다.

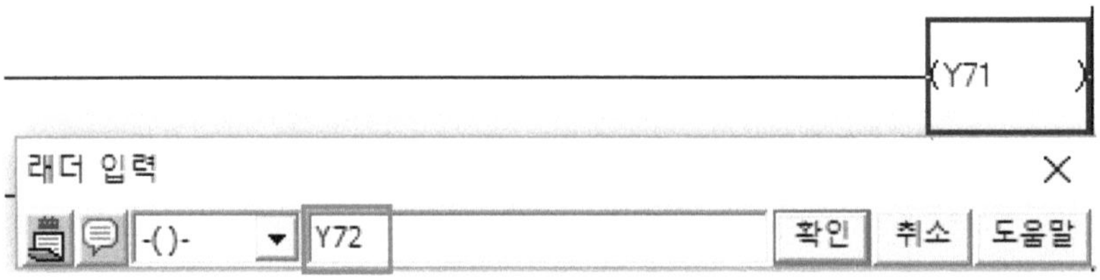

- 수정된 래더가 표시된다.
- 래더 작성이 완료 되면 메뉴 툴바 [변환/컴파일(C)] - [변환(F4)]를 클릭한다.

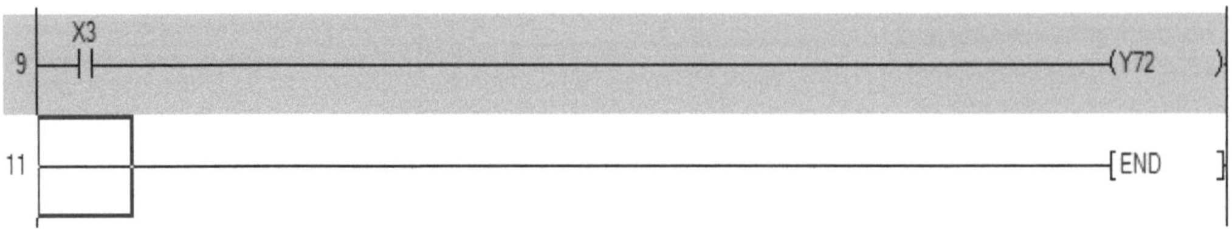

2) 외곽선 작성

- 아래 래더에 외곽선을 작성하는 조작에 대해 설명한다.

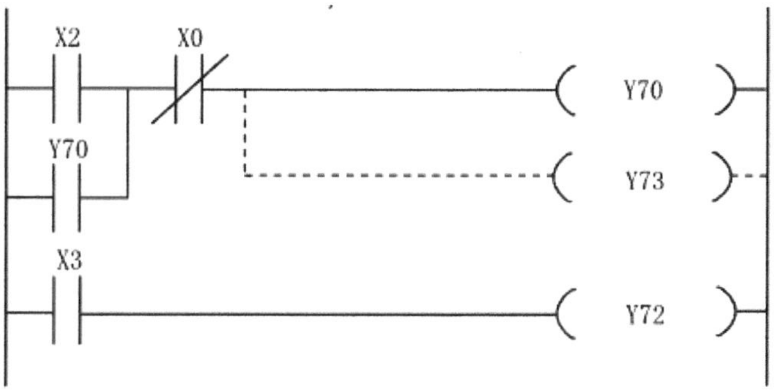

- 툴바의 F10 (F10)을 클릭 실행한다.

- 작성 시작 위치에서 종료 위치까지 드래그 한다.

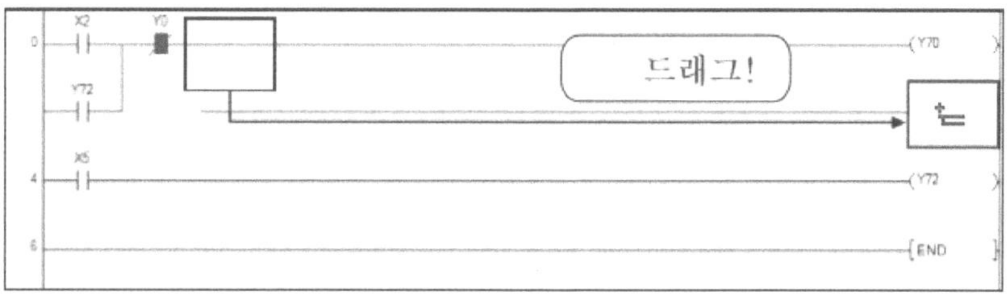

- 마우스의 왼쪽 버튼을 놓으면 외곽선이 작성된다.

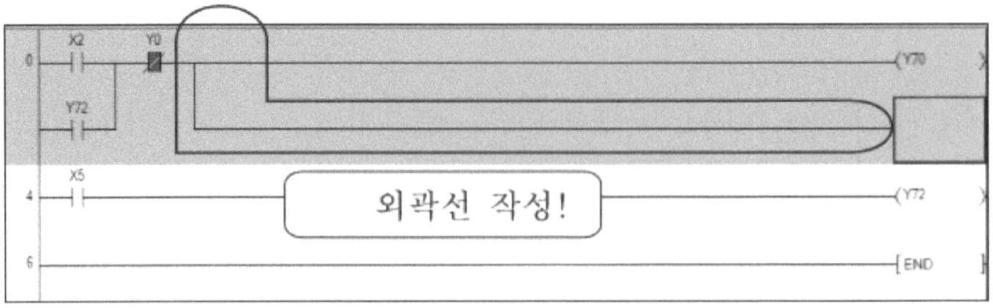

- 툴바의 [F7] 을 클릭하고 나서, [Y73]을 입력 후 [Enter]를 클릭한다.

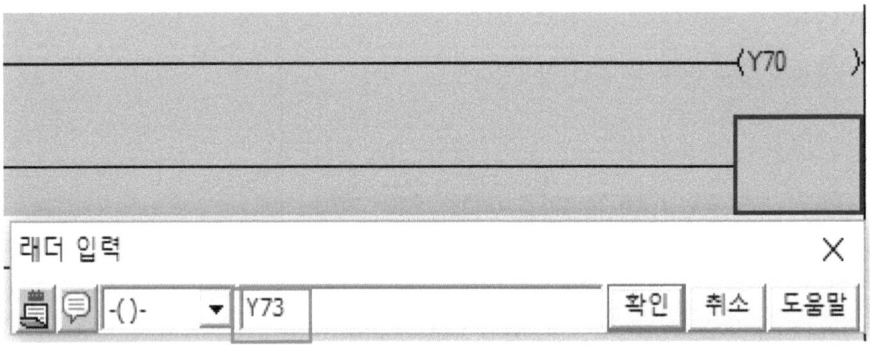

- 입력된 래더가 표시된다.
- 래더 작성이 완료 되면 메뉴 툴바 [변환/컴파일(C)] - [변환(F4)]을 클릭한다.

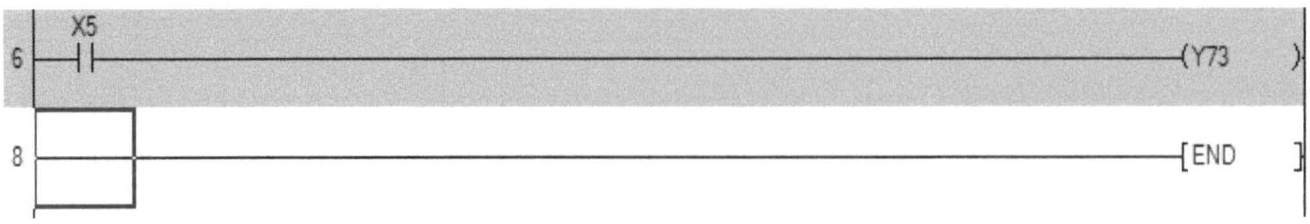

3) 외곽선 삭제

- 아래 래더에 외곽선을 삭제하는 조작에 대해 설명한다.

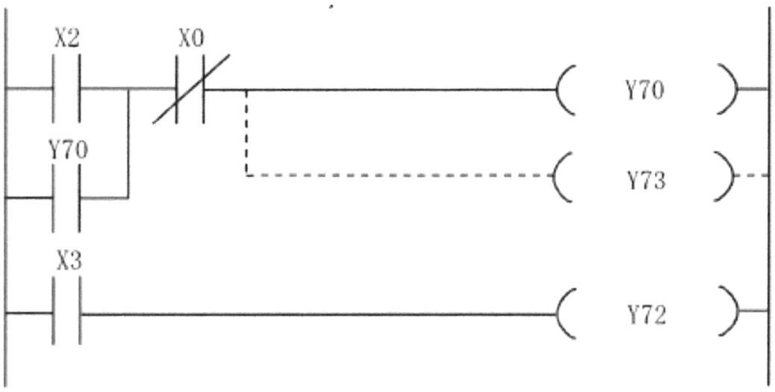

- 툴바의 (Alt + F9)를 클릭 실행한다.

- 삭제 시작 위치에서 종료 위치까지 드래그 한다.

- 마우스의 왼쪽 버튼을 놓으면 외곽선의 삭제가 완료된다.
- [END]의 외곽선은 삭제할 수 없다.

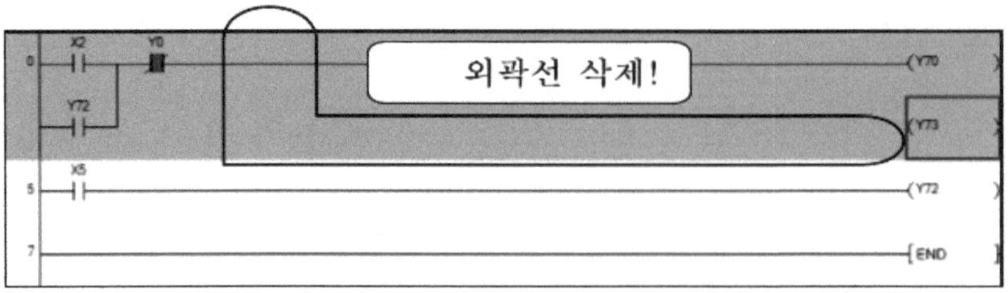

- 키보드에 [Delete]를 입력하여 "-(Y73)-"를 삭제한다.
- 래더 작성이 완료 되면 메뉴 툴바 [변환/컴파일(C)] - [변환(F4)]를 클릭한다.

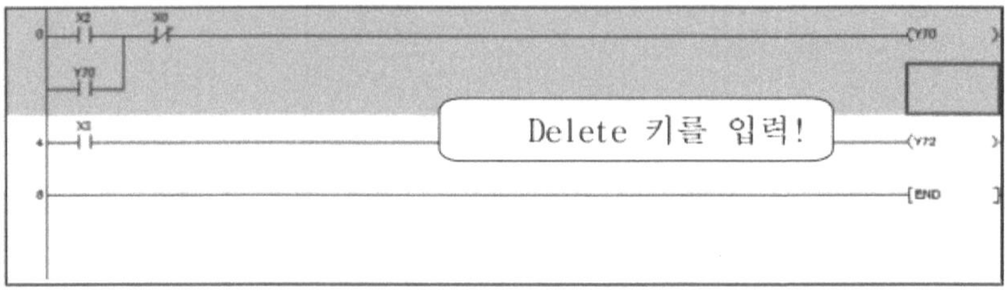

4) 외곽선 삭제

❑ 행 삽입

- 삽입하는 행을 클릭하여 커서를 이동한다.

- 래더 작성 화면에서 마우스 오른쪽 버튼을 클릭하여 [편집] - [행 삽입(N)] 메뉴를 클릭한다. (단축키 Shift + Insert)

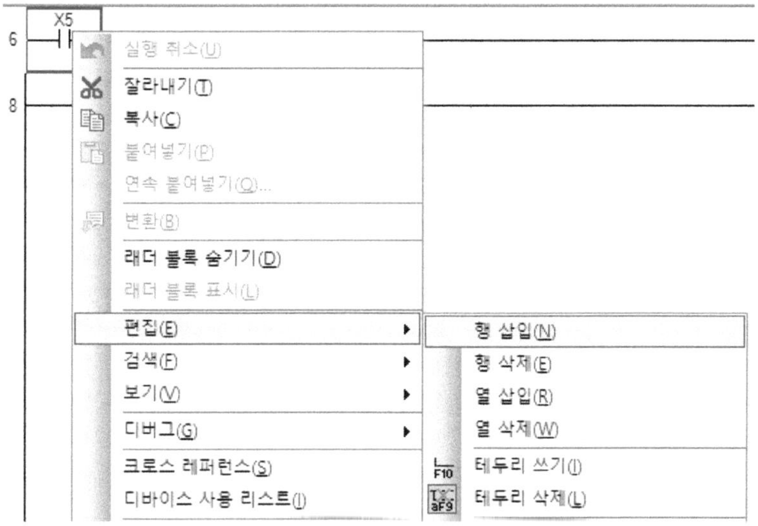

- 커서 행의 상단에 1행이 삽입된다.

❑ 행 삭제

- 삭제하는 행을 클릭하여 커서를 이동한다.

- 래더 작성 화면에서 마우스 오른쪽 버튼을 클릭하여 [편집] - [행 삭제(E)] 메뉴를 클릭한다. (단축키 Shift + Delete)

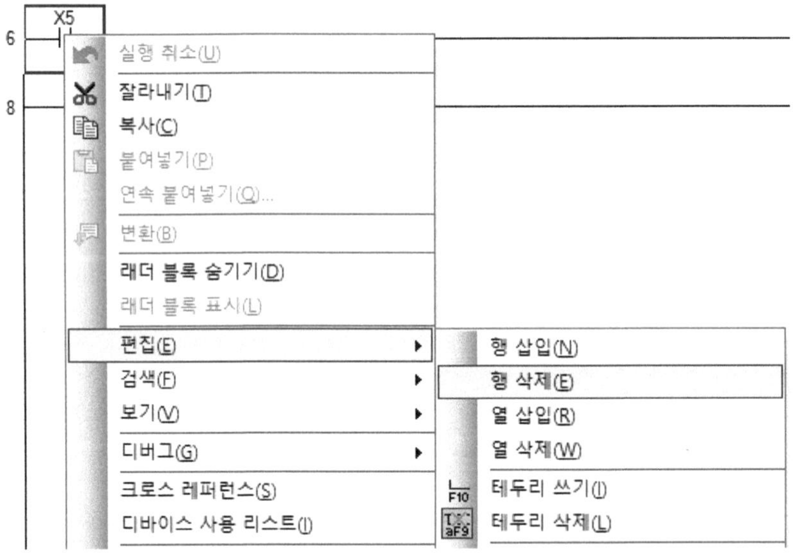

- 커서 행이 1행 삭제된다.

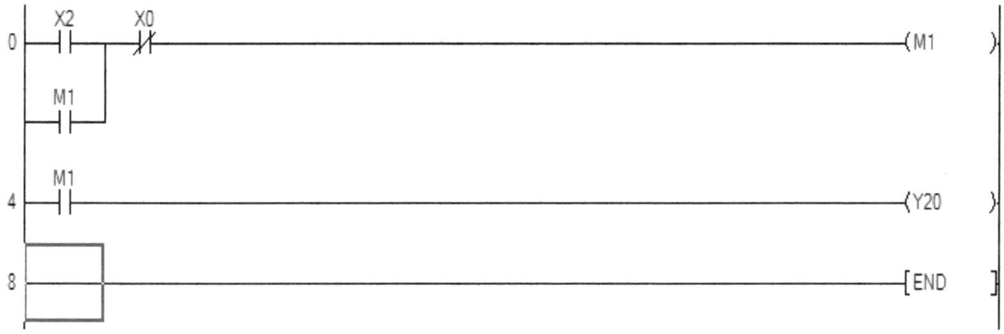

❑ 열 삽입

- 삽입하는 열을 클릭하여 커서를 이동한다.

- 래더 작성 화면에서 마우스 오른쪽 버튼을 클릭하여 [편집] - [열 삽입(R)] 메뉴를 클릭한다. (단축키 Ctrl + Insert)

- 커서 열의 좌측에 1열이 삽입된다.

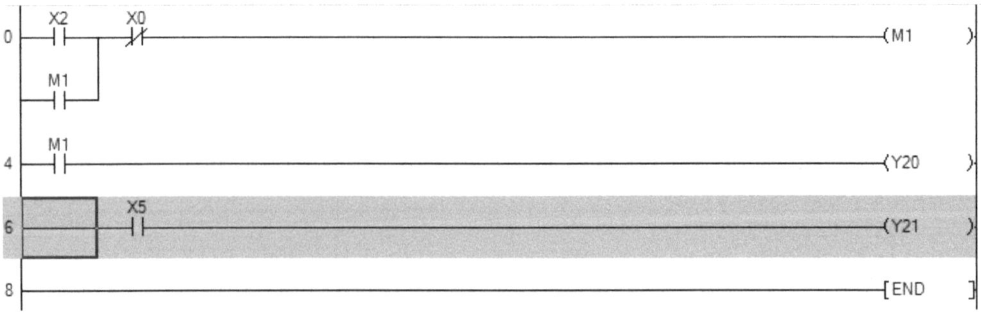

❑ 열 삭제

- 삭제하는 열을 클릭하여 커서를 이동한다.

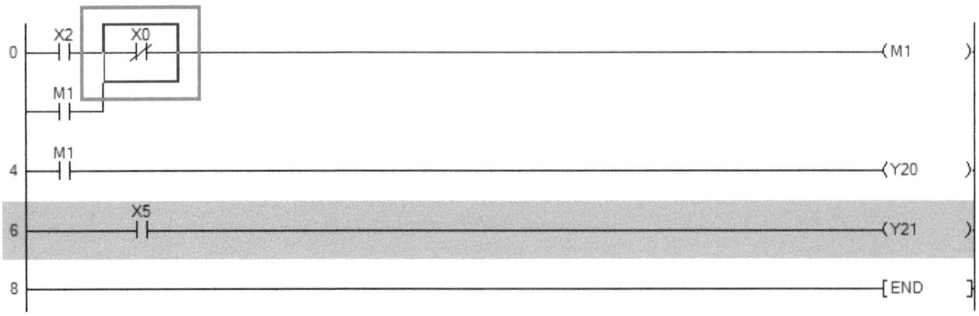

- 래더 작성 화면에서 마우스 오른쪽 버튼을 클릭하여 [편집] - [열 삭제(W)] 메뉴를 클릭한다. (단축키 Ctrl + Delete)

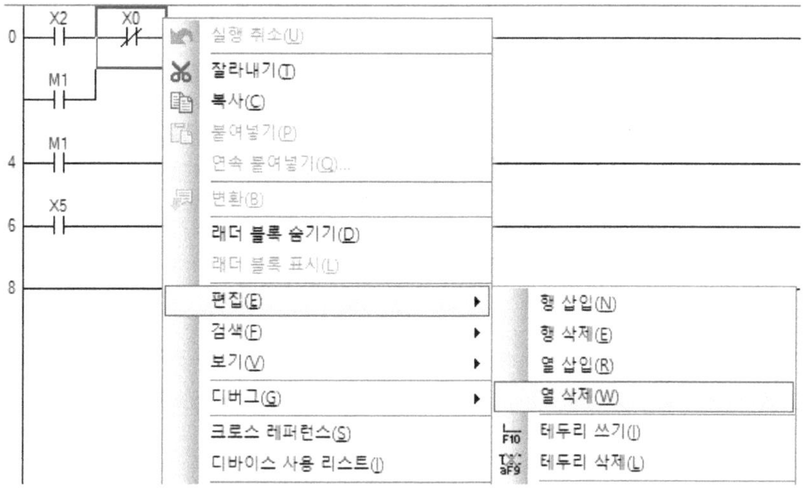

- 열 삭제 확인 창에서 [예] 버튼을 클릭한다.

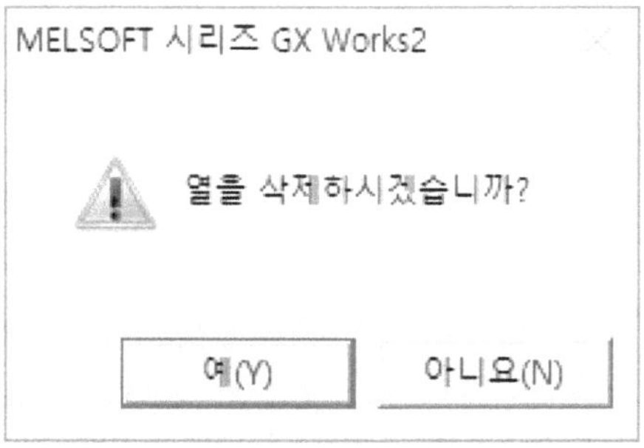

- 커서 열의 좌측에 1열이 삭제된다.

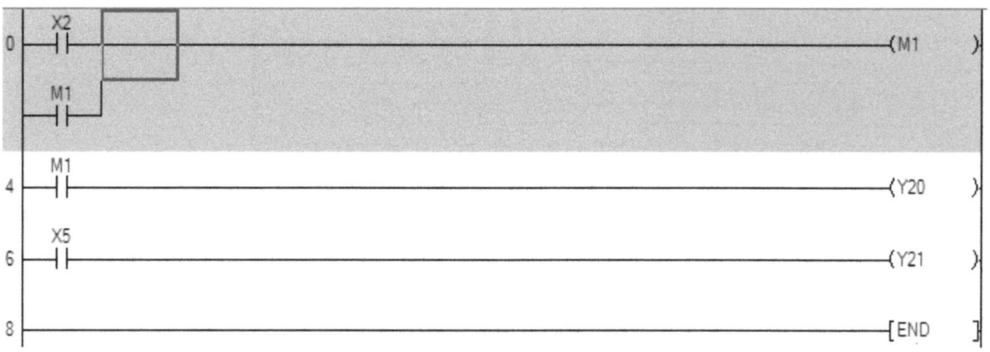

1.2.9 코멘트 작성

- 프로젝트 일람의 "글로벌 디바이스 코멘트"을 더블 클릭하면, 디바이스 코멘트 화면이 표시된다.

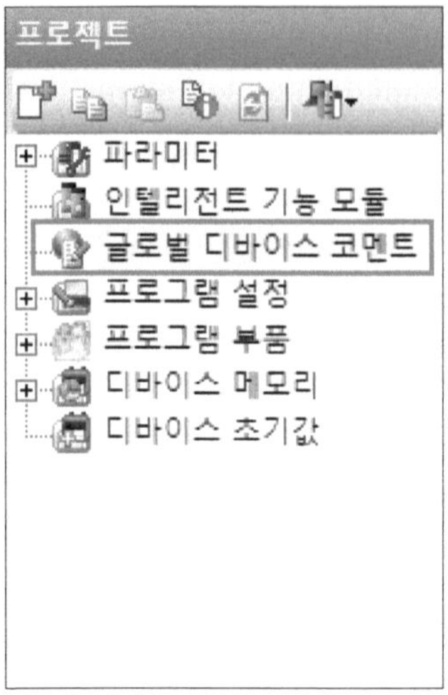

- 디바이스 코멘트 창의 디바이스명에 "X1"을 입력 후 Enter를 실행한다.
- "X1"이후의 디바이스명이 나열된다.

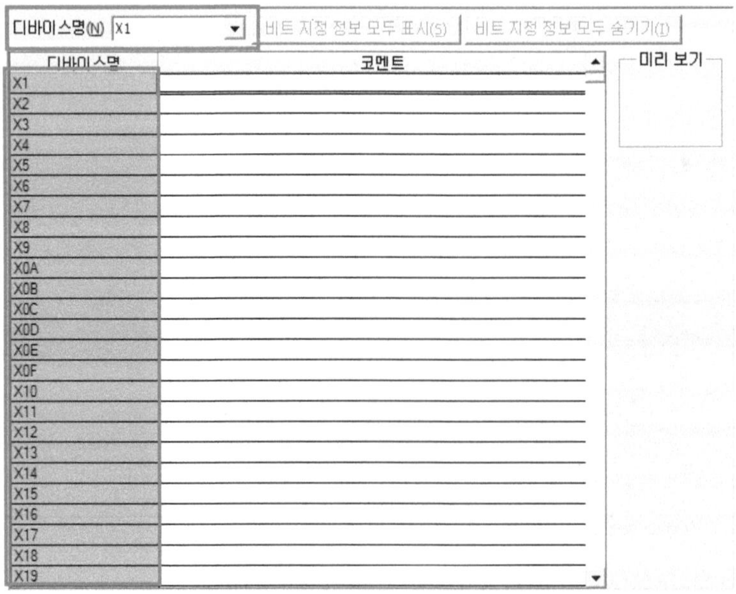

- "X1" 디바이스명의 코멘트 입력란에 시작을 입력한다.
- "X2" 디바이스명의 코멘트 입력란에 정지를 입력한다.

- 디바이스 코멘트 창의 디바이스명에 "Y21"을 입력 후 Enter를 실행한다.
- "Y21"이후의 디바이스명이 나열된다.

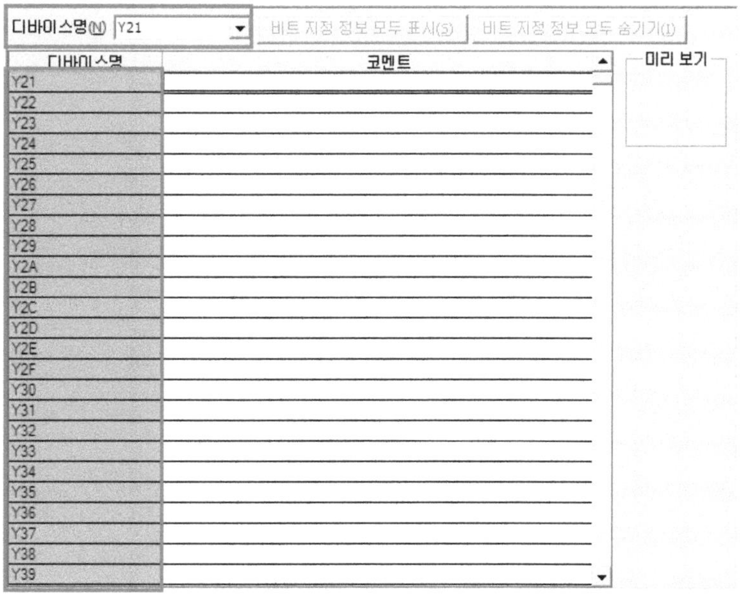

- “Y21” 디바이스명의 코멘트 입력란에 램프를 입력한다.

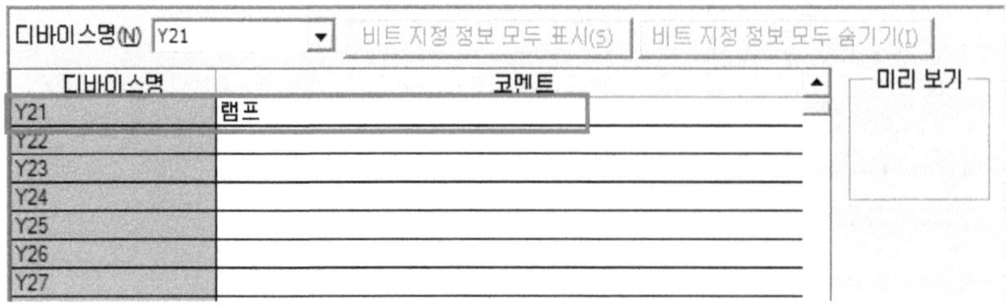

- 작성된 코멘트 내용을 표시하기 위해서는 [메뉴바] → [보기] →[코멘트 표시]를 클릭한다.

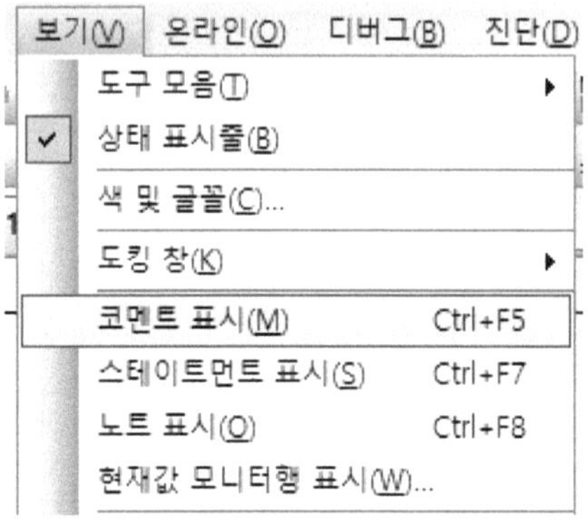

- 코멘트 표시를 체크하여 실행하면 아래 그림과 같이 코멘트가 표시된다.

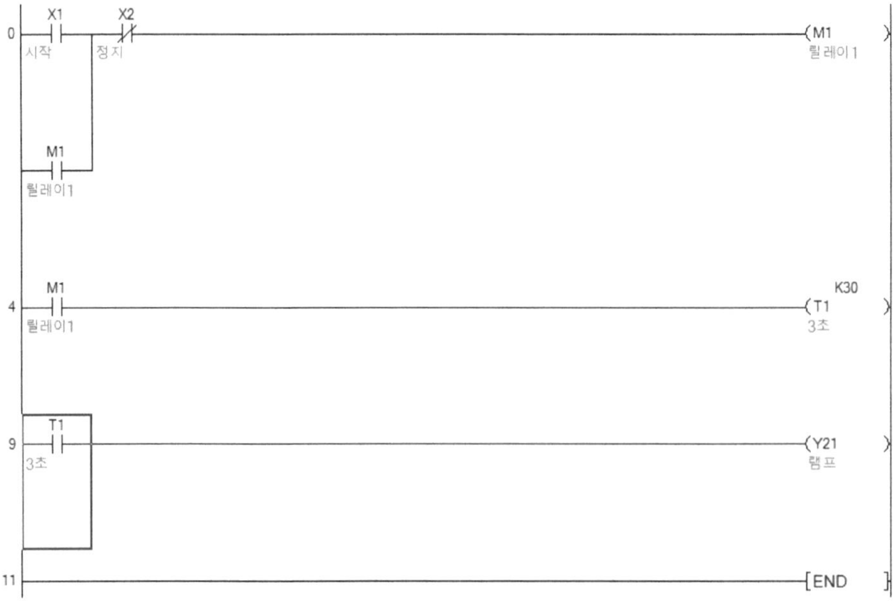

1.2.10 래더 프로그램 모니터

- 미리 모니터하고자 하는 프로그램 에디터를 열기 한다.
- 메뉴 바에서 [온라인] → [모니터] → [모니터 시작]을 선택한다.

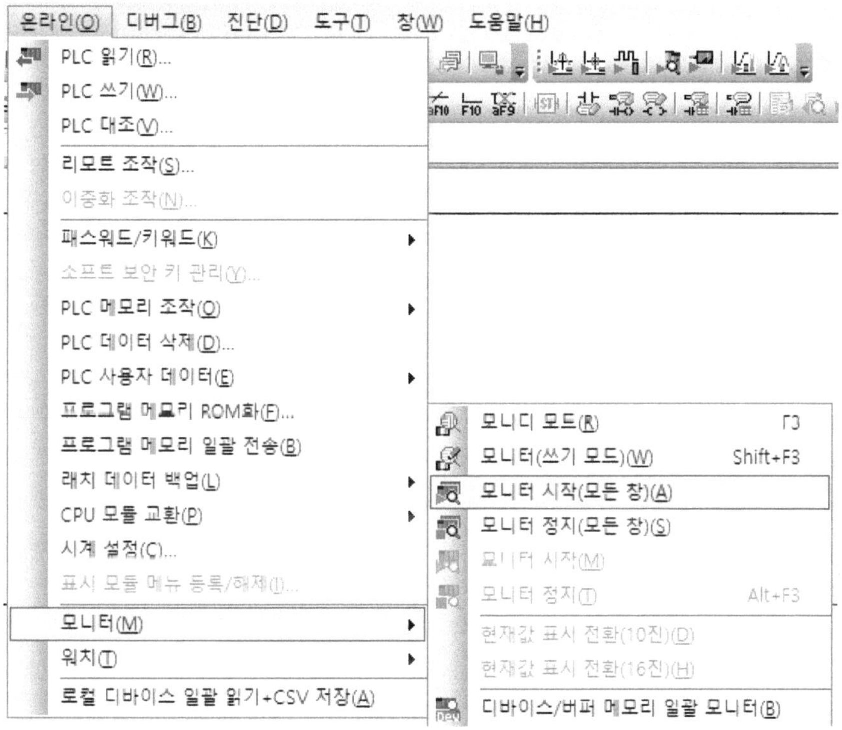

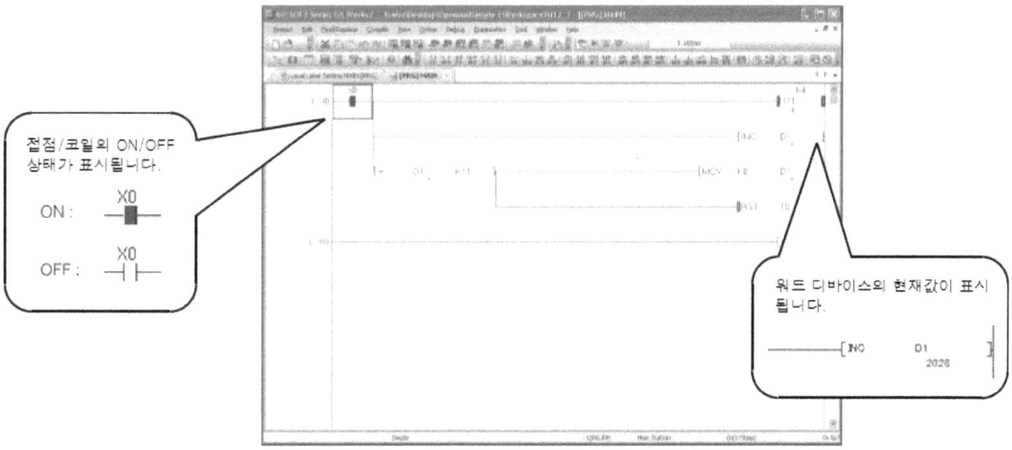

1) ON/OFF 상태표시

- 모니터중의 ON/OFF 상태는 아래 그림과 같이 표시된다.

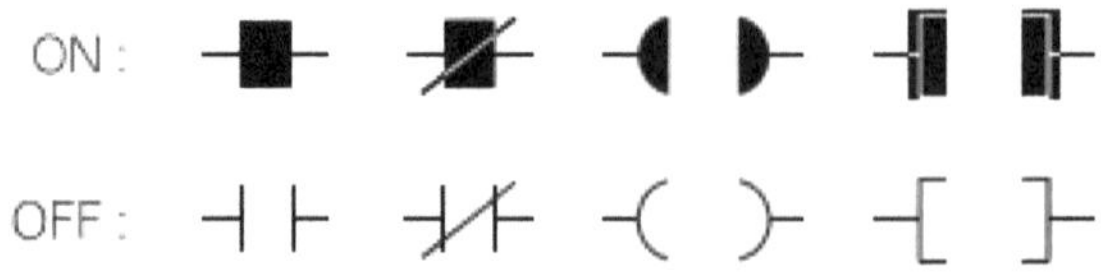

2) 워드 디바이스의 모니터 값

- 워드 디바이스의 현재값이 큰 경우, 아래 그림과 같이 「.....」가 부가되어 값이 생략된다.

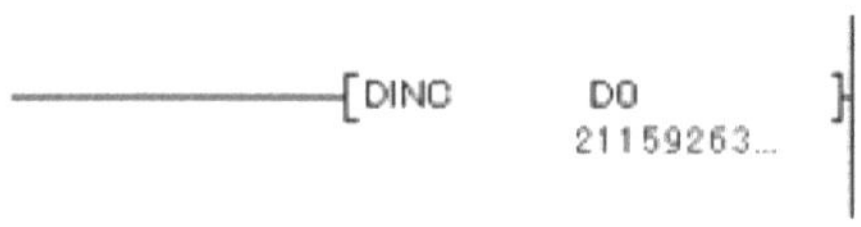

3) 마스터 컨트롤 명령 사용 시 모니터 표시

- GXWorks2에서는 모니터 시 마스터 컨트롤 세트, 리셋 상태는 래더의 왼쪽 모선상에 표시되지 않는다.
- 탭의 타이틀 바에 표시된다.

1.2.11 래더 프로그램 모니터 쓰기모드

- 모니터 모드 중 래더 편집이 필요할 경우 모니터링 상태에서 프로그램을 수정 또는 편집하는 모드이다.
- 메뉴 바에서 [온라인] → [모니터] →모니터(쓰기모드)](단축키 Shift + F3)를 실행한다.

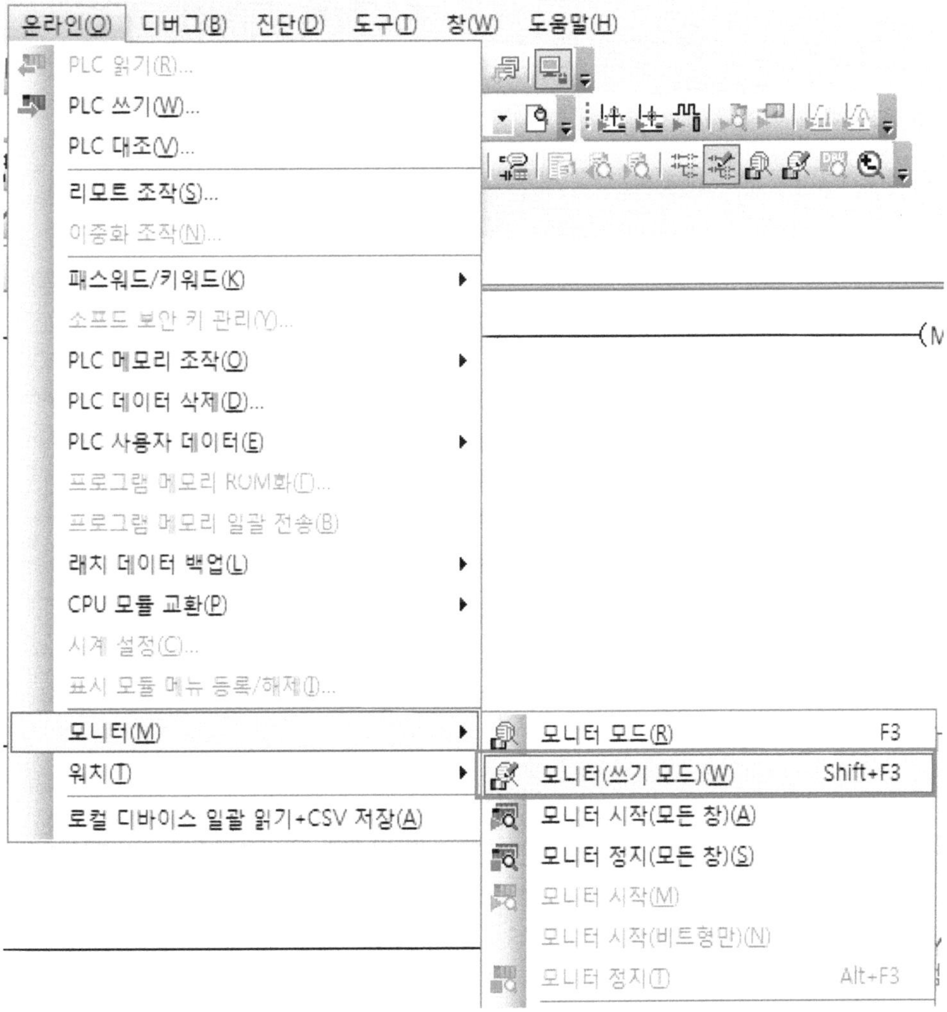

- 모니터(쓰기모드) 중에 커서를 타이머 출력을 현재 3초에 설정된 값을 5초로 수정해 한다.
- 커서를 타이머 출력 코일에 이동 후 Enter 또는 더블클릭을 하여 입력창에 "T1 K50"으로 수정하여 입력한다.

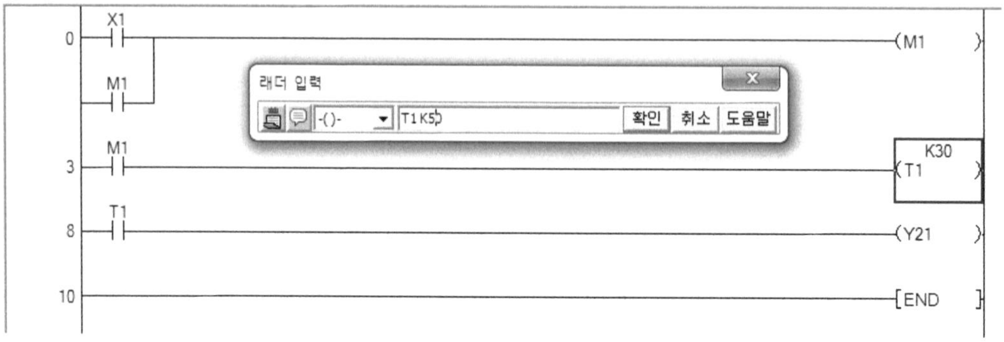

- 수정한 부분이 변환되지 않은 래더로 표시 된다.

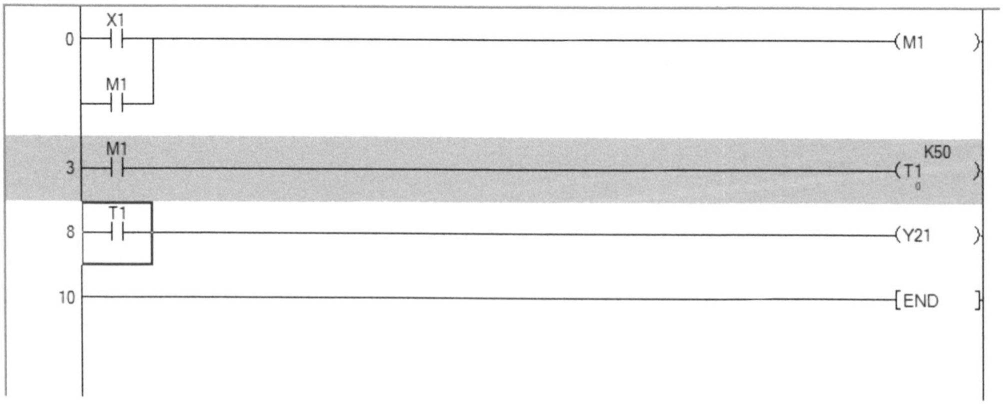

- 래더를 변환하기 위해 메뉴 바에서 [변환] →[변환(RUN 중 쓰기)]단축키 Shift + F4를 실행한다.

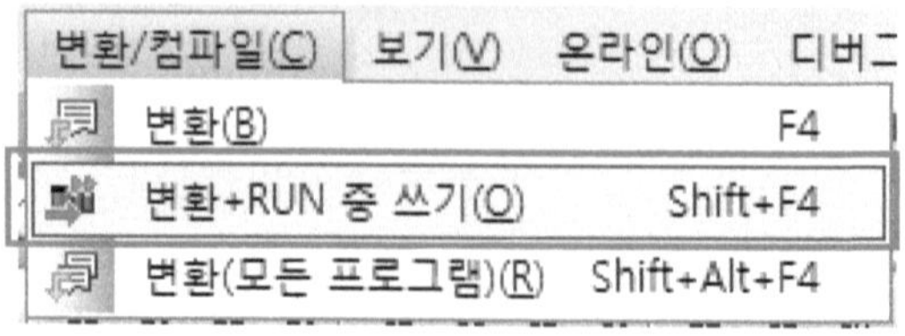

▪ 아래 그림과 같이 타이머의 설정 시간이 바뀐 상태로 변환이 완료 된다.

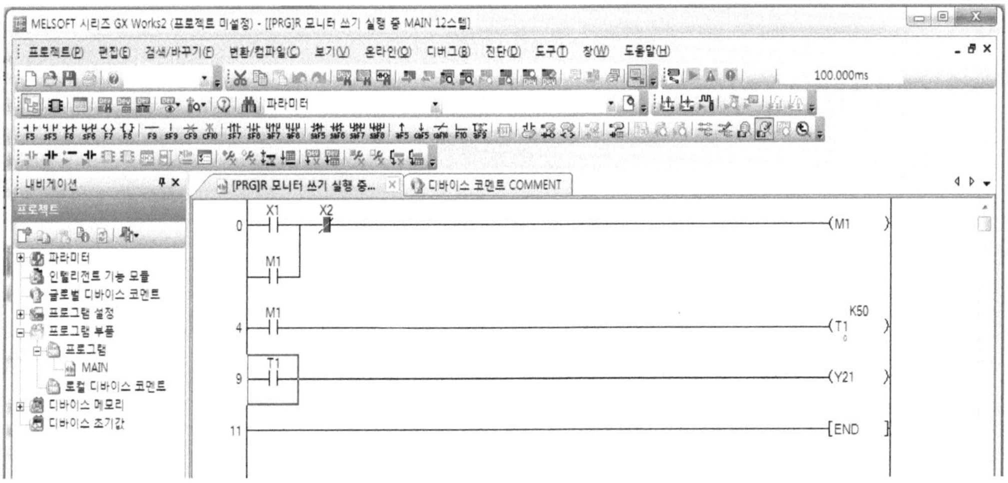

1.2.12 시뮬레이션 기능

▪ 시뮬레이션 기능은 실제의 PLC CPU를 시뮬레이션하여 작성한 시퀀스프로그램을 디버그하는 것이지만, 디버그 후의 시퀀스 프로그램의 동작을 보증하는 것은 아니다.
▪ 시뮬레이션 기능은 시뮬레이션용 메모리를 사용하여 입출력 모듈이나 인텔리전트 기능 모듈에 대한 데이터의 입출력을 실행하고 있다.
▪ 또한, 일부의 명령/함수나 디바이스메모리를 지원하고 있지 않다. 따라서 가상 PLC에서의 연산결과는 PLC CPU에서의 연산 결과와 다른 경우가 있다.

▪ 메뉴바 [디버그] ⇒ [시뮬레이션 시작/정지]를 선택 실행한다.

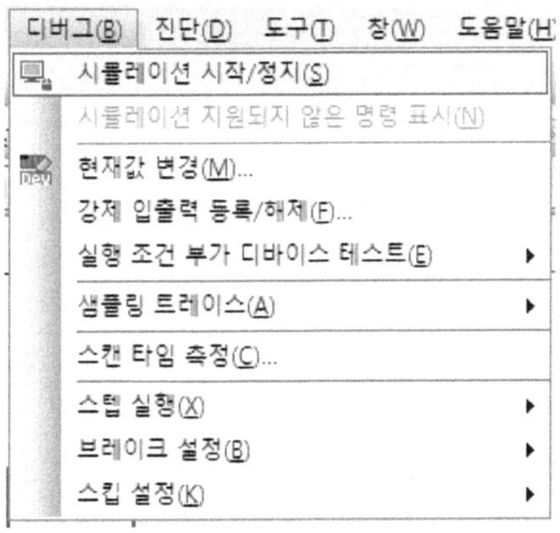

- PLC 쓰기 창에서 "처리가 종료한 경우, 자동적으로 창을 닫는다" 체크를 실행한다.

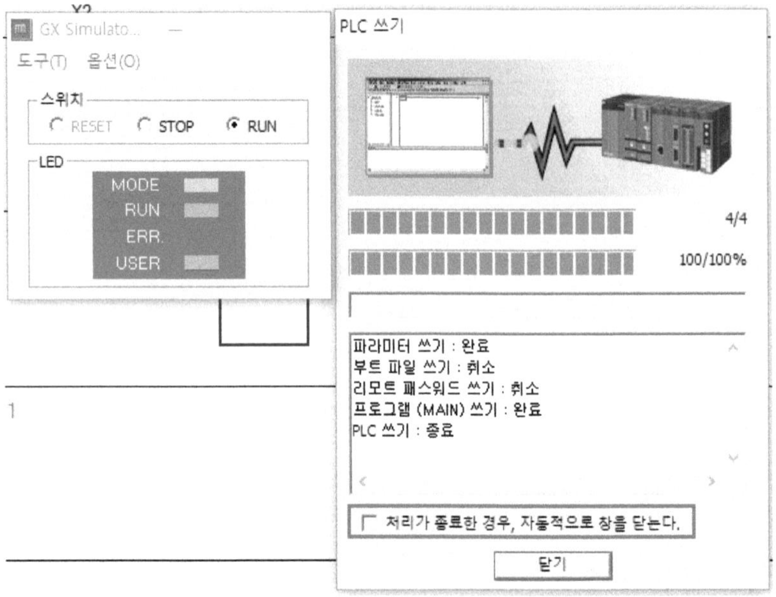

- GX Simulator 창의 동작 상태표시 LED에 "RUN" 상태가 확인되며 시뮬레이션 동작이 이루어진다.

- 동작 시키고자 하는 입력 또는 출력 접점에 커서를 위치하고 Ctrl + Enter 키를 입력하면 접점이 ON동작한다.
- ON 동작시 다시 Ctrl + Enter키를 입력하면 OFF상태로 변경된다.

1.2.13 기본 시퀀스 명령어

1) OUT 명령어

- OUT 명령은 입력 조건이 "ON"되면 지정 디바이스를 "ON"하고, 입력 조건이 "OFF"된 시점에서 지정 디바이스도 "OFF"된다.

[a 접점의 프로그램]

회로 표현

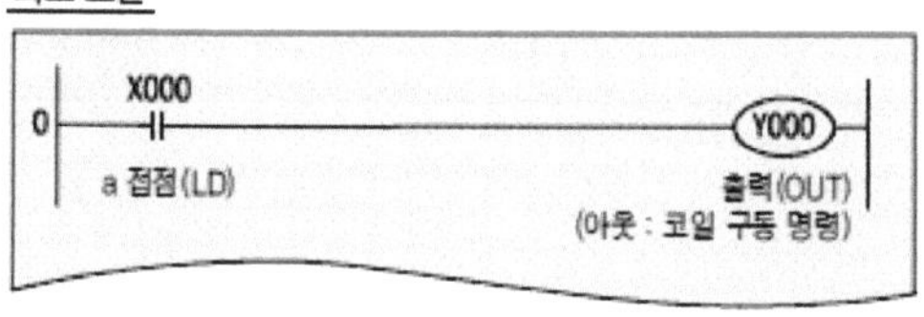

리스트 표현(참고)

스 텝	명 령	
0	LD	X000
1	OUT	Y000

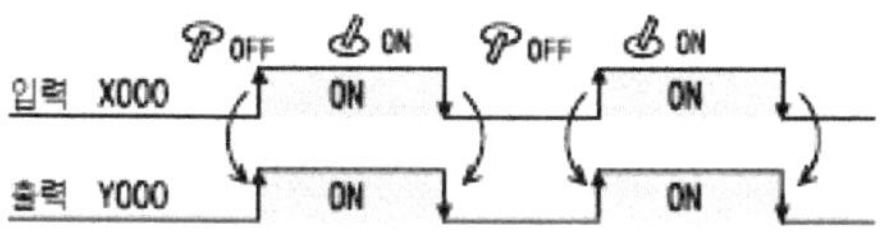

● 입력 조건 X000이 "ON" 되면 Y000이 "ON" 됩니다.

● X000이 "OFF" 되면 Y000도 "OFF" 됩니다.

[b 접점의 프로그램]

회로 표현

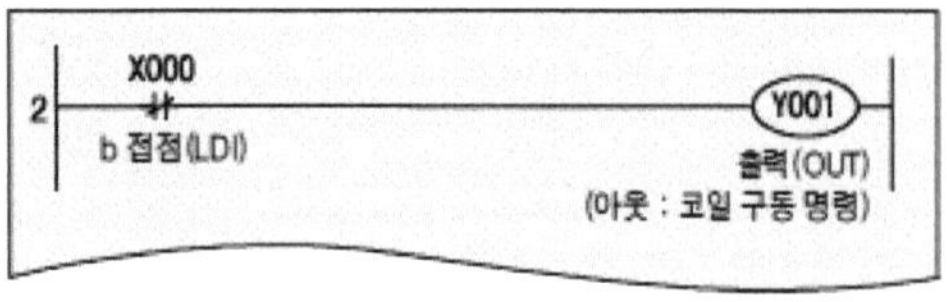

리스트 표현(참고)

스 텝	명 령
2	LDI X000
3	OUT Y001

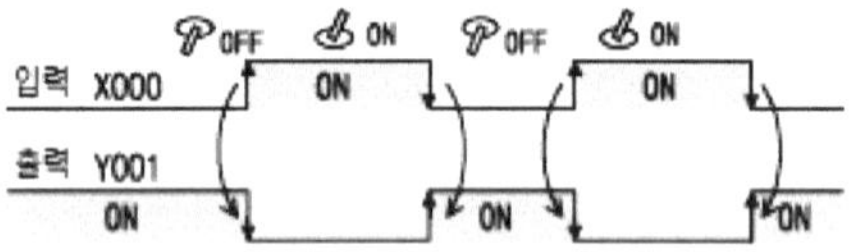

● 입력 조건 X000이 "OFF"되면 Y001이 "ON"됩니다.

● X000이 "ON"되면 Y001이 "OFF"됩니다.

2) SET / RST 명령어

- SET 명령은 입력 조건이 "ON"되면 지정 디바이스를 "ON"된다. 입력 조건이 "OFF"되어도 ON 상태를 유지한다.
- OFF 하고 싶을 때는 RST 명령을 사용한다.

회로 표현

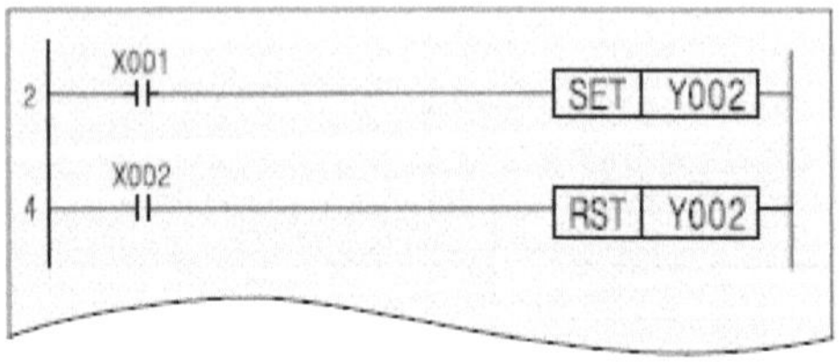

리스트 표현(참고)

스 텝	명 령
2	LD X001
3	SET Y002
4	LD X002
5	RST Y002

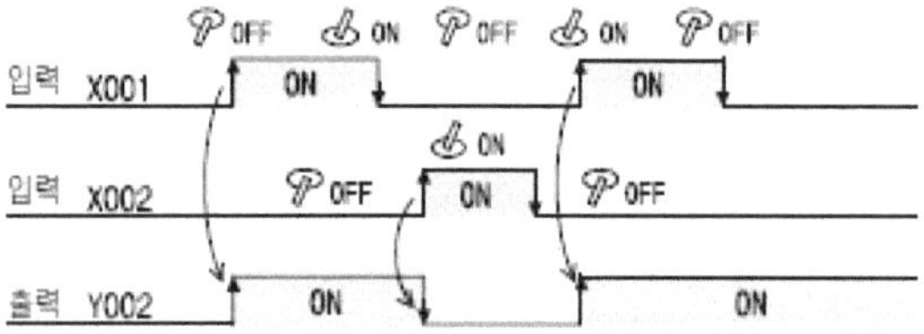

● OUT 명령은 입력 조건이 "ON"되면 지정된 디바이스를 "ON" 합니다.

● 입력 조건이 "OFF" 되면 지정된 디바이스도 "OFF" 됩니다.

3) T (타이머) 명령어

- 타이머는 PLC의 1ms, 10ms, 100ms 등의 클럭 펄스를 가산 계수하여, 이것이 일정한 설정 값에 도달하였을 때 출력 접점이 동작하게 합니다.(ON 지연 타이머)
- 설정 값으로는 상수(K)를 이용하거나 데이터 레지스터(D)의 내용으로 간접 지정할 수 있습니다.

FX3U PLC의 타이머(T) 번호(번호는 10진수 할당)

100ms형 0.1 ~ 3276.7초	10ms형 0.01 ~ 327.67초	1ms 적산형 *1 0.001 ~ 32.767초	100ms 적산형 *1 0.1 ~ 3276.7초	1ms형 0.001 ~ 32.767초
T0 ~ T199 200점 --- 루틴 프로그램용 T192 ~ T199	T200 ~ T245 46점	T246 ~ T249 4점 인터럽트 실행 Keep용 *1	T250 ~ T255 6점 Keep용 *1	T256 ~ T511 256 점

[일반타이머]

회로 표현

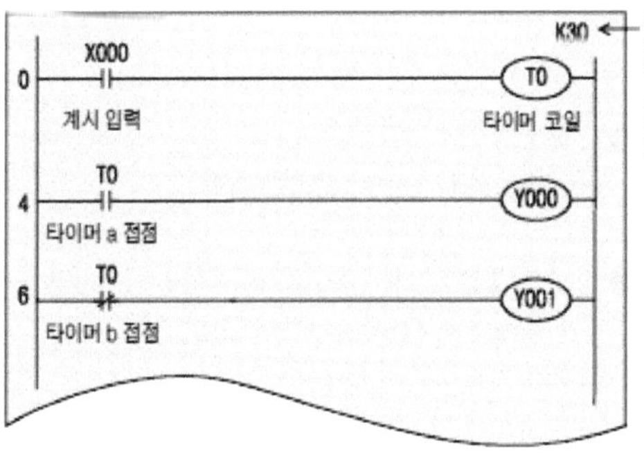

리스트 표현(참고)

스 텝	명 령
0	LD X000
1	OUT T0 K30
4	LD T0
5	OUT Y000
6	LDI T0
7	OUT Y000

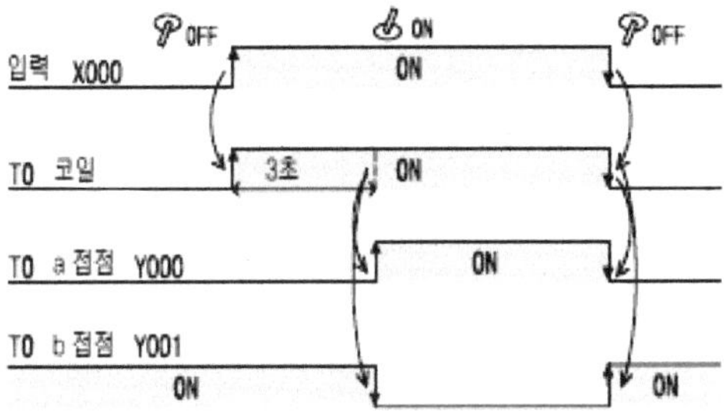

● 입력 조건 X000이 "ON" 되면 타이머 T0의 계시가 시작되어, 지정 시간(T0 : 100ms 베이스×30 = 3초) 후에 접점 T0이 "ON" 됩니다.

● X000이 "OFF" 되면, 타이머의 계시는 리셋되어 접점 T0도 "OFF" 됩니다.

[적산 타이머]

- T246 ~ T249(4점)는 1ms 베이스, T250 ~ T255(6점)는 100ms 베이스의 적산 타이머로 되어 있습니다.

회로 표현

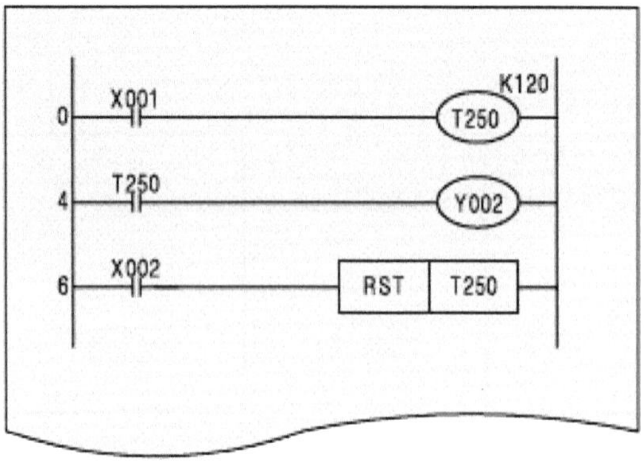

리스트 표현(참고)

스 텝	명 령
0	LD X001
1	OUT T250 K120
4	LD T250
5	OUT Y002
6	LD X002
7	RST T250

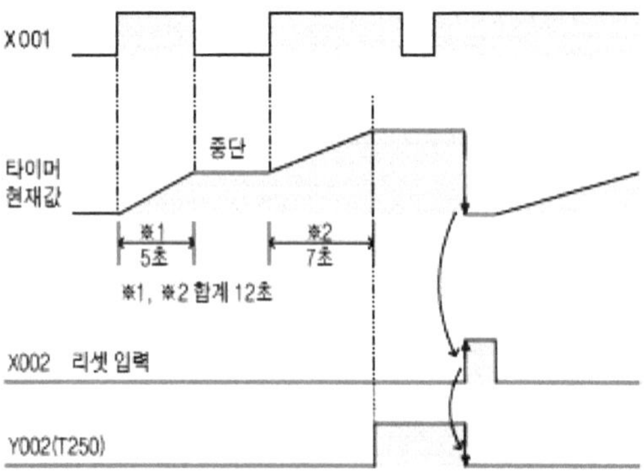

- 계시 입력 X001이 "ON"되어 있는 동안만 타이머가 동작하고, 이 입력이 "OFF"되어 있는 동안에는 계시를 중단합니다.

- 입력 X001의 "ON" 시간의 합이 설정값에 이르면, 타이머의 출력 접점이 동작합니다.

- 리셋 입력 X002가 "ON"되면 타이머의 현재값은 0이 되고, 출력 접점도 "OFF" 됩니다.

4) C (카운터) 명령어

- 카운터에는 16비트 카운터, 32비트 카운터, 고속 카운터 등의 종류가 있지만, 여기에서는 16비트 업 카운터에 대해 설명합니다.

FX3U PLC의 카운터 번호(C)(번호는 10진수 할당)

16비트 업 카운트 카운터 0 ~ 32767		32비트 업/다운 카운터 -2,147,483,648 ~, +2,147,483,647	
일반용	정전 유지용 (배터리 Keep)	일반용	정전 유지용 (배터리 Keep)
C0 ~ C99 100점 ※1	C100 ~ C199 100점 ※2	C200 ~ C219 20점 ※1	C220 ~ C234 15점 ※2

회로 표현

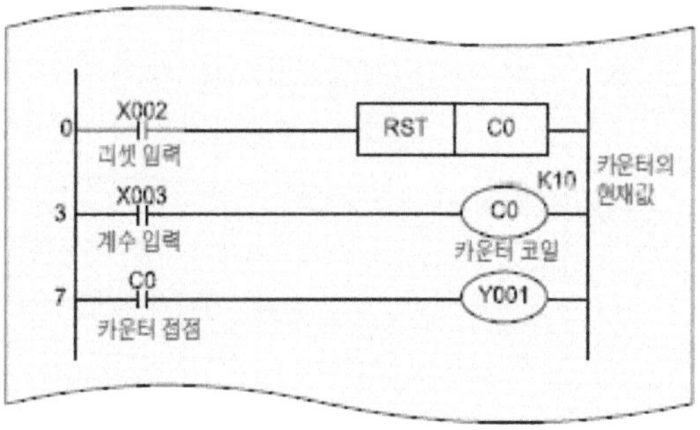

리스트 표현(참고)

스 텝	명 령	
0	LD	X002
1	RST	C0
3	LD	X003
4	OUT	C0 K10
7	LD	C0
8	OUT	Y001

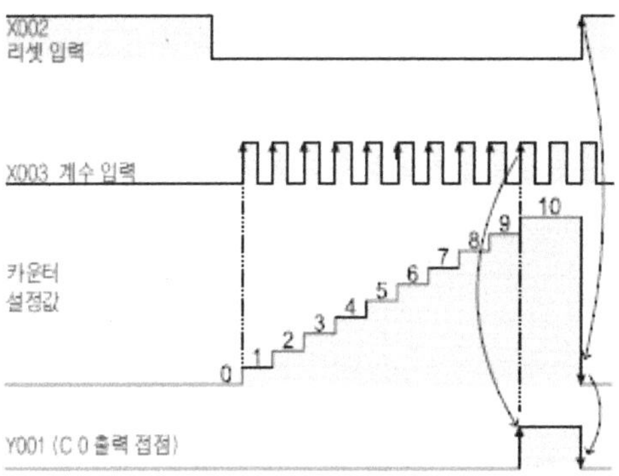

- 계수 입력 X003이 "OFF → ON"으로 변경될 때 카운터의 현재값이 증가하고, 이것이 설정값에 이르면 출력 접점이 동작합니다.
- 카운터 업 후 카운터의 현재값은 변경되지 않고, 출력 접점도 동작한 상태가 유지됩니다.
- 리셋 입력 X002를 "ON"하면, 카운터의 현재값이 0이 되고 출력 접점도 복귀합니다.
- 16비트 업 카운터 C0 ~ C199 중에서 C100 ~ C199는 배터리로 백업되고 있어 정전 시라도 현재값을 기억하고 있습니다.
  재전원 공급 시 나머지를 계수하여 카운트업합니다.

5) PLS / PLF 명령어

[PLS 명령]펄스(상승에지 출력)

- 입력 조건의 상승펄스 시 지정 디바이스의 1스캔 ON 명령

회로 표현

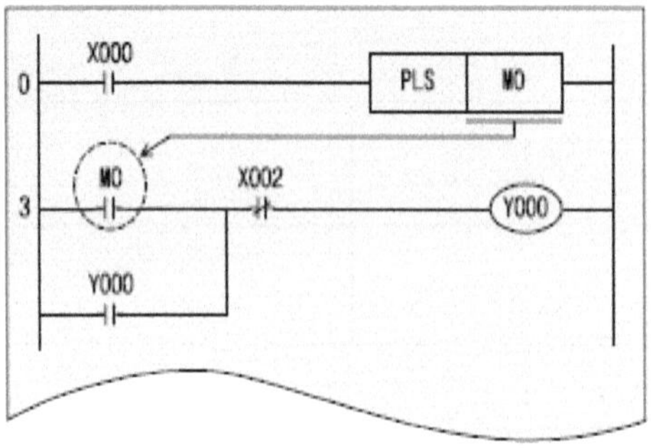

리스트 표현(참고)

스 텝	명 령	
0	LD	X000
1	PLS	M0
3	LD	M0
4	OR	Y000
5	ANI	X002
6	OUT	Y000

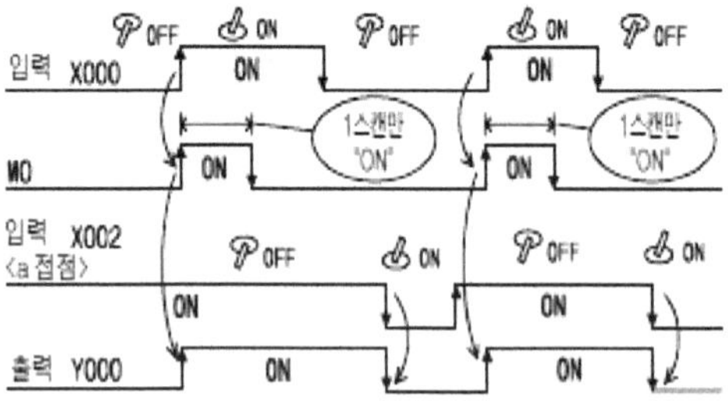

● 입력 조건 X000이 "ON" 되면, 그 상승에지 시 지정 디바이스를 1스캔(1 연산 주기)만 "ON"합니다.

[PLF 명령]펄스에프(하강에지 출력)

- [PLF]펄스에프 - 입력 조건의 하강펄스 시 지정 디바이스의 1스캔 ON 명령

회로 표현

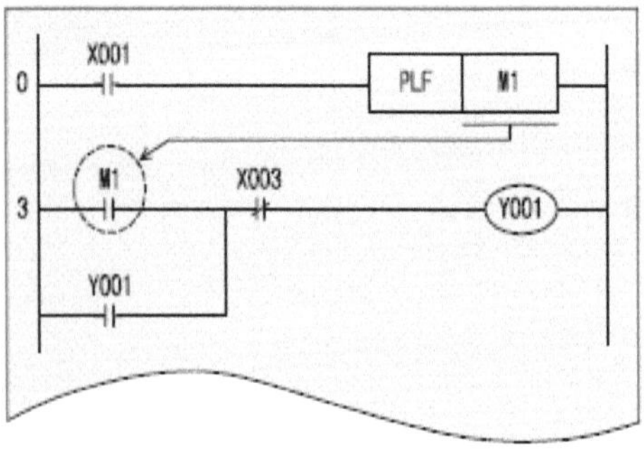

리스트 표현(참고)

스 텝	명 령	
0	LD	X001
1	PLF	M1
3	LD	M1
4	OR	Y001
5	ANI	X003
6	OUT	Y001

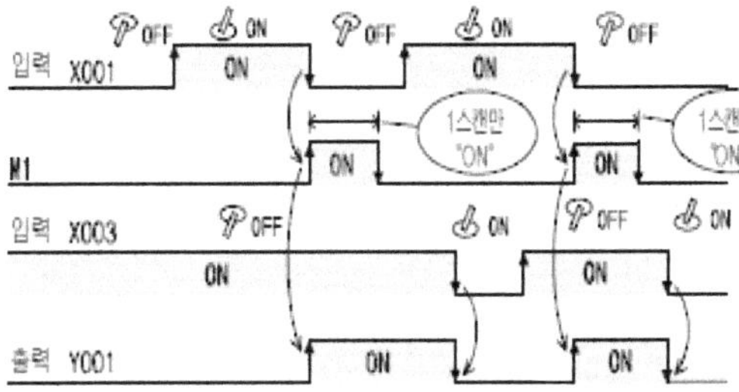

● 입력 조건 X001이 "ON → OFF"되면, 그 하강에지 시 지정 디바이스를 1스캔(1 연산 주기)만 "ON"합니다.

6) MC/MCR 명령어

회로 표현

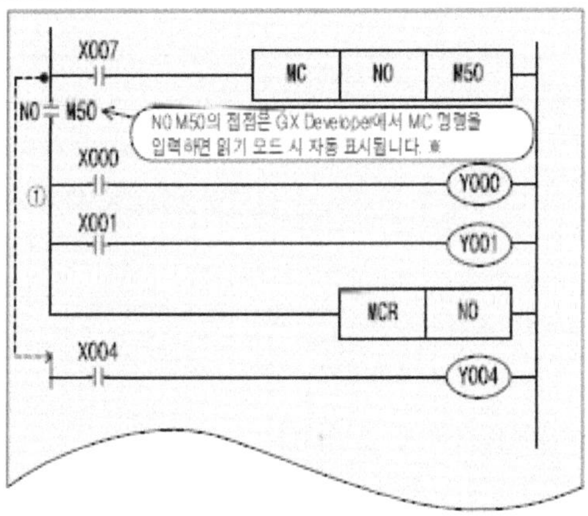

리스트 표현(참고)

스 텝	명 령
0	LD X007
1	MC N0 M50
4	LD X000
5	OUT Y000
6	LD X001
7	OUT Y001
8	MCR N0
10	LD X004
11	OUT Y004

※ : GX Works2에서는 N0 M50의 접점은 표시되지 않습니다.

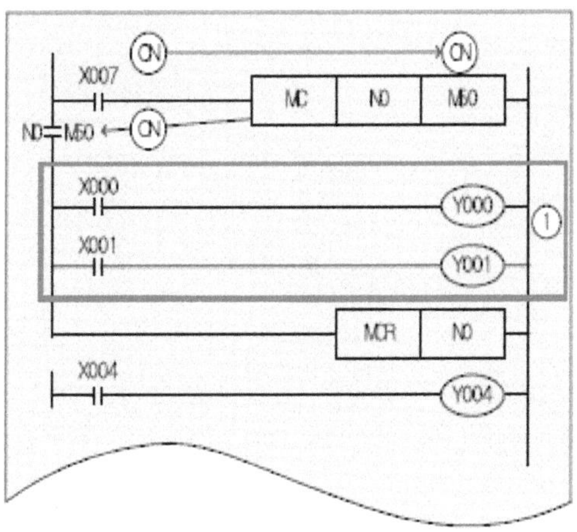

● 입력 조건 X007가 "ON"되어 있는 동안 ①부의 회로가 유효가 되어, "X000이 "ON"되면 Y000이 "ON"되고 "X001이 "ON"되면 Y001이 "ON"됩니다.

● X007 "OFF" 시는 Y000/Y001은 동작하지 않습니다.

● Y004는 MC/MCR 외이므로 X004의 동작에 의해 "ON/OFF"됩니다.

1.2.14 응용 시퀀스 명령어

1) PLC 취급하는 수치

(1) 10진수(Decimal)

- 우리가 일상생활에 사용하고 있는 것이 10진수입니다.
- FX PLC에서는 다음 용도에 10진수가 사용되고 있습니다.
- PLC의 디바이스 번호(입력 릴레이(X), 출력 릴레이(Y) 제외)

보조 릴레이(M)	M0 ,M1 ,M2 ··· M8 ,M9 ,M10 ,M11 ···
타이머(T)	T0 ,T1 ,T2 ··· T8 ,T9 ,T10 ,T11 ···
카운터(C)	C0 ,C1 ,C2 ··· C8 ,C9 ,C10 ,C11 ···
데이터 레지스터(D)	D0 ,D1 ,D2 ··· D8 ,D9 ,D10 ,D11 ···

- 타이머나 카운터의 상수(K)나 응용 명령 중의 수치 등을 10진수로 표현할 때는"K"를 붙여 "K20"으로 표기합니다.

(2) 8진수(Oct)

- 8진수는 0~7, 10~17, 20~27과 같이 8배 단위로 자리를 올립니다.
- FX PLC에서는 입력 릴레이(X) 및 출력 릴레이(Y)의 디바이스 번호에 이 8진수가 사용되고 있습니다.

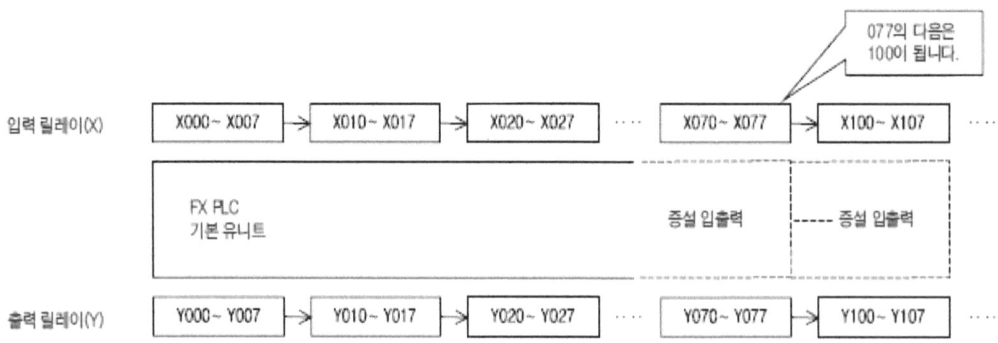

(3) 2진수(BIN)

- 우리가 일반적으로 사용하는 수치는 10배 단위로 자리를 올려 나타내는 10진수(DECIMAL NUMBER)입니다.
- 그러나 컴퓨터나 PLC의 세계에서는 2배 단위로 자리를 올려 나타내는 2진수(BINARY NUMBER)가 기본으로 되어있습니다.
- 이것은 메모리나 릴레이의 ON/OFF를 2진수"1/0"에 대응시켜 표현하는 것이 유리하기 때문입니다.
- 2진수"10011101"이 10진수에서는 몇 개가 되는지를 고려합니다.
- 각 비트는 아래 그림과 같이 되어 있으며, 2진수로"1"이 들어 있는 부분의 합이 10진수 값이 됩니다.

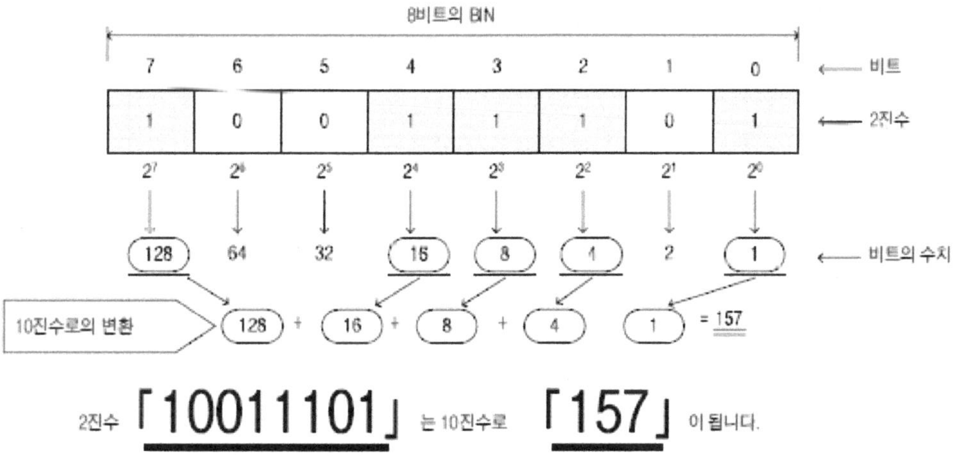

(4) 16진수(HEXA)2진수(BIN)

16진수(HEXADECIMAL NUMBER)는 4비트 단위로 1자리를 묶어 0~9, A(10), B(11), C(12), D(13), E(14), F(15)의 수치와 기호로 각 자리를 표현합니다.

- 16진수에서는 기호가 F까지 진행되면 자리를 올립니다.

[10진수와 16진수의 대응]

	10진수(DEC)	16진수 HEX(HEX)	2진수(BIN)	
	0	00	0000	0000
	1	01	0000	0001
	2	02	0000	0010
	3	03	0000	0011
	4	04	0000	0100
	5	05	0000	0101
	6	06	0000	0110
	7	07	0000	0111
	8	08	0000	1000
	9	09	0000	1001
	10	0A	0000	1010
	11	0B	0000	1011
	12	0C	0000	1100
	13	0D	0000	1101
	14	0E	0000	1110
	15	0F	0000	1111
	16	10	0001	0000
	⋮	⋮	⋮	⋮
주요 용도	상수 K, 내부 디바이스 번호 (입출력 릴레이 이외)	상수 H 등	PLC 내부의 처리	

(5) 2진화 10진수(BCD 코드)

- 10진수의 각 자리를 구성하는 0~9의 수치를 4비트의 BIN으로 표현하는 방식으로 BCD(BINARY CODED DECIMAL)가 있습니다.
- BCD 코드는 디지털 스위치의 출력 신호나 7세그먼트 표시기의 제어 신호 또는 각종 계측기 등과의 신호 교환에 사용됩니다.
- 10진수와 BCD 코드는 10진수의 1자리(0~9의 수치)를 2진수의 4비트를 사용하여 표현합니다.

[디지털 스위치가 출력하는 4자리의 BCD 코드(10진수 "3165")의 예]

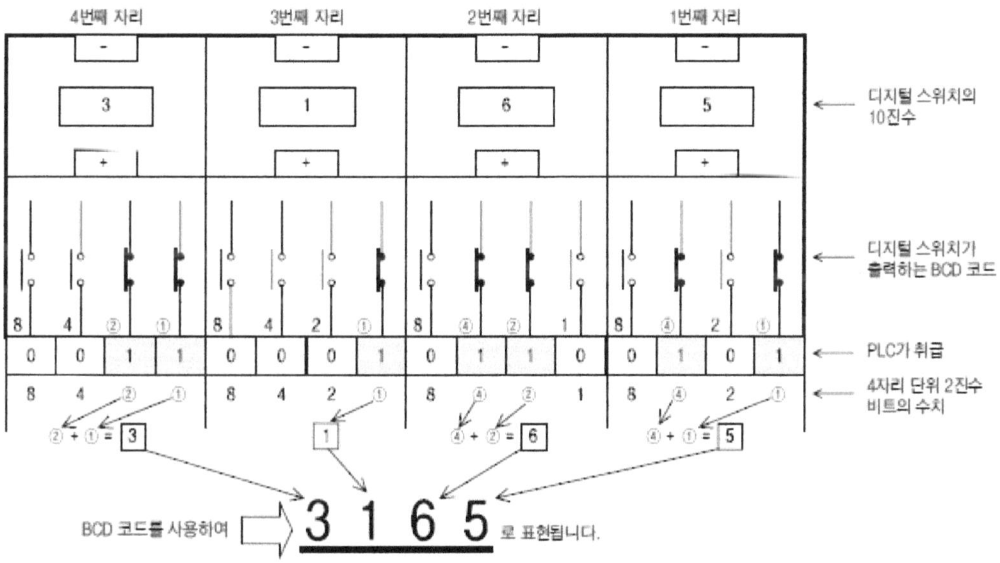

2) 수치 데이터의 저장

- 워드 디바이스는 16비트 또는 32비트의 수치 데이터를 저장하는 것을 목적으로 한 레지스터이다.
- 모두 1점이 16비트 데이터로, 2점을 조합하면 32비트 데이터도 취급할 수 있습니다.

데이터 레지스터

• 일반용			
D0 ~ D199	(200점)		
• Keep용		• 특수용	
D200 ~ D7999	(7, 800점)	D8000 ~ D8511	(512점)
(파일 레지스터)		• 인덱스용	
D1000 ~ D7999	(7,000점)	V0 ~ V7	(합계 16점)
• 확장 레지스터		Z0 ~ Z7	
R0 · R32767	(32,768점)		

(1) 16비트 데이터

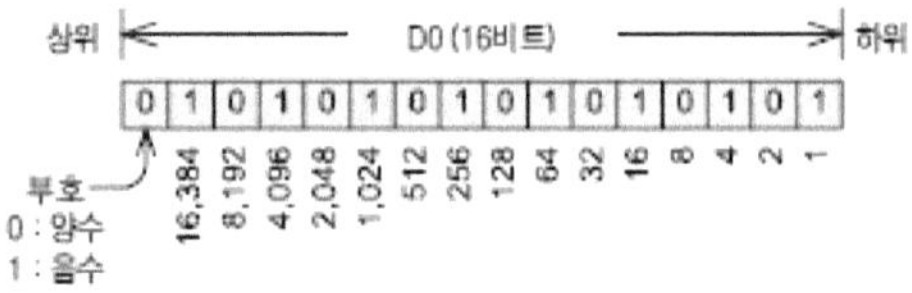

16비트 데이터에서는 −32,768 ~ +32,767까지의 수치를 표현할 수 있습니다.

예 ① 16비트 데이터가 전체가 "0" 일 때는 수치 0

② 최상위만 "0"이고 이외가 "1"일 때는 +32,767

③ 16비트 데이터가 전체가 "1" 일 때는 −1

(2) 32비트 데이터

- 인접한 번호의 1개조의 데이터 레지스터로 32비트 데이터를 표현합니다.(상위는 큰 번호, 하위는 작은 번호, 인덱스 레지스터에서는 V가 상위, Z가 하위) 따라서 -2,147,483,648 ~ +2,147,483,647의 수치를 취급합니다.

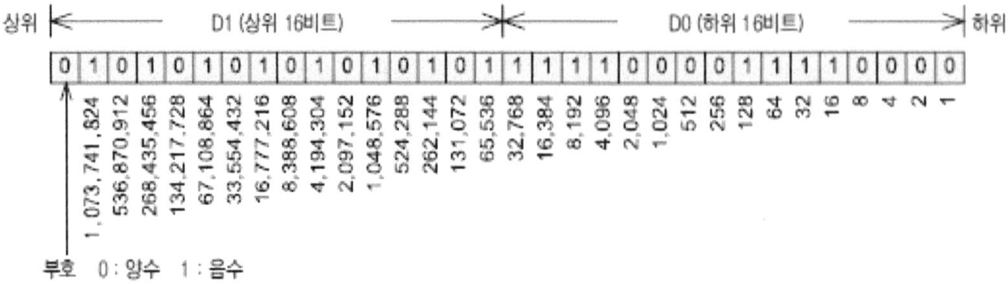

- 타이머나 카운터의 현재값 레지스터에도 수치가 저장됩니다. 이를 타이머나 카운터로 이용하지 않을 때는 데이터 레지스터 대신에 이용하는 것도 가능합니다.

타이머의 현재값 레지스터

- 100ms 용
  T0 ~ T199 (200점)
- 10ms 용
  T200 ~ T245 (46점)
- 1ms 적산용(정전 유지)
  T246 ~ T249 (4점)
- 100ms 적산용(정전 유지)
  T250 ~ T255 (6점)
- 1ms 용
  T256 ~ T511 (256점)

● 모두 16비트의 레지스터지만, 타이머로는 최상위 비트는 항시 "0"이며, 0 ~ 32,767의 정수를 취급합니다. (음수는 에러가 되어 타이머가 동작하지 않습니다)
● 또한, 타이머로는 디바이스 번호에 대응하여 100ms, 10ms, 1ms 등의 단위가 됩니다.
예를 들어, T0의 내용이 100일 때, 이것은 10초에 상당합니다.

업 카운터용 현재값 레지스터

일반용
  C0 ~ C99 (100점)
정전 유지용
  C100 ~ C199 (100점)

● 모두 16비트의 레지스터지만, 카운터로 이용하고 있을 때는 최상위 비트는 항시 "0"이며, 0 ~ 32,767의 정수를 취급합니다.(음수는 에러가 되어 카운터가 동작하지 않습니다)

업, 다운 카운터용 현재값 레지스터

일반용
  C200 ~ C219 (20점)
정전 유지용
  C220 ~ C234 (15점)
고속 카운터용(정전 유지)
  C235 ~ C255 (21점))

고속 카운터용으로는 이 중에서 6점 이하가 사용됩니다.

● 모두 32비트의 레지스터로, 최상위 비트는 양("0"), 음("1")의 부호를 나타냅니다.
● 따라서 이 1점으로 -2,147,483,648 ~ +2,147,483,647의 양음의 값을 취급합니다.
● 이것에 대해 상기 타이머나 업 카운터의 현재값 레지스터를 이용하여 32비트의 데이터 레지스터를 대신 이용할 때는 이전 페이지의 데이터 레지스터와 마찬가지로 인접 번호 2개의 디바이스를 조합합니다.

3) 비트 디바이스의 워드 디바이스 취급(자리 지정 방법)

- 입력 릴레이 X, 출력 릴레이 Y, 보조 릴레이 M, 상태 S와 같은 ON/OFF 정보만을 취급하는 비트 디바이스의 경우에도, 이를 1자리 4점 단위로 하여 1 ~ 8자리의 조합에 의해 32비트 다음 수치를 취급할 수 있습니다.

(1) K4X000의 예

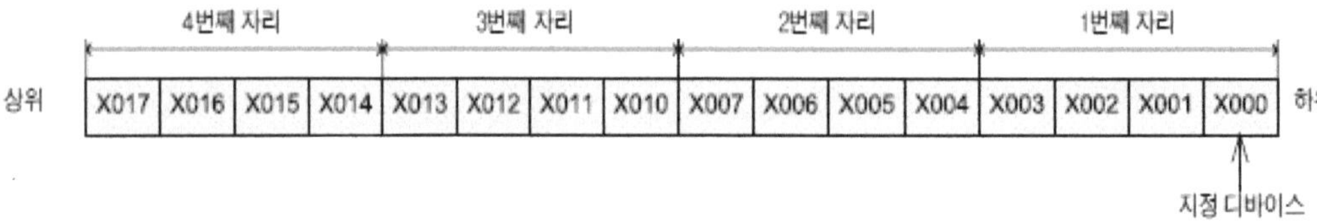

- 디지털 스위치 4자리의 비트 정보를 4비트 단위로 자리를 지정하는 방법

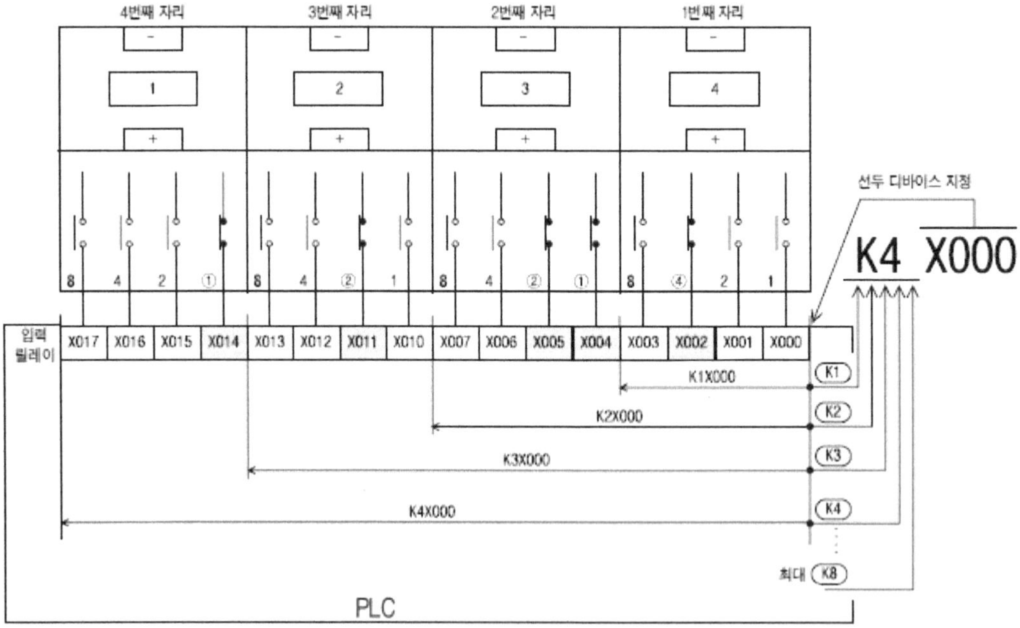

K 4 X 000
① ② ③ ④

① 자리를 지정하기 위해서는 반드시 K를 이용합니다.
② 16비트 연산에서는 K1 ~ K4의 4자리 이하, 32비트 연산에서는 K1 ~ 8의 8자리 이하를 지정할 수 있습니다.
③ X, Y, M, S의 디바이스 기호를 지정합니다.(비트 디바이스)
④ 최하위 비트의 디바이스 번호입니다.

- PLC의 출력 Y017 ~ Y010에 의해 2자리의 BCD 출력을 발생하여 7세그먼트를 구동하고 있습니다.
- 7세그먼트 드라이버의 입력 1, 2, 4, 8을 PLC에서 구동하면 입력 번호의 합계에 대응하여 0 ~ 9를 표시하게 되어 있습니다.
- 아래 예의 경우의 자리 지정은“K2Y010”이 됩니다.

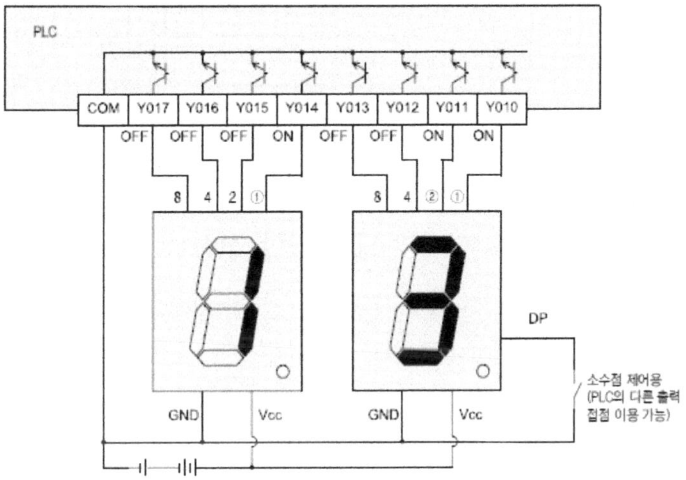

4) MOV(P) 명령어

- 데이터 전송 명령이란 ON/OFF 데이터 또는 수치 데이터를 전송 소스에서 전송 상대에 주고받는 것을 목적으로 한 명령입니다.
- 전송 명령에는 단순하게 데이터를 이동하는 것도 있고, BCD BIN 등의 전송 시 데이터를 변환하는 것도 있습니다.
- 펄스 실행형은 명령의 뒤에 P를 붙입니다.

(1) [워드 디바이스(16비트)]→[워드 디바이스(16비트)] 간의 전송

- □D0(16비트)과 같은 내용의 데이터를 D1(16비트)에 전송합니다.

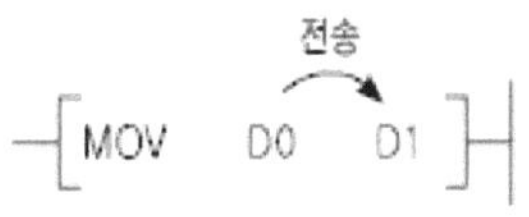

	b15	b14	b13	b12	b11	b10	b9	b8	b7	b6	b5	b4	b3	b2	b1	b0
D0	0	0	1	0	1	0	0	1	0	0	1	1	0	0	0	1
⇩																
D1	0	0	1	0	1	0	0	1	0	0	1	1	0	0	0	1

(2) [상수 K(10진수)]→[워드 디바이스]에 대한 전송

- K1234를 BIN값으로 취급하여 그대로 D1(16비트)에 전송합니다.

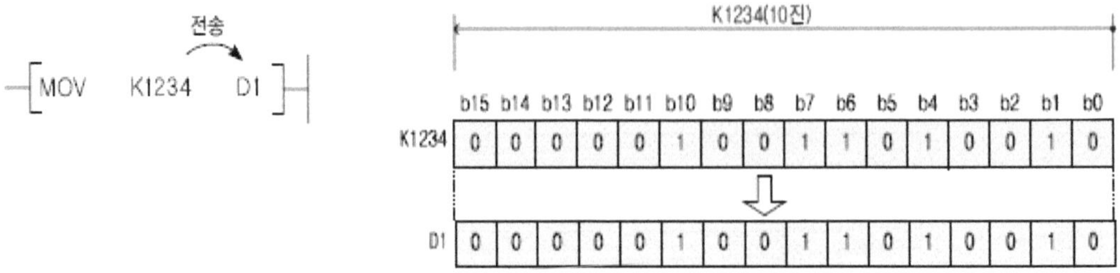

(3) [비트 디바이스]→[워드 디바이스]에 대한 전송

- 전송 소스가 K1X000 ~ K3X000등 상위 비트가 부족한 데이터 (16비트가 아닌) 전송의 경우 상위 데이터는 전송되지 않습니다.

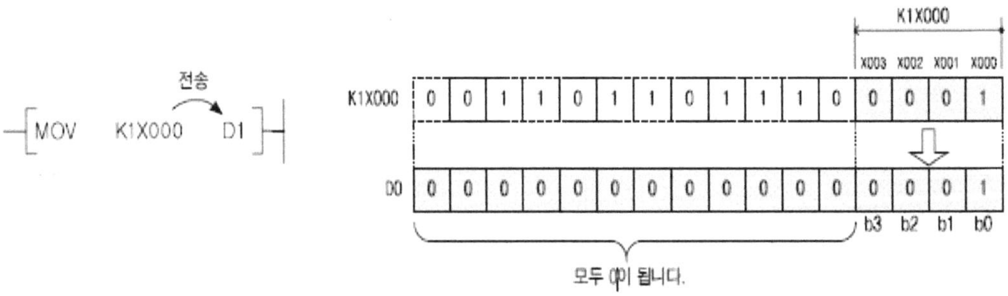

(4) [워드 디바이스]→[비트 디바이스]에 대한 전송

- 전송 상대가 K1Y000 ~ K3Y000등 상위 비트가 부족한 데이터 (16비트가 아닌) 전송의 경우 상위 데이터는 전송되지 않습니다.

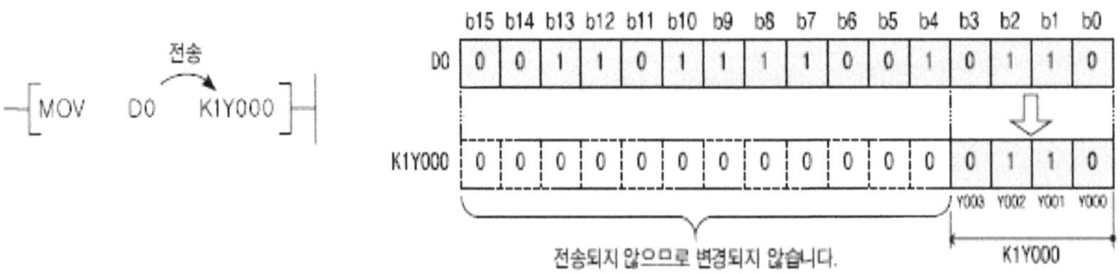

5) BIN(P) / BCD(P) 명령어

- PLC 내부에서는 수치를 모두 BIN값으로 취급하고 있습니다. 따라서 BCD의 디지털 스위치 정보를 PLC에서 수집할 때는 BCD → BIN 변환 전송 명령을 이용하고, BCD의 7세그먼트 표시기에 출력할 때는 BIN → BCD 변환 전송 명령을 이용합니다.
- 펄스 실행형은 명령의 뒤에 P를 붙입니다.

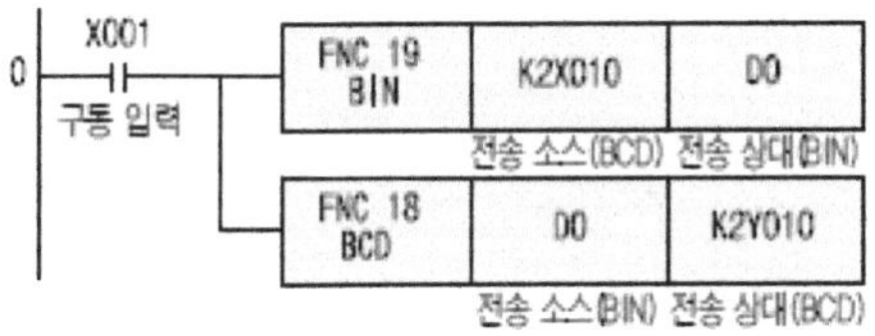

BCD 명령 .... 구동 입력이 ON 되었을 때, 전송 소스 BIN값을 BCD값으로 변환하여 전송합니다.

BIN 명령 .... 구동 입력이 ON 되었을 때, 전송 소스 BCD값을 BIN값으로 변환하여 전송합니다.

《동작》

상기 프로그램을 입력합니다.

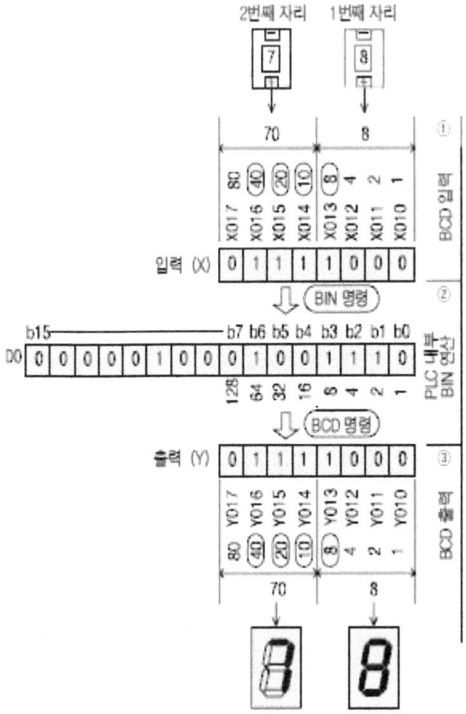

《동작 확인》

① 디지털 스위치의 변화에 따라 입력 X010 ~ X013(1번째 자리)과 X014 ~ X017(2번째 자리)의 각각에 BCD 코드가 입력된다(BIN 명령)

② D0에는 왼쪽 예의 입력값 "78" (2진수치 : 1001110)이 저장된다

③ 출력 Y010 ~ Y017(1번째 자리)과 Y010 ~ Y017(2번째 자리)의 각각에 7세그먼트 표시기를 동작시키는 BCD 코드가 출력된다(BCD 명령)

(참고)

디지털 SW 입력	BCD값
0	0000
1	0001
2	0010
3	0011
4	0100
5	0101
6	0110
7	0111
8	1000
9	1001

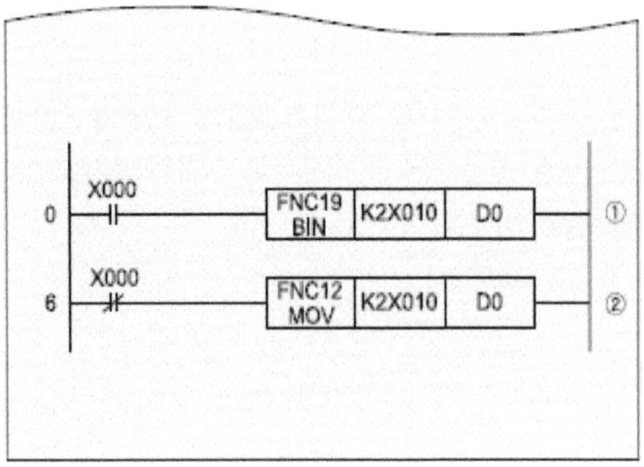

① X010 ~ X017의 ON/OFF(BCD값)를 BIN 변환하여 D0에 전송

② X010 ~ X017의 ON/OFF(BCD값)를 그대로 D0에 전송

6) BMOV(P) 명령어

- 전송 소스로 지정된 디바이스를 선두로 하는 n 개의 데이터를 전송 상대로 지정된 디바이스를 선두로 하는 n 개의 디바이스에 일괄 전송합니다.
- 펄스 실행형은 명령의 뒤에 P를 붙입니다.

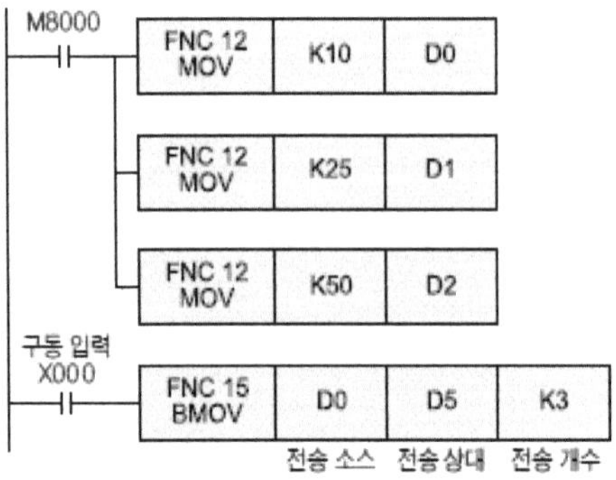

K10 → D0에 전송

K25 → D1에 전송

K50 → D2에 전송

데이터 레지스터 D0 ~ D2의 3점을 D5 ~ D7의 3점에 일괄 전송합니다.

● 전송 개수가 디바이스 범위를 초과하는 경우, 디바이스 범위 내에서 전송합니다.

● 자리 지정을 하는 비트 디바이스의 경우, 전송 소스와 전송 상대의 자리수는 동일하게 하십시오.

BMOV K2X000 K2Y000 K5

자리 지정은 동일하게!

7) FMOV(P) 명령어

- 전송 소스로 지정된 디바이스의 내용을 전송 상대로 지정된 디바이스를 선두로 n개분 전송합니다. 전송된 n개분의 데이터는 모두 같은 데이터가 됩니다.
- 펄스 실행형은 명령의 뒤에 P를 붙입니다.

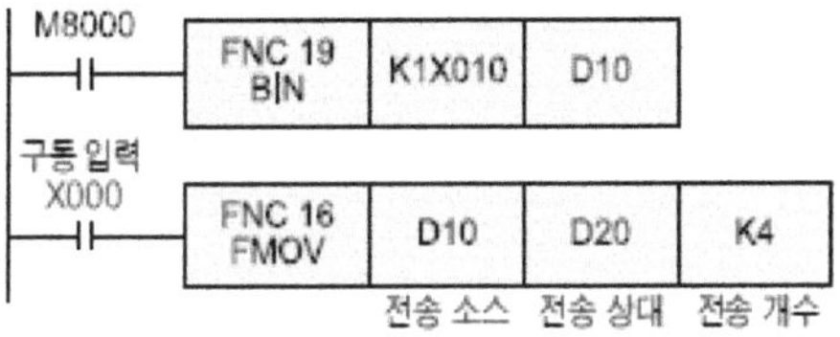

DSW1로 설정된 데이터를 BIN 변환하여 D10에 전송합니다.
D10의 내용을 D20 ~ D23의 4점에 전송합니다.

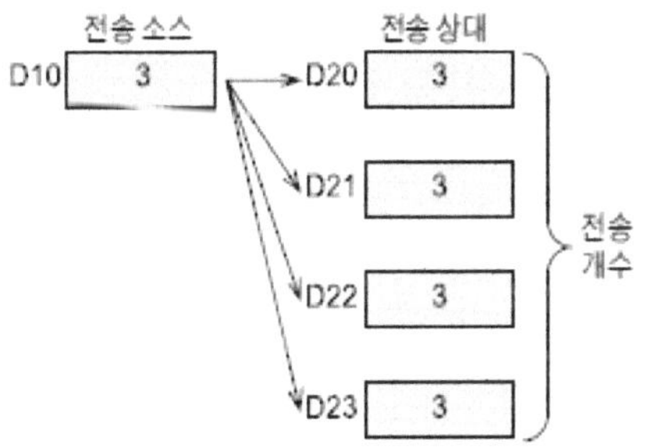

● 전송 개수가 디바이스 범위를 초과하는 경우, 디바이스 범위 내에서 전송합니다.

8) 데이터 비교 명령 CMP, ZCP

- 비교 명령은 데이터 레지스터나 타이머, 카운터의 현재값 레지스터에 저장되어 있는 수치 또는 X, Y, M, S 등의 릴레이로 조합되어 표현되는 수치를 다른 디바이스 간에 비교하거나 상수 K와 비교하는 경우에 이용합니다.
- 비교 명령에는 비교 상대를 1점으로 비교하는 것과 2점간의 대역으로 비교하는 것이 있으며, 어느 쪽이나 비교 결과는 전송 소스에 대해 응용 명령 1개로 대, 일치, 소의 3개의 결과를 얻을 수 있게 되어 있습니다.

(1) CMP명령

- 구동 입력이 ON 되면, 비교 명령이 실행되고 비교 소스에 대해 비교 상대가 대, 일치, 소인지를 판정하여 출력을 합니다.
- 결과 출력은 지정된 디바이스를 선두로 3점을 점유합니다.

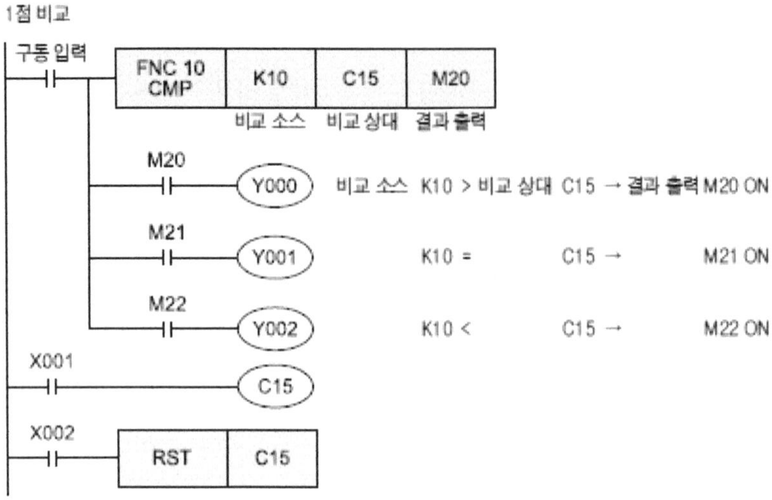

(2) ZCP명령

- 명령과 같은 동작을 하지만, 비교 소스가 2점 있어 대역으로 비교하는 명령입니다.
- 비교 소스1은 비교 소스2 보다 반드시 작은 값으로 하십시오.

9) 접점 비교명령

- 접점 비교 명령은 프로그램 위치에 따라 LD 접점(모선에서 연결되는 것), AND 접점(다른 접점과 직렬로 연결되는 것), OR 접점(다른 접점과 병렬로 연결되는 것)의 3종류가 있습니다.
- 회로도에서 입력하는 경우, F8 에 이어「=,〉, 〈, 〈〉, 〈=,〉 =」의 기호를 사용합니다.
-

LD ※ ※: =, >, <, < >, ≤, ≥

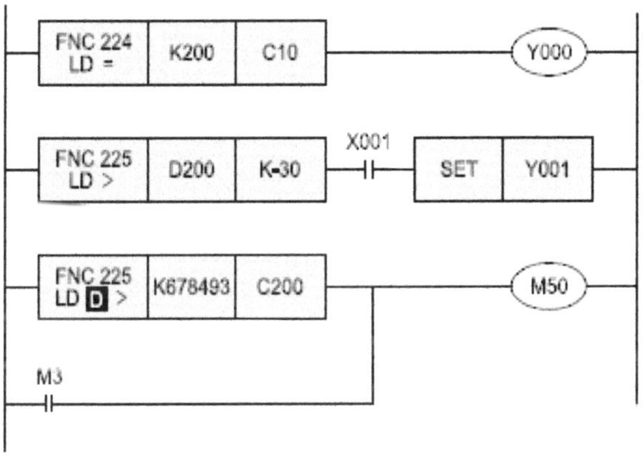

- 카운터 C10의 현재값이 200일 때 Y000이 ON 됩니다.
- D200의 내용이 -29 이상이고 X001이 ON 되어 있을 때 Y001이 ON 됩니다.
- 카운터 C200의 내용이 678493 보다 작거나 M3이 ON 되어 있을 때 M50이 ON 됩니다.
- 32비트 카운터(C200~)를 이용하는 경우, 32비트 명령을 이용합니다.

AND ※ ※: =, >, <, < >, ≤, ≥

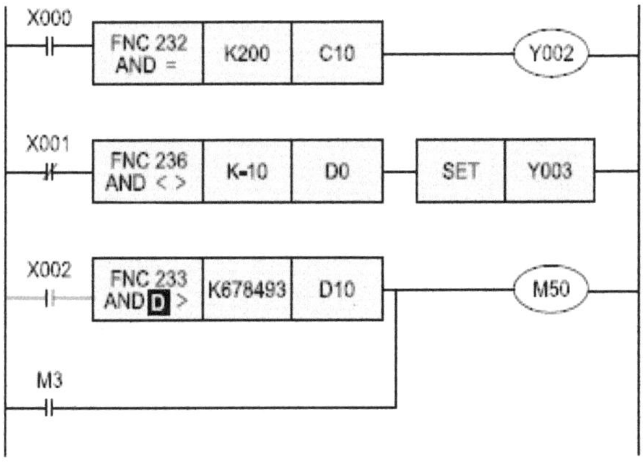

- X000이 ON 되어 있고 카운터 C10의 현재값이 200일 때 Y002가 ON 됩니다.
- X001이 OFF 되어 있고 데이터 레지스터 D0의 내용이 -10이 아닐 때 Y003이 SET 합니다.
- X002가 ON 되어 있을 때 D10, D11의 내용이 678493 보다 작거나 M3이 ON 된 경우, M50이 ON 됩니다.
- 32비트 데이터의 경우, 32비트 명령을 이용합니다.

OR ※ ※: =, >, <, <>, ≤, ≥

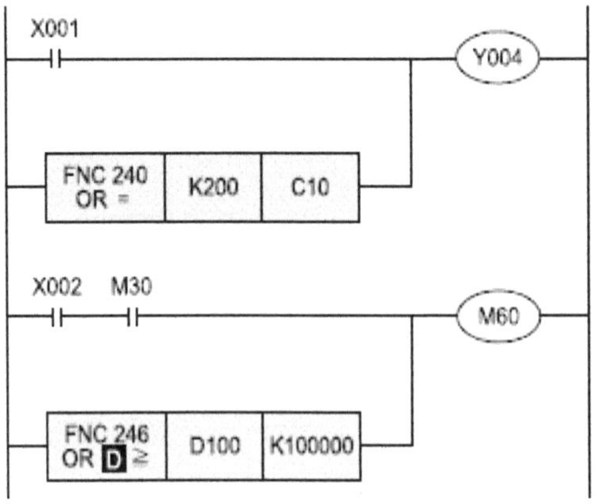

● X001이 ON 되었거나 카운터 C10의 현재값이 200일 때, Y004가 ON 됩니다.

● X002 및 M30이 ON 되었거나 데이터 레지스터 D101, D100의 내용이 100000 이상일 때 M60이 ON 됩니다.

● 32비트 데이터의 경우, 32비트 명령을 이용합니다.

10) 사칙연산명령어

- ADD, SUB, MUL, DIV : 각종 데이터 간에 가산, 감산, 승산, 제산을 실행하는 명령입니다.

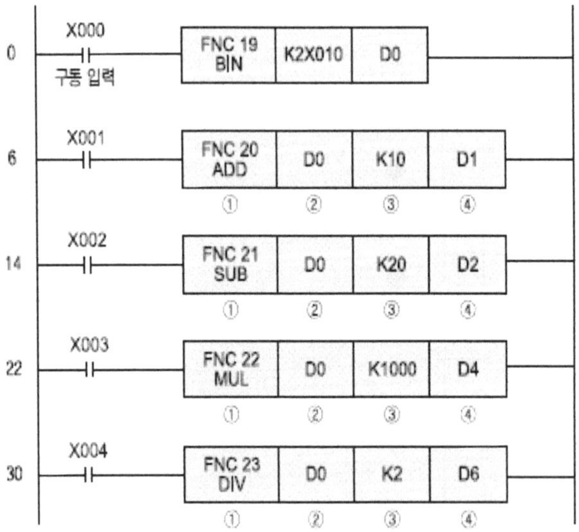

X010 ~ X017 BCD값 → BIN 변환 후 D0에 전송

D0+K10=D1
←명령에 의해 ①~④는 아래와 같이 변화합니다.

D0−K20=D2

D0 × K1000=D5, D4

D0 ÷ K2=D6 · · · 나머지 D7

(1) 명령

- FNC20 ADD : BIN 가산 (ADDITION)
- FNC21 SUB : BIN 감산 (SUBTRACTION)
- FNC22 MUL : BIN 승산 (MULTIPLICATION)
- FNC23 DIV : BIN 제산 (DIVISION)

- 피가산, 피감산, 피승산, 피제산의 피연산 데이터를 지정합니다.
- 가산, 감산, 승산, 제산의 연산 데이터를 지정합니다.
- 연산 결과의 저장 위치를 지정합니다.

- 16비트 명령의 경 우 ADD, SUB, MUL, DIV
  - 가산(D0) + (K10) =(D1) 합
  - 감산(D0) - (K20) =(D2) 차
  - 승산(D0) × (K5) =(D5, D4) 곱(결과는 32비트)
  - 제산(D0) ÷ (K2) =(D6) 몫· · ·(D7) 나머지

- 32비트 명령의 경 우 ADD, SUB, MUL, DIV
  - 가산(D1, D0) + (K10) =(D2, D1) 합
  - 감산(D1, D0) - (K20) =(D3, D2) 차
  - 승산(D1, D0) × (K5) =(D7, D6, D5, D4) 곱(결과는 64비트)
  - 제산(D1, D0) ÷ (K2) =(D7, D6) 몫· · ·(D9, D8) 나머지

11) 주요 특수 디바이스 일람

● PC 스테이터스

번호	명칭	FX1S	FX3G	FX3U	FX1NC	FX3UC
[M]8000	RUN 모니터 a접점	○	○	○	○	○
[M]8001	RUN 모니터 b접점	○	○	○	○	○
[M]8002	초기화 펄스 a접점	○	○	○	○	○
[M]8003	초기화 펄스 b접점	○	○	○	○	○
[M]8004	에러 발생	○	○	○	○	○
[M]8005	배터리 전압 저하	-	○	○	-	○
[M]8006	배터리 전압 저하 래치	-	○	○	-	○
[M]8007※1	순간 정전 검출	-	-	○	-	○
[M]8008※1	정전 검출 중	-	-	○	-	○
[M]8009	DC24V 다운	-	○	○	-	○

번호	명칭	FX1S	FX3G	FX3U	FX1NC	FX3UC
D 8000	워치 도그 타이머	200ms	200ms	200ms	200ms	200ms
[D]8001	PC 타입 및 시스템 버전(***)	22***	26***	24***	26***	24***
[D]8101	PC 타입 및 시스템 버전	-	-	16	-	-
[D]8002	메모리 용량	○ 2	○ 8	○ 8	○ 8	○ 8
[D]8003※2	메모리 종류	○	○	○	○	○
[D]8004	에러 M 번호	○	○	○	○	○
[D]8005	배터리 전압	-	○	○	-	○
[D]8006	배터리 전압 저하 검출 레벨	-	○	○	-	○
[D]8007	순간 정전 검출	-	-	○	-	○
D 8008※2	정전 검출 시간	-	-	○	-	○
[D]8009	DC24V 다운 유니트 번호	-	○	○	-	○

※1 : 정전 검출 시간(D8008) 변경 ※2 : 메모리 종류(D8003)의 내용

● 클록

번호	명칭	FX_{1S}	FX_{3G}	FX_{3U}	FX_{1NC}	FX_{3UC}
[M]8010						
[M]8011	10ms 클록	○	○	○	○	○
[M]8012	100ms 클록	○	○	○	○	○
[M]8013	1s 클록	○	○	○	○	○
[M]8014	1min 클록	○	○	○	○	○
M 8015	계시 정지 및 프리셋	○	○	○	○	○
M 8016	시간 읽기 표시 정지	○	○	○	○	○
M 8017	±30초 보정	○	○	○	○	○
[M]8018	리얼타임 클록 장착 검출	항시 ON				
M 8019	리얼타임 클록 에러	○	○	○	○	○

번호	명칭	FX_{1S}	FX_{3G}	FX_{3U}	FX_{1NC}	FX_{3UC}
[D]8010	스캔 현재값	○ 표시값에는 M8039 구동 시의 콘스턴트 스캔 운전의 대기 시간도 포함되어 있습니다				
[D]8011	MIN 스캔 타임					
[D]8012	MAX 스캔 타임					
D 8013	초	○	○	○	○	○
D 8014	분	○	○	○	○	○
D 8015	시	○	○	○	○	○
D 8016	일	○	○	○	○	○
D 8017	월	○	○	○	○	○
D 8018	년	○	○	○	○	○
D 8019	요일	○	○	○	○	○

D8013 ~ D8019의 시간 데이터는 정전 유지됩니다. 또한, D8018(년)은 1980 ~ 2079의 서기 4자리 모드로의 전환도 가능합니다.

● 플래그

번호	명칭	FX_{1S}	FX_{3G}	FX_{3U}	FX_{1NC}	FX_{3UC}
[M]8020	제로	○	○	○	○	○
[M]8021	보로	○	○	○	○	○
M 8022	캐리	○	○	○	○	○
[M]8023						
M 8024	BMOV 방향 지정	-	○	○	○	○
M 8025	HSC 모드	-	-	○	-	○
M 8026	RAMP 모드	-	-	○	-	○
M 8027	PR 모드	-	-	○	-	○
M 8028	100ms/10ms 타이머 전환	○	-	-	-	-
	FROM/TO 명령 실행 중 인터럽트 허가	-	○	○	-	○
[M]8029	명령 실행 완료	○	○	○	○	○

번호	명칭	FX_{1S}	FX_{3G}	FX_{3U}	FX_{1NC}	FX_{3UC}
D 8020	입력 필터 조정	○	○	○	○	○
[D]8021						
[D]8022						
[D]8023						
[D]8024						
[D]8025						
[D]8026						
[D]8027						
[D]8028	Z0(Z) 레지스터의 내용※3	○	○	○	○	○
[D]8029	V0(V) 레지스터의 내용	○	○	○	○	○

※3 : Z1 ~ Z7, V1 ~ V7의 내용은 D8182 ~ D8195에 저장

2
Chapter

HMI 작화 실습

2.1 HMI 기초

2.1.1 HMI정의

SCADA 시스템 구성의 한 요소로서 운영자에게 처리 데이터를 표시해 주고 운영자가 처리 과정을 제어할 수 있도록 하기 위한 장치(소프트웨어)이다.

HMI 시스템은 여러 형태의 네트워크로 구성된 환경에서 다양한 장비로부터 데이터를 수집하고 형식화하고, 결합한다. 또한 데이터베이스와의 연결을 통해 트랜딩이나 진단 데이터, 관리 정보들을 제공한다. 실제적으로 많은 PLC 제조사들이 개방형 통신 프로토콜을 사용하여 HMI 시스템에게 데이터를 제공하고 있다.

HMI/SCADA 패키지들은 많은 PLC와의 호환성(드라이버)을 제공하여 소프트웨어 개발자가 아닌 기계/전기/일반 기술자들이 HMI 소프트웨어 자체를 사용하여 설정할 수 있도록 기능을 제공하고 있다.

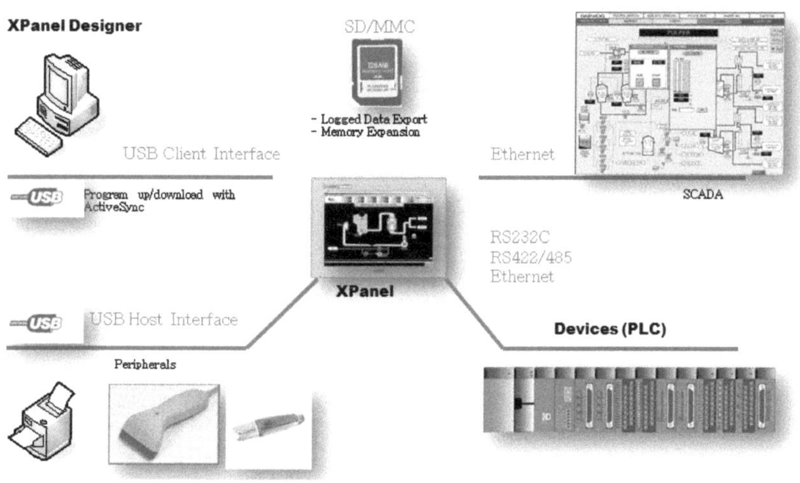

2.1.2 Xpanel 구성

1) 외형 및 치수

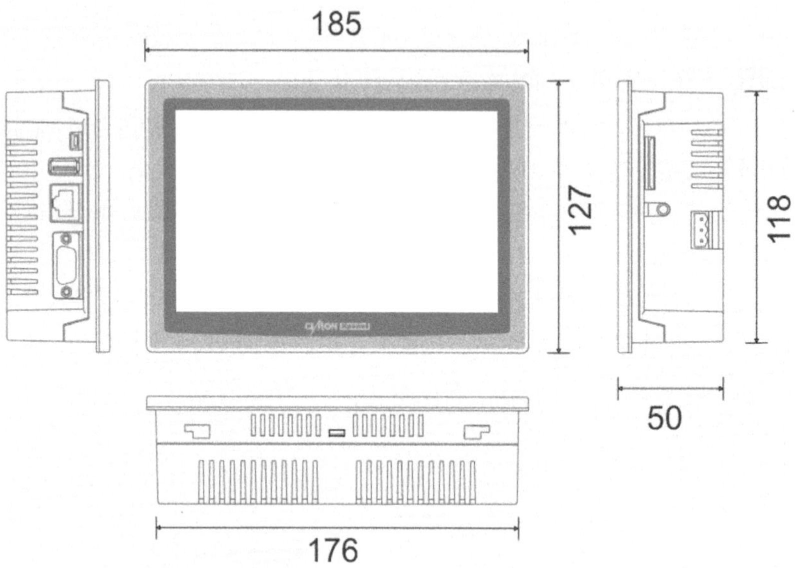

2) 인터페이스

(1) RS-232C

이 커넥터는 Xpanel과 장비가 RS-232C 규격으로 통신하기 위해 사용합니다. COM1 포트를 RS-232C용 커넥터에 연결하여 통신하는 경우, RS-422/485용 커넥터는 사용할 수 없습니다.

Connector	Pin No	Name	Description
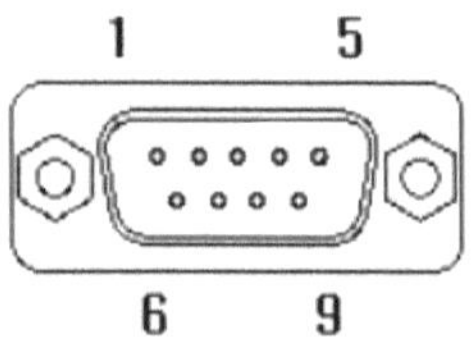	1	DCD	Data Carrier Detect
	2	RD	Receive Data
	3	TD	Transmit Data
	4	DTR	Data Terminal Ready
	5	SG	Signal Ground
	6	DSR	Data Set Ready
	7	RTS	Request To Send
	8	CTS	Clear To Send
	9	RI	Ring Indicator

(2) Ethernet

이 인터페이스는 Xpanel과 장비가 Ethernet 규격으로 통신하기 위해 사용합니다. 이 인터페이스는 10BaseT/100BaseTX에 관한 IEEE802.3 표준을 만족합니다. RJ45 커넥터의 핀 번호와 케이블 제작은 그림을 참고하십시오.

RJ45 Connector	RJ45 Jack
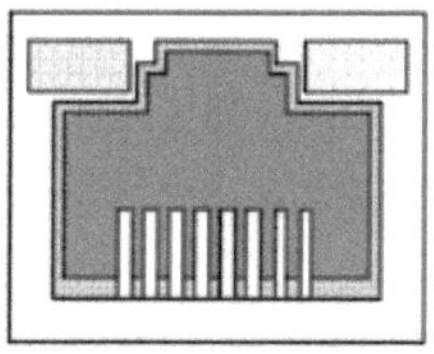 8 1	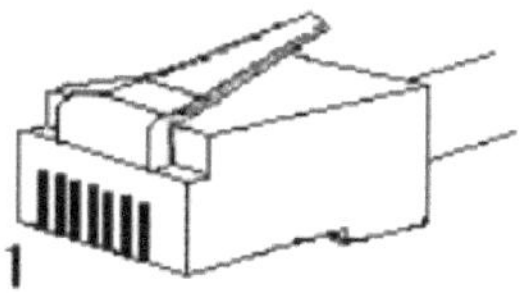 1 8

Direct Cable [Host <-> HUB]

Cable	No	Color	Color	No	Cable
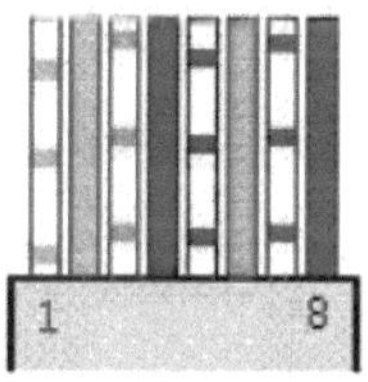	1	Orange/W	Orange/W	1	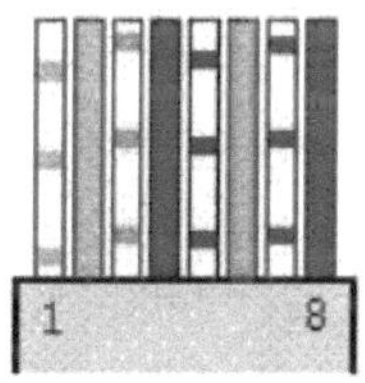
	2	Orange	Orange	2	
	3	Green/W	Green/W	3	
	4	Blue	Blue	4	
	5	Blue/W	Blue/W	5	
	6	Green	Green	6	
	7	Brown/W	Brown/W	7	
	8	Brown	Brown	8	

Direct Cable [Host <-> Host]

Cable	No	Color	Color	No	Cable
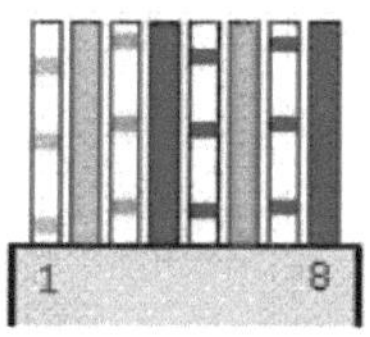	1	Orange/W	Green/W	1	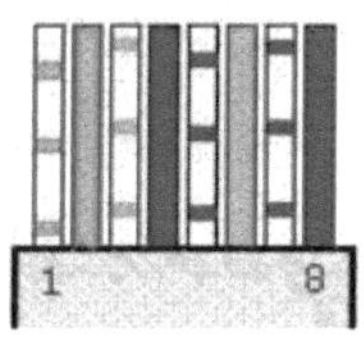
	2	Orange	Green	2	
	3	Green/W	Orange/W	3	
	4	Blue	Blue	4	
	5	Blue/W	Blue/W	5	
	6	Green	Orange	6	
	7	Brown/W	Brown/W	7	
	8	Brown	Brown	8	

2.1.3 Xpanel 드라이버 설치

① 동봉된 CD에서 ActiveSync를 설치하십시오. 제공된 CD를 분실하신 경우 인터넷을 통해 최신 ActiveSync를 다운로드 받아 설치 하셔도 됩니다.

※ ActiveSync 란?

■ Windows CE 및 Pocket PC 계열의 PDA와 PC간의 데이터 교환을 위해서는 반드시 필요한 소프트웨어이며, PDA뿐 아니라 SmartPhone 등 이후에 발표될 마이크로소프트의 모바일 기기들과의 통신을 위한 기본 소프트웨어입니다. Microsoft 홈페이지(http://msdn.microsoft.com)에 접속합니다. ActiveSync를 검색하여, 최신버젼의 ActiveSync를 다운로드 합니다. 또는 인터넷 검색 홈페이지를 통한 무료 다운로드 가능합니다.

② ActiveSync 설치 후 Xpanel을 켜고 부팅 완료를 확인 하신 후 USB 케이블을 사용하여 컴퓨터와 연결합니다. 컴퓨터에 Xpanel을 처음 연결 시 디바이스 설치를 요구 합니다. 제공된 CD를 사용하여 디바이스 드라이버를 설치합니다.

③ 아래와 같이 선택하고 [다음>]을 누르십시오.

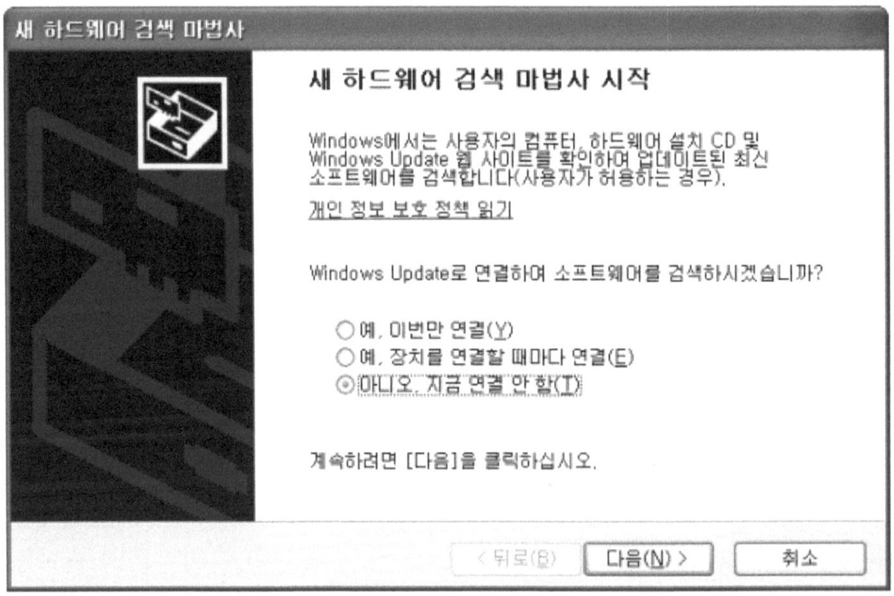

④ 제공되는 CD를 삽입하고, [다음>]을 누르십시오. CD가 없는 경우 목록 또는 특정 위치에서 설치(고급)(S)를 선택하고 [다음>]을 누르십시오.

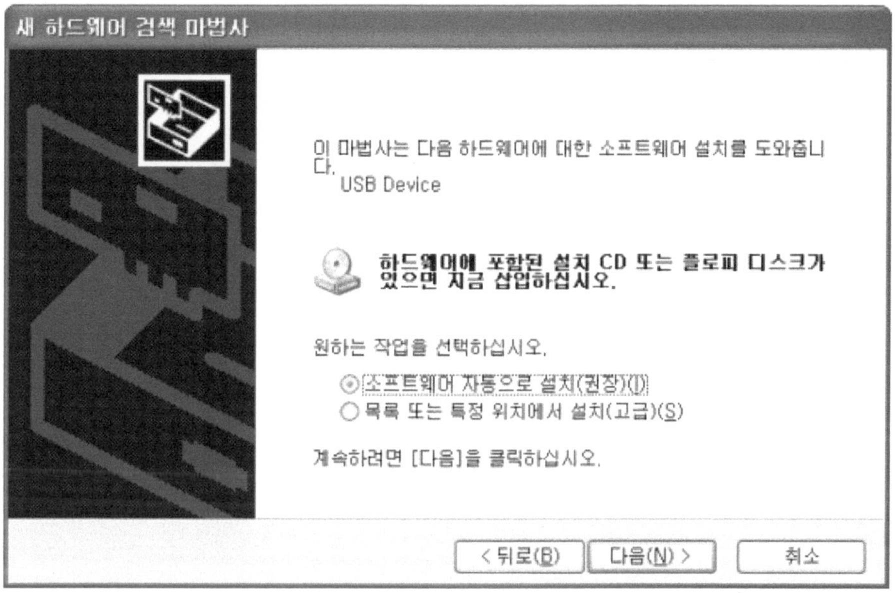

⑤ [찾아보기(R)] 버튼을 눌러 Xpanel Designer 설치 폴터 밑의 Xpanel_Driver 폴더를 선택하고 [다음>]을 누르십시오.

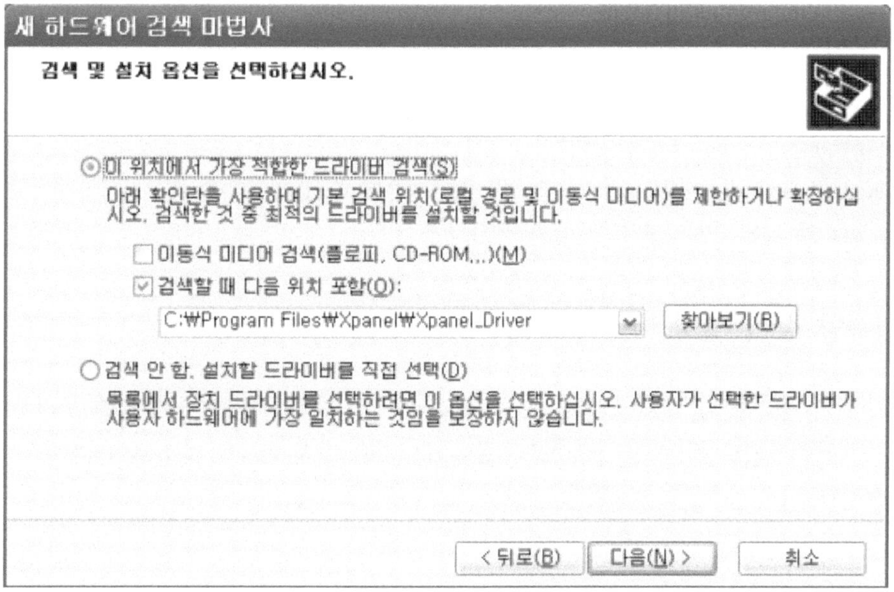

⑥ 장치가 검색되면 [마침]을 누르십시오.

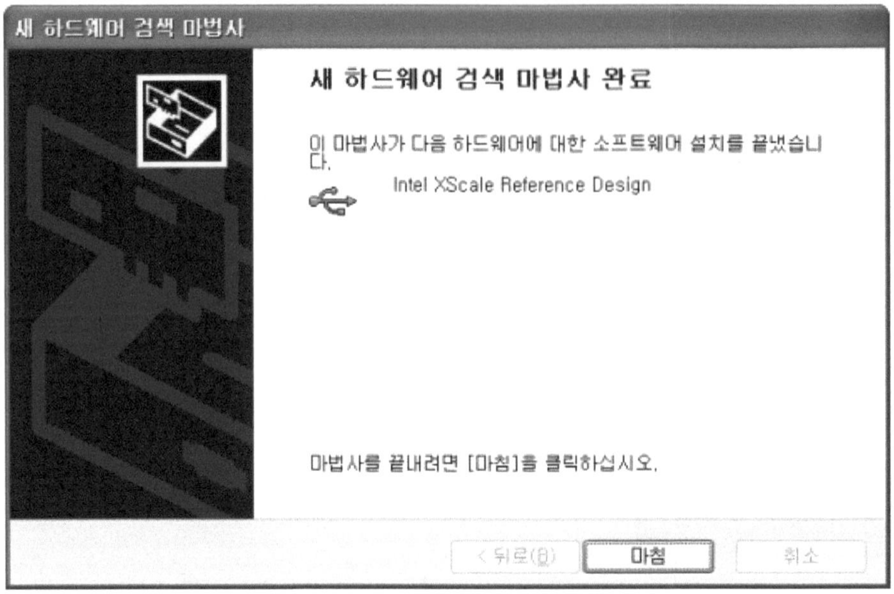

⑦ 설치가 정상적으로 된 경우 파트너 관계설정 팝업이 표시됩니다. “아니오” 선택하고 [다음>]버튼을 클릭합니다.

2.1.4 Xpanel Designer

Xpanel Designer는 Windows XP 등 표준의 MS Windows 환경에서 실행됩니다. Xpanel Designer를 이용하여 아래의 작업을 수행합니다.

1) 접속할 장치 설정

접속할 장치에 따라, 통신매체, 포트, 속도, 국번 등 모든 통신 파라미터를 설정합니다.

설정된 네트워크상의 모든 장치들은 이름이 주어지며, 장치 이름은 태그 데이터베이스 설정에 사용됩니다.

2) 태그 데이터베이스

태그는 Xpanel의 데이터를 처리하는 기본 단위입니다. 데이터의 종류에 따라 3 종류의 태그가 제공됩니다.

첫 번째는 디지털 태그입니다. 디지털 태그는 두 개의 상이한 상태를 표시하며, 보통1 bit 장치의 입력/출력 포인트를 위해 사용됩니다. 두 번째는 아날로그 태그입니다. 아날로그 태그는 값을 표시합니다. 아날로그 값은 이진 값, BCD 또는 소수점 수 등이며, 스케일링과 같은 추가적인 데이터 처리가 이루어질 수 있습니다. 마지막은 문자열 태그입니다. 문자열 태그는 문자열을 표시합니다. 문자열 데이터는 메시지를 표시하기 위해 사용됩니다.

디지털 또는 아날로그 태그이면, 장치의 물리적인 주소를 지정할 수 있습니다. 이런 종류의 태그를 실태그 라고 하며, Xpanel은 필요에 따라 통신을 통하여 장치로부터 값을 읽습니다. 장치의 물리적인 주소가 지정되지 않은 태그를 가상태그라고 부릅니다. 가상태그는 내부 데이터 계산, 스크립트 문자열 데이터 처리에 사용됩니다.

3) 화면 편집기

Xpanel Designer는 화면 편집기를 제공합니다. 화면 편집기는 오브젝트 기반의 편집기입니다. 각각의 그래픽 오브젝트는 애니메이션 컨트롤들과 함께 설정됩니다. 점멸, 출몰, 색변화, 이동, 회전, 값 표시, 크기변화 등등의 다양한 애니메이션 컨트롤이 제공됩니다. 모든 애니메이션은 Xpanel에 지정된 태그에 의해 동작됩니다.

4) 스크립트 프로그램

Xpanel은 C 형식의 스크립트 언어를 제공합니다. 스크립트는 'switch-case' 같은 C언어 고유의 키워드를 제공합니다. 더하여, Xpanel은 스크립트 프로그램에 우선순위를 부여할 수 있는 멀티 쓰레드 환경을 제공합니다. 스크립트는 데이터 처리뿐만 아니라 장치 제어에도 사용할 수 있습니다.

2.1.5 Xpanel 장치 환경 설정

Xpanel은 동작 중 관리를 위한 몇 가지 기능을 제공합니다. 이 기능은 터치스크린을 세 번 순서대로 누르면 표시됩니다. 아래 그림은 터치스크린을 누르는 방법을 보여줍니다.

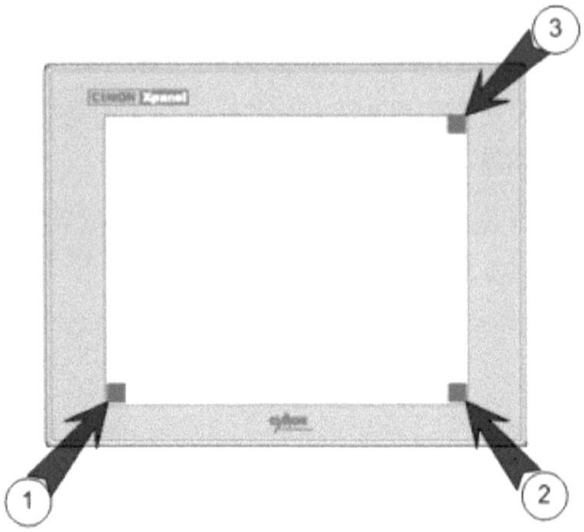

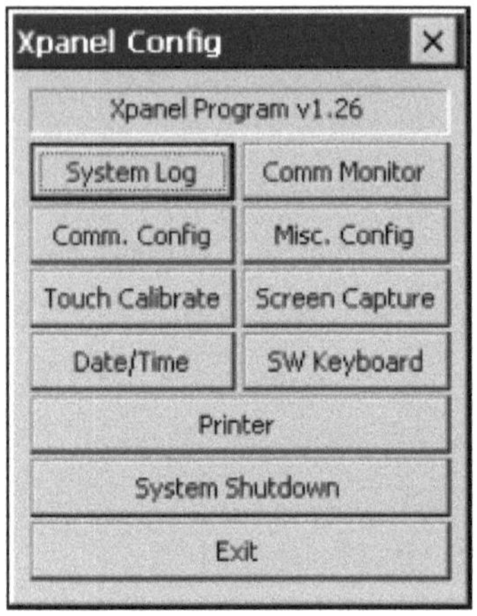

순서대로 터치를 세 번 누르면, 다이얼로그 상자가 화면에 표시되고 관리를 위한 아래의 기능을 볼 수 있습니다.

1) System Log

Xpanel은 동작 중 시스템의 활동 사항을 메모리에 기록합니다. 이 기능은 이들 기록된 메시지를 보여줍니다.

2) Comm Monitor

이 기능은 Xpanel과 장치간의 통신 프레임을 보여줍니다.

3) Comm. Config

이 기능을 통하여 통신 파라미터를 설정할 수 있습니다. [Comm. Config] 버튼을 누르면, IP 어드레스, 통신 속도와 그 밖의 통신 파라미터 설정 다이얼로그가 표시되고 Windows의 일반적인 제어 인터페이스를 통해 변경할 수 있습니다.

4) Misc. Configurations

이 기능은 LCD 백라이트 끄기 시간 설정과 Cursor On/Off 설정을 제공합니다.

5) Touch calibration

이 기능은 Xpanel의 터치패널 보정을 제공합니다.

6) Screen Capture

이 기능은 Xpanel의 현재 화면을 BMP파일로 저장하는 기능을 제공합니다. 생성된 파일은 Xpanel 내부에 저장됩니다.

7) Date/Time

이 기능은 Xpanel 시계 설정을 제공합니다.

8) SW Keyboard

Xpanel은 소프트웨어 키보드 인터페이스를 제공합니다. 이 기능은 소프트웨어 키보드를 화면상에 표시하거나 감추게 해줍니다.

9) Printer

이 기능은 Xpanel 프린터 설정 기능을 제공합니다. 네트워크 프린터 또는 USB Host 프린터를 사용할 수 있습니다.

10) System Shutdown

이 기능은 Xpanel의 운영체제를 종효합니다. 현재 시스템 설정 내용 저장됩니다. 시스템이 종료된 후, 시스템은 자동으로 재시동 되지 않습니다. 시스템의 재시동을 위해 외부 전원을 반드시 끄고 켜주기 바랍니다.

11) Exit

현재 기동중인 Xpanel 응용프로그램을 종료하고 시스템화면으로 빠져나갑니다. 시스템 화면상의 "Xpanel" 아이콘을 더블 클릭하면 프로그램을 다시 시작할 수 있습니다.

2.2 Xpanel Designer 작화

2.2.1 터치패널 작화 요구사항

자동화실습장치의 PLC와 터치 패널을 연결하시고, 터치 패널의 작화구성은 아래와 같이 구성하시오.

텍스트 크기, 버튼 모양, 버튼 크기는 수험자가 임의 설정하고, 화면에 균형 있게 배치한다.

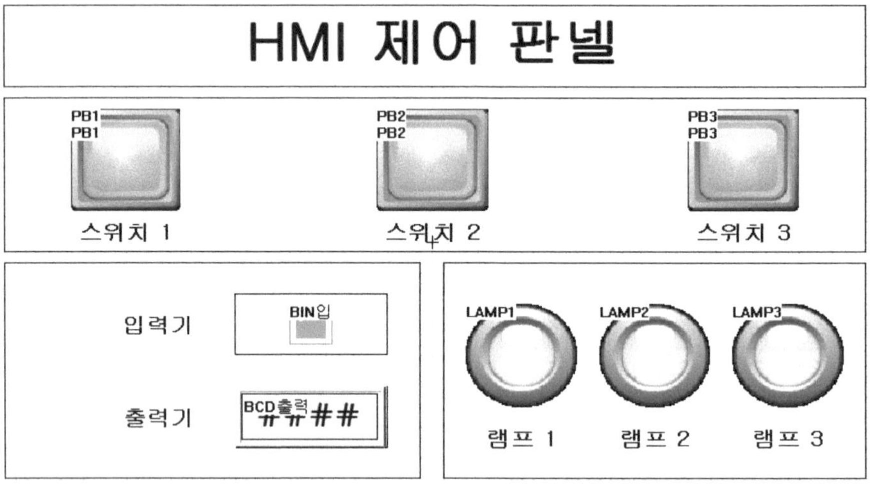

2.2.2 터치패널 작화 따라하기

1) 새 프로젝트 만들기

- 메뉴표시줄 [파일]-[새 프로젝트]를 선택한다.
- 프로젝트 이름 및 개요를 입력하고 작업경로를 지정한다.
- 사용할 Xpanel의 종류를 선택하고 [확인] 버튼을 클릭한다.

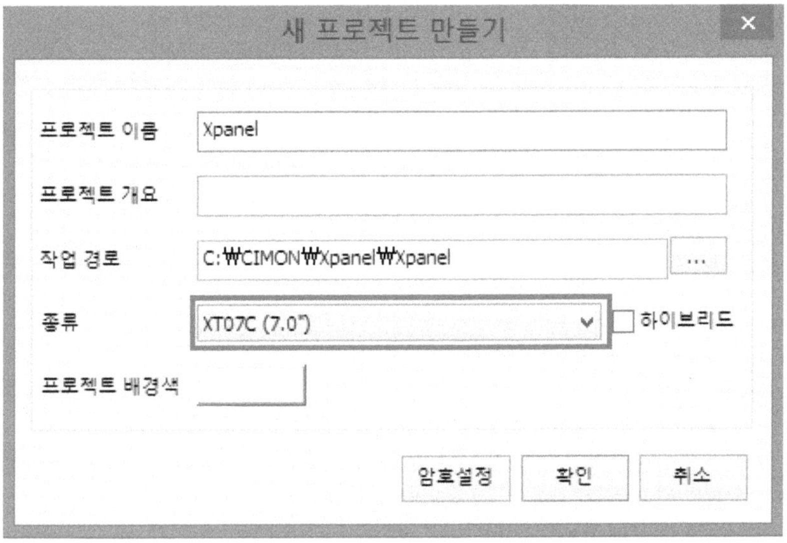
새 프로젝트 만들기
프로젝트 이름
Xpanel
프로젝트 개요
작업 경로
C:₩CIMON₩Xpanel₩Xpanel
종류
XT07C (7.0")
하이브리드
프로젝트 배경색
암호설정
확인
취소

2) 페이지 환경설정

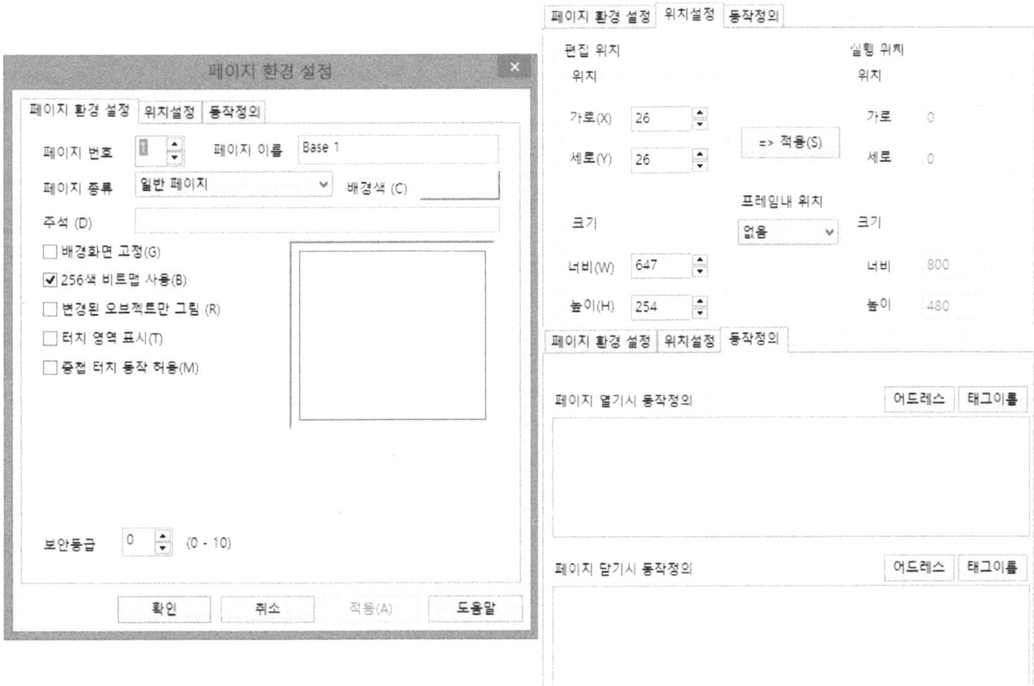
페이지 환경 설정
페이지 환경 설정
위치설정
동작정의
페이지 번호
페이지 이름
Base 1
페이지 종류
일반 페이지
배경색 (C)
주석 (D)
배경화면 고정(G)
256색 비트맵 사용(B)
변경된 오브젝트만 그림 (R)
터치 영역 표시(T)
중첩 터치 동작 허용(M)
보안등급
(0 - 10)
확인
취소
적용(A)
도움말
편집 위치
위치
가로(X)
26
세로(Y)
26
=> 적용(S)
실행 위치
가로
세로
프레임내 위치
없음
크기
너비(W)
647
높이(H)
254
너비
800
높이
480
페이지 열기시 동작정의
어드레스
태그이름
페이지 닫기시 동작정의

(1) 주석

해당 페이지에 대한 간단한 설명을 입력합니다. 설정 시 주석에 입력한 내용이 상단에 표시됩니다.

(2) 팝업 페이지

해당 페이지를 팝업 형태로 만듭니다. 팝업 페이지의 프레임내 위치는 반드시 "없음"으로 설정합니다.

(3) 배경화면 고정

화면 업데이트 주기를 빠르게 하기 위해 변화 속성이 부여되지 않은 그림 객체들을 배경 그림으로 지정합니다. 이 속성을 사용 시 변화속성이 부여되지 않은 객체들이 맨 밑으로 내려가기 때문에 Xpanel상의 화면과 Designer의 편집 화면이 다르게 표시 될 수 있습니다.

(4) 256색 비트맵 사용

Xpanel 실행용 프로젝트로 변환 시 페이지에 사용된 그림 오브젝트의 색심도를 256색으로 변경하여 변환합니다. 이 기능을 사용할 경우 그림의 내용이 약간 변경되어 표시될 수 있지만 페이지의 크기가 줄어드는 효과를 볼 수 있습니다.

(5) 변경된 오브젝트만 그림

오브젝트의 상하관계를 무시하고 현재 변경된 오브젝트만 다시 업데이트합니다. 업데이트 순서에 따라 오브젝트의 상하관계가 변경될 수 있습니다.

(6) 터치 영역 표시

동작하는 오브젝트를 터치할 때 오브젝트의 테두리 영역을 표시해 줍니다.

(7) 보안등급

페이지의 보안등급을 설정합니다. 숫자가 클수록 보안등급이 높으며, 현재 보안등급보다 높은 페이지는 열 수 없습니다.

(8) 배경색

페이지의 배경색을 변경합니다.

3) 통신기기 설정

- [도구]에서 [I/O 디바이스]를 선택합니다.
- Xpanel의 통신설정은 모두 I/O 디바이스에서 하게 됩니다.

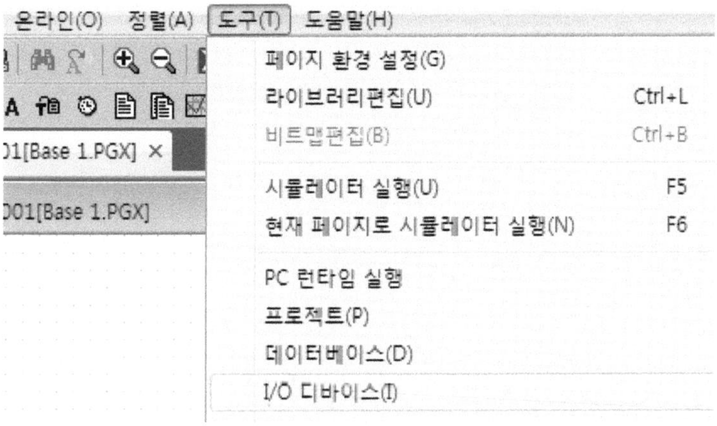

[새 디바이스]를 선택합니다.

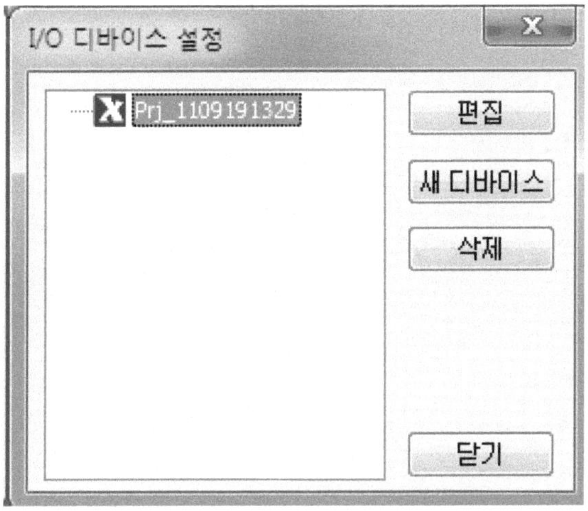

- 디바이스 이름을 작성합니다.
- [Ethernet 통신 디바이스]를 선택하도록 합니다.
- [확인]을 누르게 되면 Ethernet 통신 설정의 통신포트로 이동하게 됩니다.

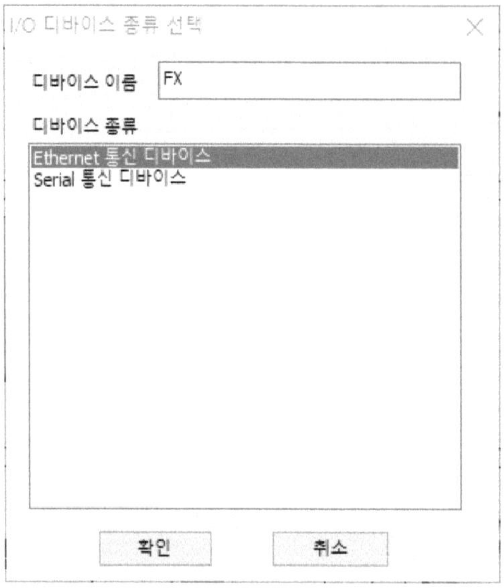

- 디바이스 종류에 맞춰 [MITSUBISHI MELSEC 1E]를 선택한다.
- 통신방식은 [TCP]를 선택합니다.
- [저장]을 선택합니다.

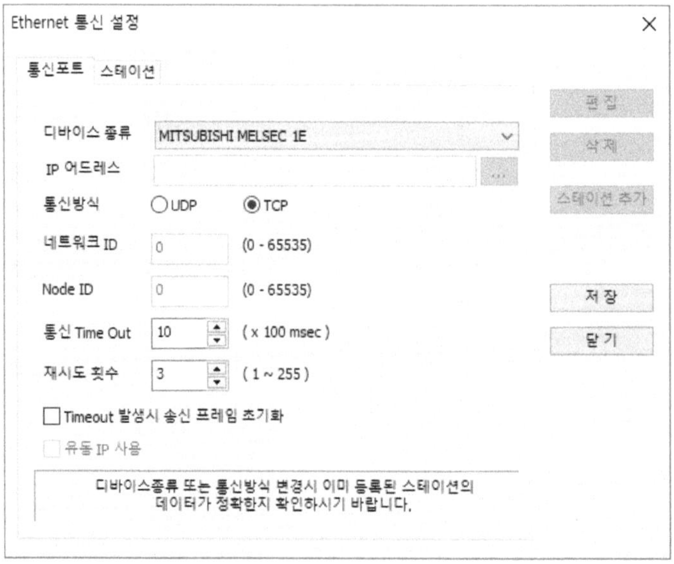

- 다음 [스테이션]을 클릭합니다.
- [스테이션 추가]를 클릭합니다.

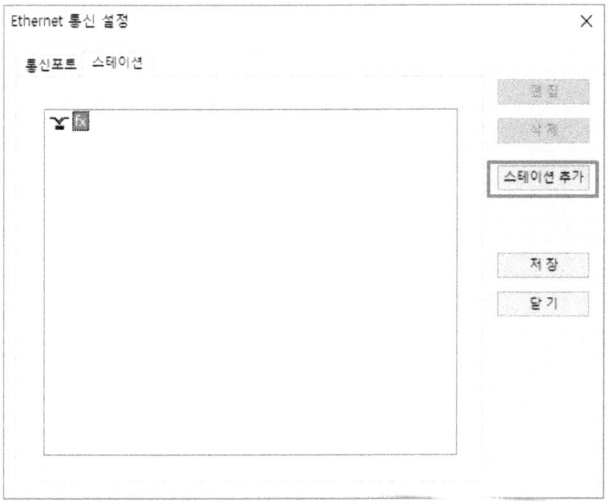

- [스테이션 이름]을 작성한다.
- [IP 어드레스]는 [192.168.1.250]을 입력하고 [소켓 포트 번호]는 [1025]를 입력한다.
- 완료가 되면 [등록] 후 [닫기]를 클릭한다.

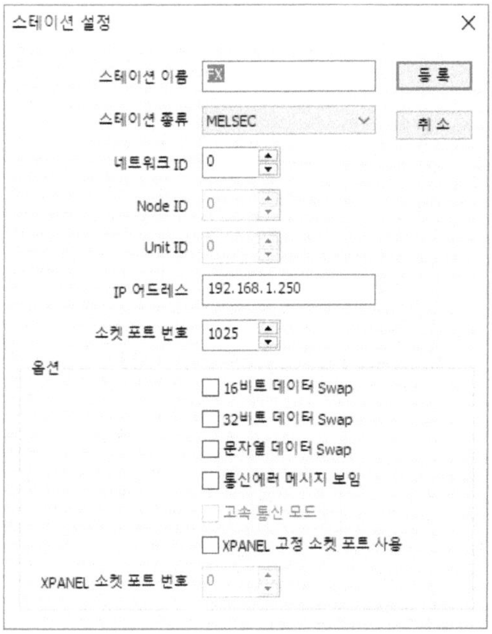

4) 데이터베이스 만들기

- 화면 상단 [도구]에서 [데이터베이스]를 선택합니다.

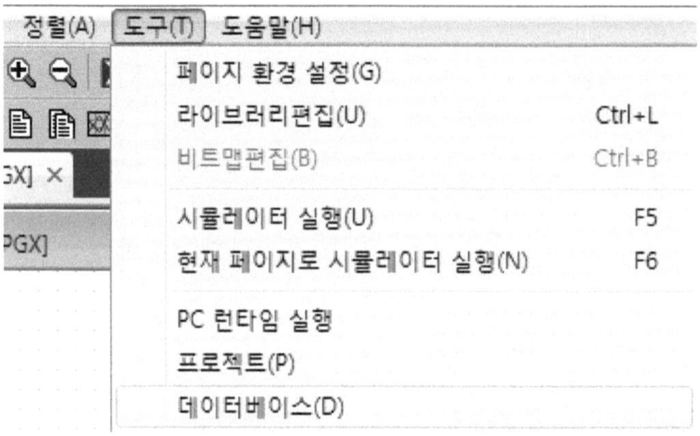

- [데이터베이스] 창에 나타나게 됩니다.
- [데이터베이스] 화면 상단을 클릭하면 [태크편집] 창이 나타납니다.
- 이름, 종류, I/O 디바이스, I/O 어드레스를 설정 후 등록을 클릭하면 데이터베이스가 생성됩니다.

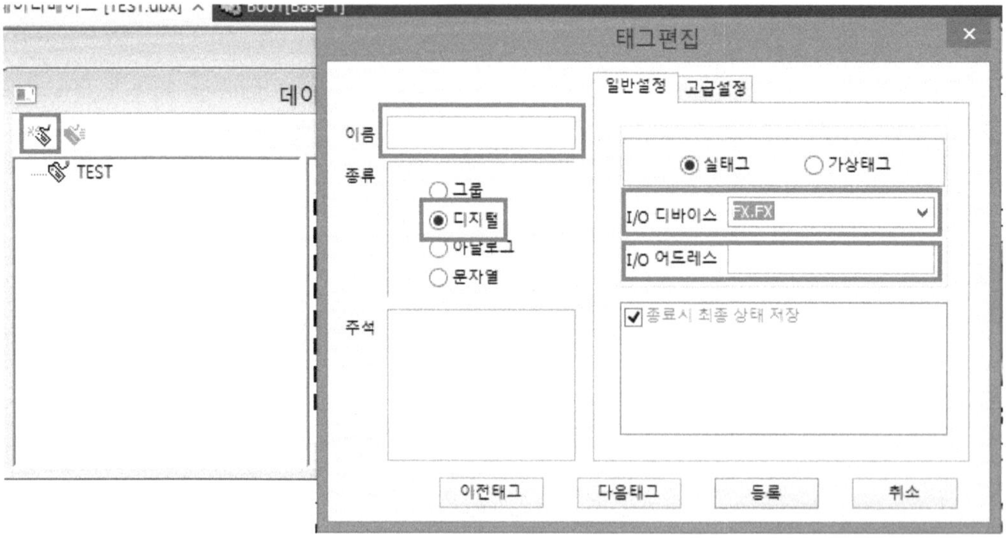

- 다음과 같이 데이터베이스를 작성합니다.
- 데이터베이스를 모두 작성하고 나서 [닫기]를 클릭합니다.

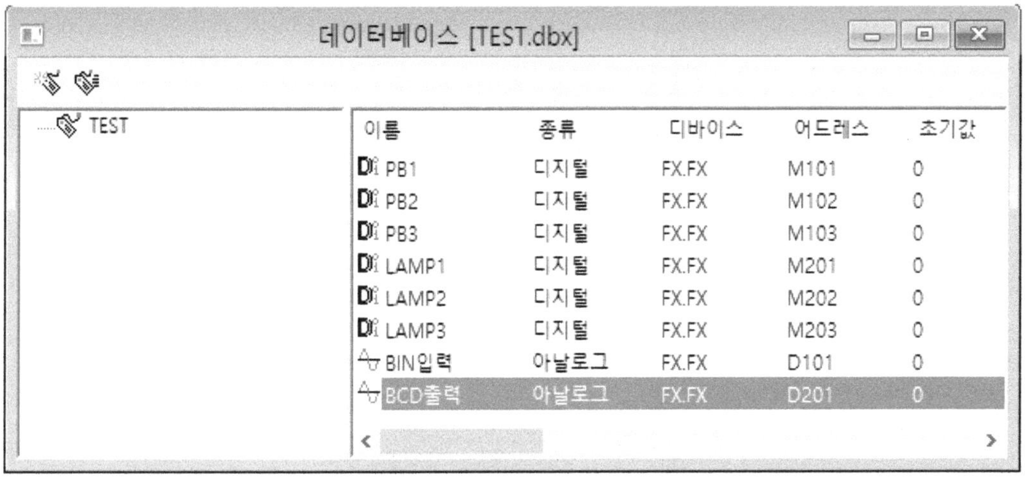

- 아래 표를 참고하여 스위치/램프에 대한 기본 디바이스 태그 정보를 입력한다.

	목록	이름	종류	디바이스	어드레스
1	스위치1	PB1	디지털	FX.FX	M101
2	스위치2	PB2	디지털	FX.FX	M102
3	스위치3	PB3	디지털	FX.FX	M103
4	램프1	LAMP1	디지털	FX.FX	M201
5	램프2	LAMP2	디지털	FX.FX	M202
6	램프3	LAMP3	디지털	FX.FX	M203
7	입력기	BIN입력	아날로그	FX.FX	D101
8	출력기	BCD출력	아날로그	FX.FX	D201

5) 터치작화 작성

- 상단 메뉴에 [그림]에서 [사각형]을 선택한다.

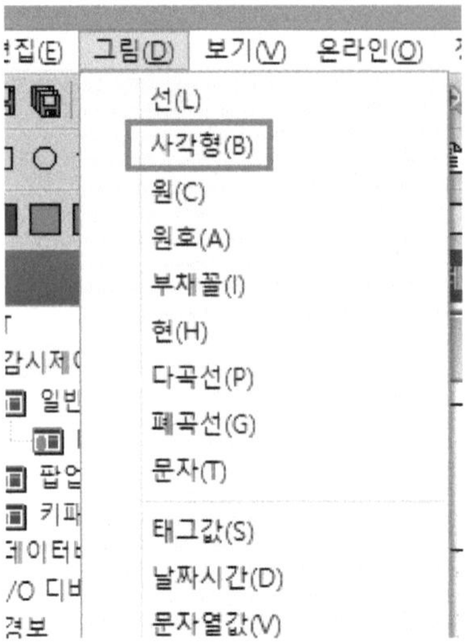

[사각형]을 실행한 상태에서 좌측 상단을 클릭 시작하여 드래그하여 사각형 크기를 설정한다.

- 사각형 작성 후 [그림 설정]에서 [선/채우기]를 선택하여 선의 형태와 선색, 배경을 알맞게 설정한다.
- 설정 완료 후 [등록]을 클릭한다.

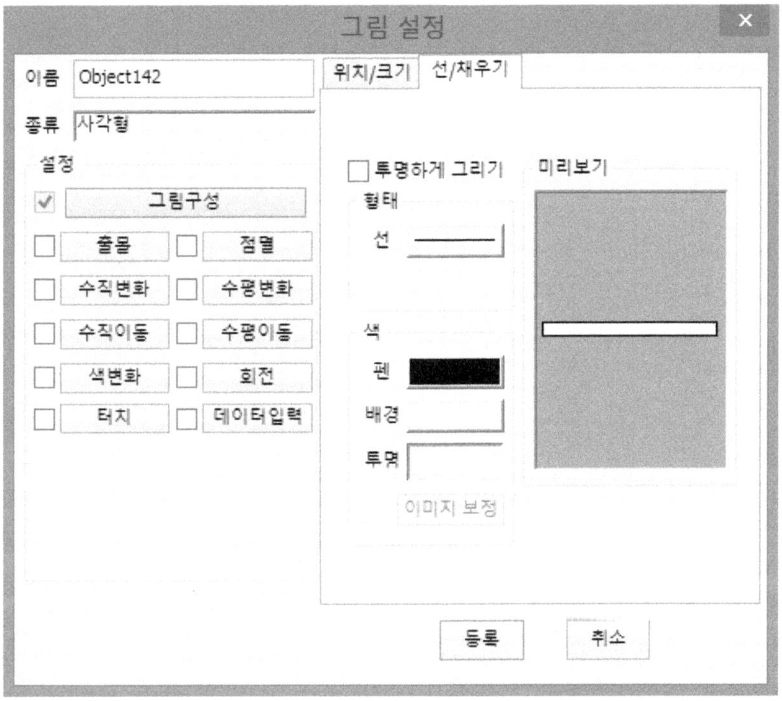

- 같은 방법으로 아래와 같이 구성한다.

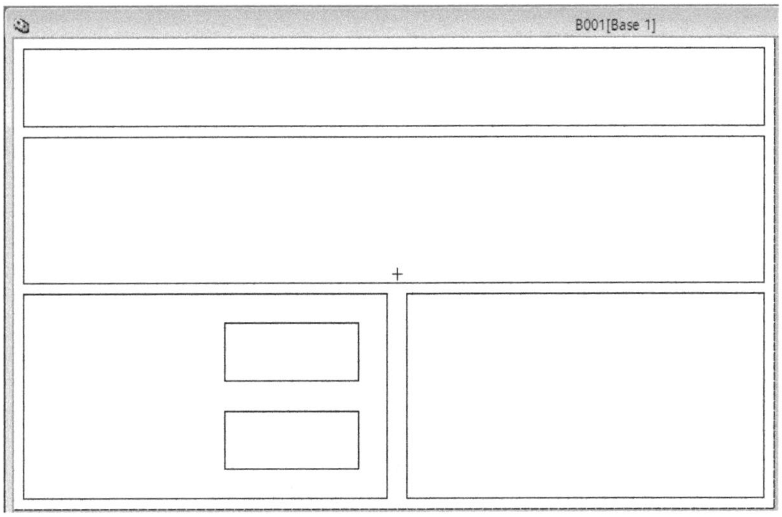

- 화면 상단 [그림]에서 [스위치 램프]를 클릭한다.

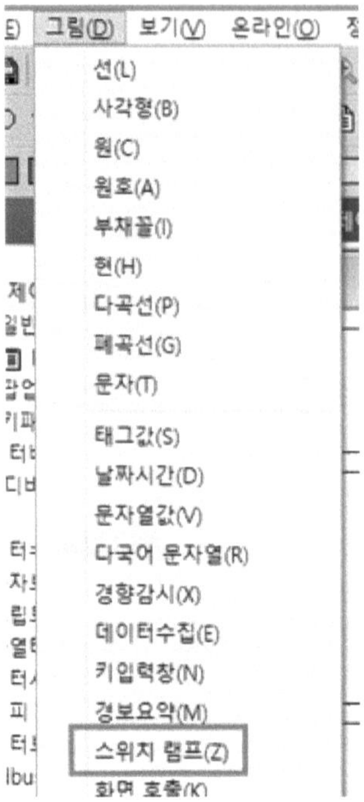

- [스위치 램프]를 클릭한 상태에서 작업 화면에 배치하고자 하는 곳에 클릭한다.
- 클릭하면 [스위치 램프] 설정 화면이 나타난다.

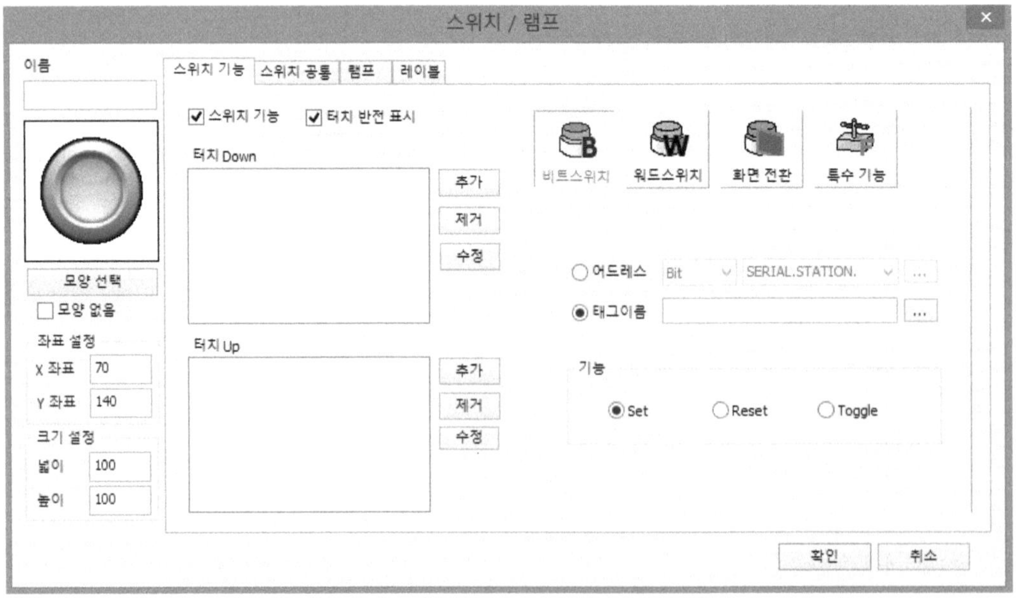

- [모양 선택]을 클릭한다.
- [모양 선택] 창에서 네모 스위치를 클릭 후 다음과 같이 네모 스위치로 변경한다.
- 변경 후 [확인]을 클릭한다.

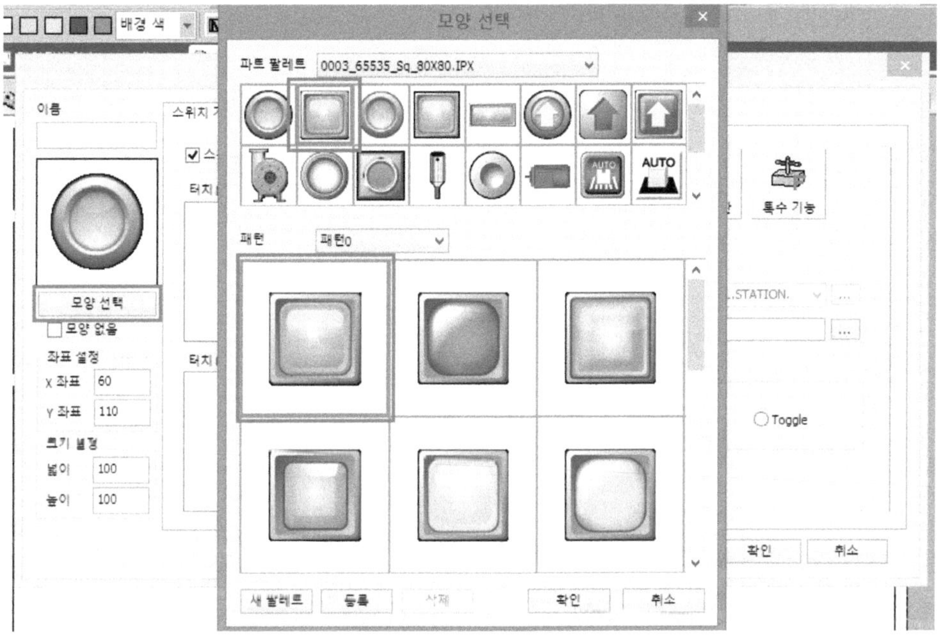

- [태그이름]에서 [...]을 클릭한다.
- [태그 찾아보기] 창이 나타나면 [PB1]을 선택 후 [확인]을 클릭한다.

- [이름]에 [SW1]을 작성한다.
- [기능]에서 [Set]을 선택 후 [터치Down]에 [추가]를 클릭한다.
- [기능]에서 [Reset]을 선택 후 [터치Up]에 [추가]를 클릭한다.
- [확인]을 클릭한다.

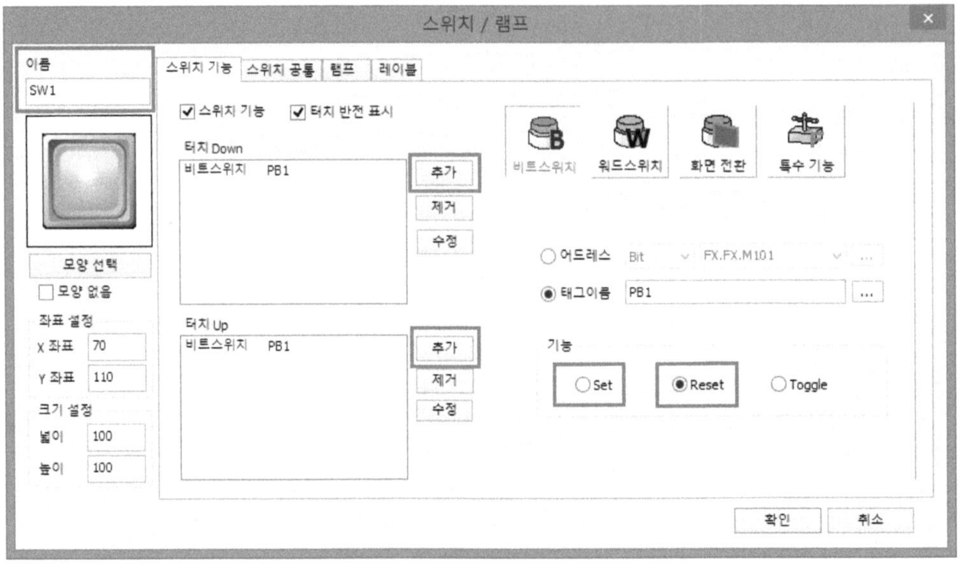

- 같은 방법으로 스위치2, 스위치3을 생성한다.

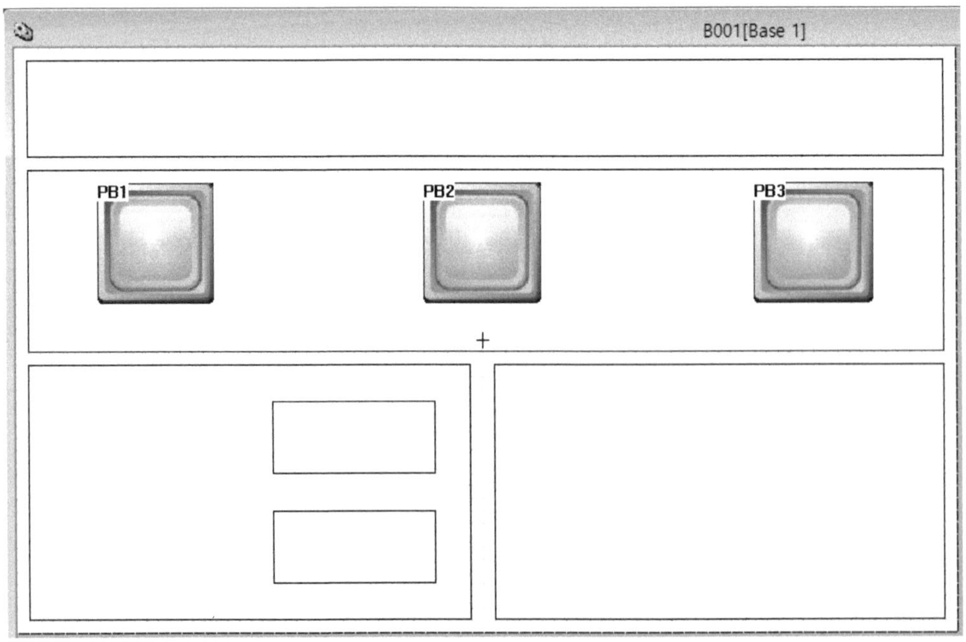

- 화면 상단 [그림]에서 [스위치 램프]를 클릭한다.

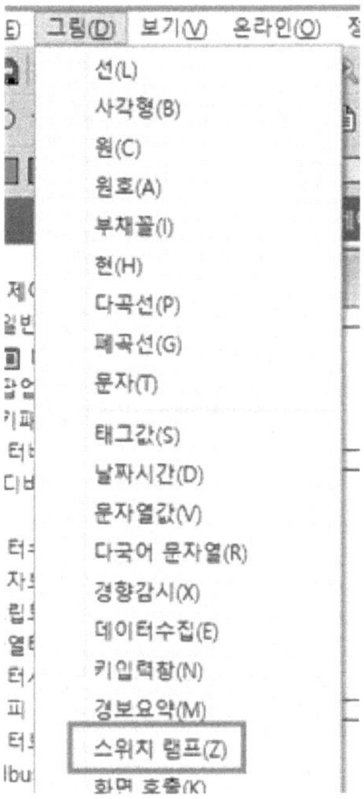

- [스위치 램프]를 클릭한 상태에서 작업 화면에 배치하고자 하는 곳에 클릭한다.
- 클릭하면 [스위치 램프] 설정 화면이 나타난다.

- [이름]에 [LAMP1]을 작성한다.
- [스위치 기능]을 해제 한 후 [램프]를 클릭한다.

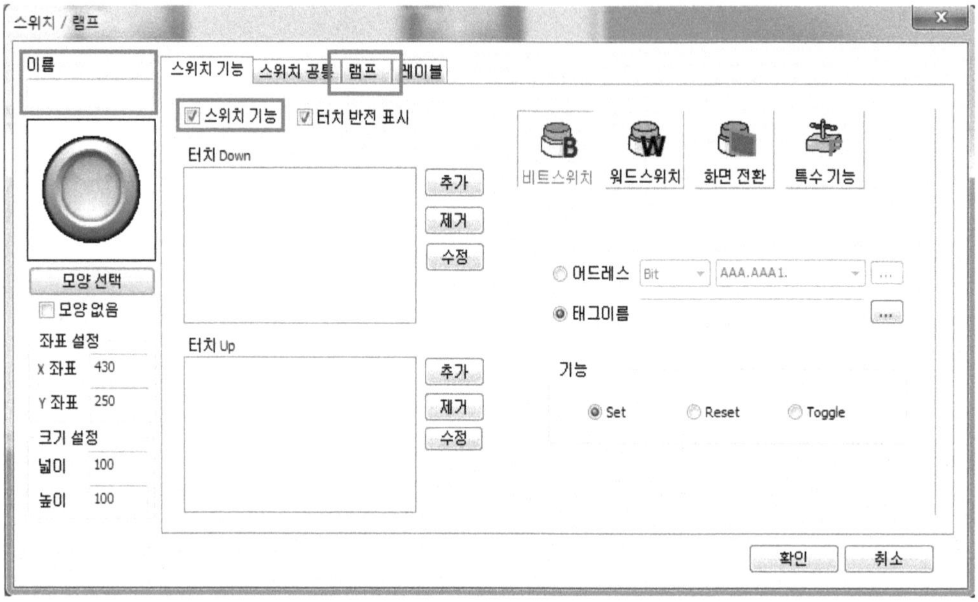

- [램프 사용]을 클릭하여 활성화 시킨다.
- 상태 수를 [2]로 하고 상태 조건을 [데이터로 상태 전환]으로 변경한다.
- [태그이름1]에 [...]을 클릭한다.

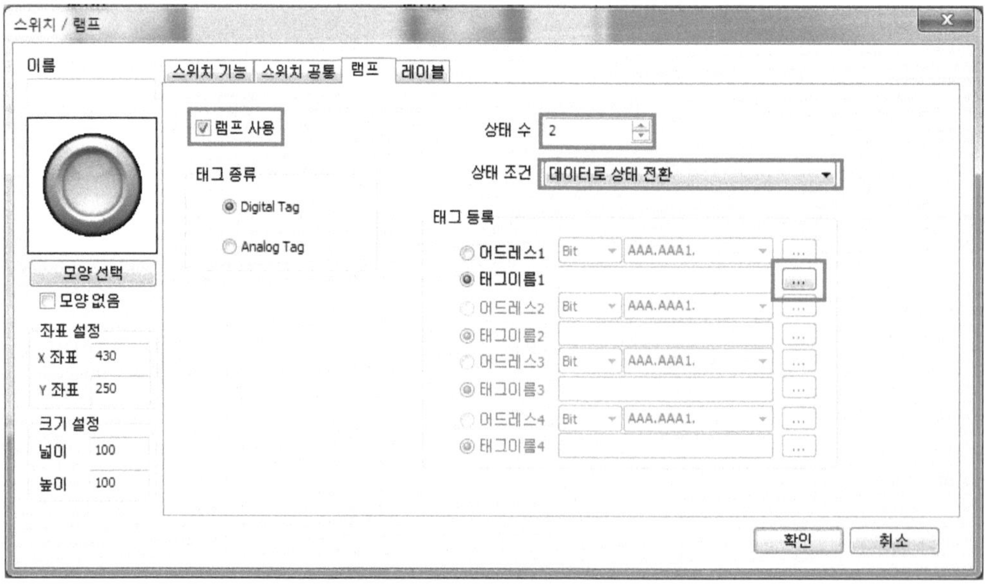

- [태그 찾아보기] 창이 나타나면 [LAMP1]을 선택 후 [확인]을 클릭한다.

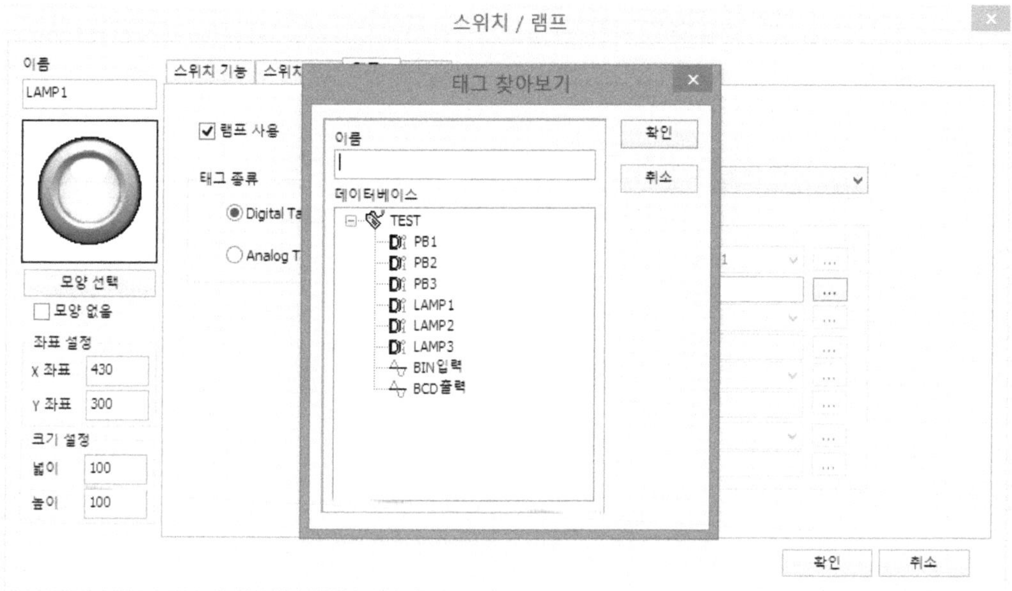

- [모양 선택]을 클릭한다.
- [상세 선택] 창에서 [상태0]을 클릭한다. (상태0은 램프 off / 상태1은 램프 on)

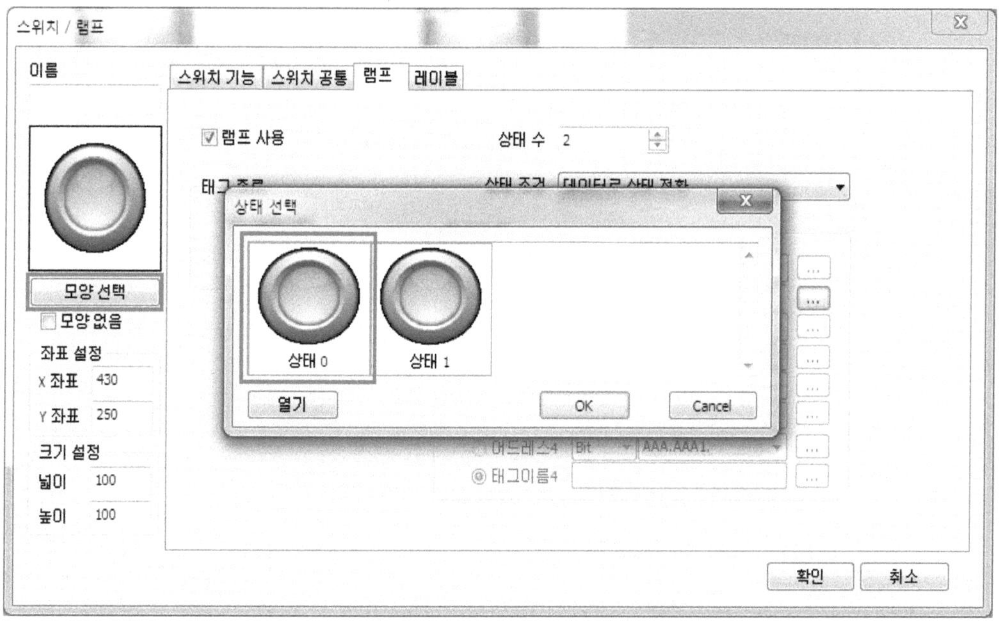

- [모양 선택] 창에서 동그라미 램프를 클릭 후 다음과 같이 하얀색 램프로 변경한다.
- 변경 후 [확인]을 클릭한다.

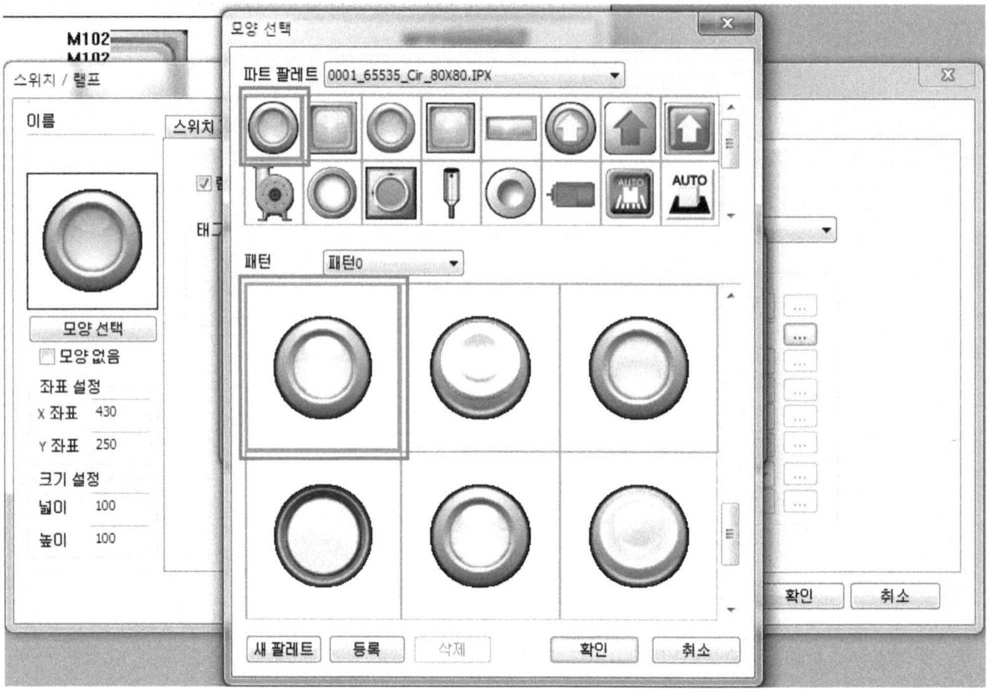

- [상세 선택] 창에서 [상태1]을 클릭한다.

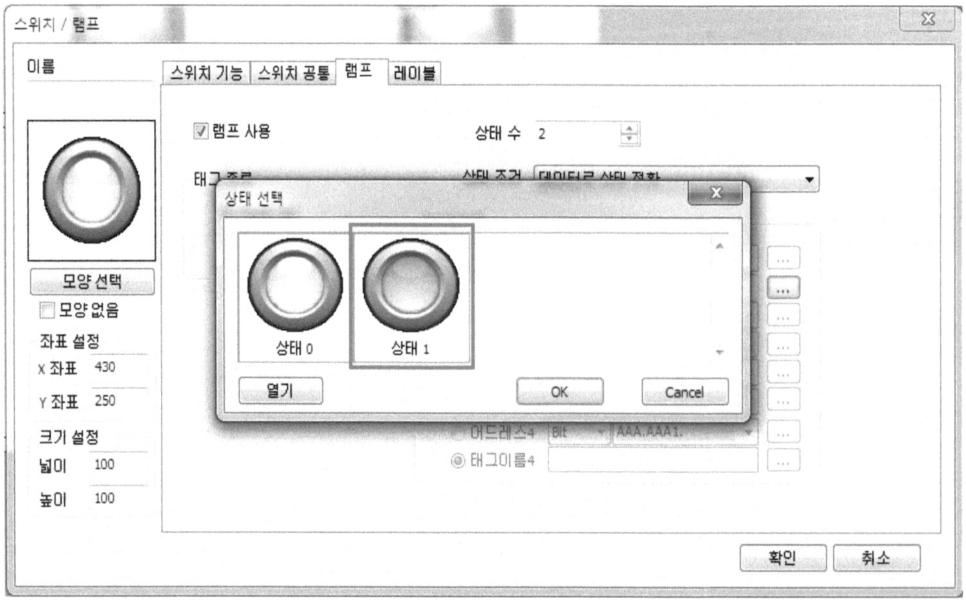

- [모양 선택] 창에서 동그라미 램프를 클릭 후 다음과 같이 빨간색 램프로 변경한다.
- 변경 후 [확인]을 클릭한다.

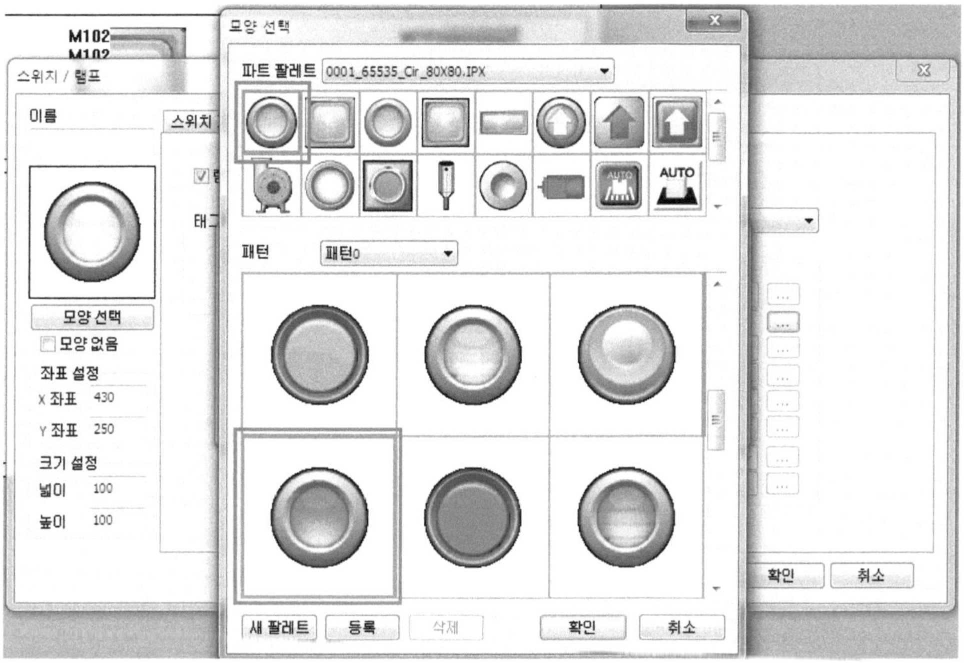

- [상태0]과 [상태1]이 설정되면 [OK]를 클릭한다.
- [모양선택]까지 완료하게 되면 [확인]을 클릭한다.

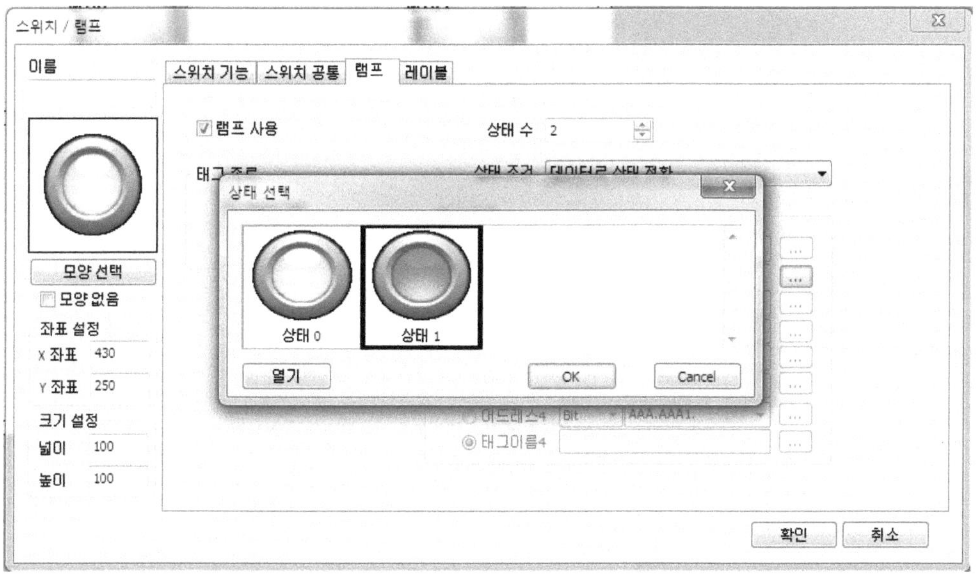

- 같은 방법으로 램프2, 램프3 을 생성한다.

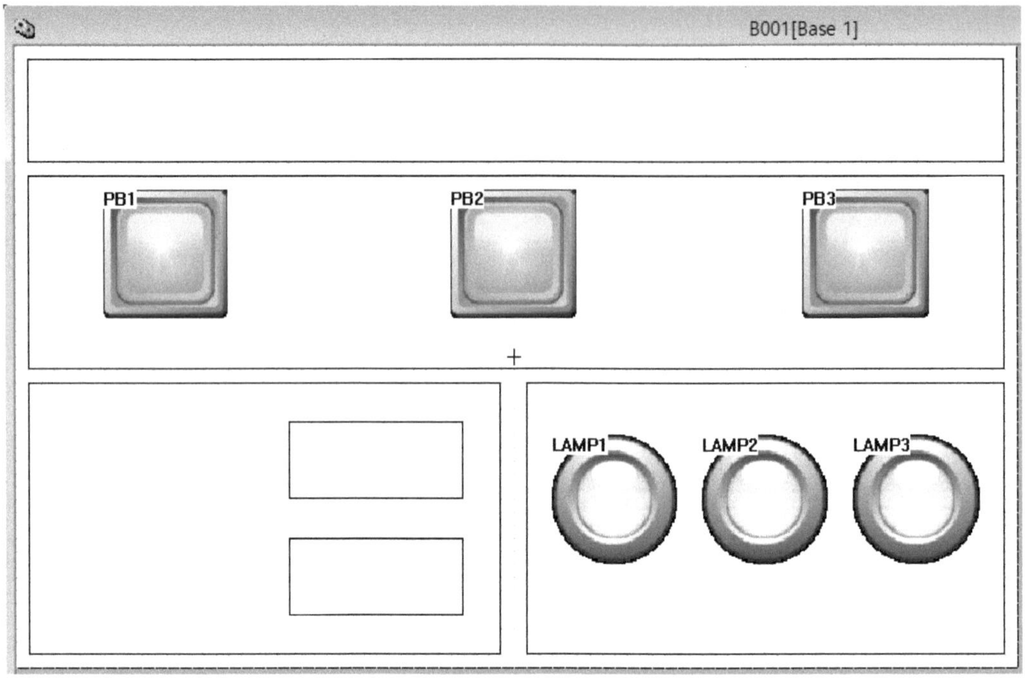

- 화면 상단에 [그림]에서 [라이브러리]를 클릭한다.

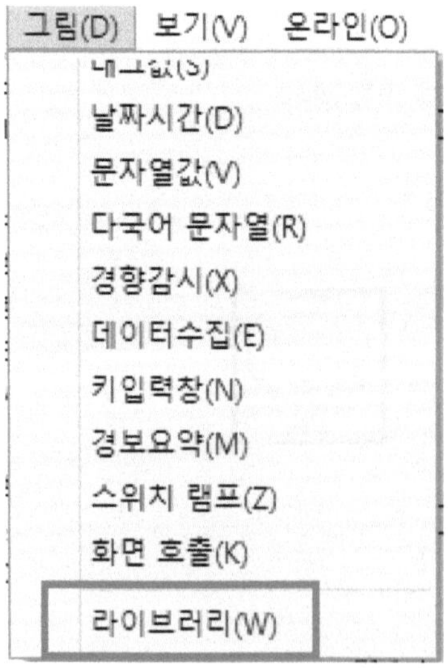

- [라이브러리]창이 켜지면 좌측 목록에서 [태그값표시]를 클릭한다.
- [태그값표시]라이브러리 종류가 나타나면 목록 중 하나를 선택한다.
- 정해진 위치에 배치한 후 클릭한다.

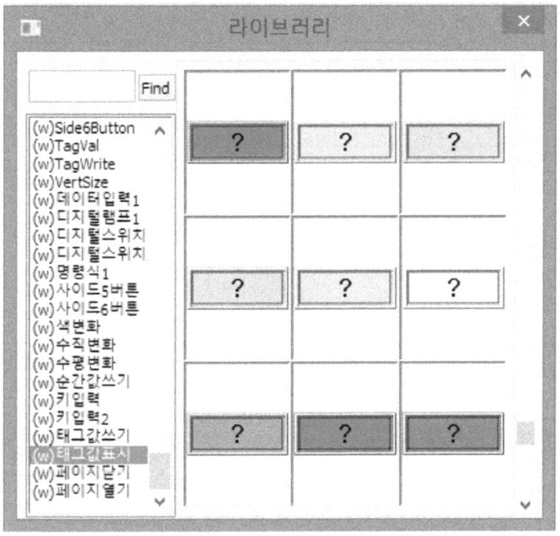

- BCD출력을 더블클릭하면 [태그값] 창이 열리고 [태그이름]에 [...]을 클릭한다.
- [태그 찾아보기] 창이 열리면 입력을 선택하고 [확인]을 클릭한다.
- 다시 [태그값] 창에서 [태그이름]에 입력이 추가되면 [등록]을 클릭한다.
- [화면 표시 방법]에 [표시자리수]를 “4” 로 설정한다.

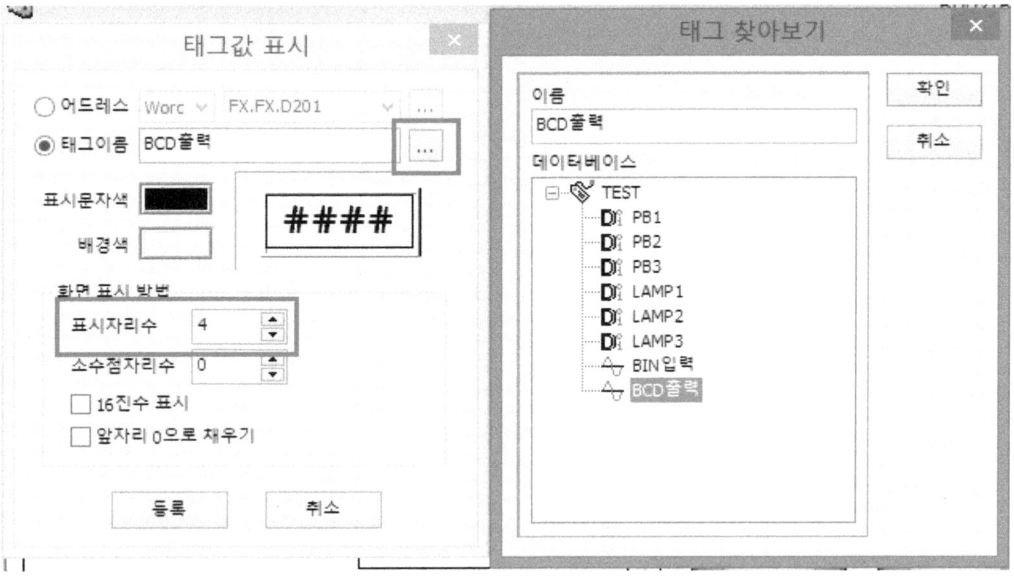

- 우측 하단을 클릭 시작하여 드래그하여 크기를 설정한다.
- 네모 안에 적절한 크기로 조절하여 배치한다.

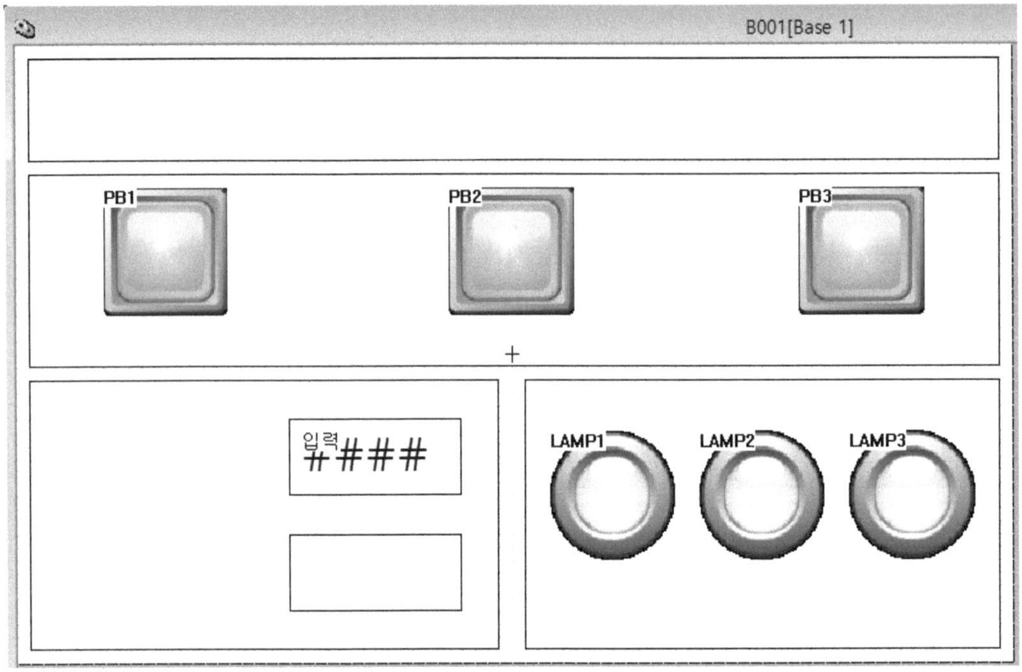

- 화면 상단에 [그림]에서 [라이브러리]를 클릭한다.

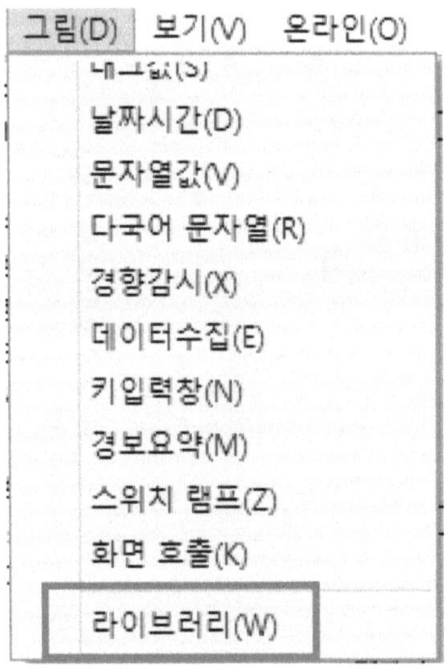

- [라이브러리]창이 켜지면 좌측 목록에서 [데이터입력1]을 클릭한다.
- [데이터입력1]라이브러리 종류가 나타나면 목록 중 하나를 선택한다.
- 정해진 위치에 배치한 후 클릭한다.

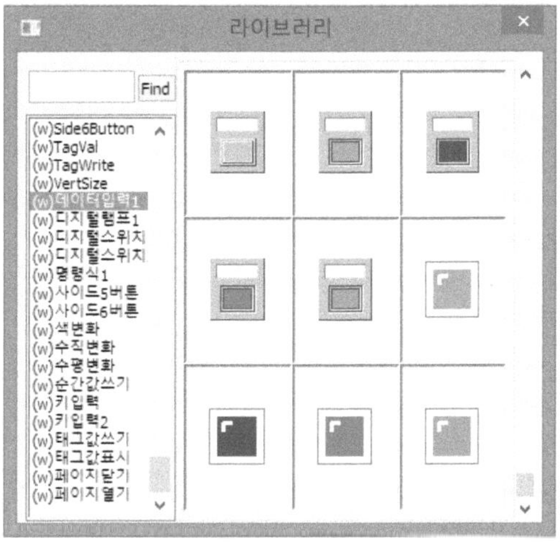

- [BIN입력]을 더블 클릭하면 [데이터입력] 창이 나타난다.
- [태크이름]에 [...]을 클릭하여 [태그 찾아보기] 창에서 [BIN입력]을 선택하고 [확인]을 클릭한다.
- [입력값 범위]을 최소값 1, 최대값 100으로 설정한다.
- [데이터 입력창]에 [화면표시방법]에 [윈도우형태 입력창1 (7")]을 선택한다.
- 제목을 [카운트 입력]으로 입력한 뒤 [등록]한다.

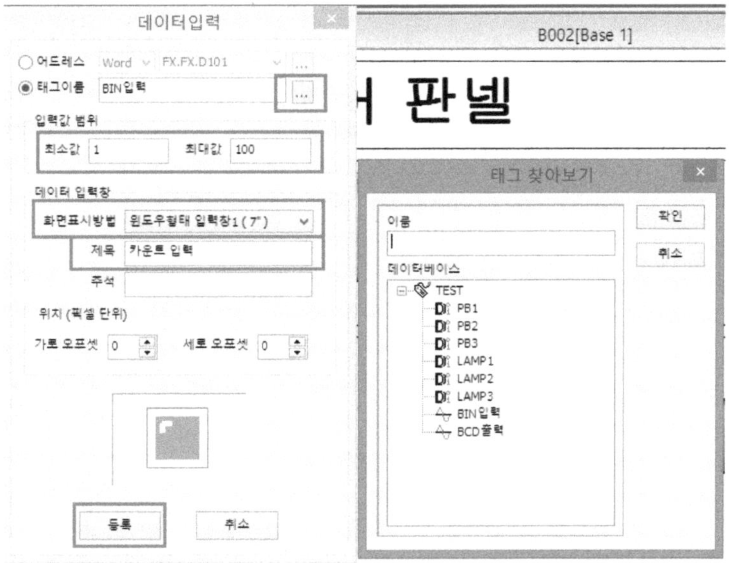

- 화면 상단 [그림]에서 [문자]를 클릭한다.

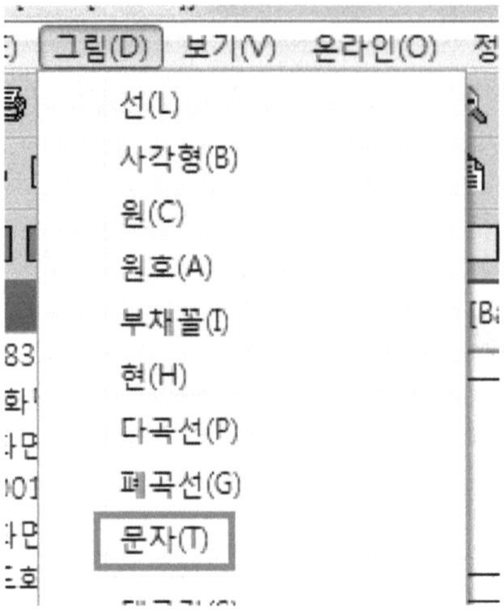

- [문자]를 클릭한 상태에서 작업 화면에 배치하고자 하는 곳에 클릭한다.
- 제목을 작성한다.

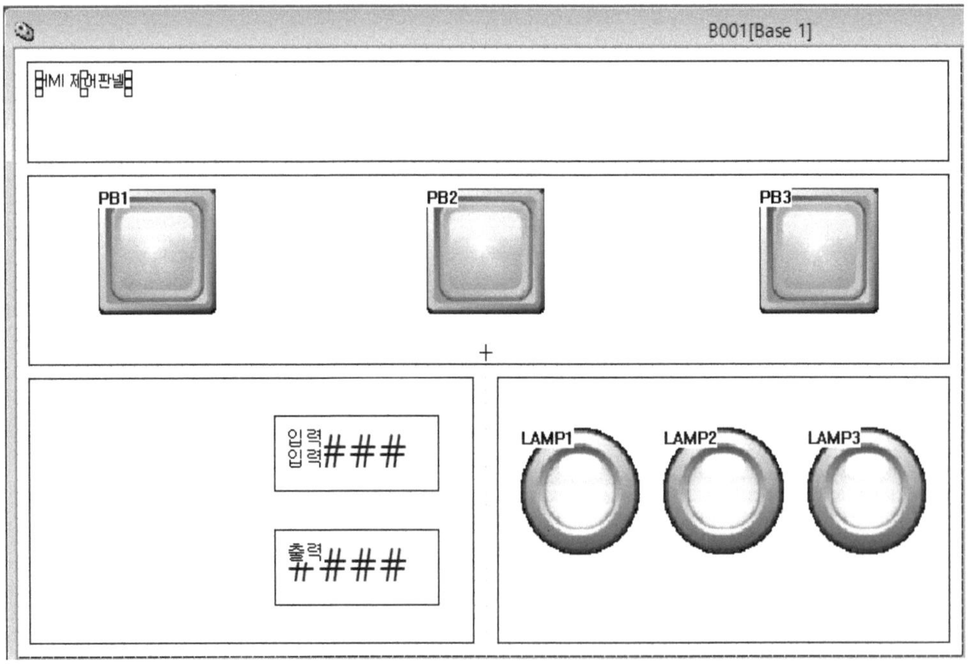

- 우측 하단을 클릭 시작하여 드래그하여 문자 크기를 설정한다.

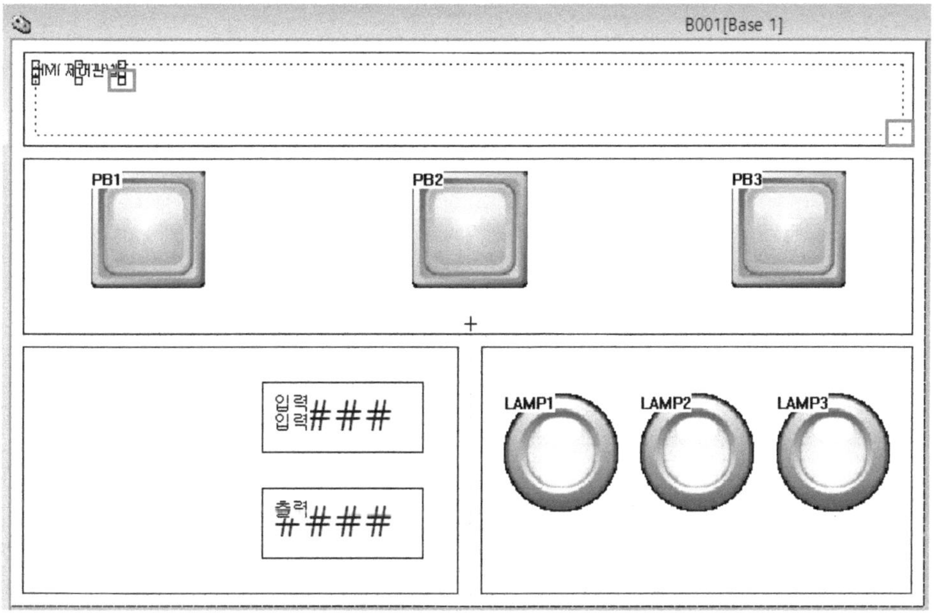

- [글씨 크기]를 사이즈에 맞게 설정 하고 [가운데정렬], [굵게] 한다.

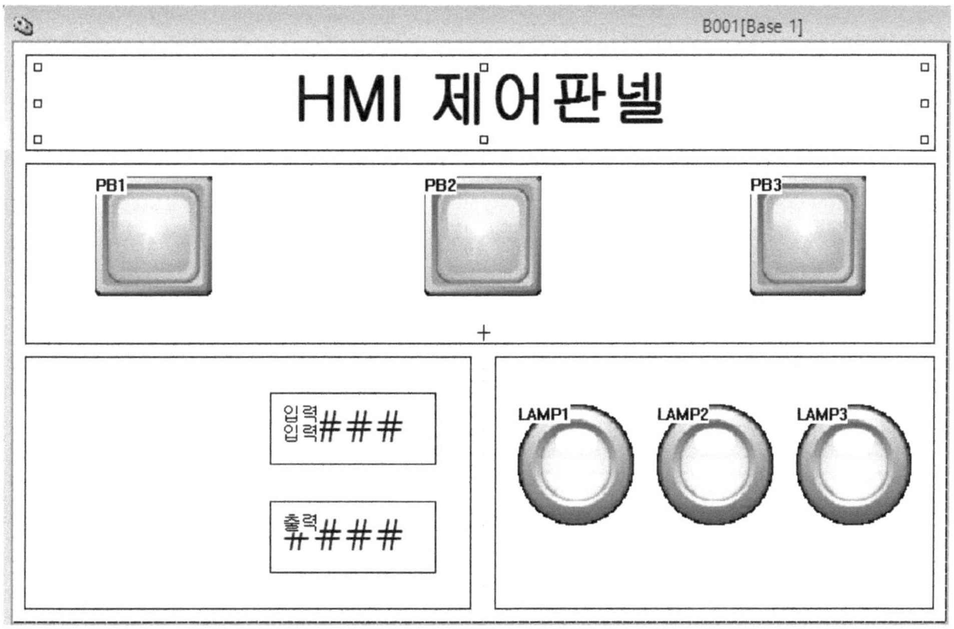

- 태그뷰 도구와 글꼴 도구를 이용하여 글자색, 크기, 정렬 등을 수정할 수 있다.

- 앞에서 설명한 방법으로 나머지 문자열 입력을 완성하며 글씨 크기 및 위치는 개인이 판단하여 보기 좋게 배치 완성한다.

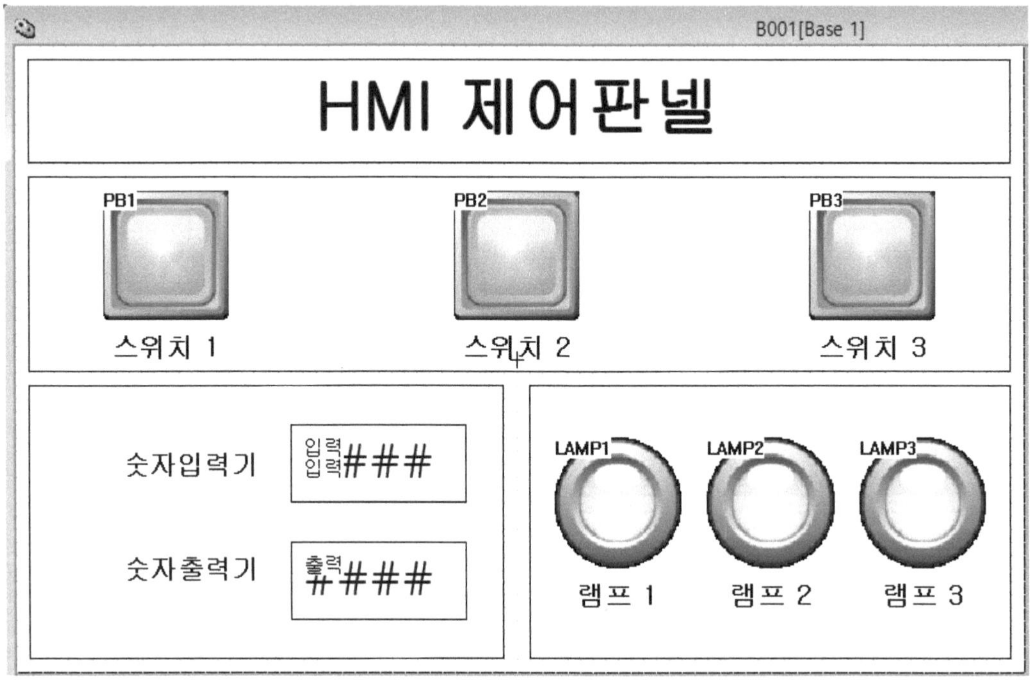

6) 프로젝트 다운로드

- USB케이블로 다운로드 하기 위해서는 USB Tool Port에 USB mini-B 타입의 Cable을 사용하여 연결하여야합니다.

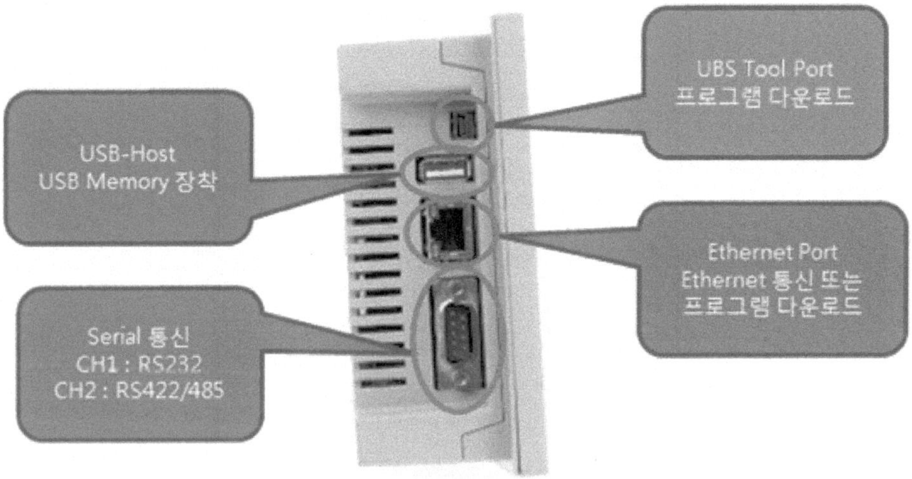

- [온라인]에서 [연결 방식 설정]을 선택한 다음 [USB]으로 변경한다.
- 변경이 되었으면 [확인]을 클릭한다.

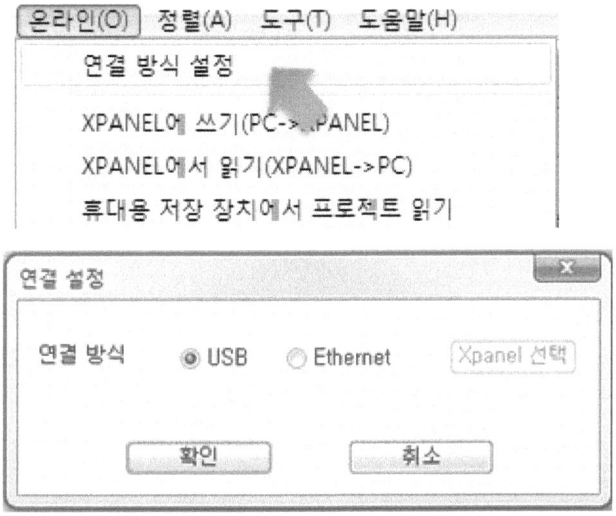

- USB 방식으로 선택이 되었으면 [온라인] -> [Xpanel에 쓰기]를 선택한다.

- 실행용 프로젝트 변환을 위해 [예]를 선택한다.

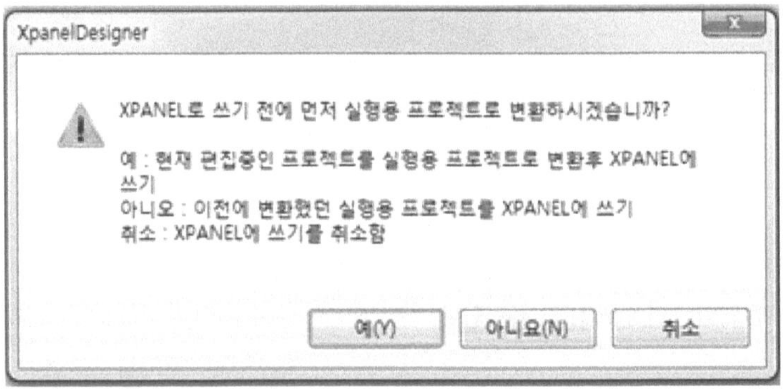

- 처음 다운로드 하는 프로젝트 일 경우 위와 같은 다운로드 선택 화면이 열립니다.
- [확인]을 클릭하면 다운로드가 진행됩니다.

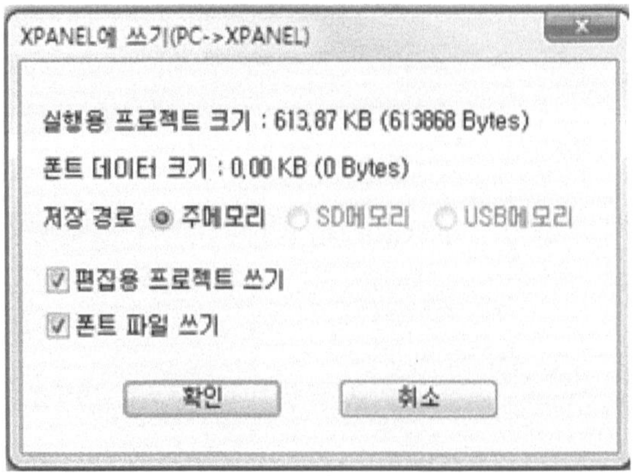

- Xpanel에 프로젝트를 다운로드를 하게 되면, 이전 프로젝트를 삭제하고 새로운 프로젝트를 다운로드한다.

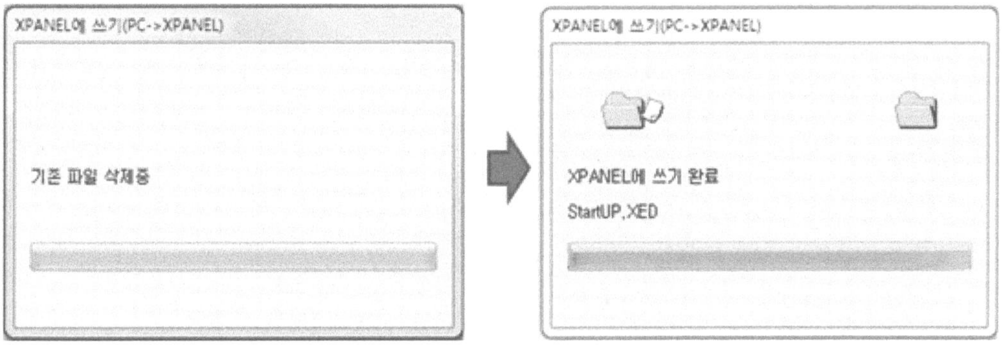

- 다운로드가 완료되면 Xpanel의 응용프로그램을 실행한다.
- 바로 실행되지 않을 경우 Xpanel을 다시 실행하면 된다.

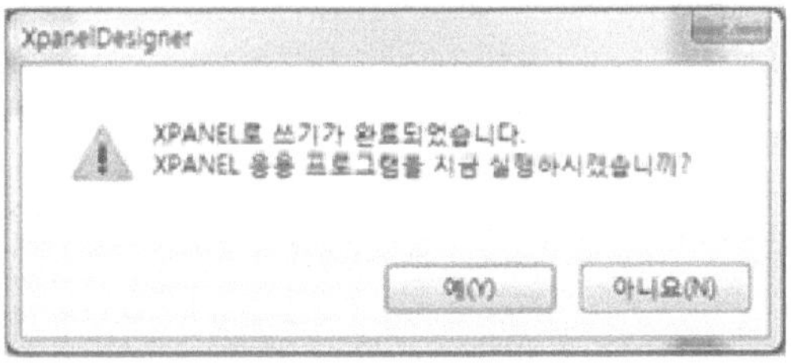

7) USB로 다운로드하기 전 필요한 것

- ActiveSync 또는 MobileDeviceCenter 를 설치해야만 합니다. 이 프로그램은 Microsoft 사 홈페이지에서 무료로 다운받을 수 있습니다.
- XP windows 사용자 : ActiveSync 설치 필요
- Windows7/VISTA 사용자 : MobileDeviceCenter 설치 필요
- ActiveSync 또는 MobileDeviceCenter 를 설치한 후 Xpanel을 USB 케이블로 연결하게 되면 장치드라이버를 설치하게 됩니다. MobileDeviceCenter는 별도의 드라이버 설치" 필요 없습니다.
- (XP 윈도우 드라이버 파일경로 = C:\Program Files\Xpanel_Driver\XT04_Sync_Drv\)

3
Chapter

PLC 자동제어 응용실습

3.1 접점 제어

3.1.1 학습목표

- 접점의 정의와 특성에 대해서 설명할 수 있다.
- PLC제어에 필요한 배선도를 작성하고 결선할 수 있다.
- PLC를 활용하여 접점 제어 프로그램을 작성할 수 있다.

3.1.2 실습 장비 구성

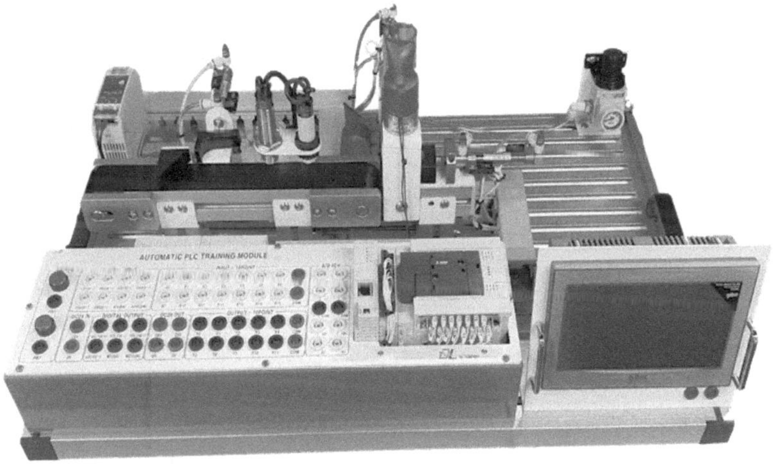

[PLC 실습장비]

3.1.3 안전 및 유의사항

- 실습장비전원 전압을 확인하여 조건에 맞는 전원을 인가한다.
- 실습장비의 이동과 전원을 인가할 시에는 지도교수님의 지시를 따른다.
- 실습 시 사용 기구에 대한 취급방법을 숙지한 후 사용한다.
- 실습 중에는 불필요하게 이동하거나 장난하지 않는다.
- 실습 후에는 컴퓨터와 PLC의 전원을 OFF 한다.
- 실습 후에는 연결케이블을 정리한다.
- 감전 사고에 특히 주의 한다.
  - 물이나 땀이 젖은 손은 깨끗이 닦은 후 실습한다.
  - 실습 회로를 구성한 후 전원 인가 전에 철저히 회로를 확인한다.

3.1.4 HMI 전원 및 통신 결선

① 트레이닝 모듈 DC24 OUT의 24V단자와 HMI 24V단자를 연결한다.
② 트레이닝 모듈 DC24 OUT의 0V단자와 HMI 0V단자를 연결한다.

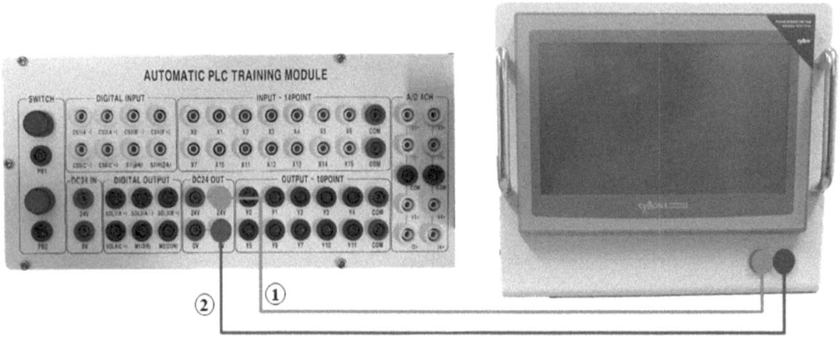

③ 트레이닝 모듈 PLC의 이더넷 단자와 HMI의 이더넷 단자를 이더넷 케이블로 연결한다.

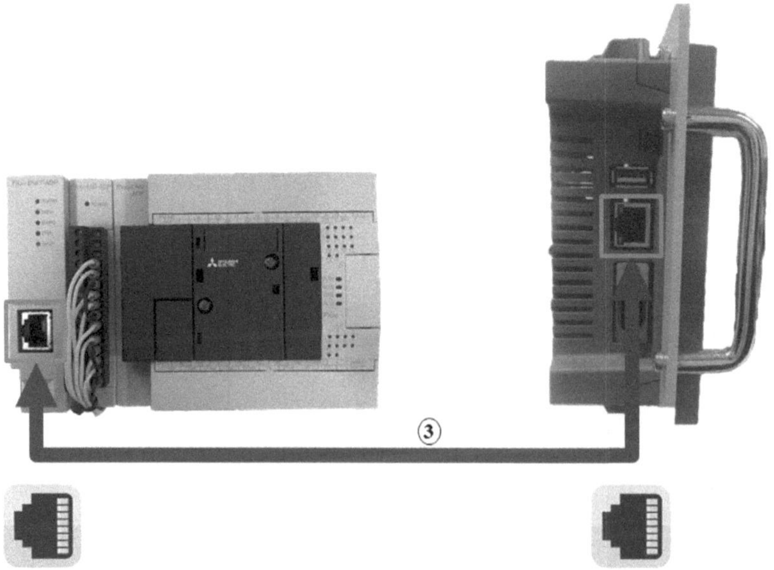

PLC	[IP 주소] - [192.168.1.250] [서브넷 마스크] - [255.255.255.0] [게이트웨이] - [192.168.1.1]
HMI	[IP 주소] - [192.168.1.100]

3.1.5 PLC 입출력 할당

입 력		출 력	
할당	설명	할당	설명
X10	PB1		

3.1.6 PLC 배선도

입 력		출 력	
ADRESS	NAME	NAME	ADRESS
X10	PB1		
COM			COM

3.1.7 PLC I/O 결선

① DC24 OUT의 24V단자와 DC24 IN의 24V단자를 연결한다.
② DC24 OUT의 24V단자와 PLC INPUT파트 COM단자를 연결한다.

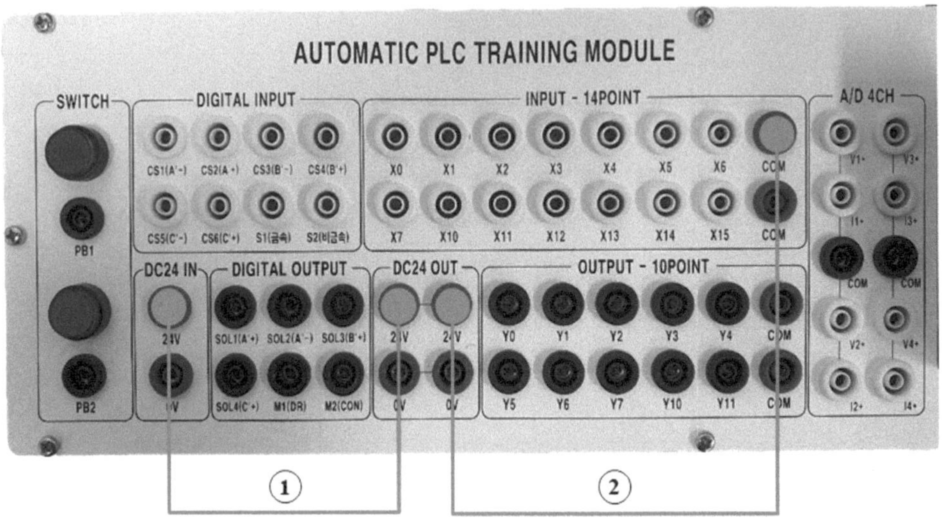

③ DC24 OUT의 0V단자와 DC24 IN의 0V단자를 연결한다.
④ DC24 OUT의 0V단자와 PLC OUTPUT파트 COM단자를 연결한다.

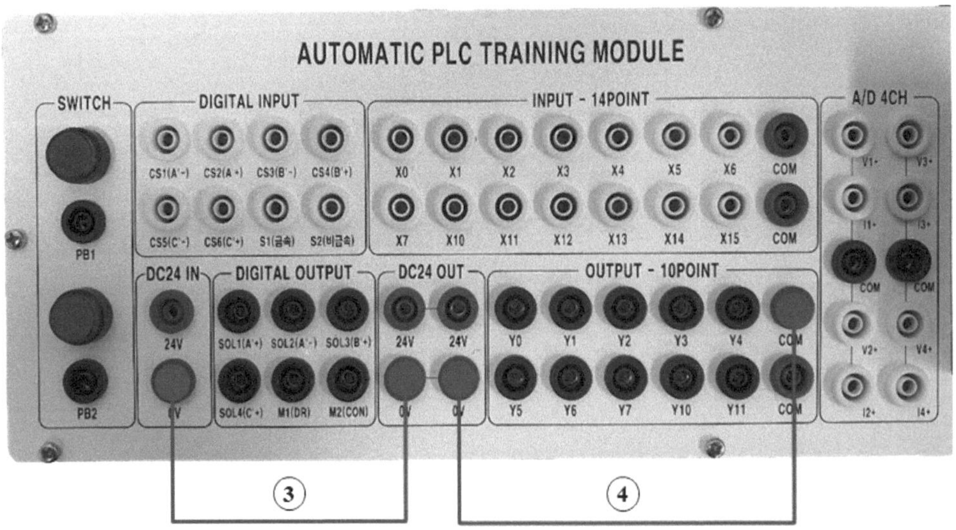

⑤ PLC INPUT의 X10단자와 PLC SWITCH의 PB1단자를 연결한다.

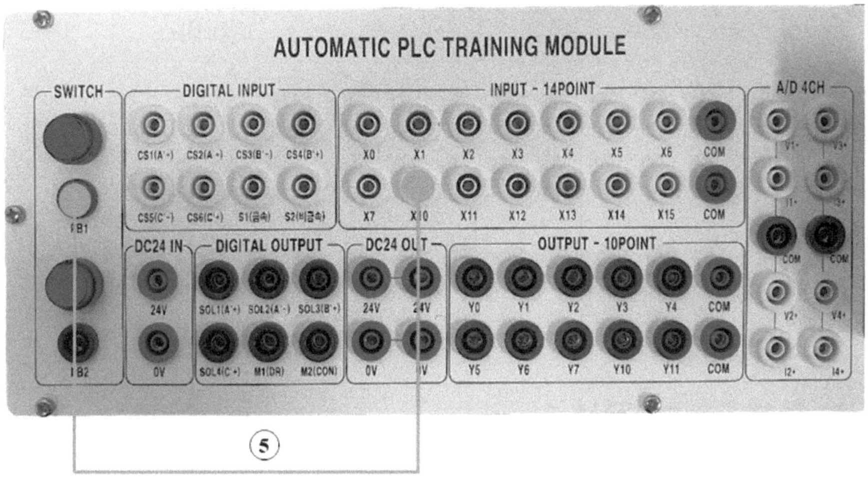

3.1.8 HMI 작화 구성

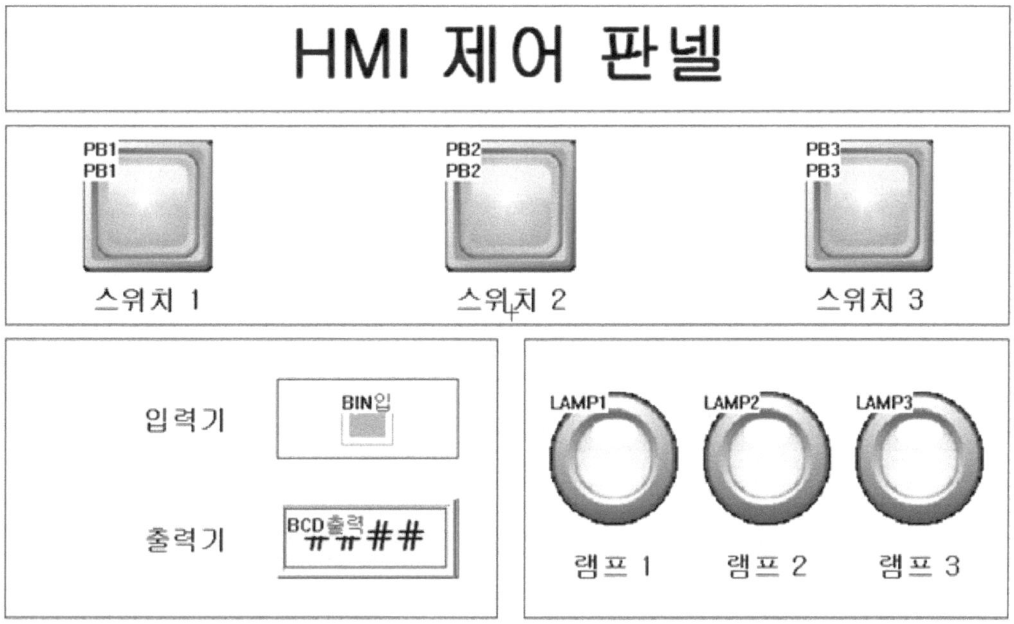

3.1.9 기본 디바이스 태그 정보

번호	목록	이름	종류	디바이스	어드레스
1	스위치1	PB1	디지털	FX.FX	M101
2	램프1	LAMP1	디지털	FX.FX	M201

3.1.10 PLC 프로그램 작성

1) 프로그램 작성

- GX Works2를 실행하여 프로젝트를 생성하고 PLC통신을 확인한다.
- PLC I/O표를 활용하여 동작에 맞는 PLC래더 프로그램을 작성하고 동작을 확인한다.

2) 접점 제어 동작설명

(1) N.O 접점 제어 프로그램

- HMI의 PB1을 터치하면 HMI의 LAMP1이 점등한다.
  또한 트레이닝 모듈 SWITCH의 PB1을 ON하면 HMI의 LAMP1이 점등한다.

(2) N.C 접점 제어 프로그램

- HMI의 PB1을 터치하면 HMI의 LAMP1이 소등한다.
  또한 트레이닝 모듈 SWITCH의 PB1을 ON하면 HMI의 LAMP1이 소등한다.

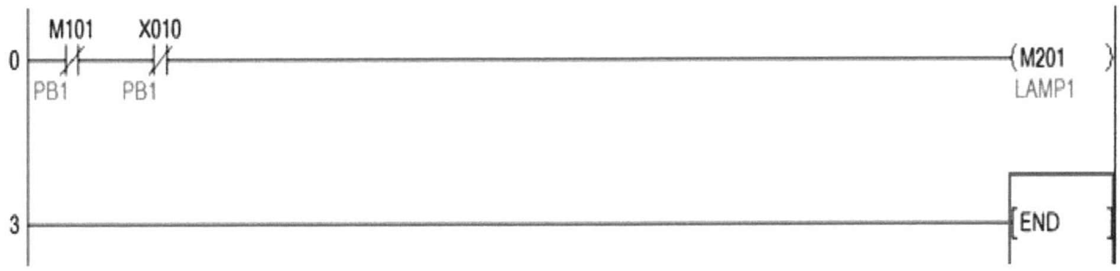

3.2 자기유지 제어

3.2.1 학습목표

- 자기유지의 정의와 특성에 대해서 설명할 수 있다.
- PLC제어에 필요한 배선도를 작성하고 결선할 수 있다.
- PLC를 활용하여 자기유지 제어 프로그램을 작성할 수 있다.

3.2.2 실습 장비 구성

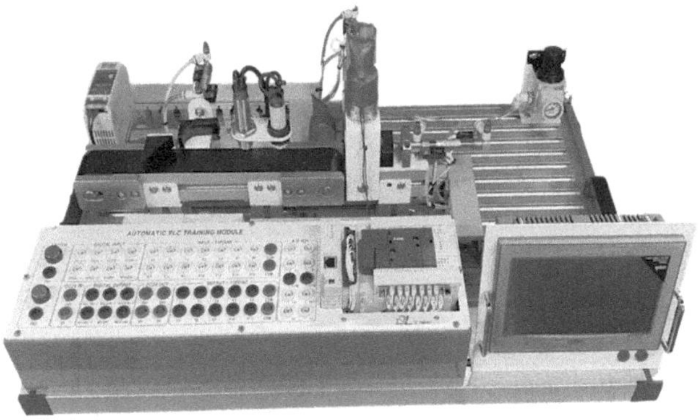

[PLC 실습장비]

3.2.3 안전 및 유의사항

- 실습장비전원 전압을 확인하여 조건에 맞는 전원을 인가한다.
- 실습장비의 이동과 전원을 인가할 시에는 지도교수님의 지시를 따른다.
- 실습 시 사용 기구에 대한 취급방법을 숙지한 후 사용한다.
- 실습 중에는 불필요하게 이동하거나 장난하지 않는다.
- 실습 후에는 컴퓨터와 PLC의 전원을 OFF 한다.
- 실습 후에는 연결케이블을 정리한다.
- 감전 사고에 특히 주의 한다.
  - 물이나 땀이 젖은 손은 깨끗이 닦은 후 실습한다.
  - 실습 회로를 구성한 후 전원 인가 전에 철저히 회로를 확인한다.

3.2.4 HMI 전원 및 통신 결선

① 트레이닝 모듈 DC24 OUT의 24V단자와 HMI 24V단자를 연결한다.
② 트레이닝 모듈 DC24 OUT의 0V단자와 HMI 0V단자를 연결한다.

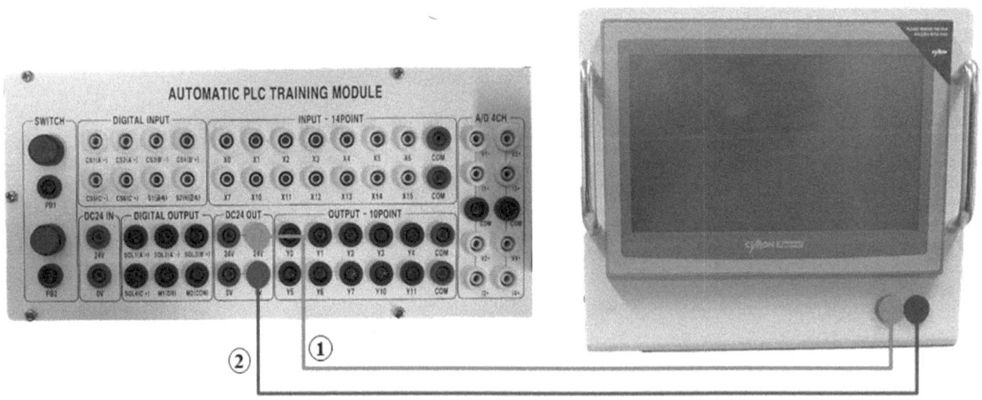

③ 트레이닝 모듈 PLC의 이더넷 단자와 HMI의 이더넷 단자를 이더넷 케이블로 연결한다.

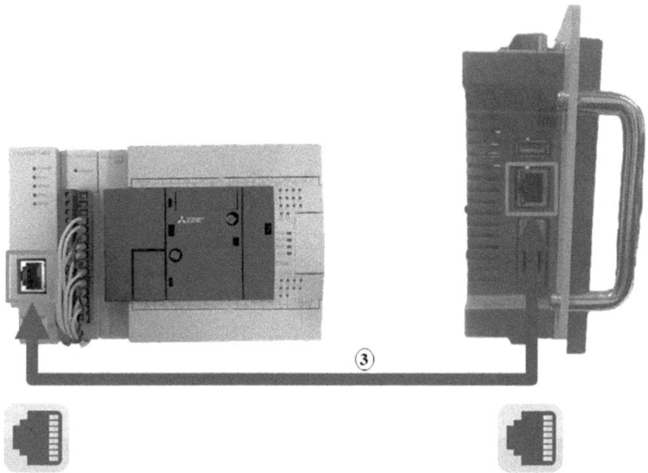

PLC	[IP 주소] - [192.168.1.250] [서브넷 마스크] - [255.255.255.0] [게이트웨이] - [192.168.1.1]
HMI	[IP 주소] - [192.168.1.100]

3.2.5 PLC 입출력 할당

입 력		출 력	
할당	설명	할당	설명
X00	PB1	Y03	SOL4(C`+)
X01	PB2		

3.2.6 PLC 배선도

+24V 0V | +24V 0V

입 력		출 력	
ADRESS	NAME	NAME	ADRESS
X10	PB1	SOL4(C`+)	Y03
X11	PB2		
COM			COM

3.2.7 PLC I/O 결선

① DC24 OUT의 24V단자와 DC24 IN의 24V단자를 연결한다.
② DC24 OUT의 24V단자와 PLC INPUT파트 COM단자를 연결한다.

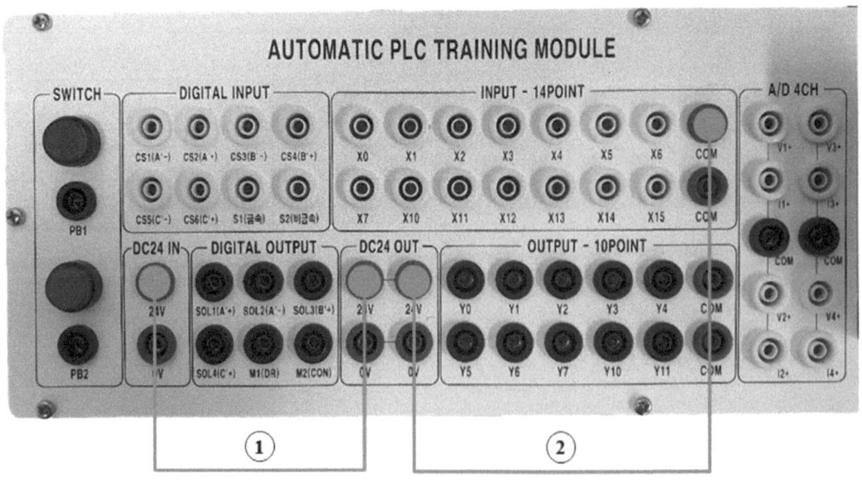

③ DC24 OUT의 0V단자와 DC24 IN의 0V단자를 연결한다.
④ DC24 OUT의 0V단자와 PLC OUTPUT파트 COM단자를 연결한다.

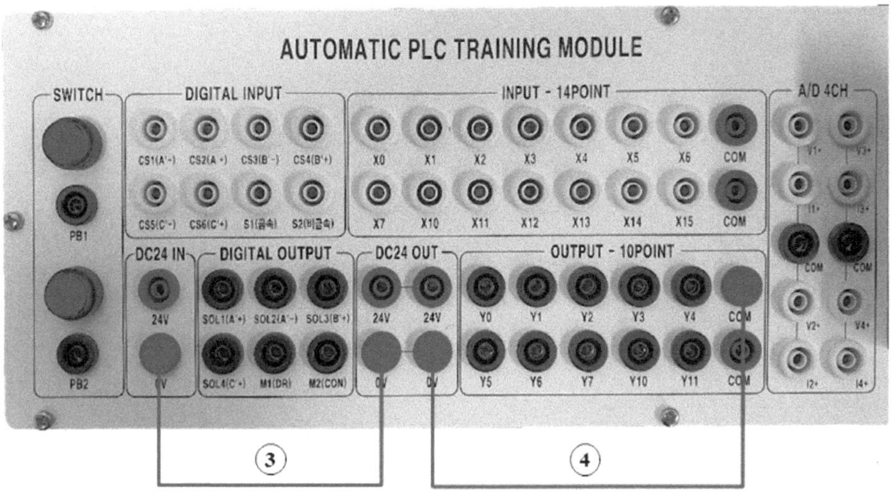

⑤ PLC INPUT의 X10단자와 PLC SWITCH의 PB1단자를 연결한다.
⑥ PLC INPUT의 X11단자와 PLC SWITCH의 PB2단자를 연결한다.

⑦ PLC OUTPUT의 Y03단자와 DIGITAL OUTPUT의 SOL4(C`+)단자를 연결한다.

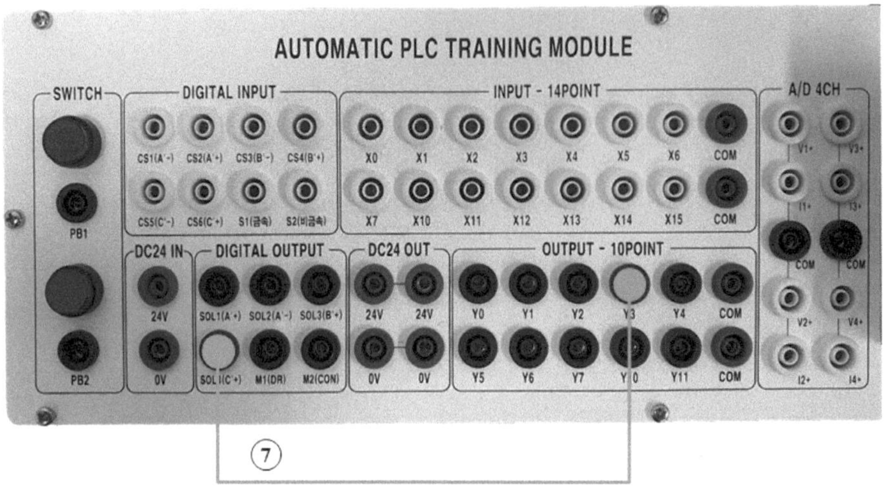

3.2.8 HMI 작화 구성

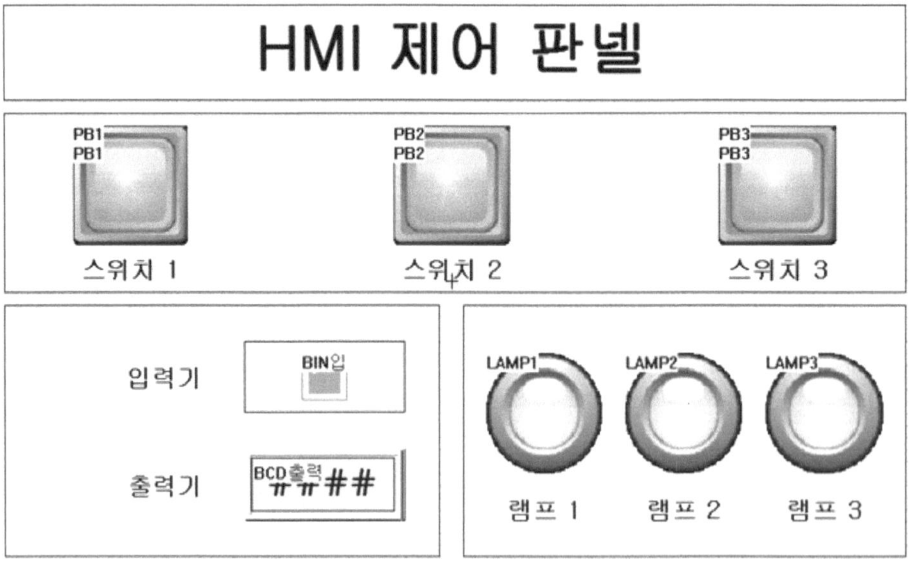

3.2.9 기본 디바이스 태그 정보

번호	목록	이름	종류	디바이스	어드레스
1	스위치1	PB1	디지털	FX.FX	M101
2	스위치2	PB2	디지털	FX.FX	M102

3.2.10 PLC 프로그램 작성

1) 프로그램 작성

- GX Works2를 실행하여 프로젝트를 생성하고 PLC통신을 확인한다.
- PLC I/O표를 활용하여 동작에 맞는 PLC래더 프로그램을 작성하고 동작을 확인한다.

2) 자기유지 제어 동작설명

- HMI의 PB1을 터치하면 C실린더가 전진동작을 실행한다. (전진유지)
- HMI의 PB2를 터치하면 C실린더가 후진동작을 실행한다.

또는

- PLC SWITCH의 PB1을 ON/OFF하면 C실린더가 전진동작을 실행한다. (전진유지)
- PLC SWITCH의 PB2를 ON/OFF하면 C실린더가 후진동작을 실행한다.

3.3 타이머 기초제어

3.3.1 학습목표

- 타이머의 정의와 특성에 대해서 설명할 수 있다.
- PLC제어에 필요한 배선도를 작성하고 결선할 수 있다.
- PLC를 활용하여 타이머 기초 프로그램을 작성할 수 있다.

3.3.2 실습 장비 구성

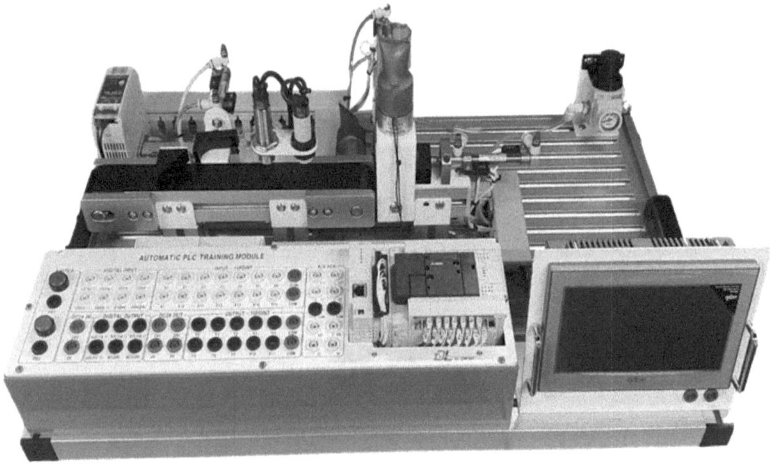

[PLC 실습장비]

3.3.3 안전 및 유의사항

- 실습장비전원 전압을 확인하여 조건에 맞는 전원을 인가한다.
- 실습장비의 이동과 전원을 인가할 시에는 지도교수님의 지시를 따른다.
- 실습 시 사용 기구에 대한 취급방법을 숙지한 후 사용한다.
- 실습 중에는 불필요하게 이동하거나 장난하지 않는다.
- 실습 후에는 컴퓨터와 PLC의 전원을 OFF 한다.
- 실습 후에는 연결케이블을 정리한다.
- 감전 사고에 특히 주의 한다.
  - 물이나 땀이 젖은 손은 깨끗이 닦은 후 실습한다.
  - 실습 회로를 구성한 후 전원 인가 전에 철저히 회로를 확인한다.

3.3.4 HMI 전원 및 통신 결선

① 트레이닝 모듈 DC24 OUT의 24V단자와 HMI 24V단자를 연결한다.
② 트레이닝 모듈 DC24 OUT의 0V단자와 HMI 0V단자를 연결한다.

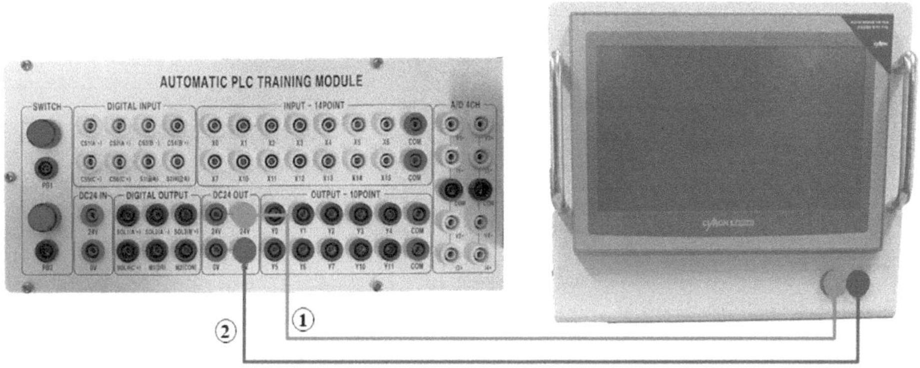

③ 트레이닝 모듈 PLC의 이더넷 단자와 HMI의 이더넷 단자를 이더넷 케이블로 연결한다.

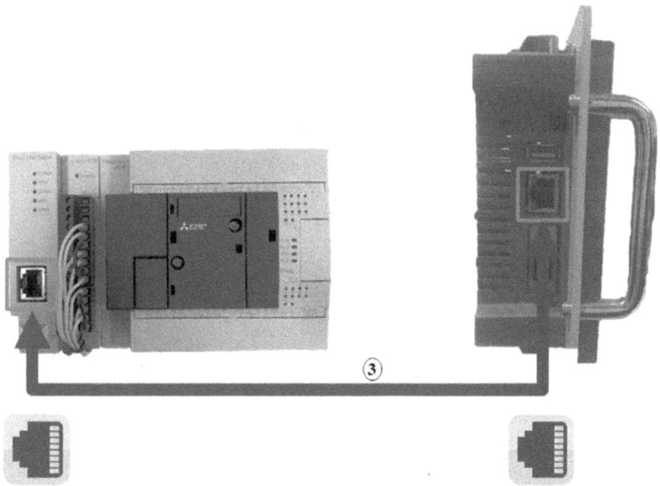

PLC	[IP 주소] - [192.168.1.250] [서브넷 마스크] - [255.255.255.0] [게이트웨이] - [192.168.1.1]
HMI	[IP 주소] - [192.168.1.100]

3.3.5 PLC 입출력 할당

입 력		출 력	
할당	설명	할당	설명
X10	PB1		
X11	PB2		

3.3.6 PLC 배선도

3.3.7 PLC I/O 결선

① DC24 OUT의 24V단자와 DC24 IN의 24V단자를 연결한다.
② DC24 OUT의 24V단자와 PLC INPUT파트 COM단자를 연결한다.

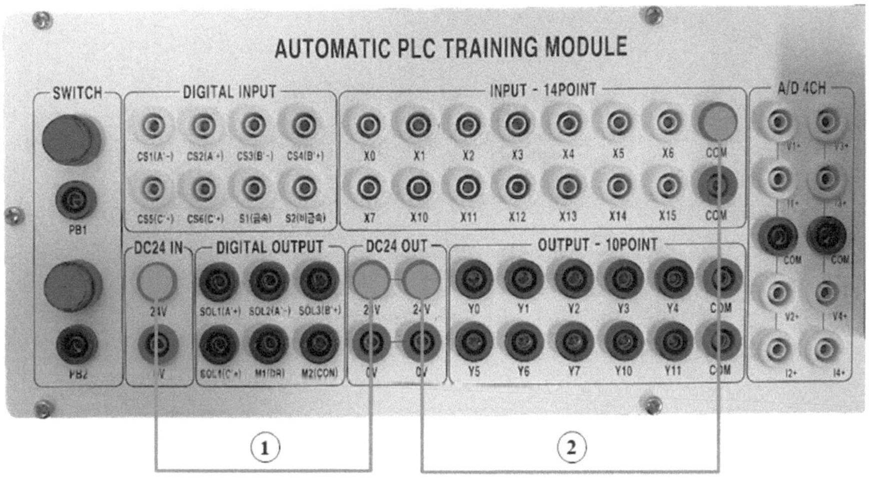

③ DC24 OUT의 0V단자와 DC24 IN의 0V단자를 연결한다.
④ DC24 OUT의 0V단자와 PLC OUTPUT파트 COM단자를 연결한다.

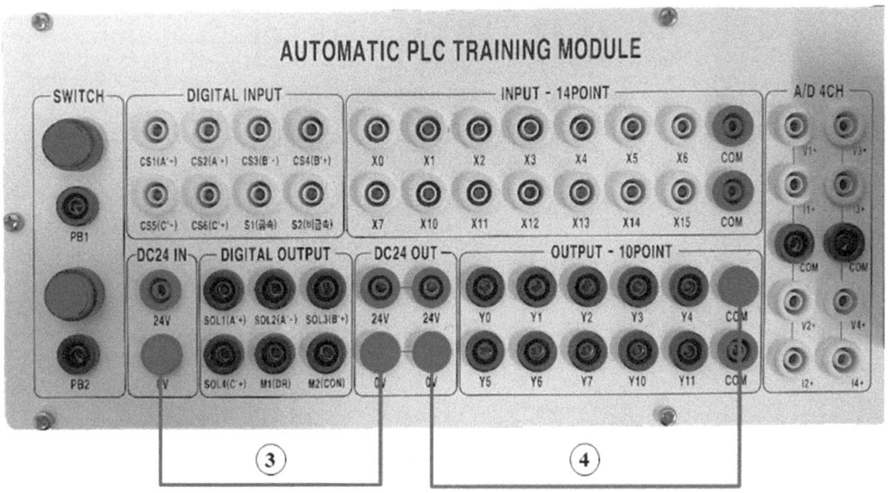

⑤ PLC INPUT의 X10단자와 PLC SWITCH의 PB1단자를 연결한다.
⑥ PLC INPUT의 X11단자와 PLC SWITCH의 PB2단자를 연결한다.

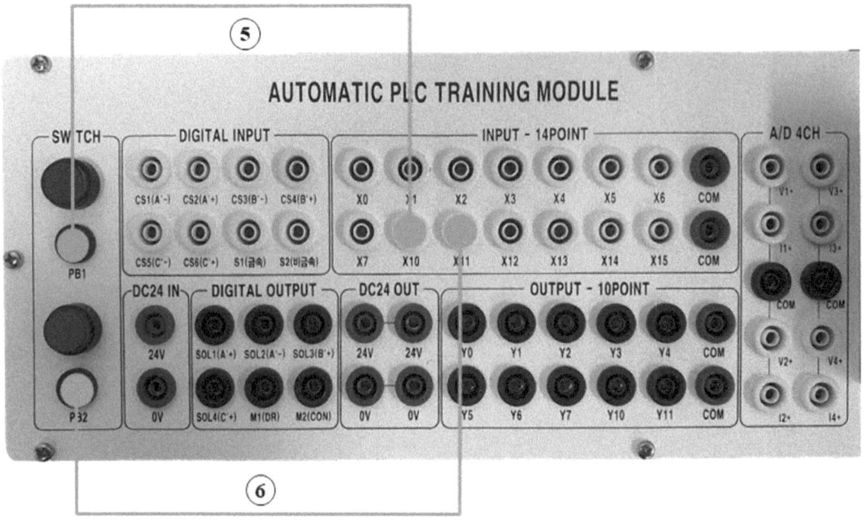

3.3.8 HMI 작화 구성

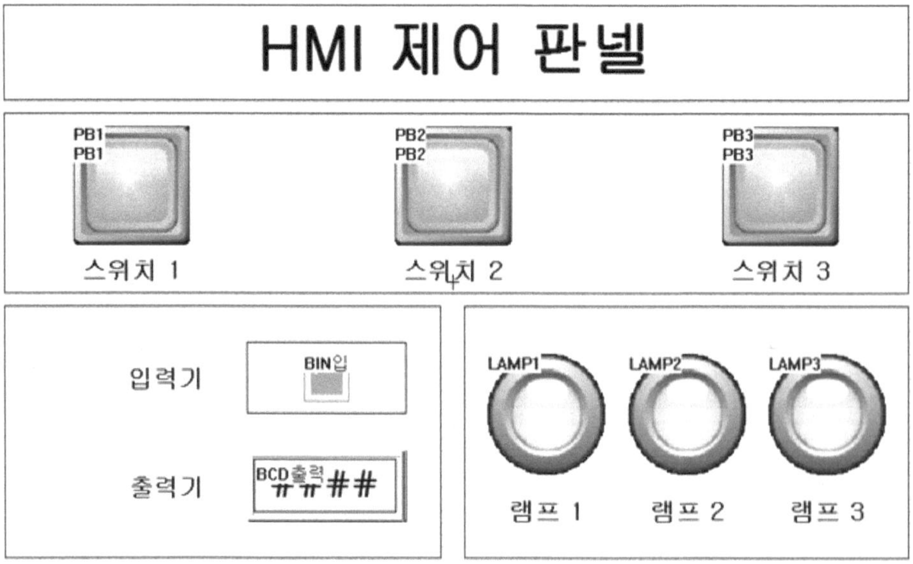

3.3.9 기본 디바이스 태그 정보

번호	목록	이름	종류	디바이스	어드레스
1	스위치1	PB1	디지털	FX.FX	M101
2	스위치2	PB2	디지털	FX.FX	M102
3	램프1	LAMP1	디지털	FX.FX	M201

3.3.10 PLC 프로그램 작성

1) 프로그램 작성

- GX Works2를 실행하여 프로젝트를 생성하고 PLC통신을 확인한다.
- PLC I/O표를 활용하여 동작에 맞는 PLC래더 프로그램을 작성하고 동작을 확인한다.

2) 타이머 기초제어 동작설명

- HMI의 PB1을 터치하면 1초 간격으로 HMI의 LAMP1이 점멸된다.
- HMI의 PB2를 터치하면 HMI의 LAMP1이 소등된다.

또는

- PLC SWITCH의 PB1을 ON/OFF하면 HMI의 LAMP1이 점멸된다.
- PLC SWITCH의 PB2를 ON/OFF하면 HMI의 LAMP1이 소등된다.

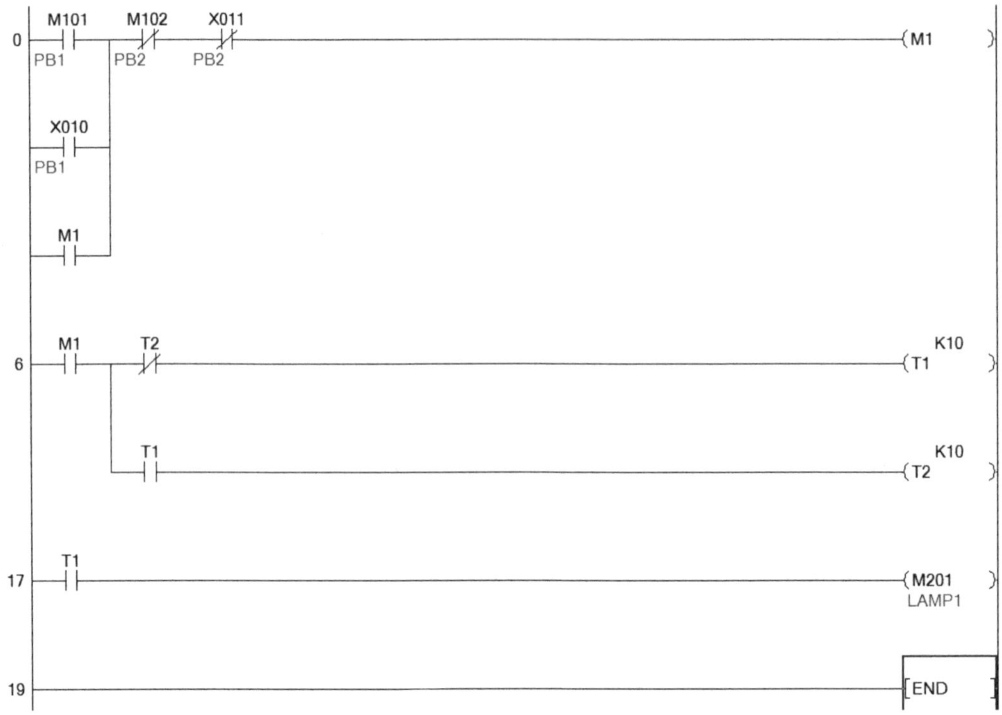
0
M101
PB1
M102
PB2
X011
PB2
M1
X010
PB1
M1
6
M1
T2
T1
K10
T1
T2
K10
17
T1
M201
LAMP1
19
END

3.4 타이머 응용제어

3.4.1 학습목표

- 타이머의 정의와 특성에 대해서 설명할 수 있다.
- PLC제어에 필요한 배선도를 작성하고 결선할 수 있다.
- PLC를 활용하여 타이머 응용 프로그램을 작성할 수 있다.

3.4.2 실습 장비 구성

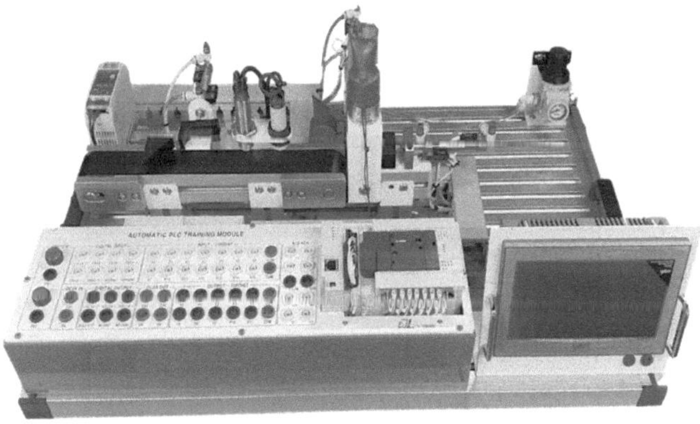

[PLC 실습장비]

3.4.3 안전 및 유의사항

- 실습장비전원 전압을 확인하여 조건에 맞는 전원을 인가한다.
- 실습장비의 이동과 전원을 인가할 시에는 지도교수님의 지시를 따른다.
- 실습 시 사용 기구에 대한 취급방법을 숙지한 후 사용한다.
- 실습 중에는 불필요하게 이동하거나 장난하지 않는다.
- 실습 후에는 컴퓨터와 PLC의 전원을 OFF 한다.
- 실습 후에는 연결케이블을 정리한다.
- 감전 사고에 특히 주의 한다.
  - 물이나 땀이 젖은 손은 깨끗이 닦은 후 실습한다.
  - 실습 회로를 구성한 후 전원 인가 전에 철저히 회로를 확인한다.

3.3.4 HMI 전원 및 통신 결선

① 트레이닝 모듈 DC24 OUT의 24V단자와 HMI 24V단자를 연결한다.
② 트레이닝 모듈 DC24 OUT의 0V단자와 HMI 0V단자를 연결한다.

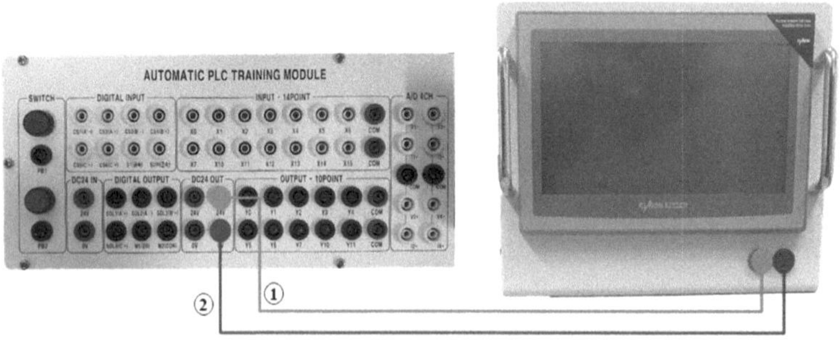

③ 트레이닝 모듈 PLC의 이더넷 단자와 HMI의 이더넷 단자를 이더넷 케이블로 연결한다.

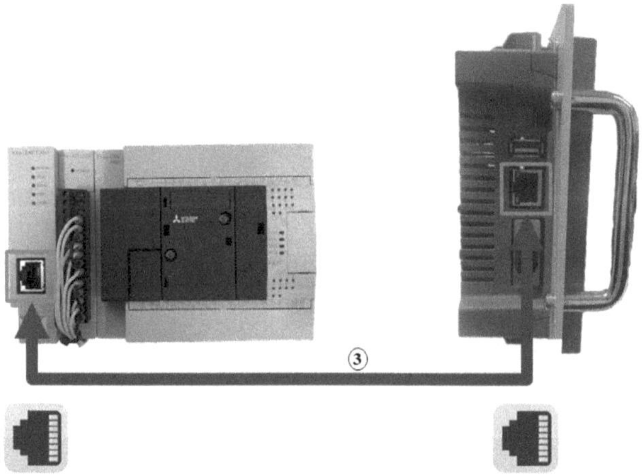

PLC	[IP 주소] - [192.168.1.250] [서브넷 마스크] - [255.255.255.0] [게이트웨이] - [192.168.1.1]
HMI	[IP 주소] - [192.168.1.100]

3.4.5 PLC 입출력 할당

입 력		출 력	
할당	설명	할당	설명
X04	CS5(C`-)	Y03	SOL4(C`+)
X05	CS6(C`+)		

3.4.6 PLC 배선도

3.4.7 PLC I/O 결선

① DC24 OUT의 24V단자와 DC24 IN의 24V단자를 연결한다.
② DC24 OUT의 24V단자와 PLC INPUT파트 COM단자를 연결한다.

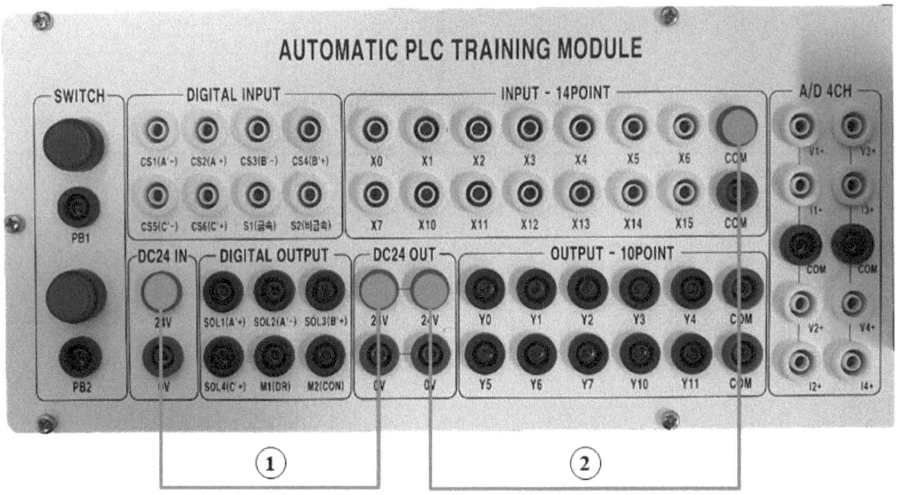

③ DC24 OUT의 0V단자와 DC24 IN의 0V단자를 연결한다.
④ DC24 OUT의 0V단자와 PLC OUTPUT파트 COM단자를 연결한다.

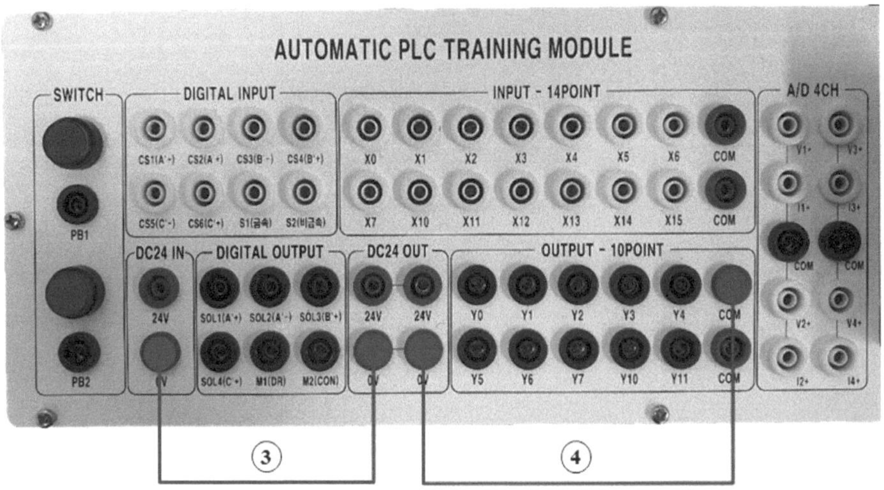

⑤ PLC INPUT의 X04단자와 DIGITAL INPUT의 CS5(C`-)단자를 연결한다.
⑥ PLC INPUT의 X05단자와 DIGITAL INPUT의 CS6(C`+)단자를 연결한다.

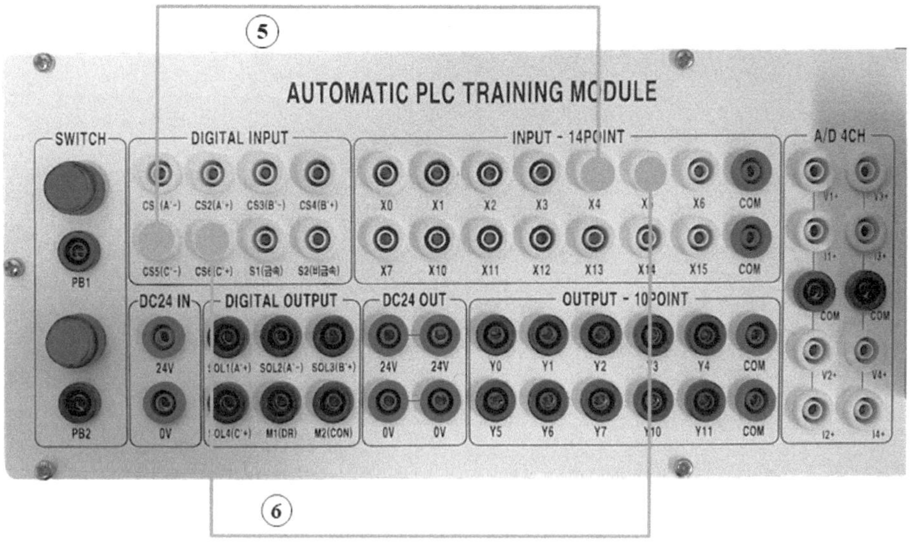

⑦ PLC OUTPUT의 Y03단자와 DIGITAL OUTPUT의 SOL4(C`+)단자를 연결한다.

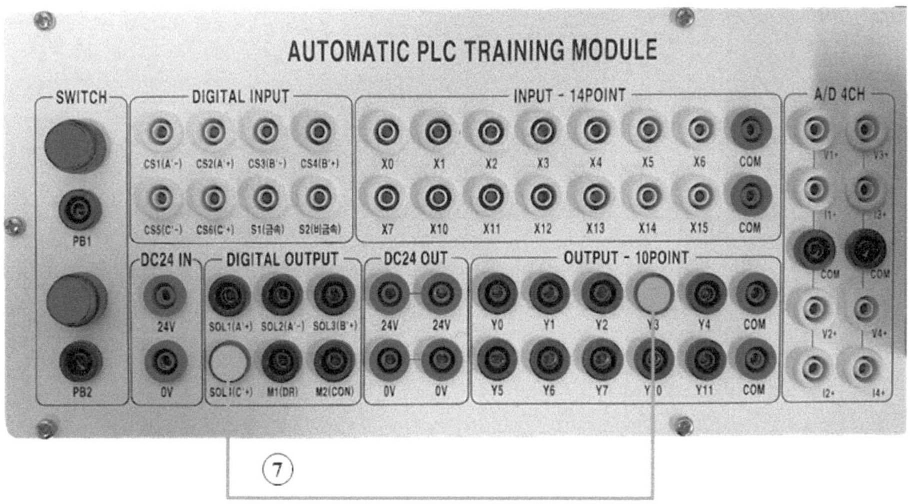

3.4.8 HMI 작화 구성

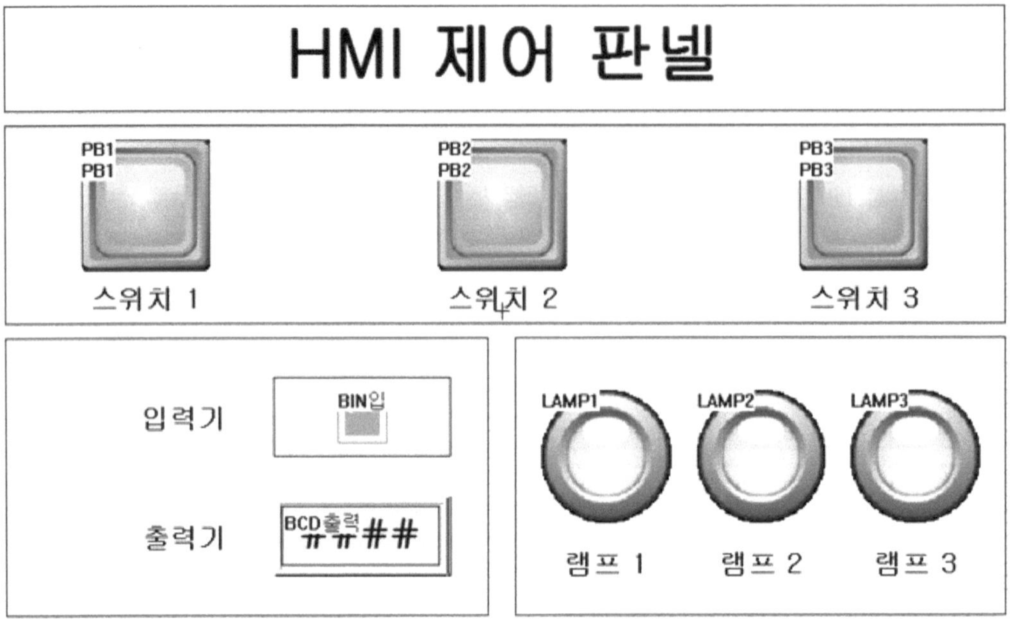

3.4.9 기본 디바이스 태그 정보

번호	목록	이름	종류	디바이스	어드레스
1	스위치1	PB1	디지털	FX.FX	M101
2	스위치2	PB2	디지털	FX.FX	M102
3	램프1	LAMP1	디지털	FX.FX	M201
4	램프2	LAMP2	디지털	FX.FX	M202

3.4.10 PLC 프로그램 작성

1) 프로그램 작성

- GX Works2를 실행하여 프로젝트를 생성하고 PLC통신을 확인한다.
- PLC I/O표를 활용하여 동작에 맞는 PLC래더 프로그램을 작성하고 동작을 확인한다.

2) 타이머 응용제어 동작설명

- HMI의 PB1을 터치하면 C실린더 전진 -> 2초 대기 -> C실린더 후진 동작을 실행한다.
- 실린더가 후진일 경우 HMI의 LAMP1이 점등된다. (LAMP2 소등)
  실린더가 전진일 경우 HMI의 LAMP2가 점등된다. (LAMP1 소등)
- HMI의 PB2를 터치하면 즉시 동작이 정지한다.

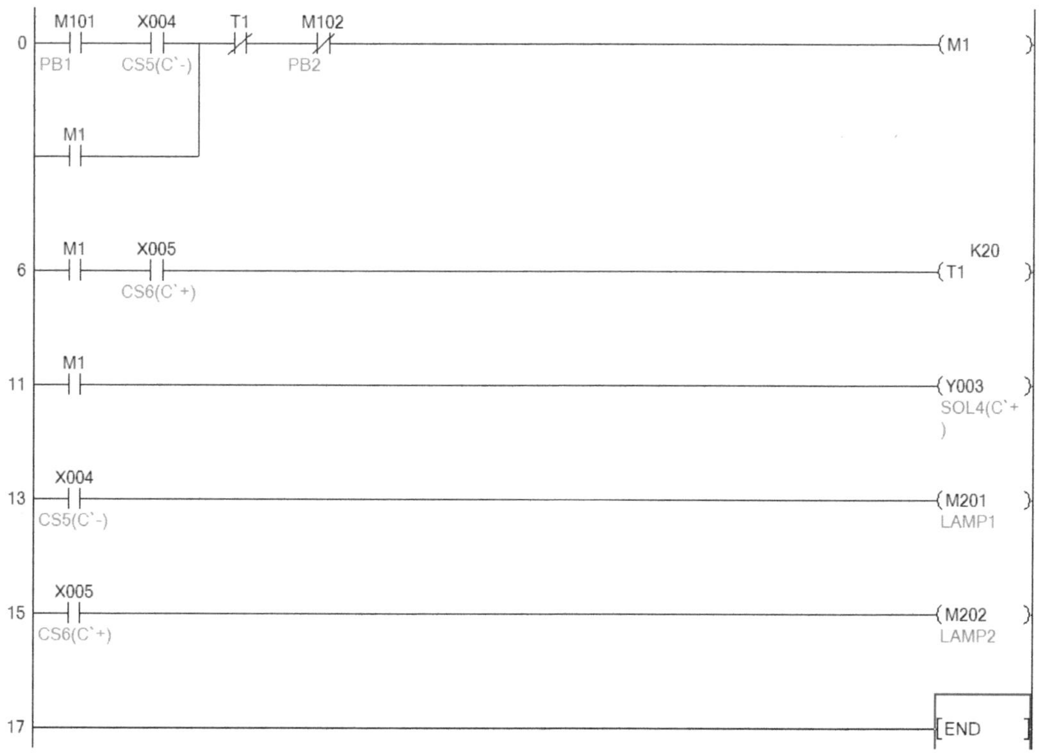

3.5 카운터 기초제어

3.5.1 학습목표

- 카운터의 정의와 특성에 대해서 설명할 수 있다.
- PLC제어에 필요한 배선도를 작성하고 결선할 수 있다.
- PLC를 활용하여 카운터 기초 프로그램을 작성할 수 있다.

3.5.2 실습 장비 구성

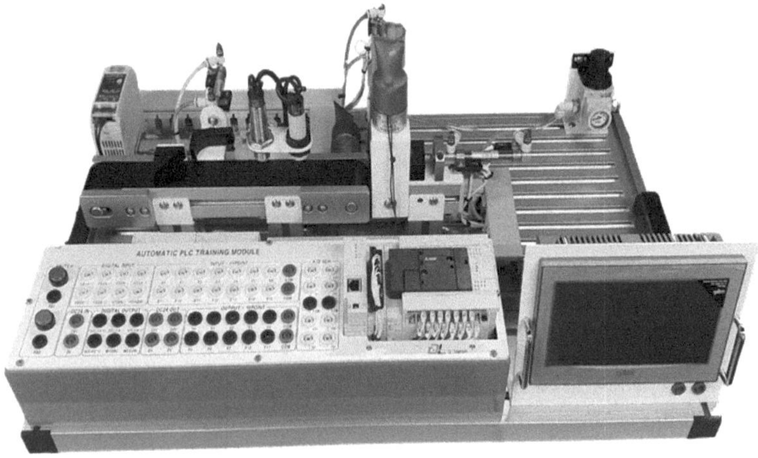

[PLC 실습장비]

3.5.3 안전 및 유의사항

- 실습장비전원 전압을 확인하여 조건에 맞는 전원을 인가한다.
- 실습장비의 이동과 전원을 인가할 시에는 지도교수님의 지시를 따른다.
- 실습 시 사용 기구에 대한 취급방법을 숙지한 후 사용한다.
- 실습 중에는 불필요하게 이동하거나 장난하지 않는다.
- 실습 후에는 컴퓨터와 PLC의 전원을 OFF 한다.
- 실습 후에는 연결케이블을 정리한다.
- 감전 사고에 특히 주의 한다.
  - 물이나 땀이 젖은 손은 깨끗이 닦은 후 실습한다.
  - 실습 회로를 구성한 후 전원 인가 전에 철저히 회로를 확인한다.

3.5.4 HMI 전원 및 통신 결선

① 트레이닝 모듈 DC24 OUT의 24V단자와 HMI 24V단자를 연결한다.
② 트레이닝 모듈 DC24 OUT의 0V단자와 HMI 0V단자를 연결한다.

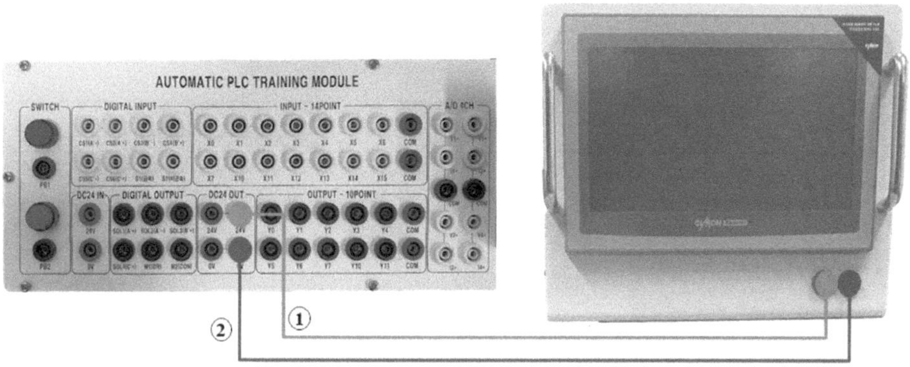

③ 트레이닝 모듈 PLC의 이더넷 단자와 HMI의 이더넷 단자를 이더넷 케이블로 연결한다.

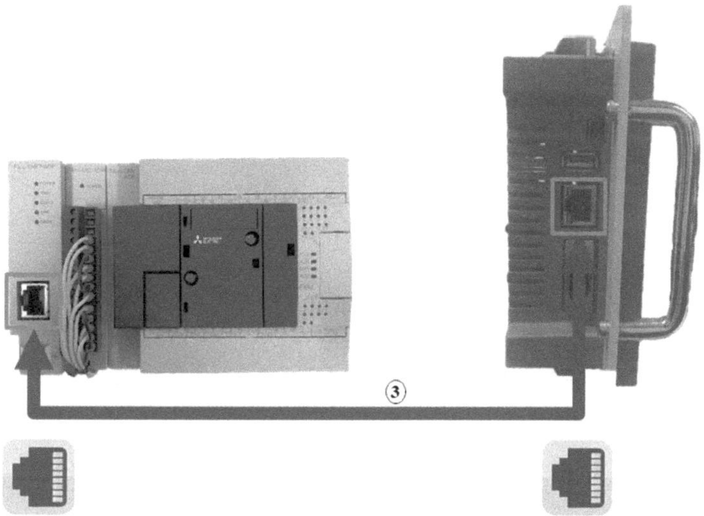

PLC	[IP 주소] - [192.168.1.250] [서브넷 마스크] - [255.255.255.0] [게이트웨이] - [192.168.1.1]
HMI	[IP 주소] - [192.168.1.100]

3.5.5 PLC 입출력 할당

입	력	출	력
할당	설명	할당	설명
X04	CS5(C`-)	Y03	SOL4(C`+)
X05	CS6(C`+)		

3.5.6 PLC 배선도

3.5.7 PLC I/O 결선

① DC24 OUT의 24V단자와 DC24 IN의 24V단자를 연결한다.
② DC24 OUT의 24V단자와 PLC INPUT파트 COM단자를 연결한다.

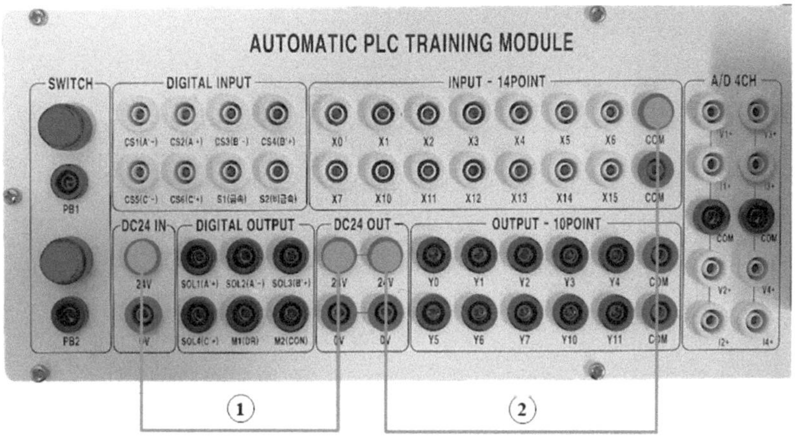

③ DC24 OUT의 0V단자와 DC24 IN의 0V단자를 연결한다.
④ DC24 OUT의 0V단자와 PLC OUTPUT파트 COM단자를 연결한다.

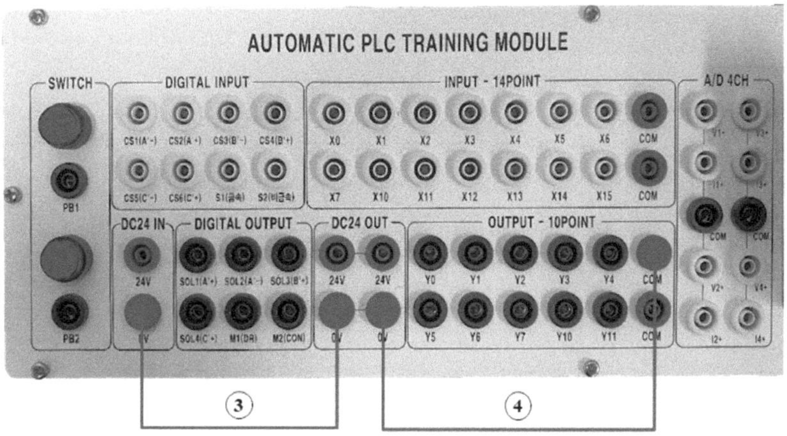

⑤ PLC INPUT의 X04단자와 DIGITAL INPUT의 CS5(C`-)단자를 연결한다.
⑥ PLC INPUT의 X05단자와 DIGITAL INPUT의 CS6(C`+)단자를 연결한다.

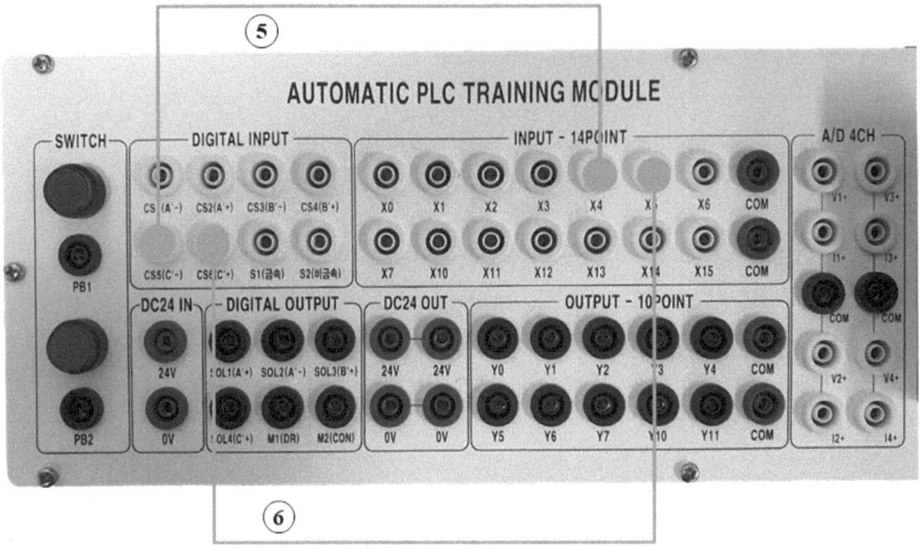

⑦ PLC OUTPUT의 Y03단자와 DIGITAL OUTPUT의 SOL4(C`+)단자를 연결한다.

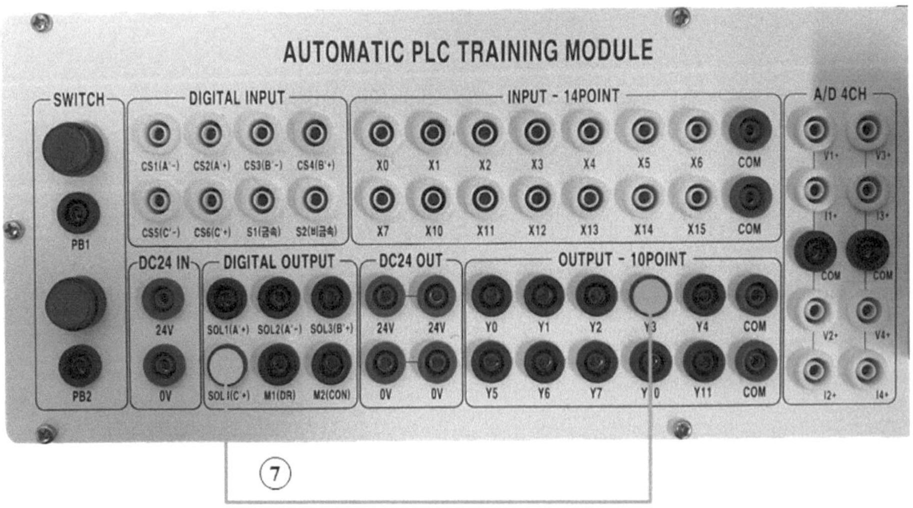

3.5.8 HMI 작화 구성

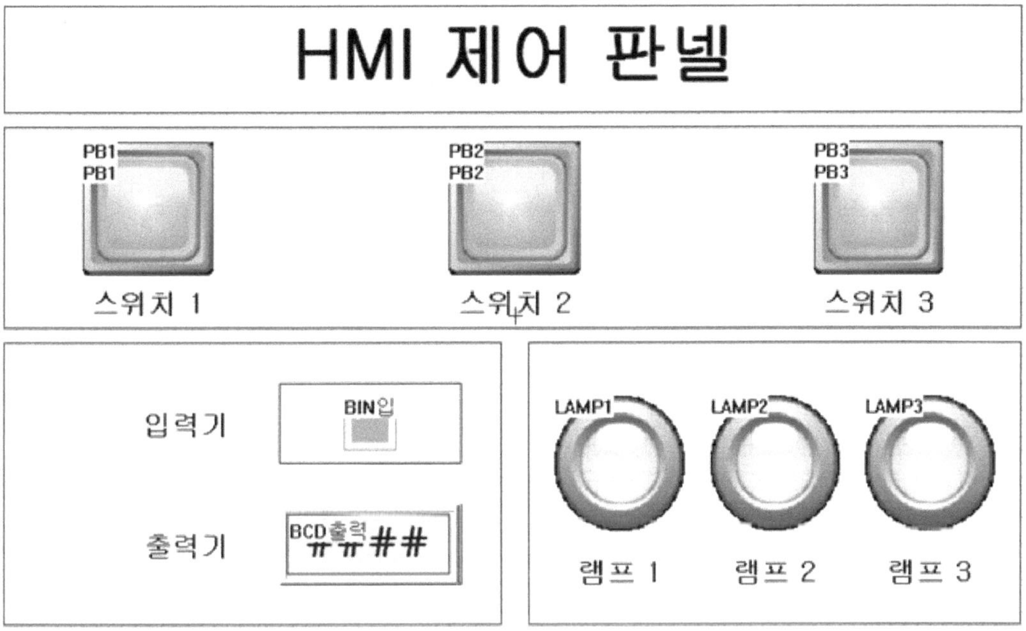

3.5.9 기본 디바이스 태그 정보

번호	목록	이름	종류	디바이스	어드레스
1	스위치1	PB1	디지털	FX.FX	M101
2	스위치2	PB2	디지털	FX.FX	M102

3.5.10 PLC 프로그램 작성

1) 프로그램 작성

- GX Works2를 실행하여 프로젝트를 생성하고 PLC통신을 확인한다.
- PLC I/O표를 활용하여 동작에 맞는 PLC래더 프로그램을 작성하고 동작을 확인한다.

2) 카운터 기초제어 동작설명

- HMI의 PB1을 터치하면 C실린더 전진 -> C실린더 후진 동작을 3회 동작 후 정지한다.
- HMI의 PB2를 터치하면 카운터 데이터가 리셋 된다.
  또한 연속동작 도중에 정지한다.

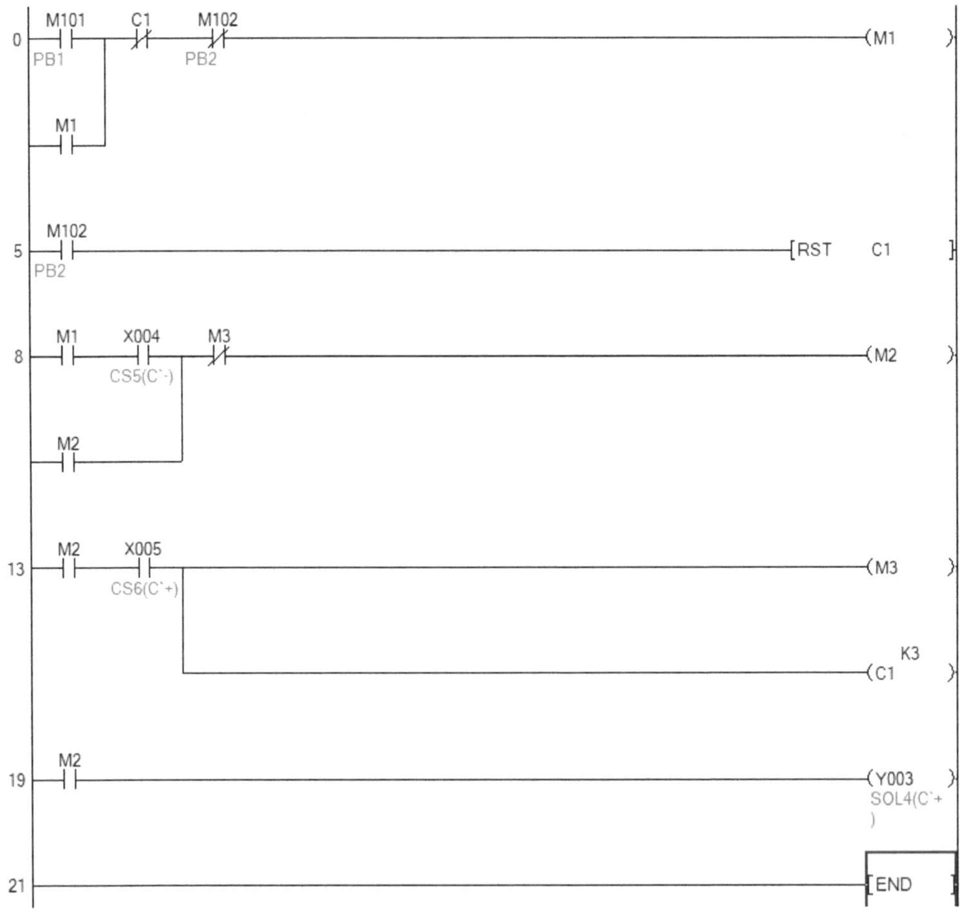

3.6 카운터 응용제어

3.6.1 학습목표

- 카운터의 정의와 특성에 대해서 설명할 수 있다.
- PLC제어에 필요한 배선도를 작성하고 결선할 수 있다.
- PLC를 활용하여 카운터 응용 프로그램을 작성할 수 있다.

3.6.2 실습 장비 구성

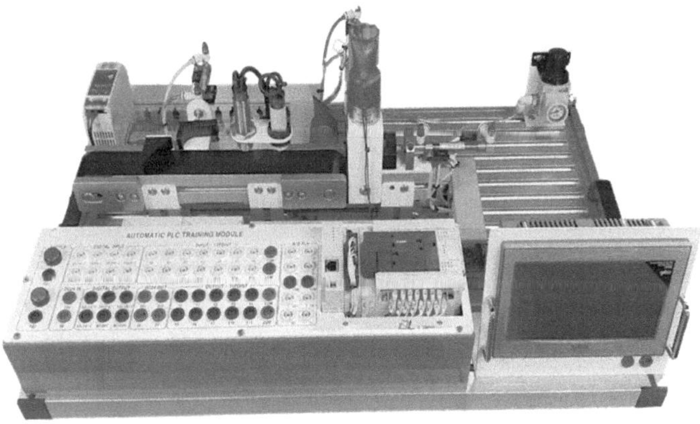

[PLC 실습장비]

3.6.3 안전 및 유의사항

- 실습장비전원 전압을 확인하여 조건에 맞는 전원을 인가한다.
- 실습장비의 이동과 전원을 인가할 시에는 지도교수님의 지시를 따른다.
- 실습 시 사용 기구에 대한 취급방법을 숙지한 후 사용한다.
- 실습 중에는 불필요하게 이동하거나 장난하지 않는다.
- 실습 후에는 컴퓨터와 PLC의 전원을 OFF 한다.
- 실습 후에는 연결케이블을 정리한다.
- 감전 사고에 특히 주의 한다.
    - 물이나 땀이 젖은 손은 깨끗이 닦은 후 실습한다.
    - 실습 회로를 구성한 후 전원 인가 전에 철저히 회로를 확인한다.

3.6.4 HMI 전원 및 통신 결선

① 트레이닝 모듈 DC24 OUT의 24V단자와 HMI 24V단자를 연결한다.
② 트레이닝 모듈 DC24 OUT의 0V단자와 HMI 0V단자를 연결한다.

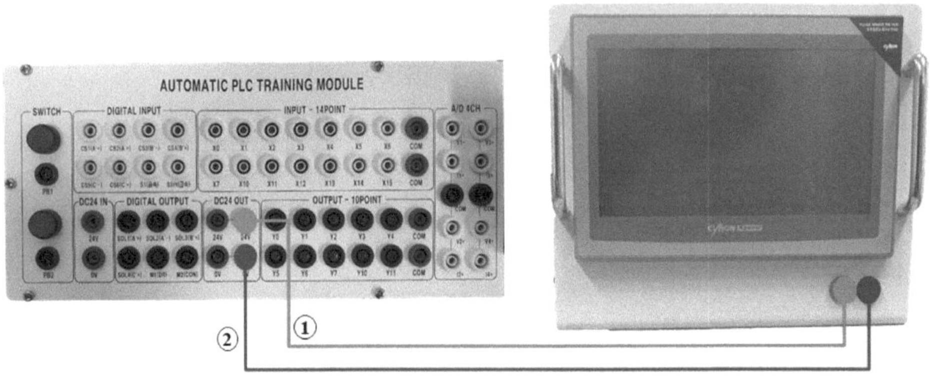

③ 트레이닝 모듈 PLC의 이더넷 단자와 HMI의 이더넷 단자를 이더넷 케이블로 연결한다.

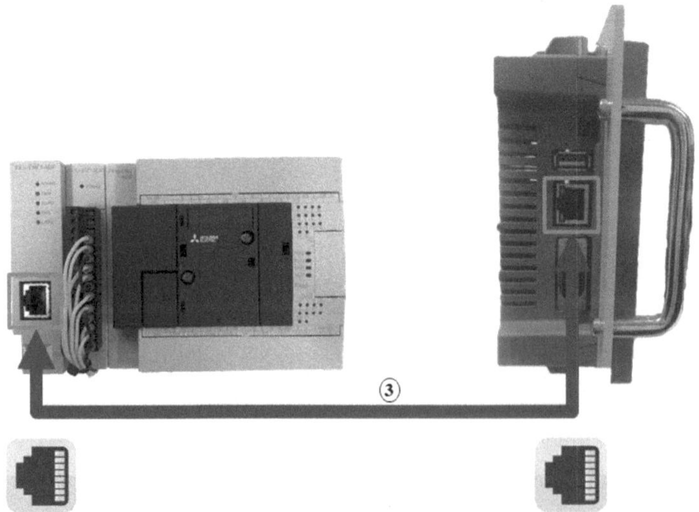

PLC	[IP 주소] - [192.168.1.250] [서브넷 마스크] - [255.255.255.0] [게이트웨이] - [192.168.1.1]
HMI	[IP 주소] - [192.168.1.100]

3.6.5 PLC 입출력 할당

입력		출력	
할당	설명	할당	설명
X04	CS5(C`-)	Y03	SOL4(C`+)
X05	CS6(C`+)		

3.6.6 PLC 배선도

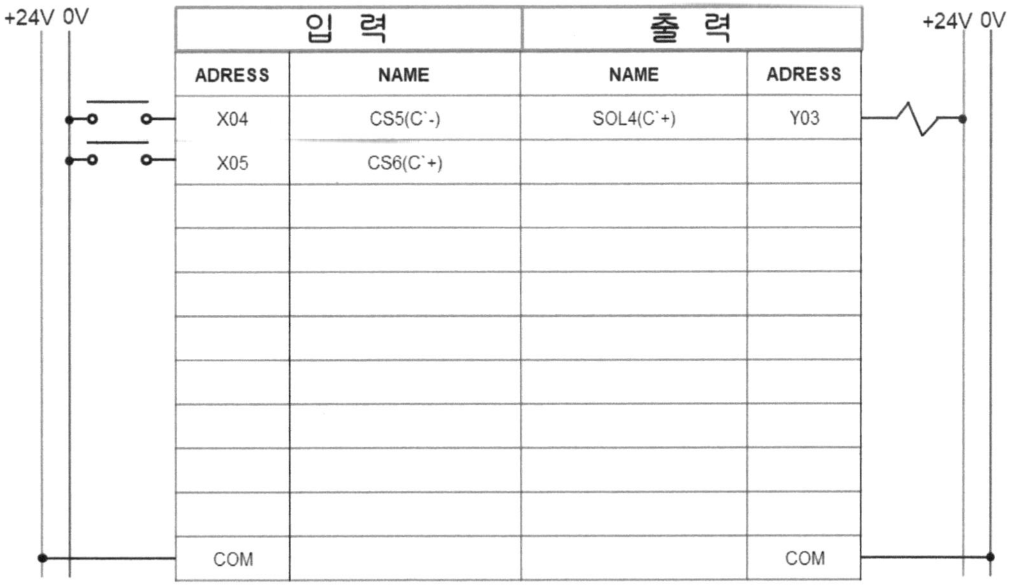

3.6.7 PLC I/O 결선

① DC24 OUT의 24V단자와 DC24 IN의 24V단자를 연결한다.
② DC24 OUT의 24V단자와 PLC INPUT파트 COM단자를 연결한다.

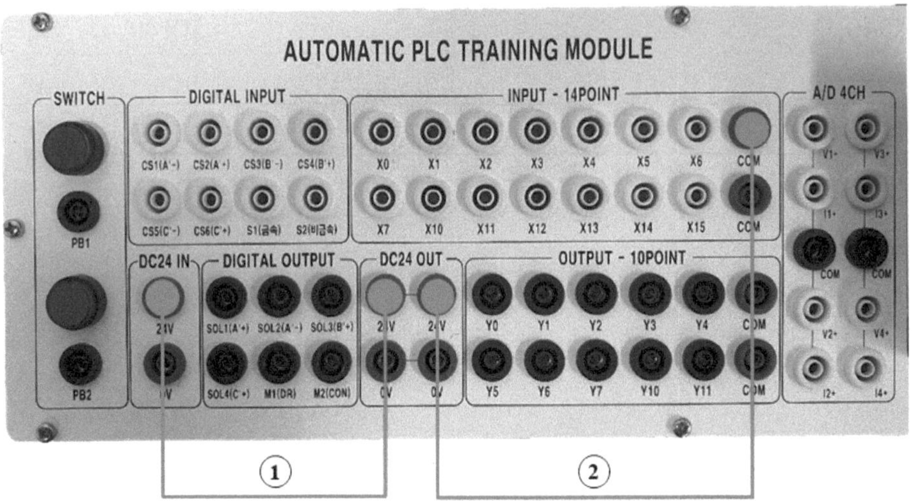

③ DC24 OUT의 0V단자와 DC24 IN의 0V단자를 연결한다.
④ DC24 OUT의 0V단자와 PLC OUTPUT파트 COM단자를 연결한다.

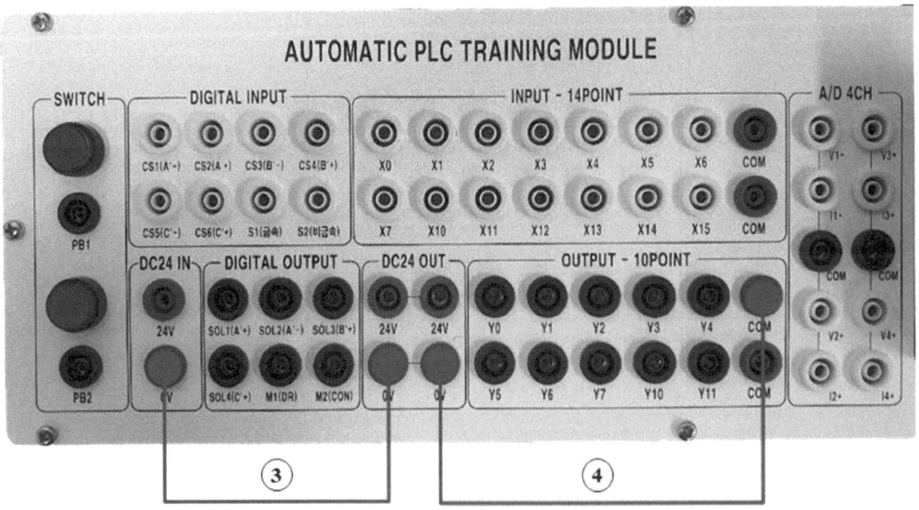

⑤ PLC INPUT의 X04단자와 DIGITAL INPUT의 CS5(C`-)단자를 연결한다.
⑥ PLC INPUT의 X05단자와 DIGITAL INPUT의 CS6(C`+)단자를 연결한다.

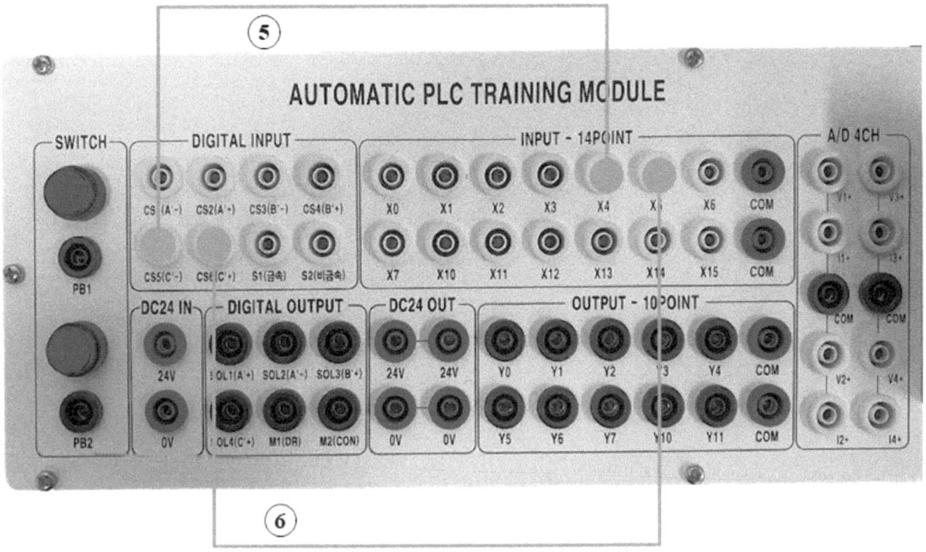

⑦ PLC OUTPUT의 Y03단자와 DIGITAL OUTPUT의 SOL4(C`+)단자를 연결한다.

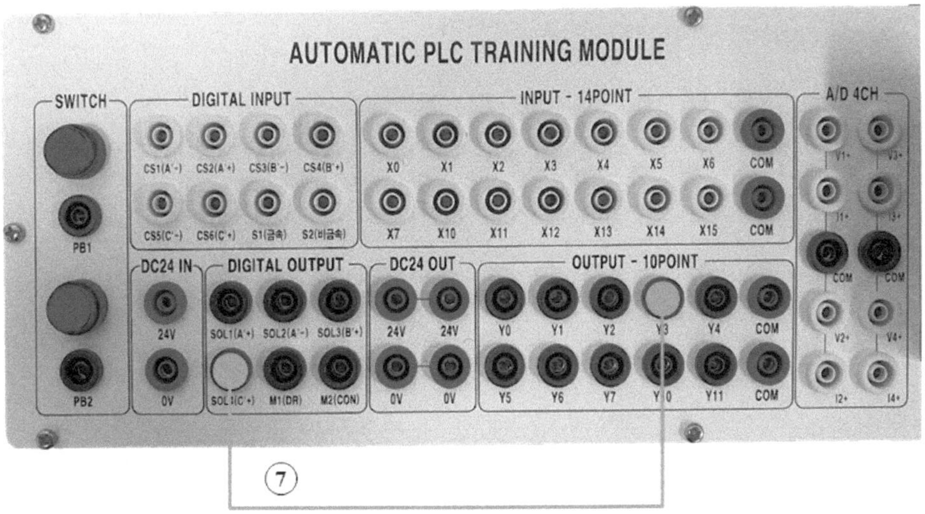

3.6.8 HMI 작화 구성

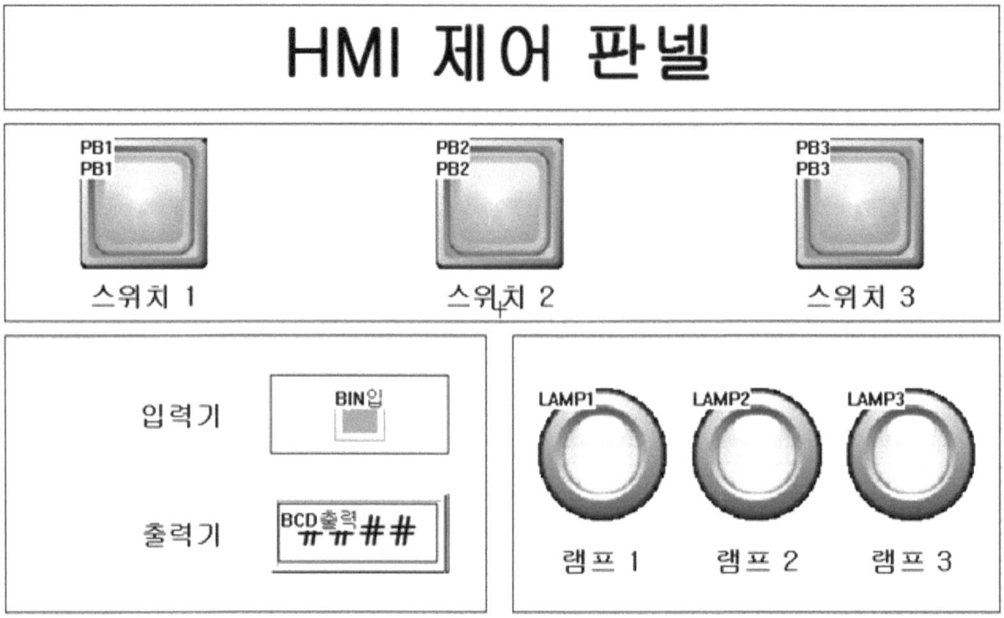

3.6.9 기본 디바이스 태그 정보

번호	목록	이름	종류	디바이스	어드레스
1	스위치1	PB1	디지털	FX.FX	M101
2	스위치2	PB2	디지털	FX.FX	M102
3	입력기	BIN입력	아날로그	FX.FX	D101
4	출력기	BCD출력	아날로그	FX.FX	D201

3.6.10 PLC 프로그램 작성

1) 프로그램 작성

- GX Works2를 실행하여 프로젝트를 생성하고 PLC통신을 확인한다.
- PLC I/O표를 활용하여 동작에 맞는 PLC래더 프로그램을 작성하고 동작을 확인한다.

2) 카운터 응용제어 동작설명

- HMI 입력기를 활용하여 카운터 값을 입력한다.
- HMI 출력기를 활용하여 동작 횟수를 표시한다.
- PB1을 터치하면 분배실린더 전진-> 후진 동작을 입력기에 입력한 값만큼 연속 동작한다.
- PB2을 터치하면 카운터 데이터가 리셋 된다.

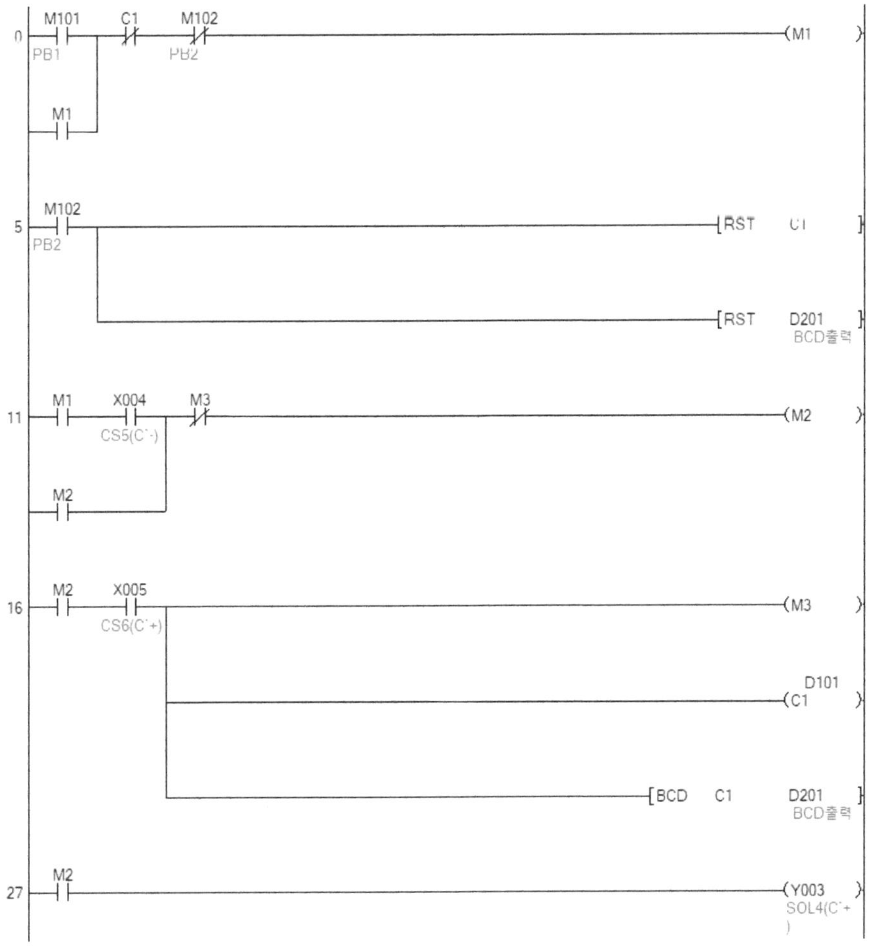

3.7 MOV명령 제어

3.7.1 학습목표

- MOV명령어 정의와 특성에 대해서 설명할 수 있다.
- PLC제어에 필요한 배선도를 작성하고 결선할 수 있다.
- PLC를 활용하여 MOV명령 제어 프로그램을 작성할 수 있다.

3.7.2 실습 장비 구성

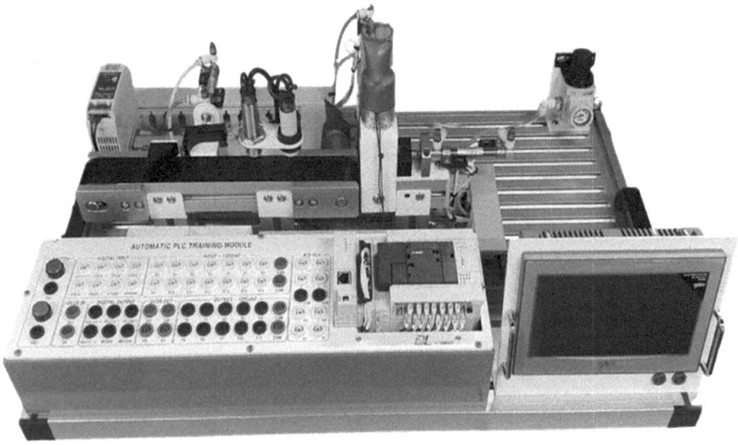

[PLC 실습장비]

3.7.3 안전 및 유의사항

- 실습장비전원 전압을 확인하여 조건에 맞는 전원을 인가한다.
- 실습장비의 이동과 전원을 인가할 시에는 지도교수님의 지시를 따른다.
- 실습 시 사용 기구에 대한 취급방법을 숙지한 후 사용한다.
- 실습 중에는 불필요하게 이동하거나 장난하지 않는다.
- 실습 후에는 컴퓨터와 PLC의 전원을 OFF 한다.
- 실습 후에는 연결케이블을 정리한다.
- 감전 사고에 특히 주의 한다.
  - 물이나 땀이 젖은 손은 깨끗이 닦은 후 실습한다.
  - 실습 회로를 구성한 후 전원 인가 전에 철저히 회로를 확인한다.

3.7.4 HMI 전원 및 통신 결선

① 트레이닝 모듈 DC24 OUT의 24V단자와 HMI 24V단자를 연결한다.
② 트레이닝 모듈 DC24 OUT의 0V단자와 HMI 0V단자를 연결한다.

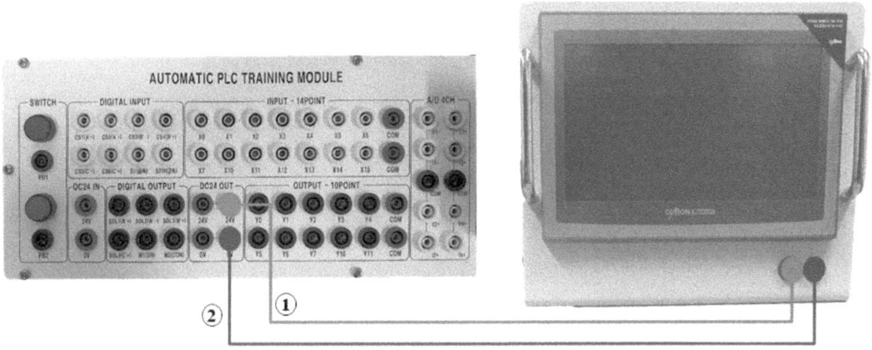

③ 트레이닝 모듈 PLC의 이더넷 단자와 HMI의 이더넷 단자를 이더넷 케이블로 연결한다.

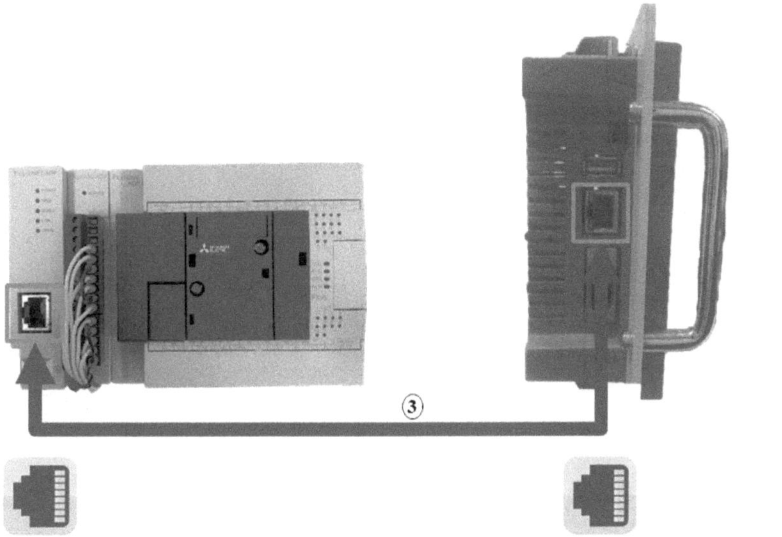

PLC	[IP 주소] - [192.168.1.250] [서브넷 마스크] - [255.255.255.0] [게이트웨이] - [192.168.1.1]
HMI	[IP 주소] - [192.168.1.100]

3.7.5 PLC 입출력 할당

입 력		출 력	
할당	설명	할당	설명
X04	CS5(C`-)	Y03	SOL4(C`+)
X05	CS6(C`+)		

3.7.6 PLC 배선도

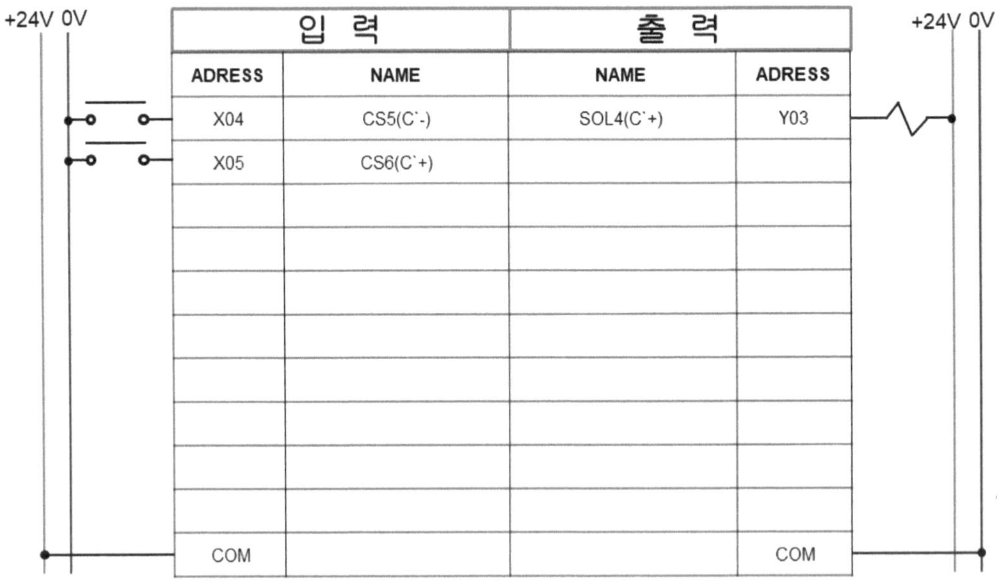

3.7.7 PLC I/O 결선

① DC24 OUT의 24V단자와 DC24 IN의 24V단자를 연결한다.
② DC24 OUT의 24V단자와 PLC INPUT파트 COM단자를 연결한다.

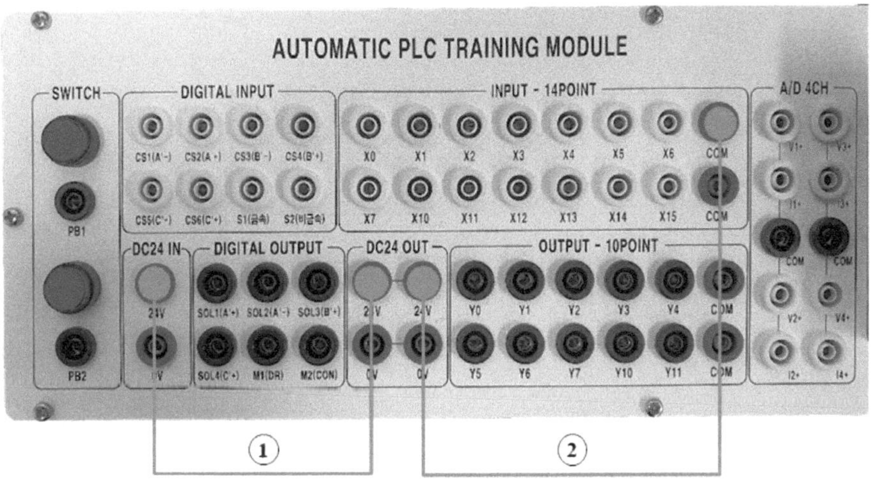

③ DC24 OUT의 0V단자와 DC24 IN의 0V단자를 연결한다.
④ DC24 OUT의 0V단자와 PLC OUTPUT파트 COM단자를 연결한다.

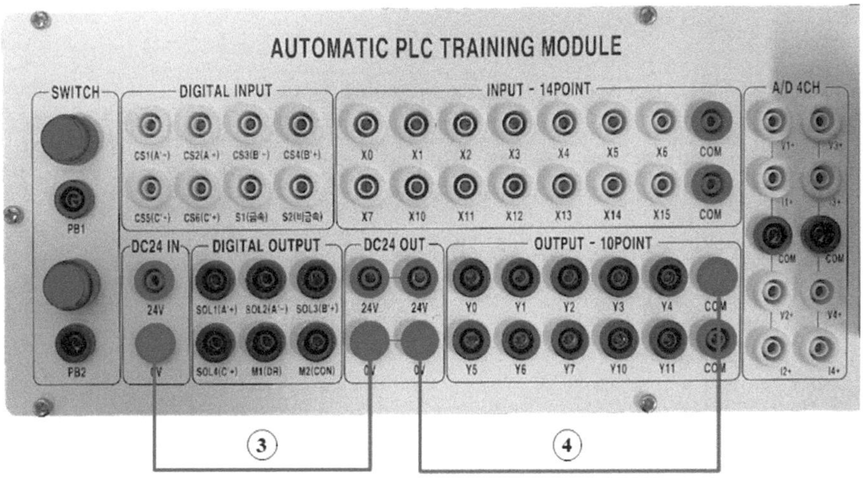

⑤ PLC INPUT의 X04단자와 DIGITAL INPUT의 CS5(C`-)단자를 연결한다.
⑥ PLC INPUT의 X05단자와 DIGITAL INPUT의 CS6(C`+)단자를 연결한다.

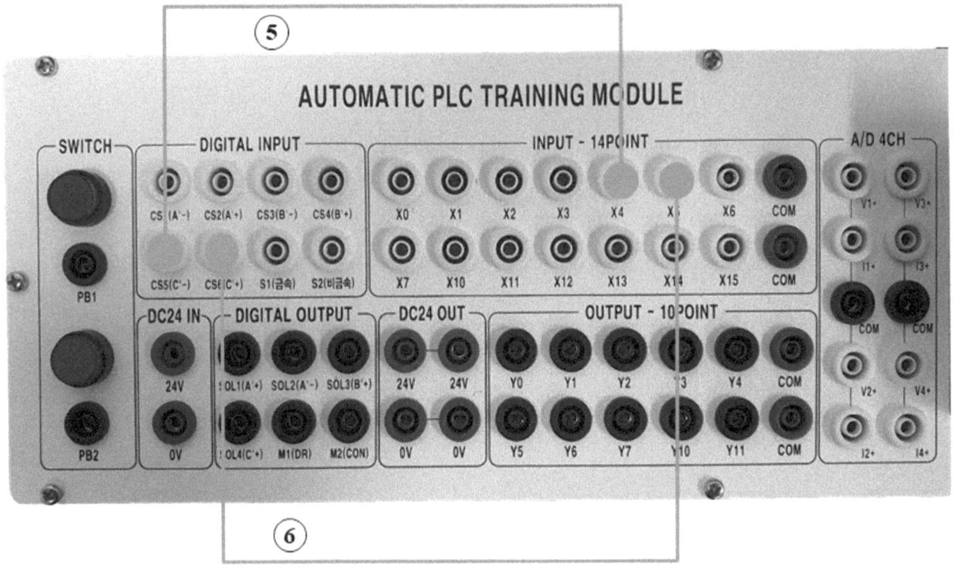

⑦ PLC OUTPUT의 Y03단자와 DIGITAL OUTPUT의 SOL4(C`+)단자를 연결한다.

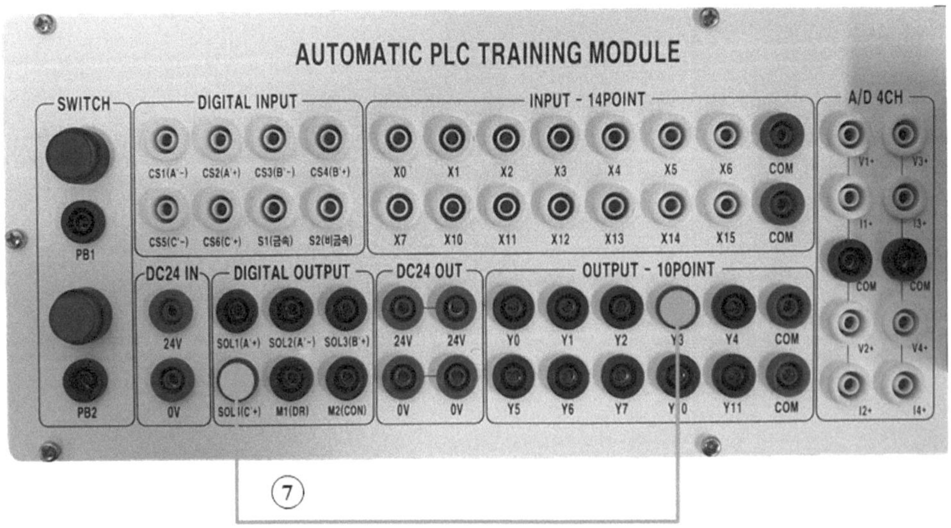

3.7.8 HMI 작화 구성

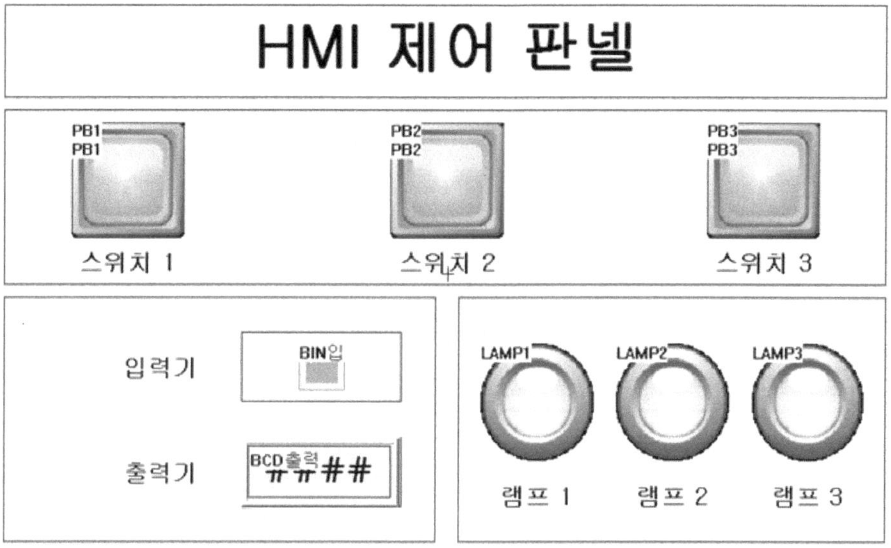

3.7.9 기본 디바이스 태그 정보

번호	목록	이름	종류	디바이스	어드레스
1	스위치1	PB1	디지털	FX.FX	M101
2	스위치2	PB2	디지털	FX.FX	M102
3	출력기	BCD출력	아날로그	FX.FX	D201

3.7.10 PLC 프로그램 작성

1) 프로그램 작성

- GX Works2를 실행하여 프로젝트를 생성하고 PLC통신을 확인한다.
- PLC I/O표를 활용하여 동작에 맞는 PLC래더 프로그램을 작성하고 동작을 확인한다.

2) MOV명령 제어 동작설명

- HMI의 PB1을 터치하면 C실린더 전진 -> C실린더 후진을 연속동작한다.
- HMI의 PB2를 터치하면 연속동작이 정지되고 즉시 정지한다.
- C실린더 후진이 감지되면 HMI의 출력부에 100이 표시된다.
- C실린더 전진이 감지되면 HMI의 출력부에 200이 표시된다.

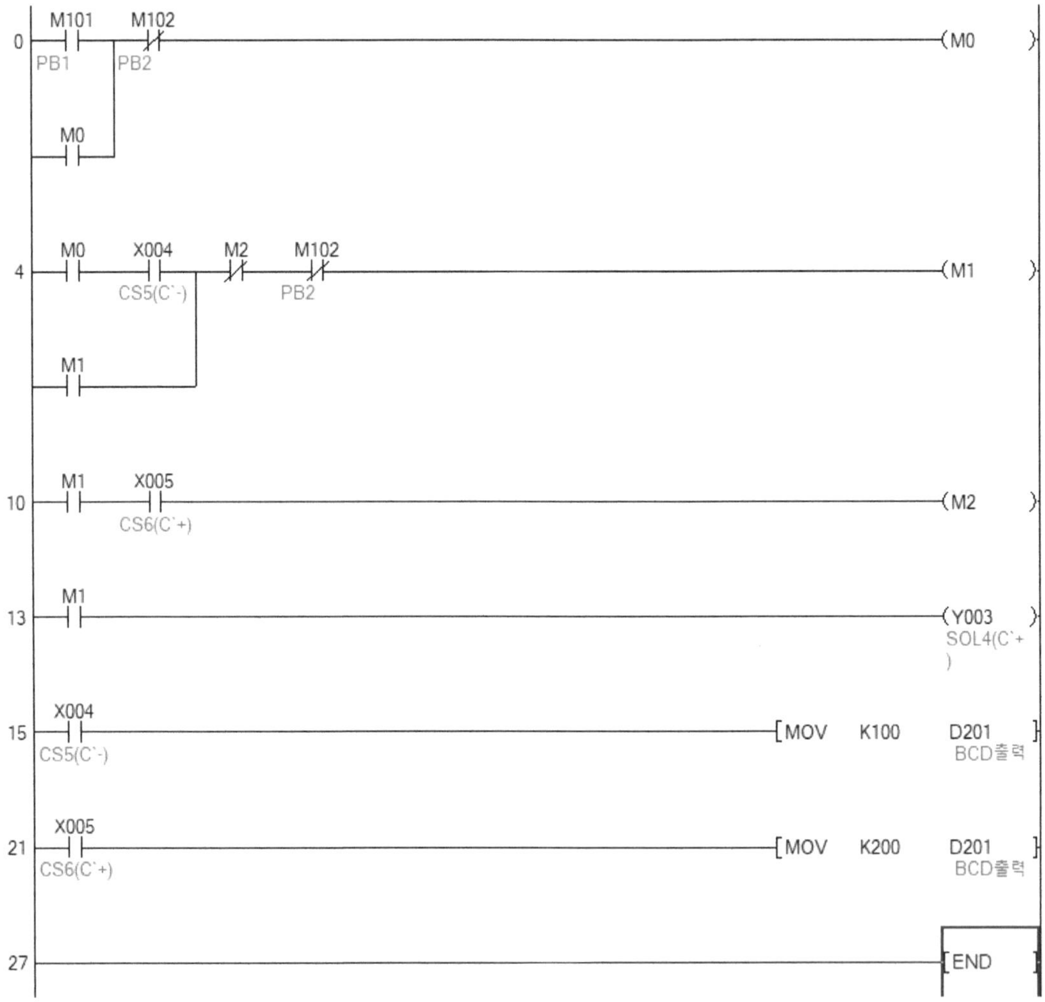

3.8 비교연산명령 제어

3.8.1 학습목표

- 비교연산 명령어 정의와 특성에 대해서 설명할 수 있다.
- PLC제어에 필요한 배선도를 작성하고 결선할 수 있다.
- PLC를 활용하여 비고연산 명령 제어 프로그램을 작성할 수 있다.

3.8.2 실습 장비 구성

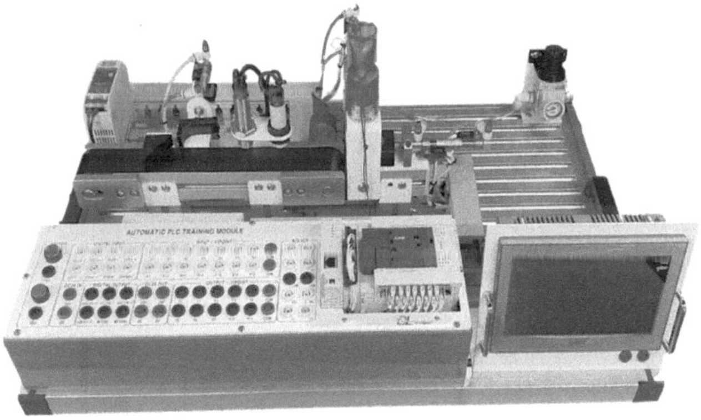

[PLC 실습장비]

3.8.3 안전 및 유의사항

- 실습장비전원 전압을 확인하여 조건에 맞는 전원을 인가한다.
- 실습장비의 이동과 전원을 인가할 시에는 지도교수님의 지시를 따른다.
- 실습 시 사용 기구에 대한 취급방법을 숙지한 후 사용한다.
- 실습 중에는 불필요하게 이동하거나 장난하지 않는다.
- 실습 후에는 컴퓨터와 PLC의 전원을 OFF 한다.
- 실습 후에는 연결케이블을 정리한다.
- 감전 사고에 특히 주의 한다.
  - 물이나 땀이 젖은 손은 깨끗이 닦은 후 실습한다.
  - 실습 회로를 구성한 후 전원 인가 전에 철저히 회로를 확인한다.

3.8.4 HMI 전원 및 통신 결선

① 트레이닝 모듈 DC24 OUT의 24V단자와 HMI 24V단자를 연결한다.
② 트레이닝 모듈 DC24 OUT의 0V단자와 HMI 0V단자를 연결한다.

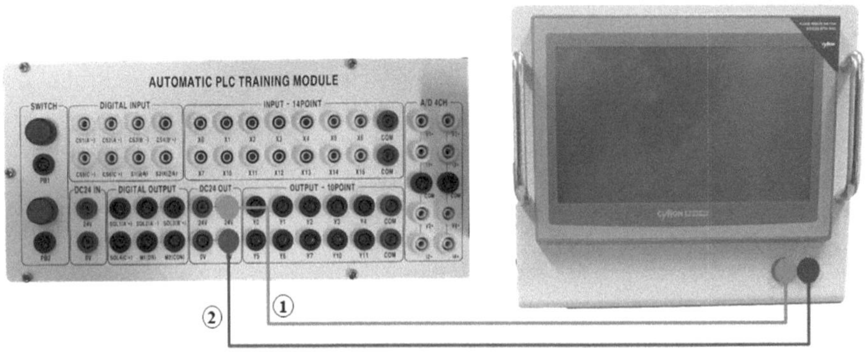

③ 트레이닝 모듈 PLC의 이더넷 단자와 HMI의 이더넷 단자를 이더넷 케이블로 연결한다.

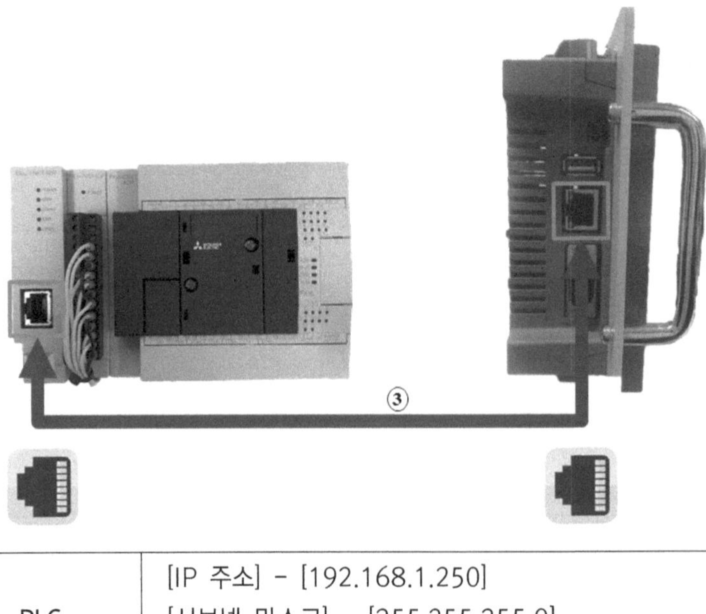

PLC	[IP 주소] - [192.168.1.250] [서브넷 마스크] - [255.255.255.0] [게이트웨이] - [192.168.1.1]
HMI	[IP 주소] - [192.168.1.100]

3.8.5 PLC 입출력 할당

입력		출력	
할당	설명	할당	설명
X04	CS5(C`-)	Y03	SOL4(C`+)
X05	CS6(C`+)		

3.8.6 PLC 배선도

3.8.7 PLC I/O 결선

① DC24 OUT의 24V단자와 DC24 IN의 24V단자를 연결한다.
② DC24 OUT의 24V단자와 PLC INPUT파트 COM단자를 연결한다.

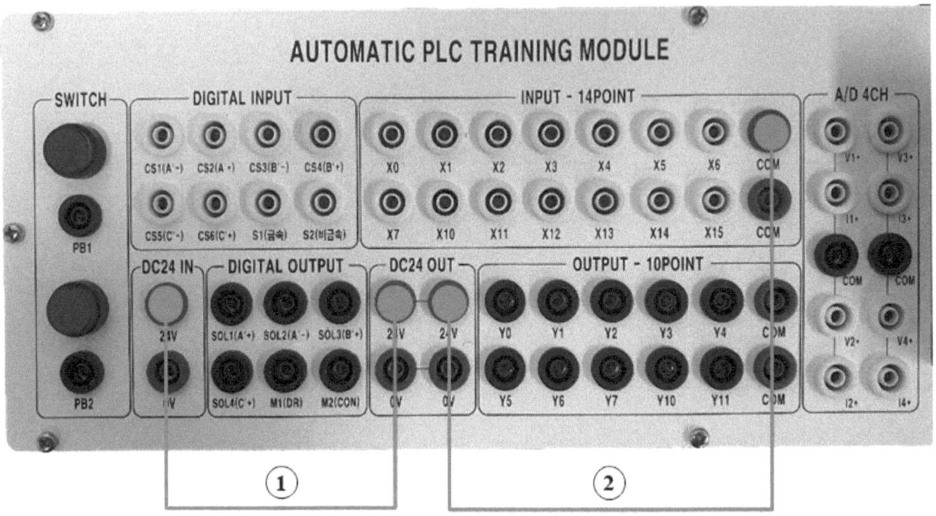

③ DC24 OUT의 0V단자와 DC24 IN의 0V단자를 연결한다.
④ DC24 OUT의 0V단자와 PLC OUTPUT파트 COM단자를 연결한다.

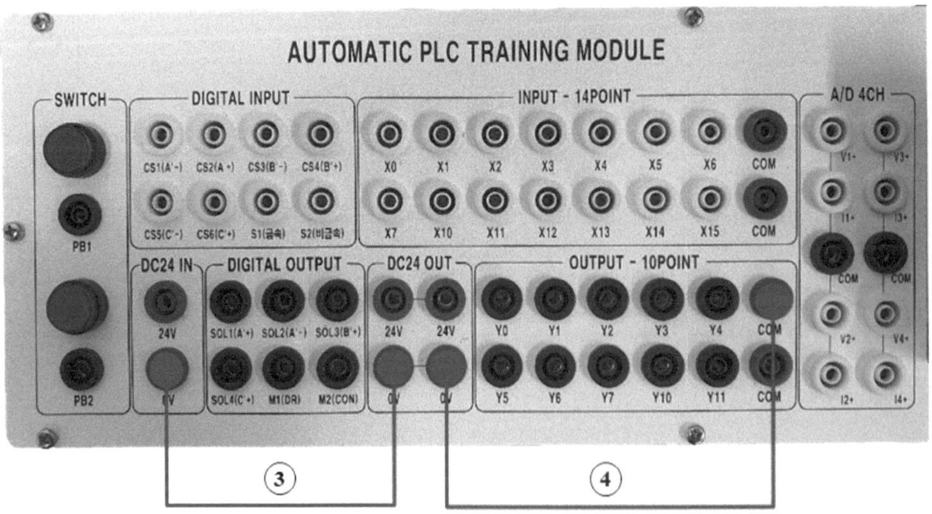

⑤ PLC INPUT의 X04단자와 DIGITAL INPUT의 CS5(C`-)단자를 연결한다.
⑥ PLC INPUT의 X05단자와 DIGITAL INPUT의 CS6(C`+)단자를 연결한다.

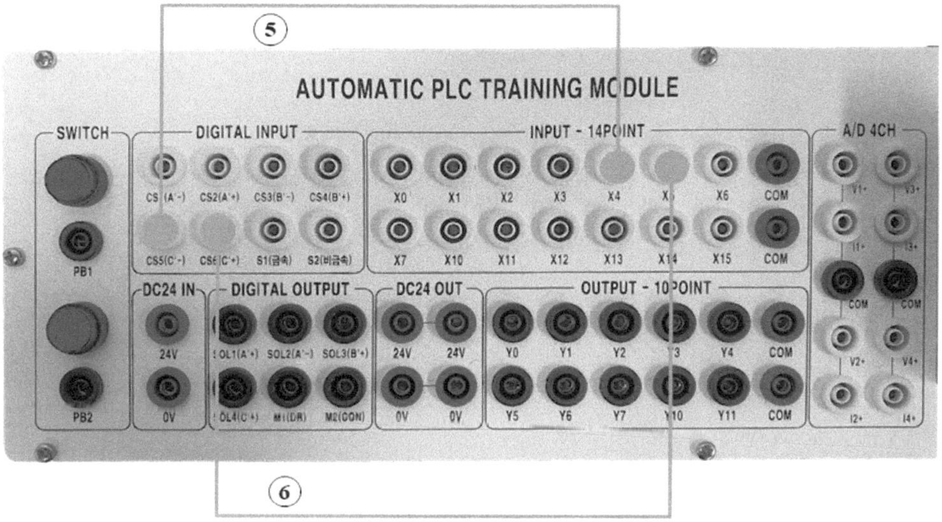

⑦ PLC OUTPUT의 Y03단자와 DIGITAL OUTPUT의 SOL4(C`+)단자를 연결한다.

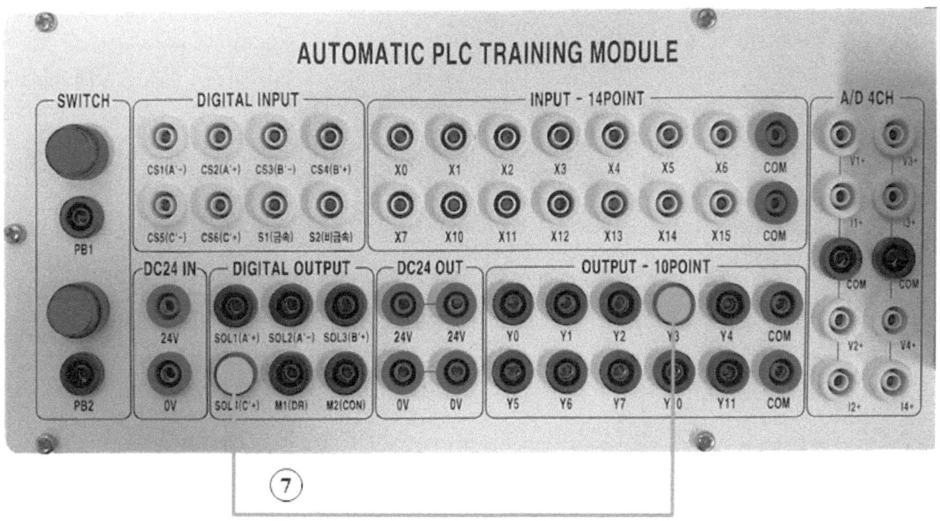

3.8.8 HMI 작화 구성

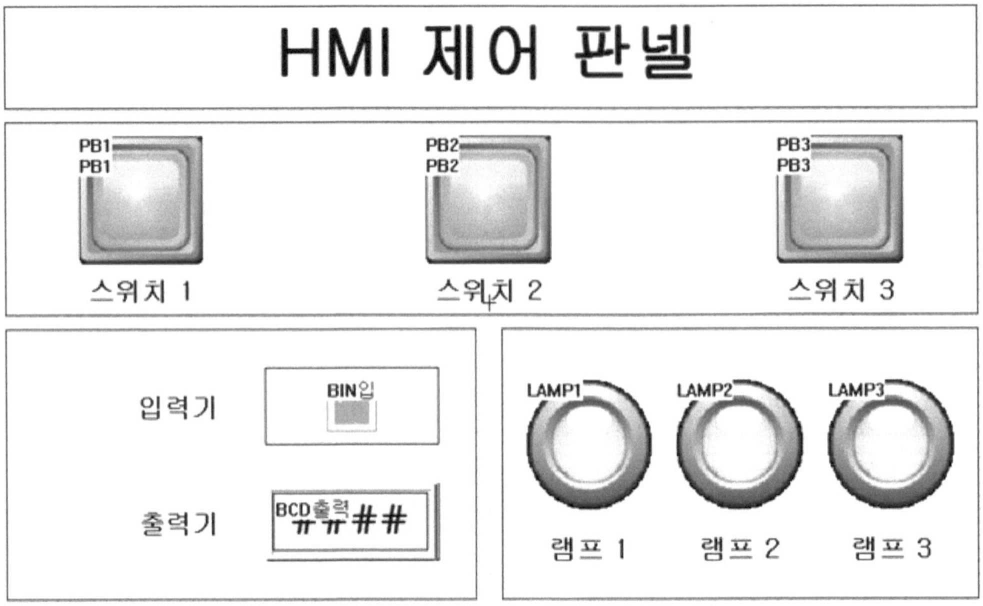

3.8.9 기본 디바이스 태그 정보

번호	목록	이름	종류	디바이스	어드레스
1	스위치1	PB1	디지털	FX.FX	M101
2	스위치2	PB2	디지털	FX.FX	M102
3	램프1	LAMP1	디지털	FX.FX	M201
4	램프2	LAMP2	디지털	FX.FX	M202
5	램프3	LAMP3	디지털	FX.FX	M203
6	출력기	BCD출력	아날로그	FX.FX	D201

3.8.10 PLC 프로그램 작성

1) 프로그램 작성

- GX Works2를 실행하여 프로젝트를 생성하고 PLC통신을 확인한다.
- PLC I/O표를 활용하여 동작에 맞는 PLC래더 프로그램을 작성하고 동작을 확인한다.

2) 비교연산 제어 동작설명

- HMI의 PB1을 터치하면 C실린더 전진 -> C실린더 후진을 연속동작한다.
- HMI의 PB2를 터치하면 연속동작이 정지되고 즉시 정지한다.
  또한 D1의 데이터가 리셋된다.
- 동작시 D1에 횟수만큼 증가한다.
  동작횟수는 출력부에 표시된다.
- 동작횟수가 3회보다 작을 시 램프1 점등
  동작횟수가 3회보다 크거나 같고 9회보다 작을 때 램프2 점등
  동작횟수가 9보다 크면 램프3 점등

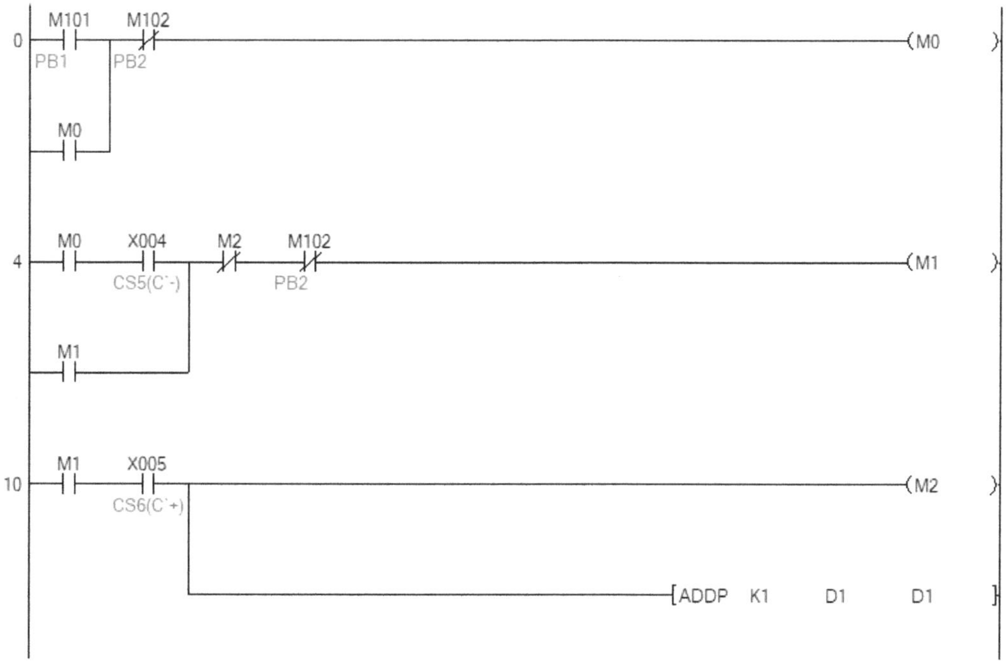

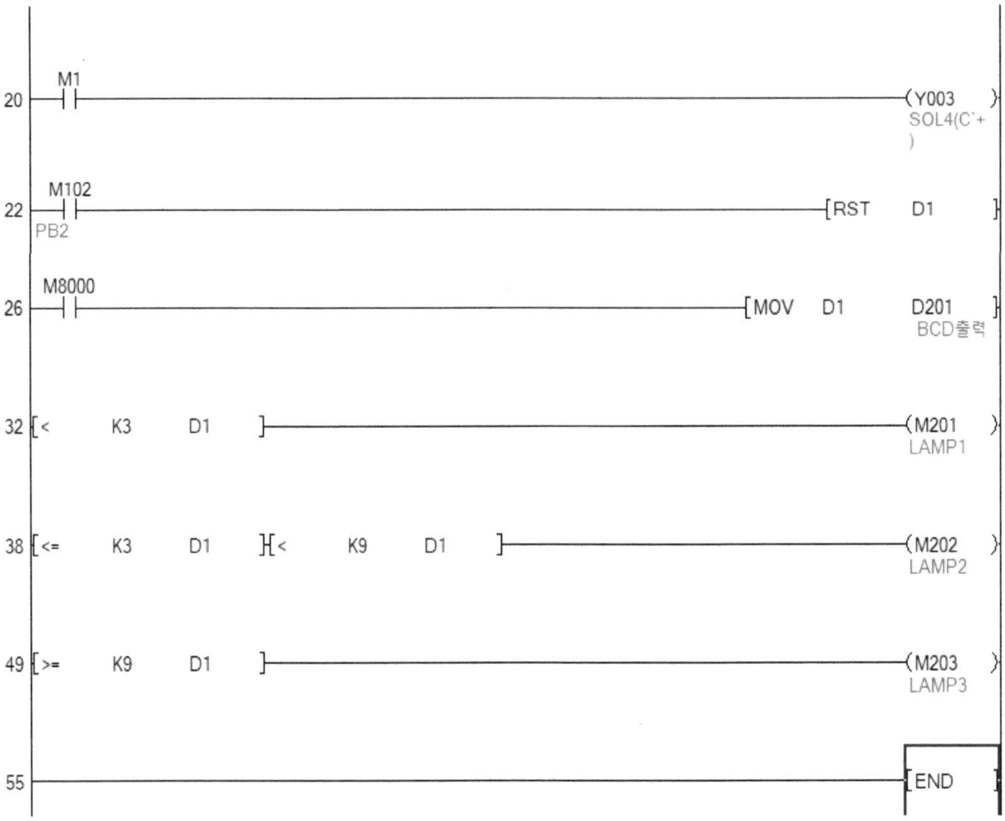
20
M1
Y003
SOL4(C'+
)
22
M102
PB2
RST D1
26
M8000
MOV D1 D201
BCD출력
32
< K3 D1
M201
LAMP1
38
<= K3 D1
< K9 D1
M202
LAMP2
49
>= K9 D1
M203
LAMP3
55
END

3.9 실린더 기초제어1

3.9.1 학습목표

- 실린더의 정의와 특성에 대해서 설명할 수 있다.
- PLC제어에 필요한 배선도를 작성하고 결선할 수 있다.
- PLC를 활용하여 실린더 기초 제어 프로그램을 작성할 수 있다.

3.9.2 실습 장비 구성

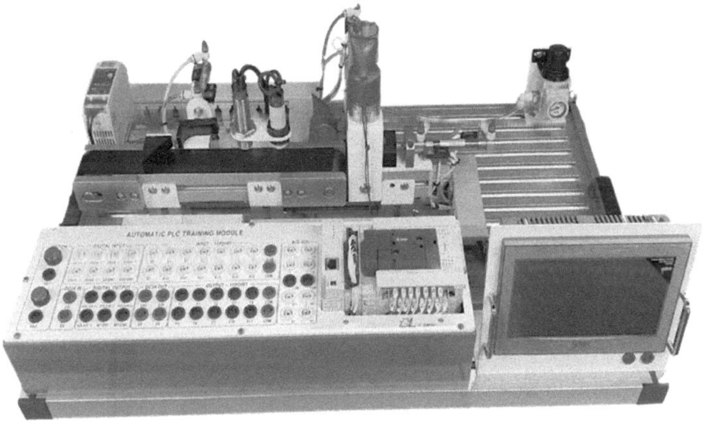

[PLC 실습장비]

3.9.3 안전 및 유의사항

- 실습장비전원 전압을 확인하여 조건에 맞는 전원을 인가한다.
- 실습장비의 이동과 전원을 인가할 시에는 지도교수님의 지시를 따른다.
- 실습 시 사용 기구에 대한 취급방법을 숙지한 후 사용한다.
- 실습 중에는 불필요하게 이동하거나 장난하지 않는다.
- 실습 후에는 컴퓨터와 PLC의 전원을 OFF 한다.
- 실습 후에는 연결케이블을 정리한다.
- 감전 사고에 특히 주의 한다.
  - 물이나 땀이 젖은 손은 깨끗이 닦은 후 실습한다.
  - 실습 회로를 구성한 후 전원 인가 전에 철저히 회로를 확인한다.

3.9.4 HMI 전원 및 통신 결선

① 트레이닝 모듈 DC24 OUT의 24V단자와 HMI 24V단자를 연결한다.
② 트레이닝 모듈 DC24 OUT의 0V단자와 HMI 0V단자를 연결한다.

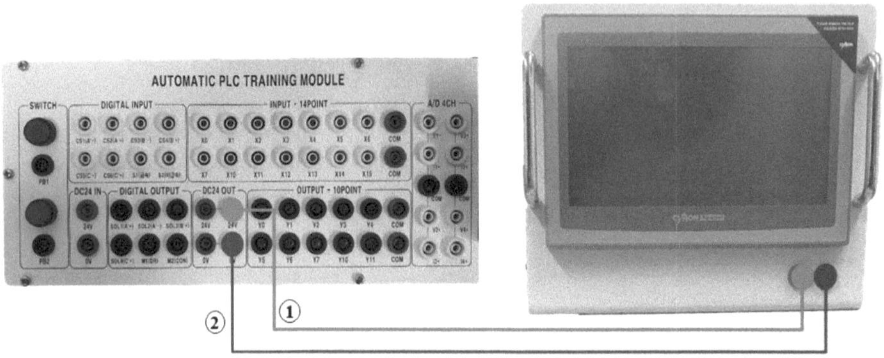

③ 트레이닝 모듈 PLC의 이더넷 단자와 HMI의 이더넷 단자를 이더넷 케이블로 연결한다.

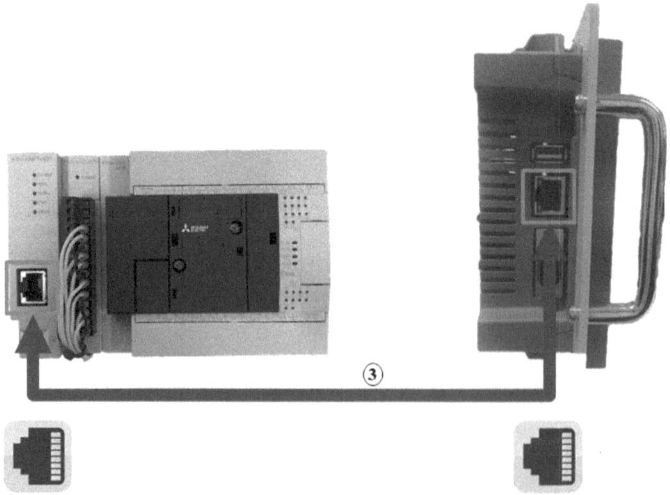

PLC	[IP 주소] - [192.168.1.250] [서브넷 마스크] - [255.255.255.0] [게이트웨이] - [192.168.1.1]
HMI	[IP 주소] - [192.168.1.100]

3.9.5 PLC 입출력 할당

입 력		출 력	
할당	설명	할당	설명
X00	CS1(A`-)	Y00	SOL1(A`+)
X01	CS2(A`+)	Y01	SOL2(A`-)
X04	CS5(C`-)	Y03	SOL4(C`+)
X05	CS6(C`+)		

3.9.6 PLC 배선도

3.9.7 PLC I/O 결선

① DC24 OUT의 24V단자와 DC24 IN의 24V단자를 연결한다.
② DC24 OUT의 24V단자와 PLC INPUT파트 COM단자를 연결한다.

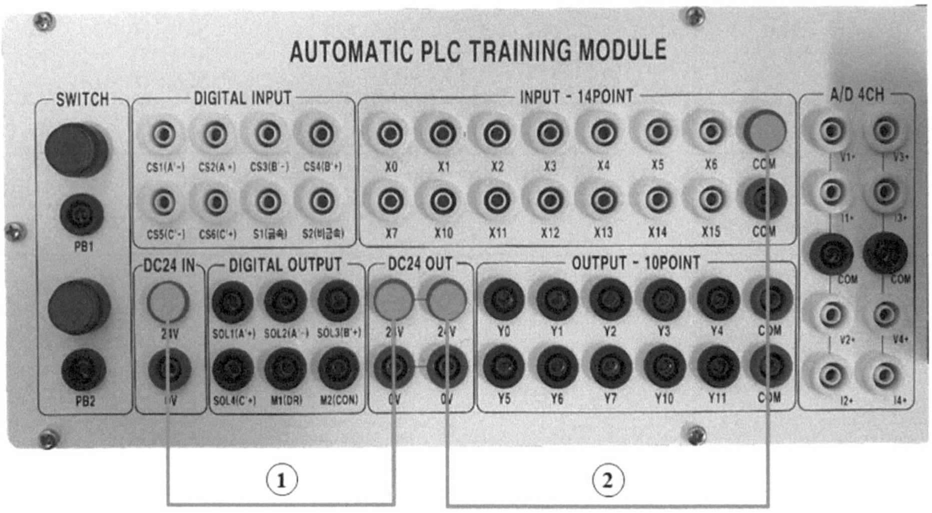

③ DC24 OUT의 0V단자와 DC24 IN의 0V단자를 연결한다.
④ DC24 OUT의 0V단자와 PLC OUTPUT파트 COM단자를 연결한다.

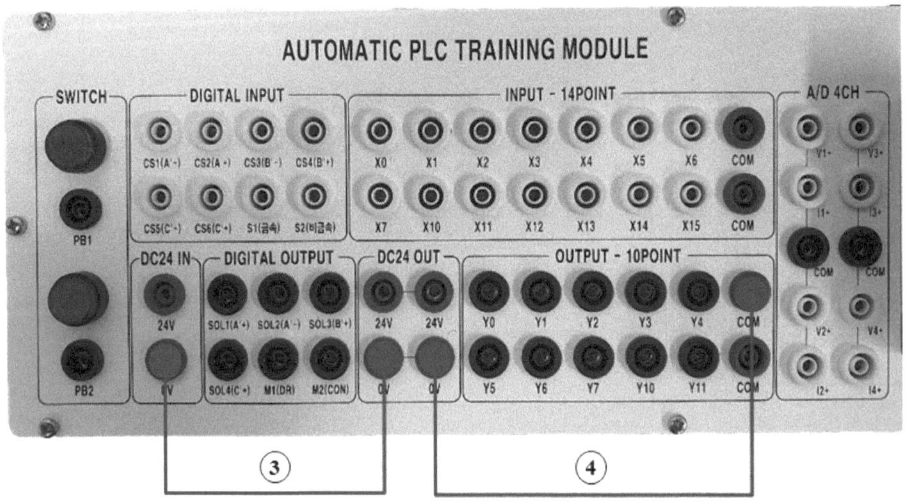

⑤ PLC INPUT의 X00단자와 DIGITAL INPUT의 CS1(A`-)단자를 연결한다.
⑥ PLC INPUT의 X01단자와 DIGITAL INPUT의 CS2(A`+)단자를 연결한다.

⑦ PLC INPUT의 X04단자와 DIGITAL INPUT의 CS5(C`-)단자를 연결한다.
⑧ PLC INPUT의 X05단자와 DIGITAL INPUT의 CS6(C`+)단자를 연결한다.

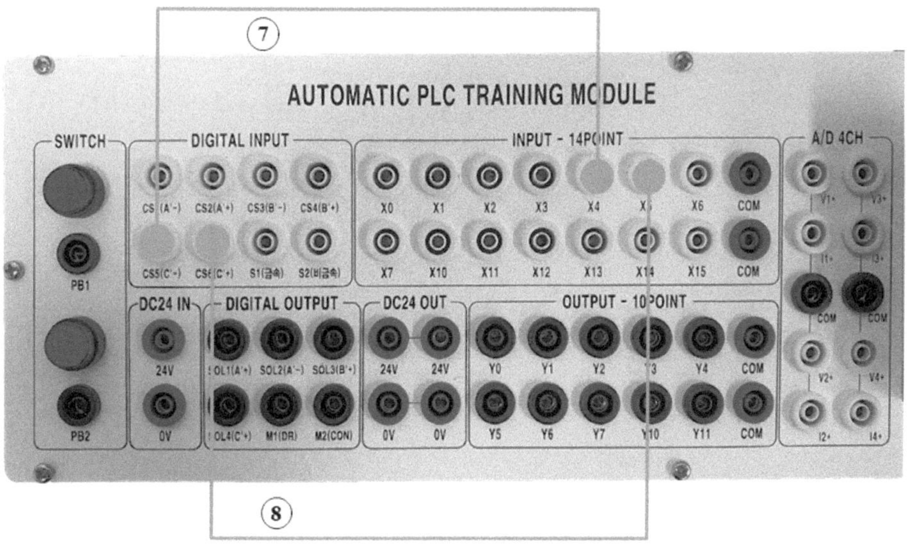

⑨ PLC OUTPUT의 Y00단자와 DIGITAL OUTPUT의 SOL1(A`+)단자를 연결한다.
⑩ PLC OUTPUT의 Y01단자와 DIGITAL OUTPUT의 SOL2(A`-)단자를 연결한다.
⑪ PLC OUTPUT의 Y03단자와 DIGITAL OUTPUT의 SOL4(C`+)단자를 연결한다.

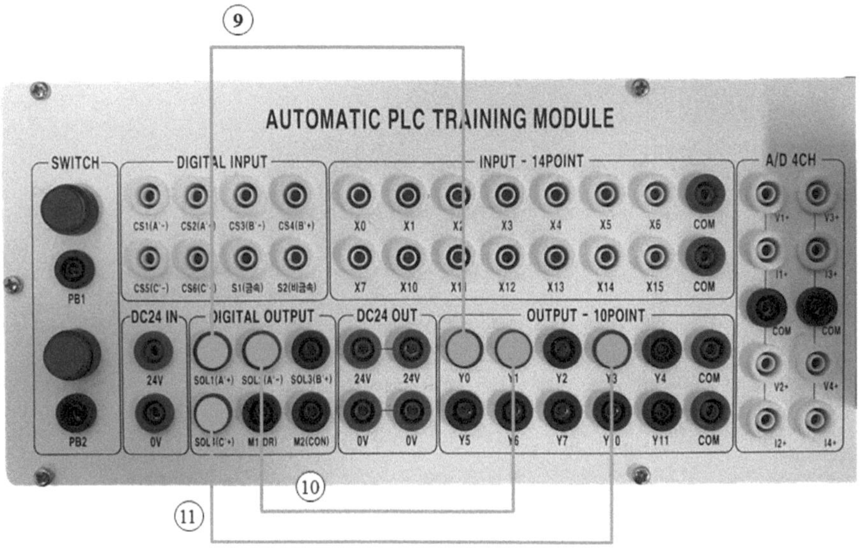

3.9.8 HMI 작화 구성

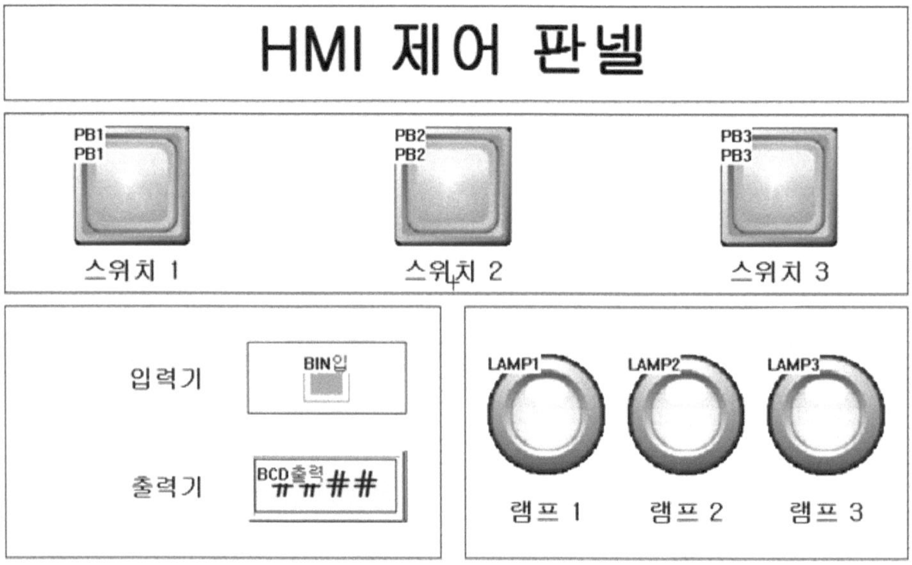

3.9.9 기본 디바이스 태그 정보

번호	목록	이름	종류	디바이스	어드레스
1	스위치1	PB1	디지털	FX.FX	M101
2	램프1	LAMP1	디지털	FX.FX	M201
3	램프2	LAMP2	디지털	FX.FX	M202

3.9.10 PLC 프로그램 작성

1) 프로그램 작성

- GX Works2를 실행하여 프로젝트를 생성하고 PLC통신을 확인한다.
- PLC I/O표를 활용하여 동작에 맞는 PLC래더 프로그램을 작성하고 동작을 확인한다.

2) 참고사항

➢ 양솔방식(혼합)

$$\text{Kstart} = [(\text{Start signal} \cdot \text{Check back signal}) + \text{Kn}] \cdot \overline{\text{Kn-1}}$$

$$\text{Kn} = (\text{Check back signal} + \text{Kn}) \cdot \text{Kn-1}$$

$$\text{Kend} = (\text{Check back signal} \cdot \text{Kn-1}) + (\text{Kn} \cdot \overline{\text{operation finish checking signal}})$$

3) 실린더 기초제어 동작설명

- HMI의 PB1을 터치하면 실린더A 전진 -> 실린더C 전진 -> 실린더C 후진 -> 실린더A 후진 동작을 1회 후 정지한다.

A실린더 전진	→	C실린더 전진	→	C실린더 후진	→	A실린더 후진

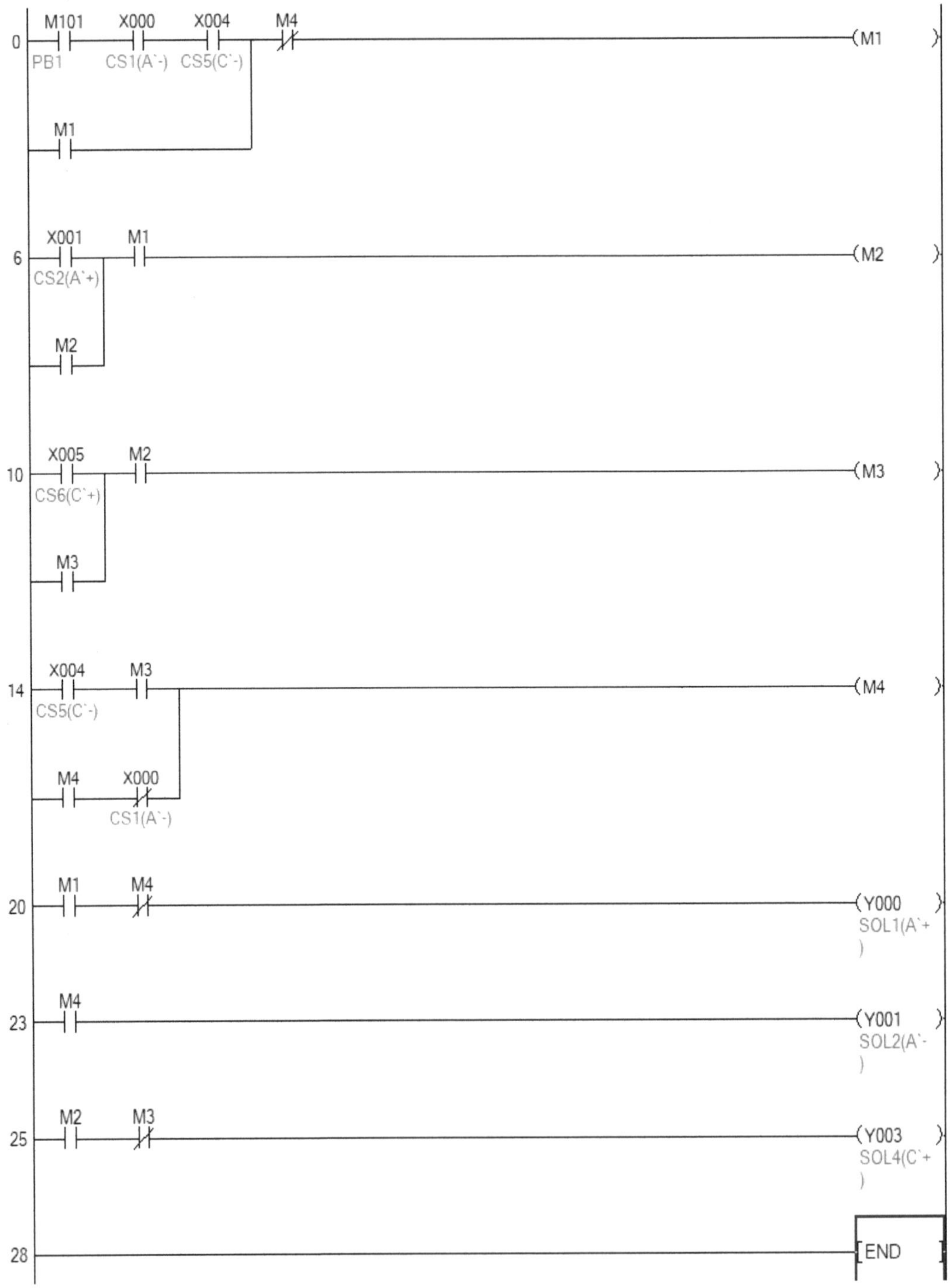
0
M101
PB1
X000
CS1(A`-)
X004
CS5(C`-)
M4
M1
M1
6
X001
CS2(A`+)
M1
M2
M2
10
X005
CS6(C`+)
M2
M3
M3
14
X004
CS5(C`-)
M3
M4
M4
X000
CS1(A`-)
20
M1
M4
Y000
SOL1(A`+
)
23
M4
Y001
SOL2(A`-
)
25
M2
M3
Y003
SOL4(C`+
)
28
END

3.10 실린더 기초제어2

3.10.1 학습목표

- 실린더의 정의와 특성에 대해서 설명할 수 있다.
- PLC제어에 필요한 배선도를 작성하고 결선할 수 있다.
- PLC를 활용하여 실린더 기초 제어 프로그램을 작성할 수 있다.

3.10.2 실습 장비 구성

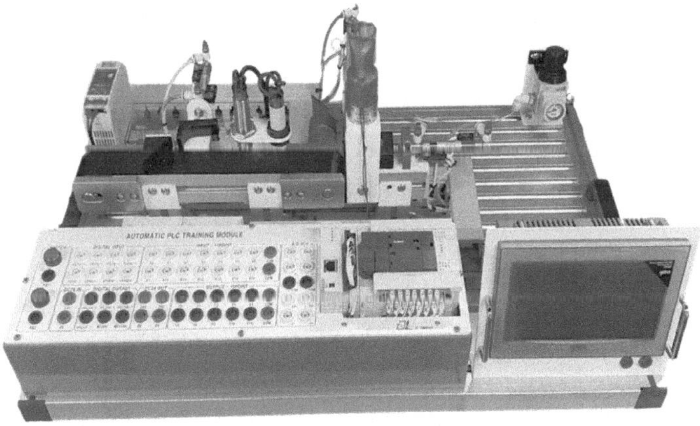

[PLC 실습장비]

3.10.3 안전 및 유의사항

- 실습장비전원 전압을 확인하여 조건에 맞는 전원을 인가한다.
- 실습장비의 이동과 전원을 인가할 시에는 지도교수님의 지시를 따른다.
- 실습 시 사용 기구에 대한 취급방법을 숙지한 후 사용한다.
- 실습 중에는 불필요하게 이동하거나 장난하지 않는다.
- 실습 후에는 컴퓨터와 PLC의 전원을 OFF 한다.
- 실습 후에는 연결케이블을 정리한다.
- 감전 사고에 특히 주의 한다.
  - 물이나 땀이 젖은 손은 깨끗이 닦은 후 실습한다.
  - 실습 회로를 구성한 후 전원 인가 전에 철저히 회로를 확인한다.

3.10.4 HMI 전원 및 통신 결선

① 트레이닝 모듈 DC24 OUT의 24V단자와 HMI 24V단자를 연결한다.
② 트레이닝 모듈 DC24 OUT의 0V단자와 HMI 0V단자를 연결한다.

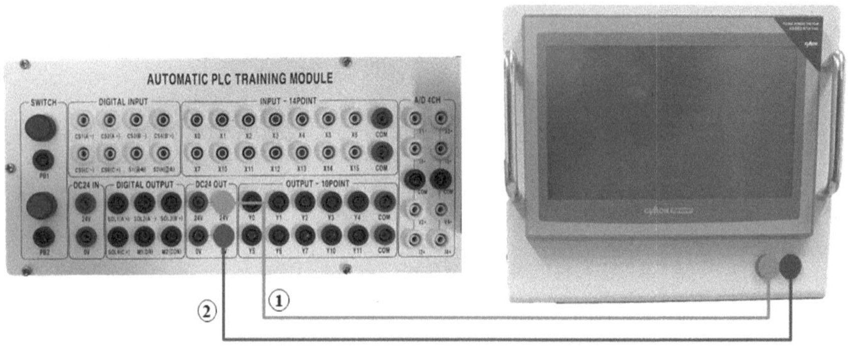

③ 트레이닝 모듈 PLC의 이더넷 단자와 HMI의 이더넷 단자를 이더넷 케이블로 연결한다.

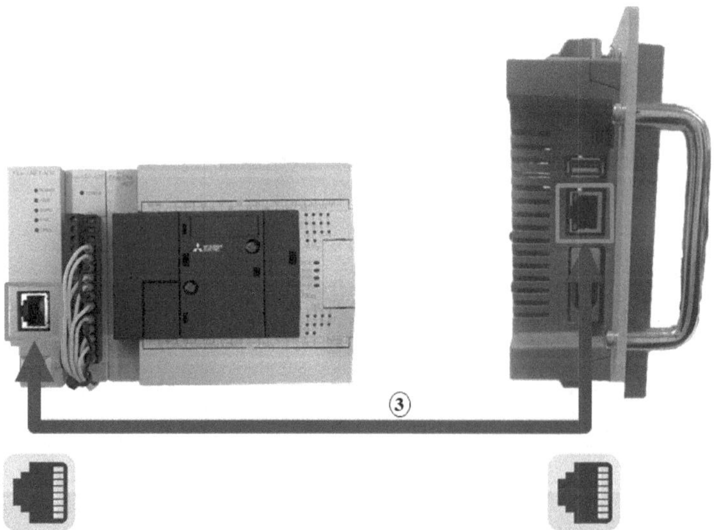

PLC	[IP 주소] - [192.168.1.250] [서브넷 마스크] - [255.255.255.0] [게이트웨이] - [192.168.1.1]
HMI	[IP 주소] - [192.168.1.100]

3.10.5 PLC 입출력 할당

입력		출력	
할당	설명	할당	설명
X02	CS3(B`-)	Y02	SOL3(B`+)
X03	CS4(B`+)	Y03	SOL4(C`+)
X04	CS5(C`-)		
X05	CS6(C`+)		

3.10.6 PLC 배선도

3.10.7 PLC I/O 결선

① DC24 OUT의 24V단자와 DC24 IN의 24V단자를 연결한다.
② DC24 OUT의 24V단자와 PLC INPUT파트 COM단자를 연결한다.

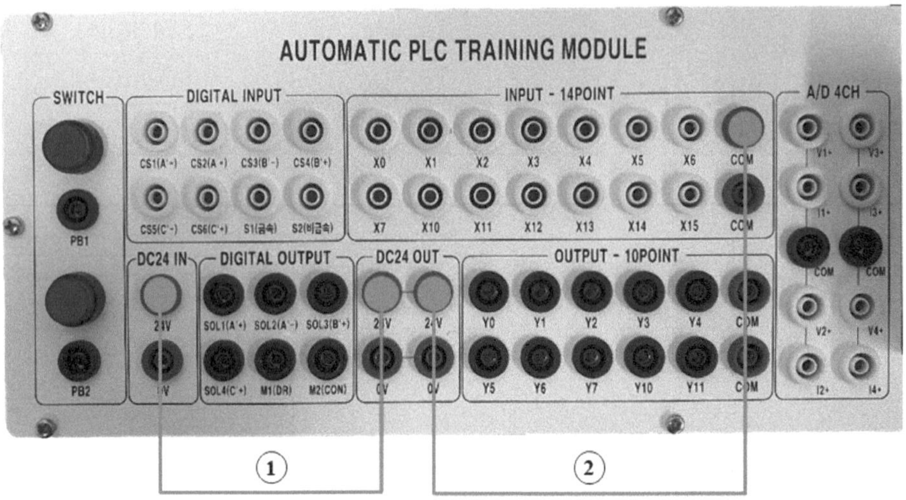

③ DC24 OUT의 0V단자와 DC24 IN의 0V단자를 연결한다.
④ DC24 OUT의 0V단자와 PLC OUTPUT파트 COM단자를 연결한다.

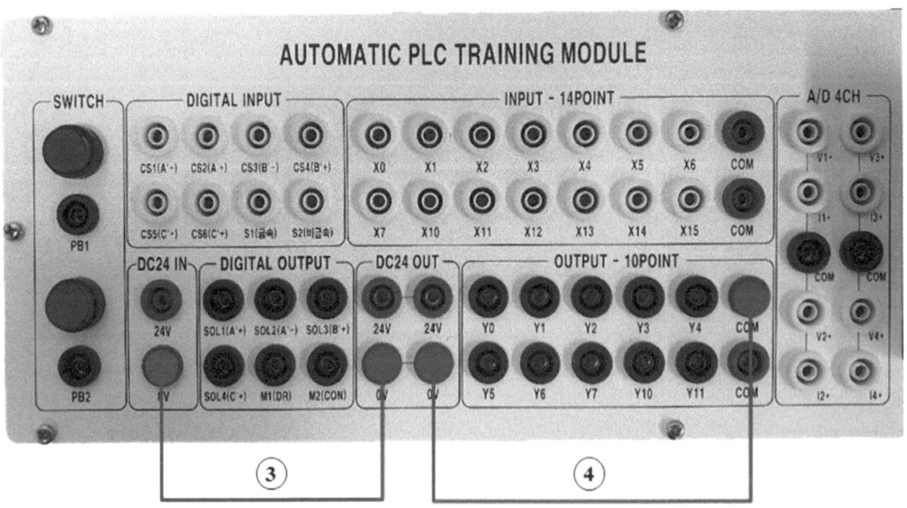

⑤ PLC INPUT의 X02단자와 DIGITAL INPUT의 CS2(B`-)단자를 연결한다.
⑥ PLC INPUT의 X03단자와 DIGITAL INPUT의 CS3(B`+)단자를 연결한다.

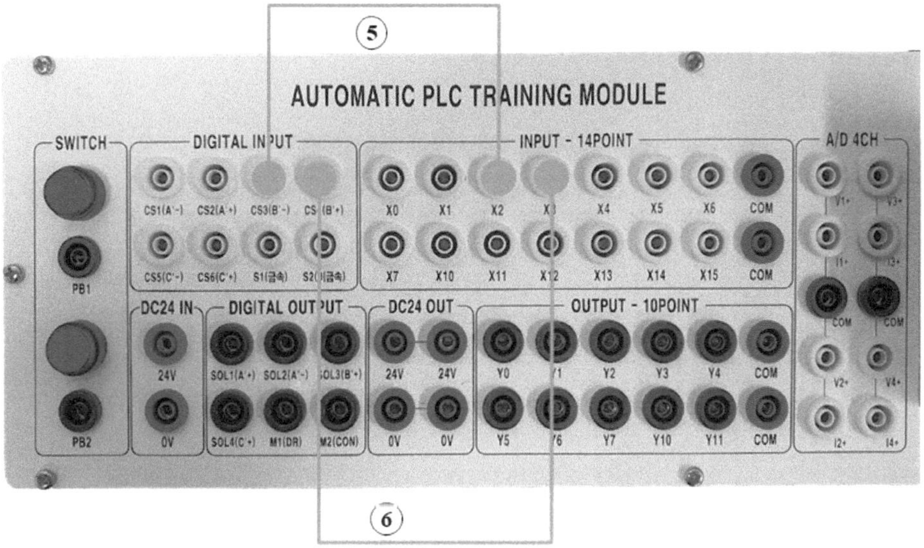

⑦ PLC INPUT의 X04단자와 DIGITAL INPUT의 CS5(C`-)단자를 연결한다.
⑧ PLC INPUT의 X05단자와 DIGITAL INPUT의 CS6(C`+)단자를 연결한다.

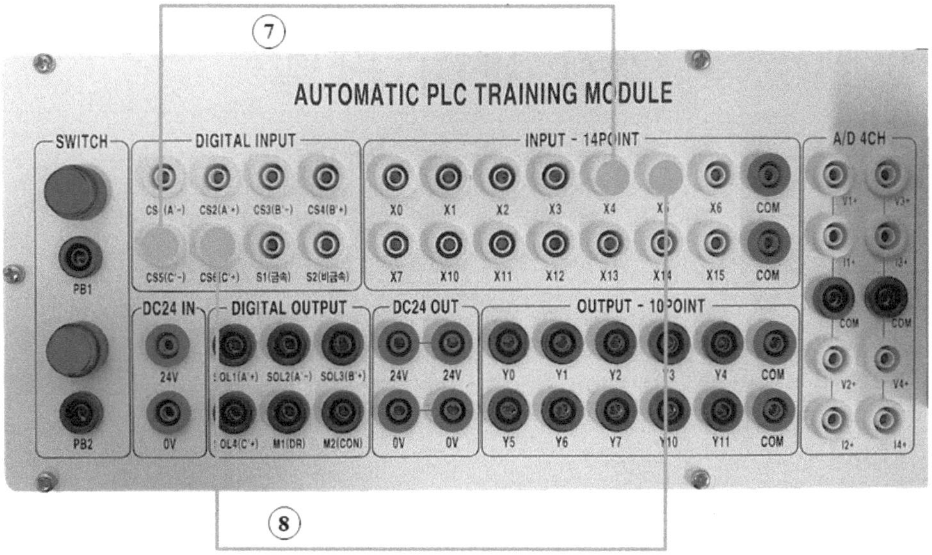

⑨ PLC OUTPUT의 Y00단자와 DIGITAL OUTPUT의 SOL1(A`+)단자를 연결한다.
⑩ PLC OUTPUT의 Y01단자와 DIGITAL OUTPUT의 SOL1(A`-)단자를 연결한다.
⑪ PLC OUTPUT의 Y03단자와 DIGITAL OUTPUT의 SOL4(C`+)단자를 연결한다.

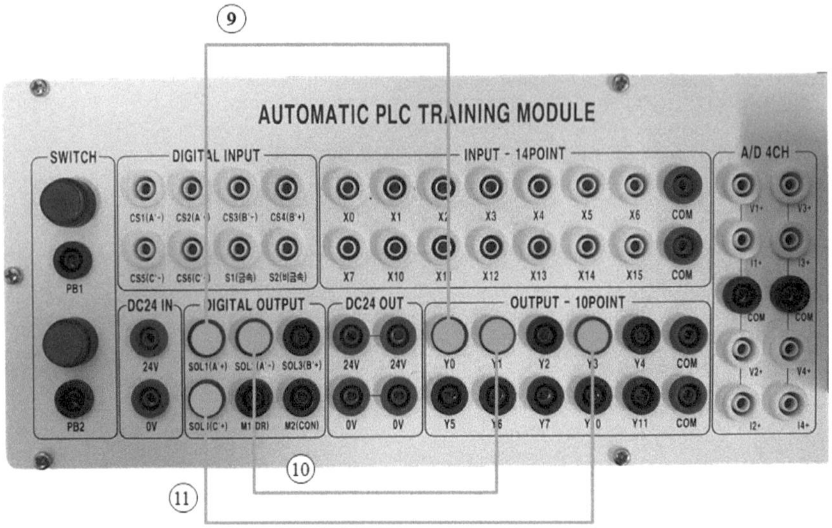

3.10.8 HMI 작화 구성

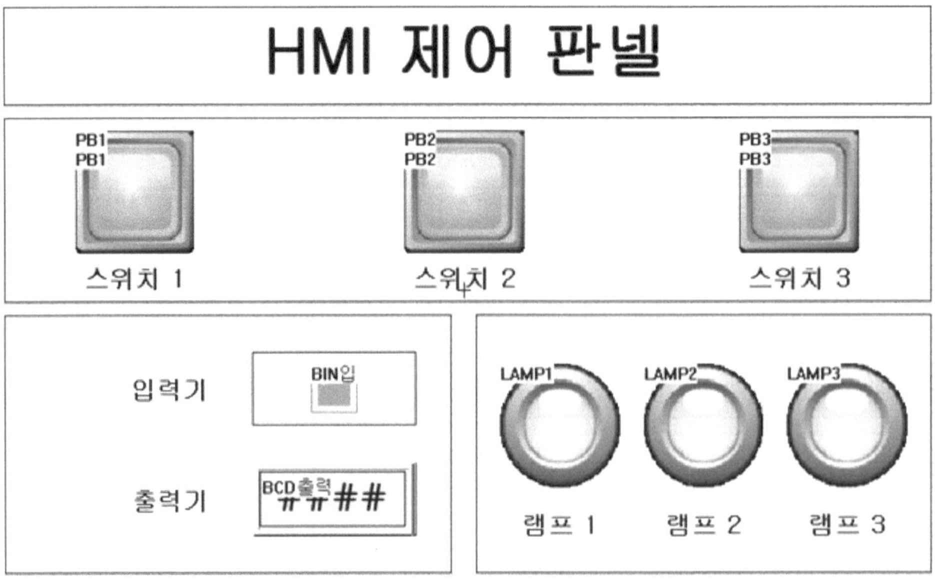

3.10.9 기본 디바이스 태그 정보

번호	목록	이름	종류	디바이스	어드레스
1	스위치1	PB1	디지털	FX.FX	M101
2	램프1	LAMP1	디지털	FX.FX	M201
3	램프2	LAMP2	디지털	FX.FX	M202

3.10.10 PLC 프로그램 작성

1) 프로그램 작성

- GX Works2를 실행하여 프로젝트를 생성하고 PLC통신을 확인한다.
- PLC I/O표를 활용하여 동작에 맞는 PLC래더 프로그램을 작성하고 동작을 확인한다.

2) 참고사항

➢ 편솔방식

$$\text{Kstart} = [(\text{Start signal} \cdot \text{Check back signal}) + \text{Kn}] \cdot \overline{\text{Kn-1}}$$

$$\text{Kn} = (\text{Check back signal} + \text{Kn}) \cdot \text{Kn-1}$$

$$\text{Kend} = \text{Check back signal} \cdot \text{Kn-1}$$

3) 실린더 기초제어 동작설명

- HMI의 PB1을 터치하면 실린더B 전진 -> 실린더C 전진 -> 실린더C 후진 -> 실린더B 후진 동작을 1회 후 정지한다.

B실린더 전진	→	C실린더 전진	→	C실린더 후진	→	B실린더 후진

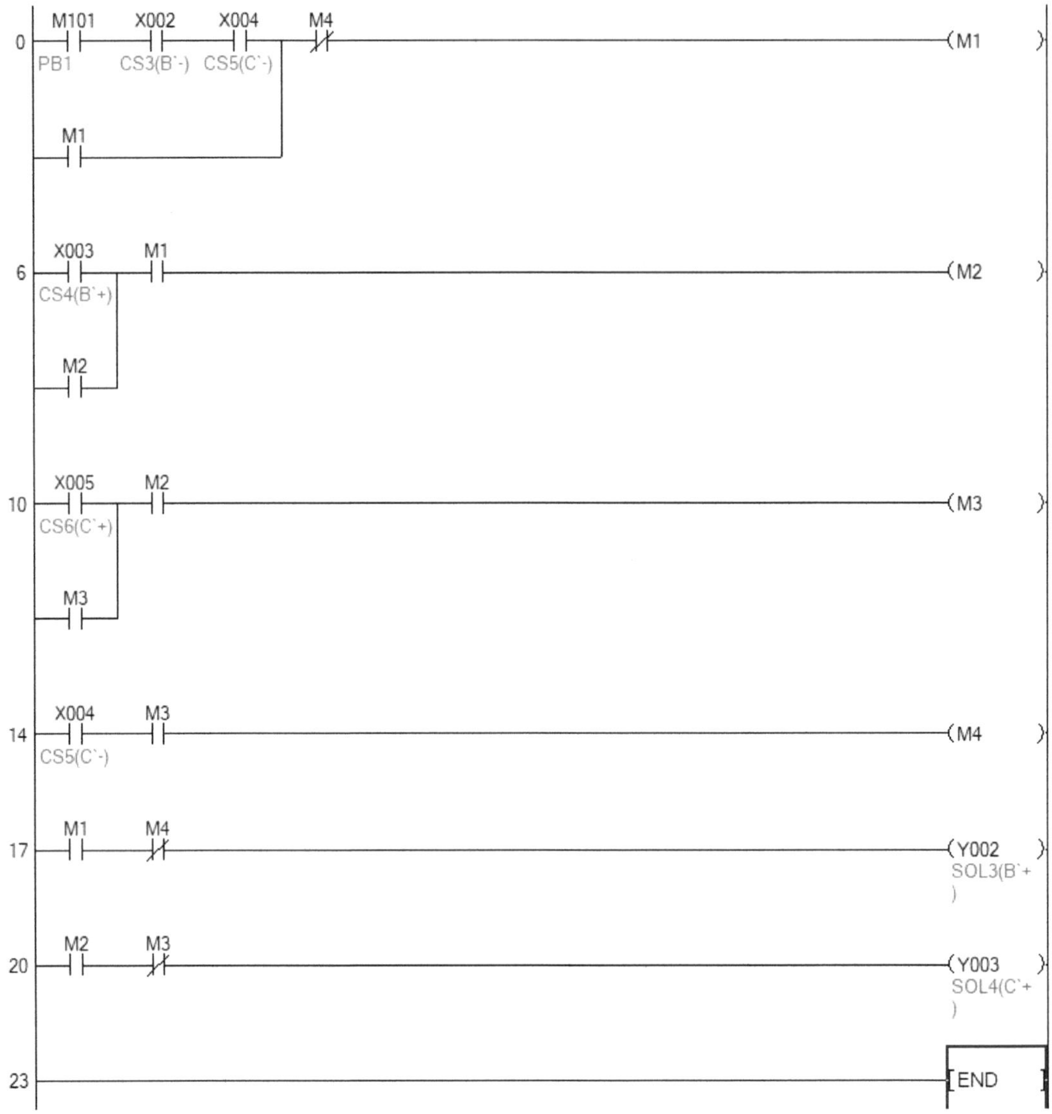
0
M101
PB1
X002
CS3(B`-)
X004
CS5(C`-)
M4
M1
M1
6
X003
CS4(B`+)
M1
M2
M2
10
X005
CS6(C`+)
M2
M3
M3
14
X004
CS5(C`-)
M3
M4
17
M1
M4
Y002
SOL3(B`+
)
20
M2
M3
Y003
SOL4(C`+
)
23
END

3.11 시스템 기초제어

3.11.1 학습목표

- 자동제어 실습장비의 정의와 특성에 대해서 설명할 수 있다.
- PLC제어에 필요한 배선도를 작성하고 결선할 수 있다.
- PLC를 활용하여 시스템 동작 기초 프로그램을 작성할 수 있다.

3.11.2 실습 장비 구성

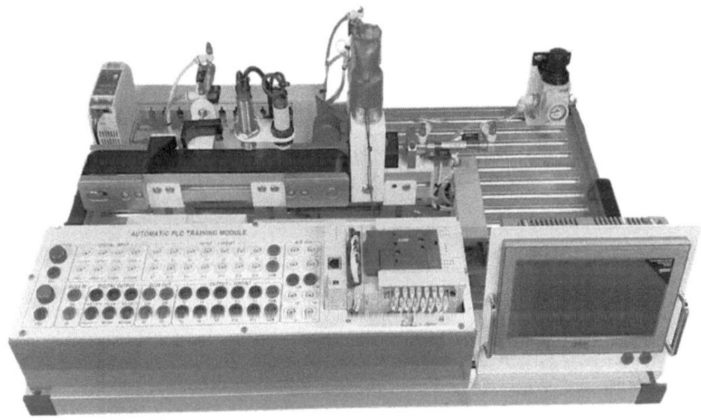

[PLC 실습장비]

3.11.3 안전 및 유의사항

- 실습장비전원 전압을 확인하여 조건에 맞는 전원을 인가한다.
- 실습장비의 이동과 전원을 인가할 시에는 지도교수님의 지시를 따른다.
- 실습 시 사용 기구에 대한 취급방법을 숙지한 후 사용한다.
- 실습 중에는 불필요하게 이동하거나 장난하지 않는다.
- 실습 후에는 컴퓨터와 PLC의 전원을 OFF 한다.
- 실습 후에는 연결케이블을 정리한다.
- 감전 사고에 특히 주의 한다.
  - 물이나 땀이 젖은 손은 깨끗이 닦은 후 실습한다.
  - 실습 회로를 구성한 후 전원 인가 전에 철저히 회로를 확인한다.

3.11.4 HMI 전원 및 통신 결선

① 트레이닝 모듈 DC24 OUT의 24V단자와 HMI 24V단자를 연결한다.
② 트레이닝 모듈 DC24 OUT의 0V단자와 HMI 0V단자를 연결한다.

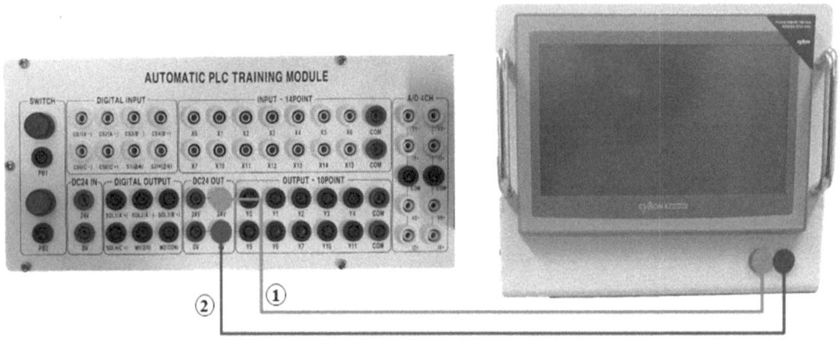

③ 트레이닝 모듈 PLC의 이더넷 단자와 HMI의 이더넷 단자를 이더넷 케이블로 연결한다.

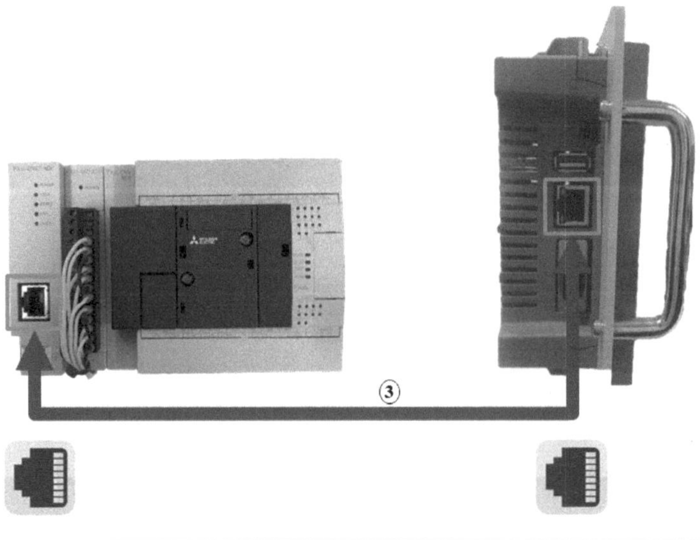

PLC	[IP 주소] - [192.168.1.250] [서브넷 마스크] - [255.255.255.0] [게이트웨이] - [192.168.1.1]
HMI	[IP 주소] - [192.168.1.100]

3.11.5 PLC 입출력 할당

입력		출력	
할당	설명	할당	설명
X00	CS1(A`-)	Y00	SOL1(A`+)
X01	CS2(A`+)	Y01	SOL2(A`-)
X02	CS3(B`-)	Y02	SOL3(B`+)
X03	CS4(B`+)	Y03	SOL4(C`+)
X04	CS5(C`-)	Y04	M1(DR)
X05	CS6(C`+)	Y05	M2(CON)
X06	S1(양품)		
X07	S2(불량품)		

3.11.6 PLC 배선도

3.11.7 PLC I/O 결선

① DC24 OUT의 24V단자와 DC24 IN의 24V단자를 연결한다.
② DC24 OUT의 24V단자와 PLC INPUT파트 COM단자를 연결한다.

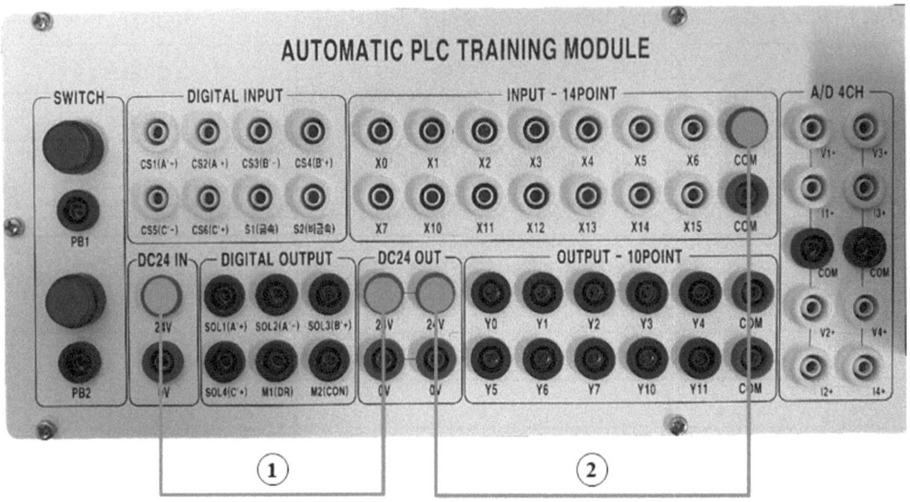

③ DC24 OUT의 0V단자와 DC24 IN의 0V단자를 연결한다.
④ DC24 OUT의 0V단자와 PLC OUTPUT파트 COM단자를 연결한다.

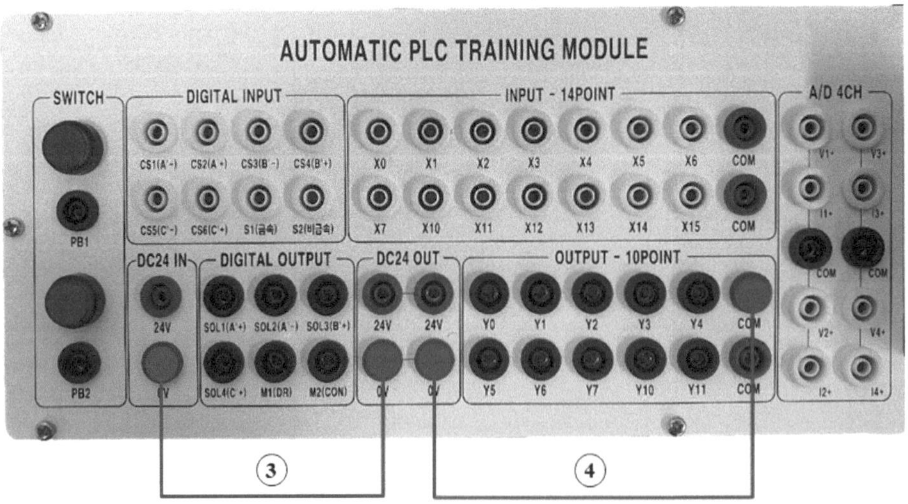

⑤ PLC INPUT의 X00단자와 DIGITAL INPUT의 CS1(A`-)단자를 연결한다.
⑥ PLC INPUT의 X01단자와 DIGITAL INPUT의 CS2(A`+)단자를 연결한다.

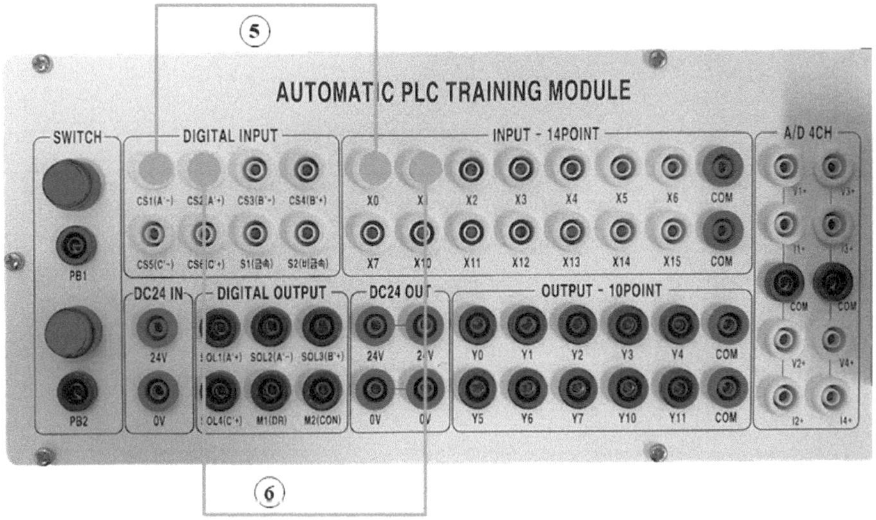

⑦ PLC INPUT의 X02단자와 DIGITAL INPUT의 CS2(B`-)단자를 연결한다.
⑧ PLC INPUT의 X03단자와 DIGITAL INPUT의 CS3(B`+)단자를 연결한다.

⑨ PLC INPUT의 X04단자와 DIGITAL INPUT의 CS5(C`-)단자를 연결한다.
⑩ PLC INPUT의 X05단자와 DIGITAL INPUT의 CS6(C`+)단자를 연결한다.

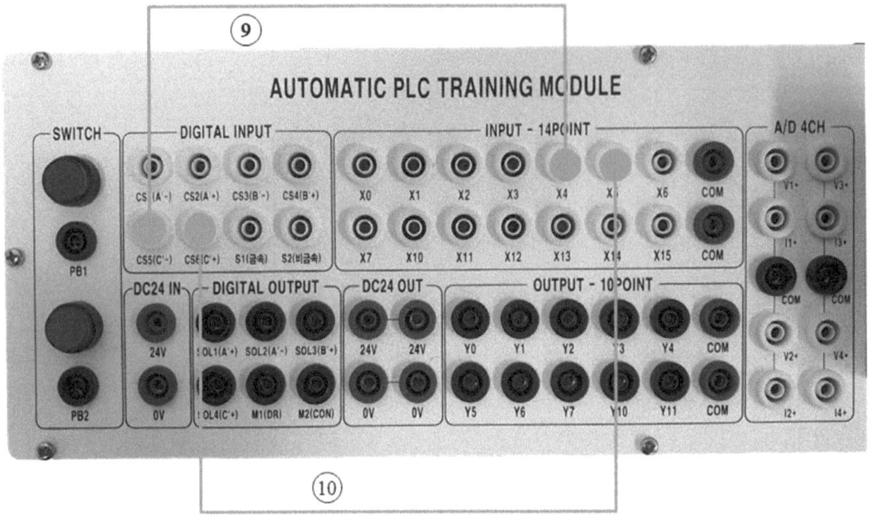

⑪ PLC INPUT의 X06단자와 DIGITAL INPUT의 S1(양품)단자를 연결한다.
⑫ PLC INPUT의 X07단자와 DIGITAL INPUT의 S2(불량품)단자를 연결한다.

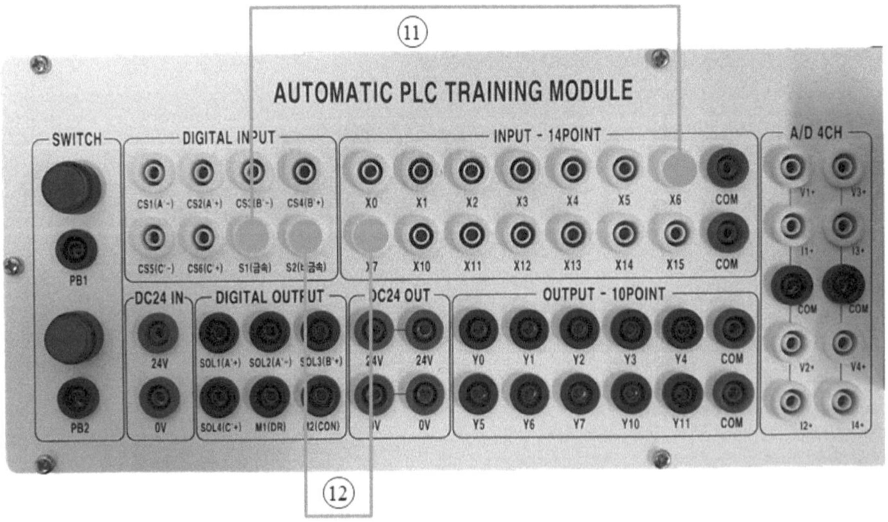

⑬ PLC OUTPUT의 Y00단자와 DIGITAL OUTPUT의 SOL1(A`+)단자를 연결한다.
⑭ PLC OUTPUT의 Y01단자와 DIGITAL OUTPUT의 SOL2(A`-)단자를 연결한다.

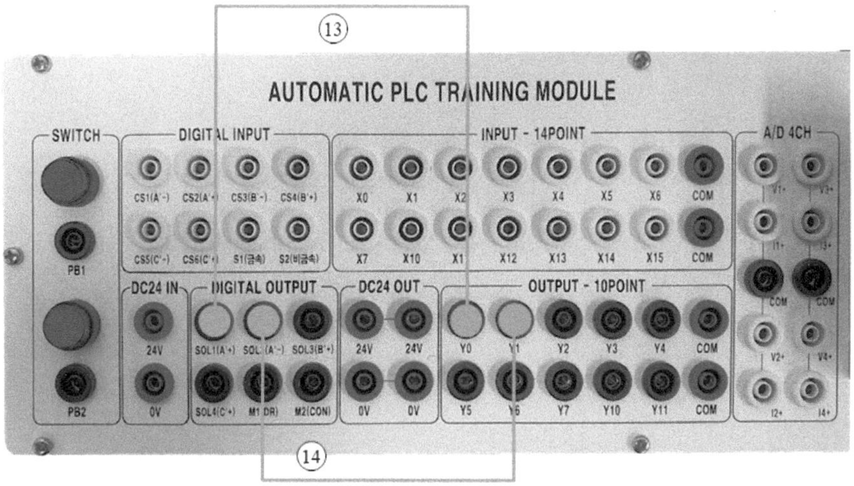

⑮ PLC OUTPUT의 Y02단자와 DIGITAL OUTPUT의 SOL3(B`+)단자를 연결한다.
⑯ PLC OUTPUT의 Y03단자와 DIGITAL OUTPUT의 SOL4(C`+)단자를 연결한다.

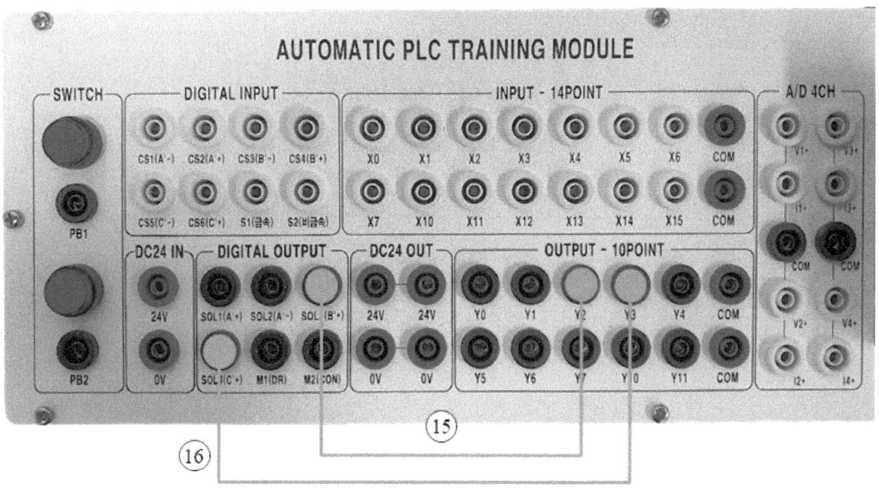

⑰ PLC OUTPUT의 Y04단자와 DIGITAL OUTPUT의 M1(DR)단자를 연결한다.
⑱ PLC OUTPUT의 Y05단자와 DIGITAL OUTPUT의 M2(CON)단자를 연결한다.

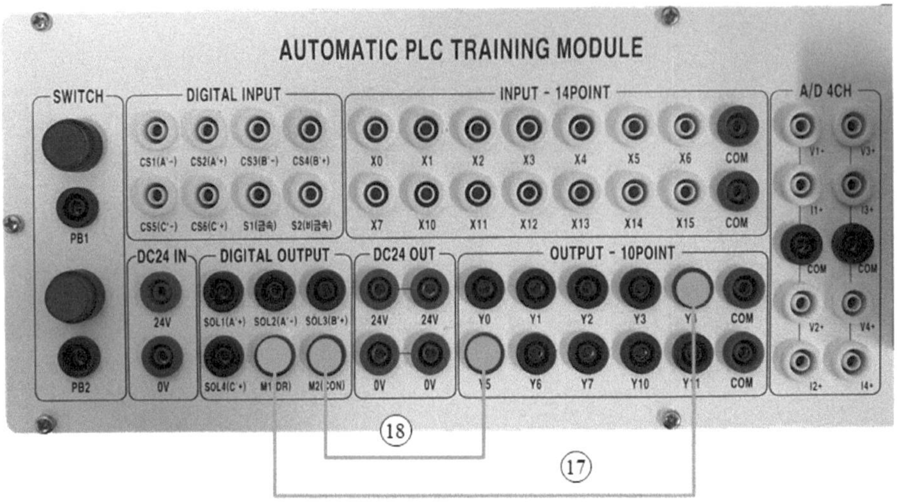

3.11.8 HMI 작화 구성

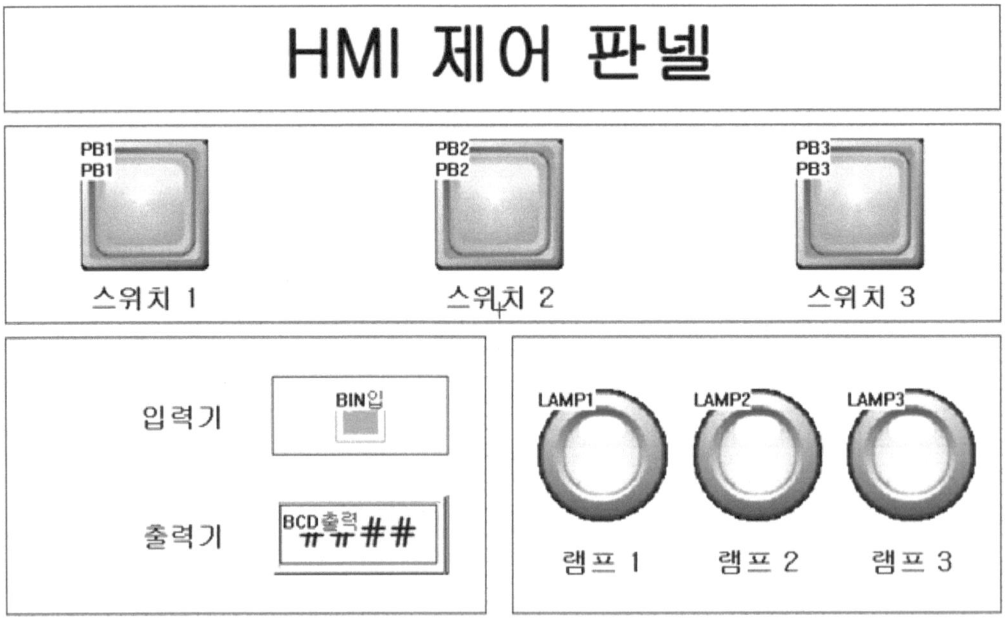

3.11.9 기본 디바이스 태그 정보

번호	목록	이름	종류	디바이스	어드레스
1	스위치1	PB1	디지털	FX.FX	M101
2	스위치2	PB2	디지털	FX.FX	M102
3	스위치3	PB3	디지털	FX.FX	M103
4	램프1	LAMP1	디지털	FX.FX	M201
5	램프2	LAMP2	디지털	FX.FX	M202
6	램프3	LAMP3	디지털	FX.FX	M203
7	입력기	BIN입력	아날로그	FX.FX	D101
8	출력기	BCD출력	아날로그	FX.FX	D201
9					

3.11.10 PLC 프로그램 작성

1) 프로그램 작성

- GX Works2를 실행하여 프로젝트를 생성하고 PLC통신을 확인한다.
- PLC I/O표를 활용하여 동작에 맞는 PLC래더 프로그램을 작성하고 동작을 확인한다.

2) 실린더 기초제어 동작설명

- HMI 입력기를 활용하여 카운터 값을 입력한다.
- HMI 출력기를 활용하여 입력한 카운터 값을 표시한다.
- PB1을 터치하면 시스템 동작이 1회 실행된다.
  - 공급실린더 전진 → 1초대기 → 공급실린더 후진 → 1초대기 → 가공드릴 5초 동작 → 분배실린더 전진 → 1초대기 → 분배실린더 후진 → 컨베이어 ON

- 비금속감지 -> (비금속일 경우) 동작완료
- 비금속감지 → 0.5초 대기 → 금속감지 → 1초대기 → 취출실린더 전진 → 1초대기 → 취출실린더 후진
  (※주의사항 : 워크유무 확인)
- 램프1 1회 동작 시 점등(램프2, 램프3 소등상태)
- 램프2 정지일 때 항시 점등(램프1, 램프3 소등상태)
- 램프3 카운터 동작 시 점멸(램프1, 램프2 소등상태)

▪ PB2을 터치하면 HMI 입력기에 입력한 카운터 값만큼 동작한다.
▪ PB3을 터치하면 카운터 리셋한다.

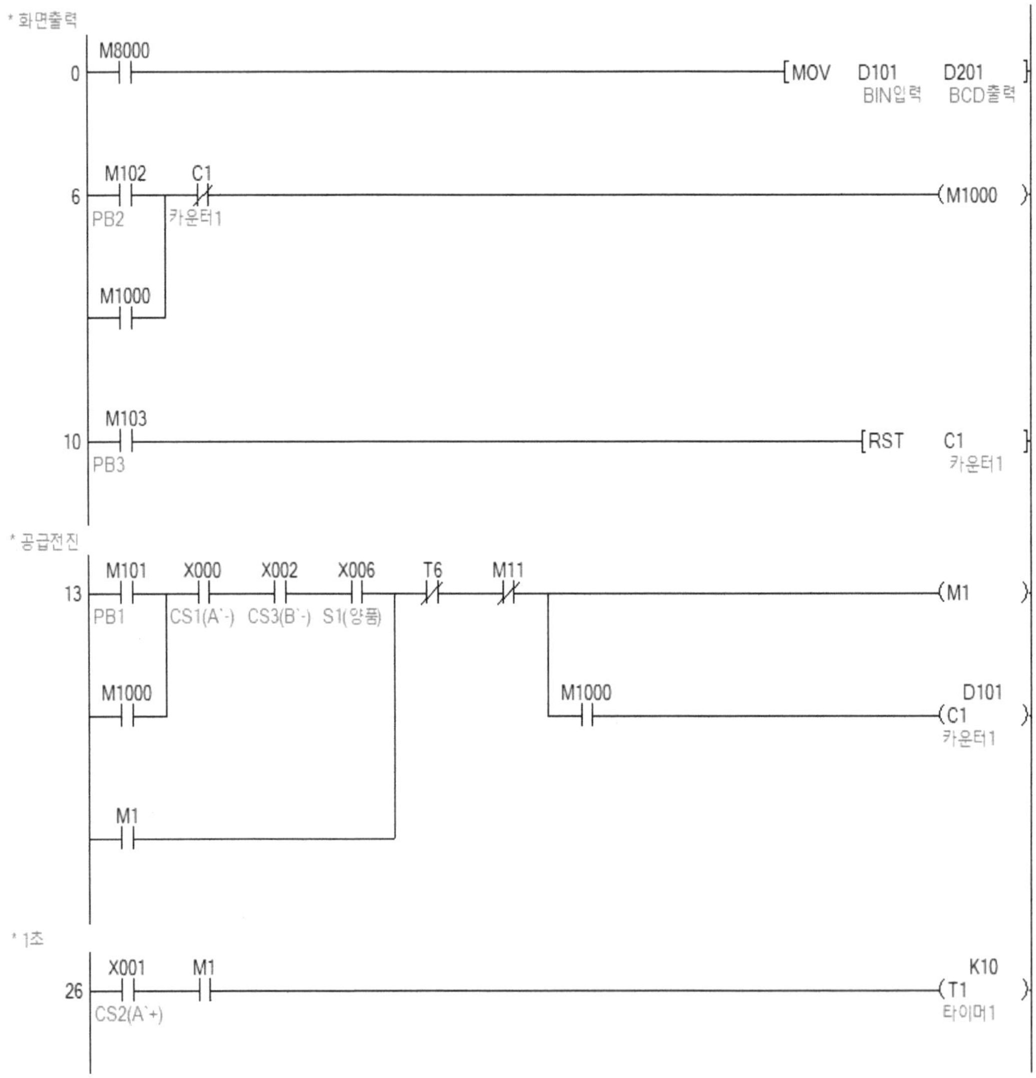

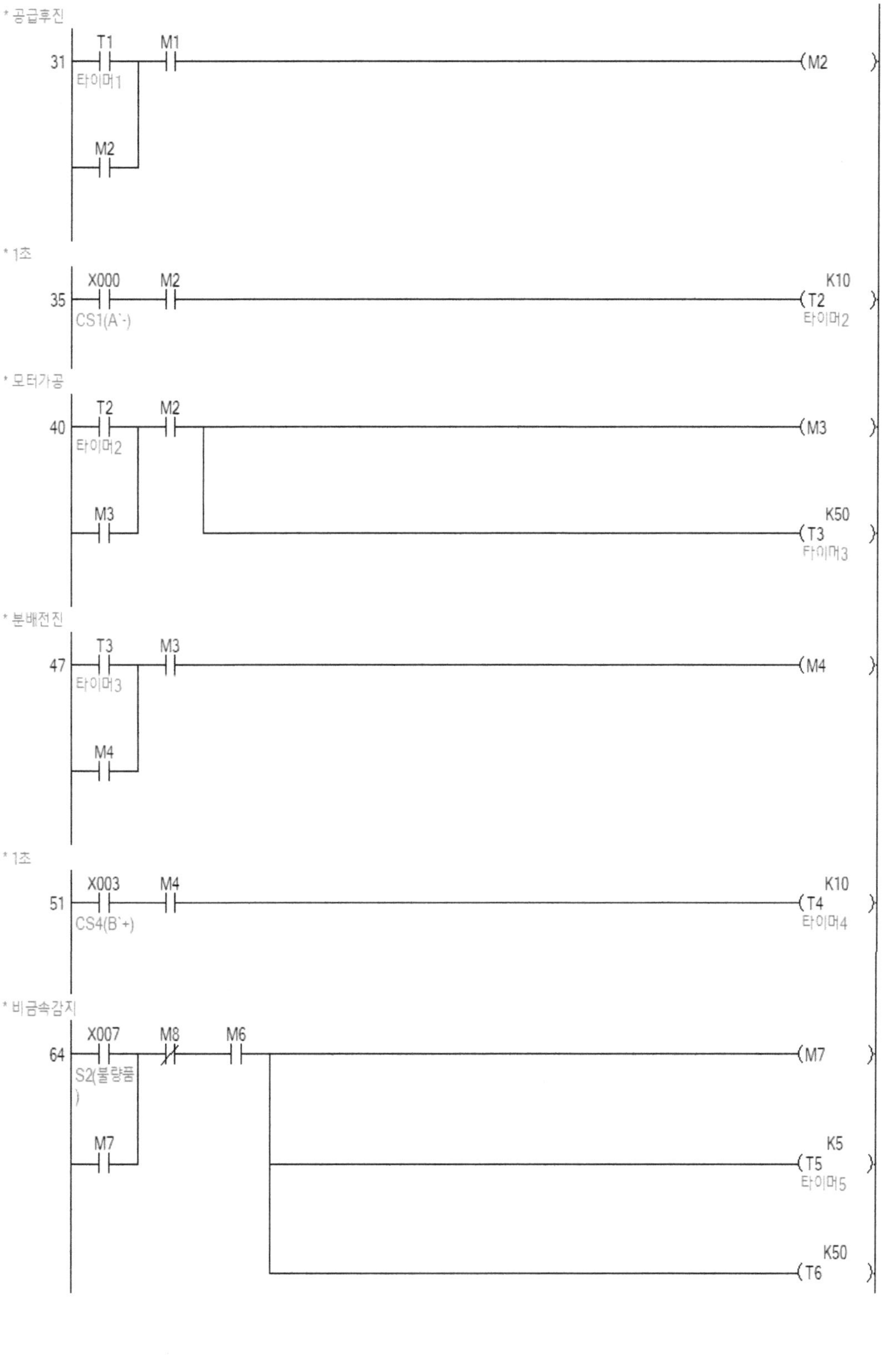

* 공급후진
31
T1
타이머1
M1
M2
M2
* 1초
35
X000
CS1(A`-)
M2
K10
T2
타이머2
* 모터가공
40
T2
타이머2
M2
M3
M3
K50
T3
타이머3
* 분배전진
47
T3
타이머3
M3
M4
M4
* 1초
51
X003
CS4(B`+)
M4
K10
T4
타이머4
* 비금속감지
64
X007
S2(불량품
)
M8
M6
M7
M7
K5
T5
타이머5
K50
T6

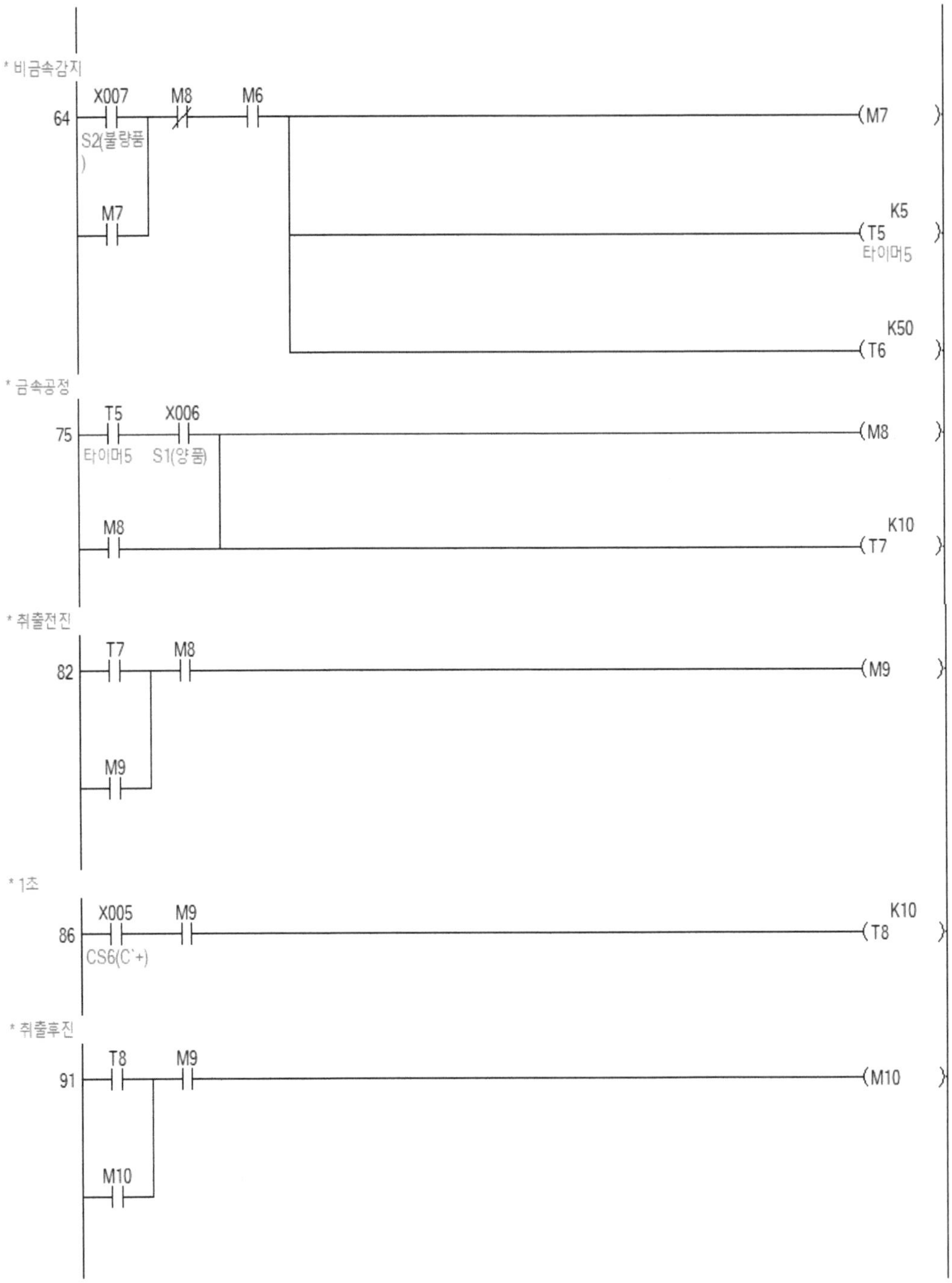
* 비금속감지
64
X007
S2(불량품)
M8
M6
M7
M7
K5
T5
타이머5
K50
T6
* 금속공정
75
T5
타이머5
X006
S1(양품)
M8
M8
K10
T7
* 취출전진
82
T7
M8
M9
M9
* 1초
86
X005
CS6(C`+)
M9
K10
T8
* 취출후진
91
T8
M9
M10
M10

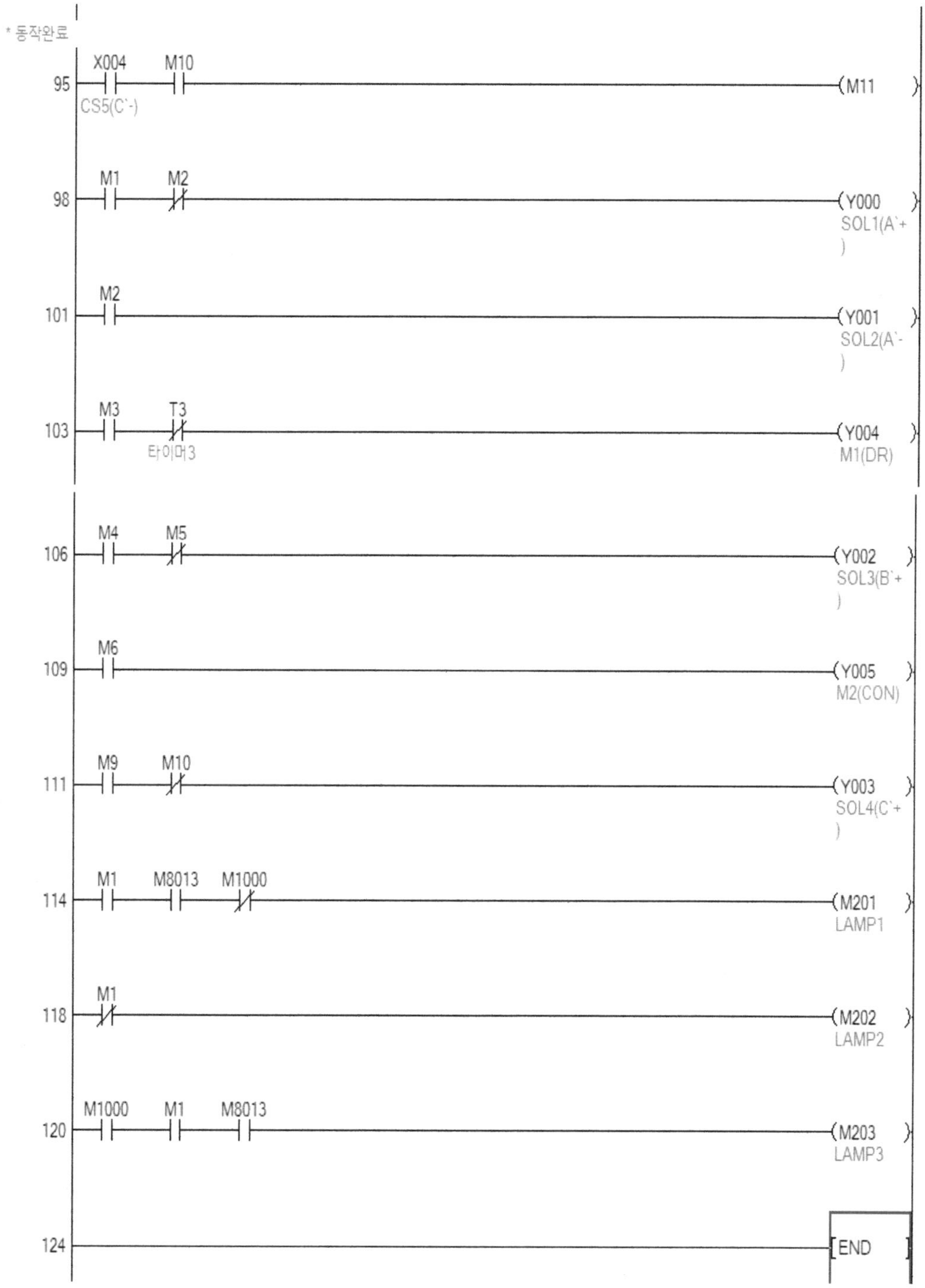
* 동작완료
95 X004 M10 (M11)
CS5(C`-)
98 M1 M2 (Y000)
SOL1(A`+)
101 M2 (Y001)
SOL2(A`-)
103 M3 T3 (Y004)
타이머3
M1(DR)
106 M4 M5 (Y002)
SOL3(B`+)
109 M6 (Y005)
M2(CON)
111 M9 M10 (Y003)
SOL4(C`+)
114 M1 M8013 M1000 (M201)
LAMP1
118 M1 (M202)
LAMP2
120 M1000 M1 M8013 (M203)
LAMP3
124 [END]

4
Chapter

PLC 아날로그 제어실습

4.1 가스센서 제어 [기본]

4.1.1 학습목표

- 가스센서의 특성에 대해서 설명할 수 있다.
- PLC제어에 필요한 배선도를 작성하고 결선할 수 있다.
- PLC를 활용하여 아날로그 제어 프로그램을 작성할 수 있다.

4.1.2 실습 장비 구성

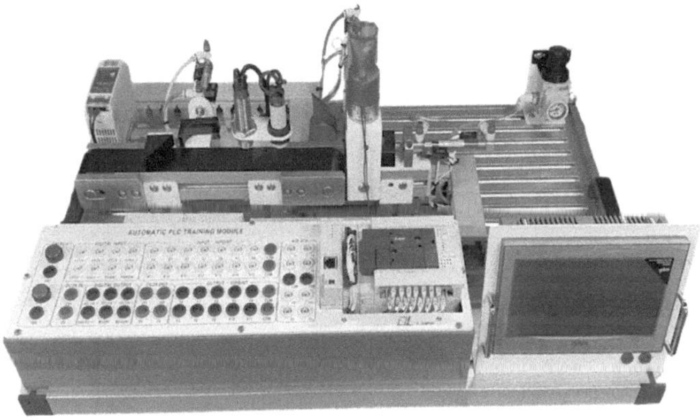

[PLC 실습장비]

[추가 모듈]

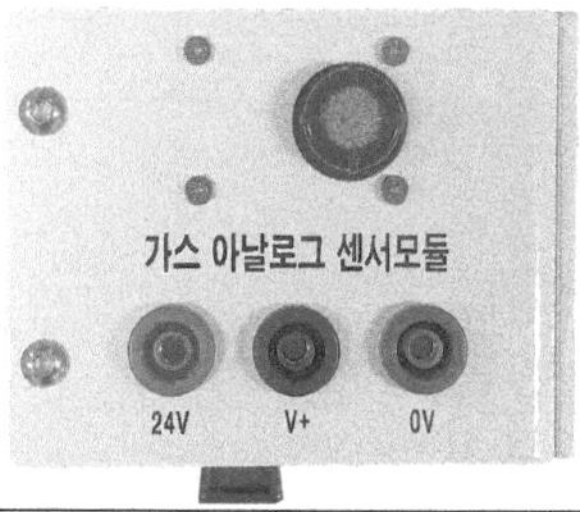	**가스 아날로그 센서모듈** 아날로그 데이터를 통해 현재 주변 가스를 측정가능하다. 또한 직접적인 접촉을 통해 가스 변화를 확인할 수 있다.

4.1.3 안전 및 유의사항

- 실습장비전원 전압을 확인하여 조건에 맞는 전원을 인가한다.
- 실습장비의 이동과 전원을 인가할 시에는 지도교수님의 지시를 따른다.
- 실습 시 사용 기구에 대한 취급방법을 숙지한 후 사용한다.
- 실습 중에는 불필요하게 이동하거나 장난하지 않는다.
- 실습 후에는 컴퓨터와 PLC의 전원을 OFF 한다.
- 실습 후에는 연결케이블을 정리한다.
- 감전 사고에 특히 주의 한다.
  - 물이나 땀이 젖은 손은 깨끗이 닦은 후 실습한다.
  - 실습 회로를 구성한 후 전원 인가 전에 철저히 회로를 확인한다.

4.1.4 HMI 전원 및 통신 결선

① 트레이닝 모듈 DC24 OUT의 24V단자와 HMI 24V단자를 연결한다.
② 트레이닝 모듈 DC24 OUT의 0V단자와 HMI 0V단자를 연결한다.

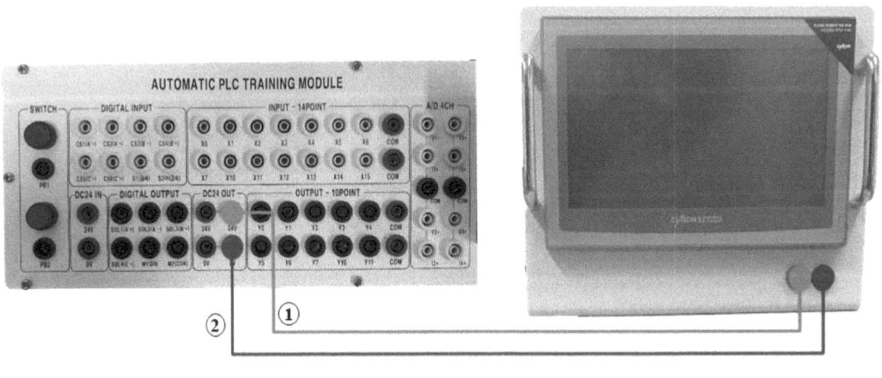

③ 트레이닝 모듈 PLC의 이더넷 단자와 HMI의 이더넷 단자를 이더넷 케이블로 연결한다.

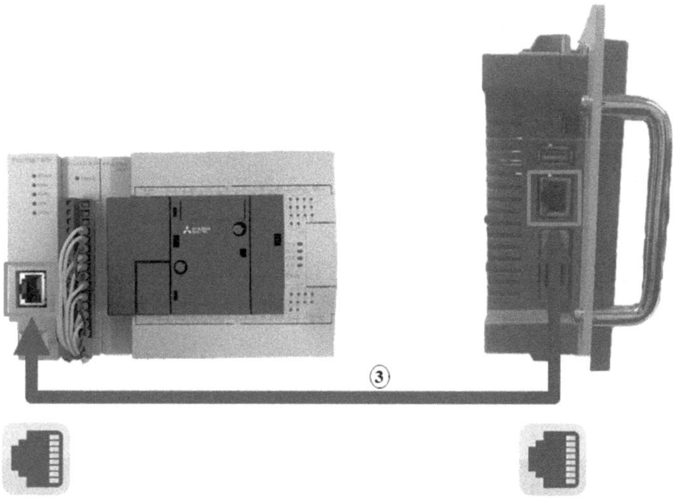

PLC	[IP 주소] - [192.168.1.250] [서브넷 마스크] - [255.255.255.0] [게이트웨이] - [192.168.1.1]
HMI	[IP 주소] - [192.168.1.100]

4.1.5 PLC 입출력 할당

입 력		출 력	
할당	설명	할당	설명
		Y04	M1(DR)

4.1.6 PLC 배선도

+24V 0V

입력		출력	
ADRESS	NAME	NAME	ADRESS
		M1(DR)	Y04
COM			COM

+24V 0V

4.1.7 PLC I/O 결선

① DC24 OUT의 24V단자와 DC24 IN의 24V단자를 연결한다.
② DC24 OUT의 24V단자와 PLC INPUT파트 COM단자를 연결한다.

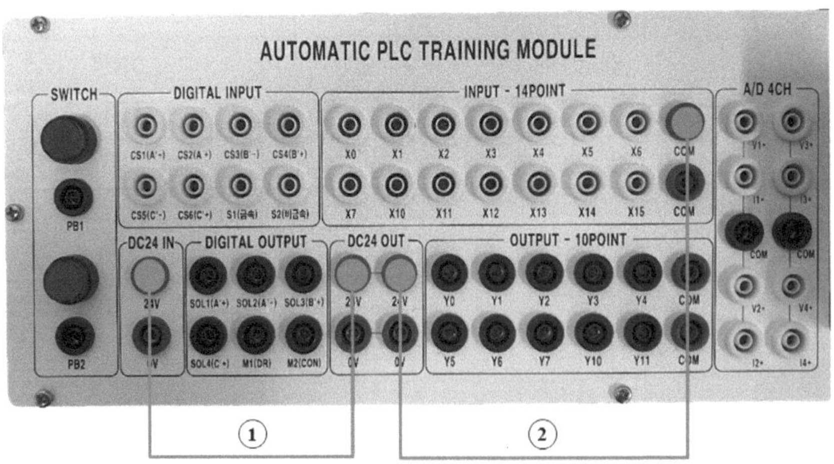

③ DC24 OUT의 0V단자와 DC24 IN의 0V단자를 연결한다.
④ DC24 OUT의 0V단자와 PLC OUTPUT파트 COM단자를 연결한다.

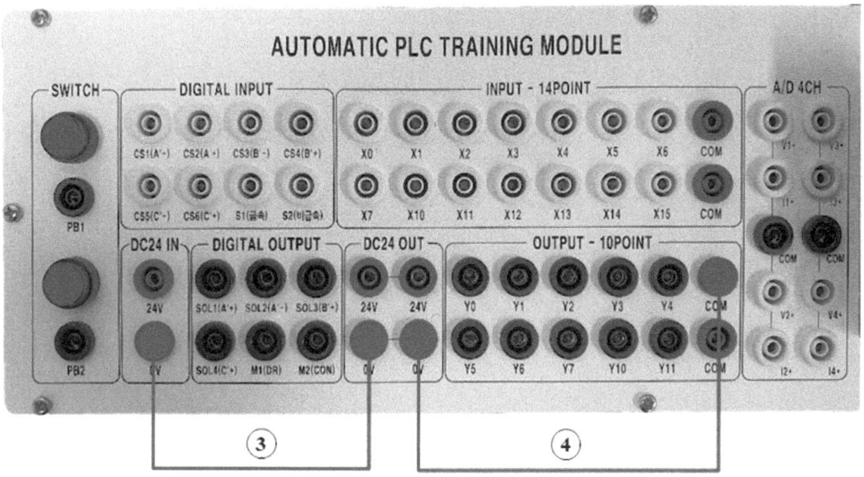

⑤ PLC DC24 OUT의 24V단자와 A/D 4CH의 COM단자를 연결한다.

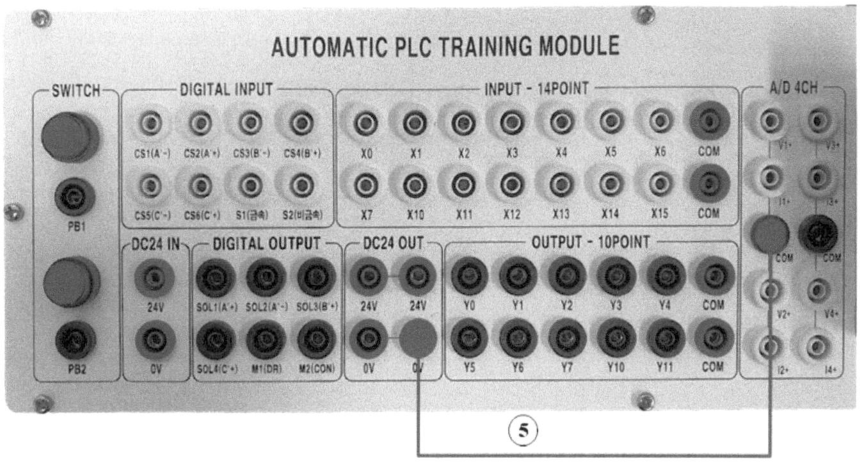

⑥ PLC OUTPUT의 Y04단자와 DIGITAL OUTPUT의 M1(DR)단자를 연결한다.

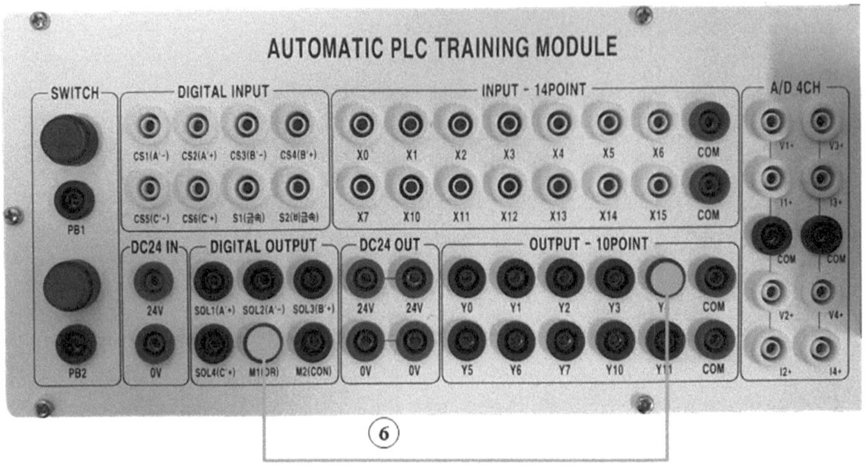

⑦ DC24 OUT의 24V단자와 가스 아날로그 센서모듈의 24V단자를 연결한다.
⑧ DC24 OUT의 0V단자와 가스 아날로그 센서모듈의 0V단자를 연결한다.
⑨ A/D 4CH의 V1+단자와 가스 아날로그 센서모듈의 V+단자를 연결한다.

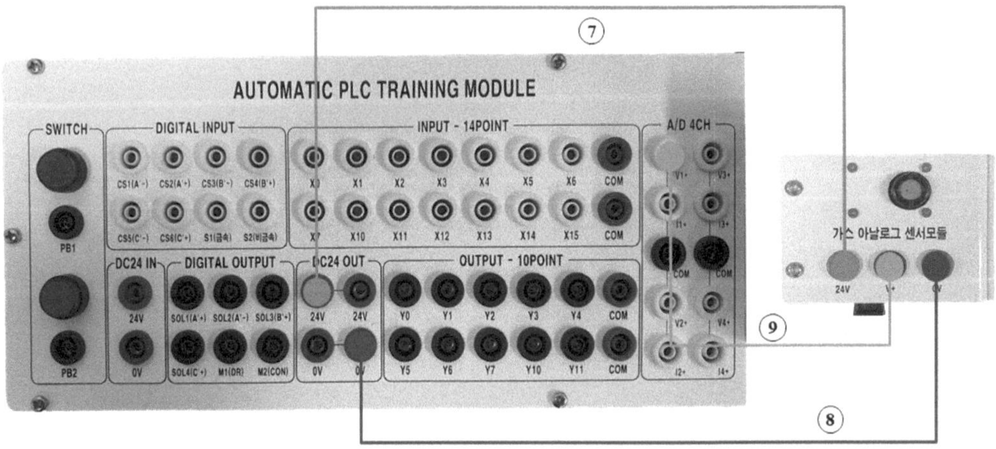

4.1.8 HMI 작화 구성

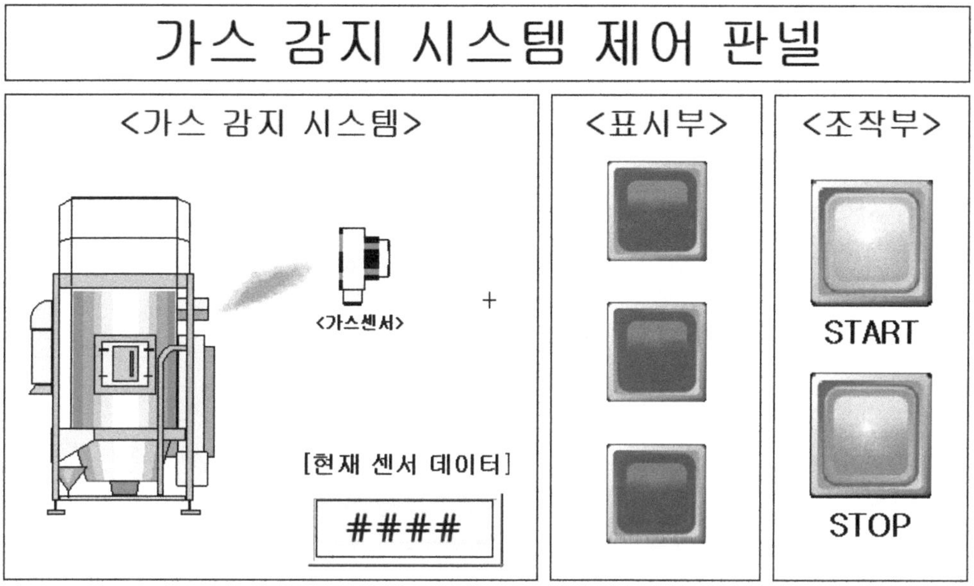

4.1.9 기본 디바이스 태그 정보

번호	목록	이름	종류	디바이스	어드레스
1	스위치1	PB1	디지털	FX.FX	M101
2	램프1	LAMP1	디지털	FX.FX	M201
3	램프2	LAMP2	디지털	FX.FX	M202
4	램프3	LAMP3	디지털	FX.FX	M203
5	출력기	BCD출력	아날로그	FX.FX	D201

4.1.10 PLC 프로그램 작성

1) 프로그램 작성

- GX Works2를 실행하여 프로젝트를 생성하고 PLC통신을 확인한다.
- PLC I/O표를 활용하여 동작에 맞는 PLC래더 프로그램을 작성하고 동작을 확인한다.

2) 참고사항

- 전류 선택시 M8000(Always ON) /전압 선택시 M8001(Always OFF)
- Ch1 선택시 M8280(Input mode switching Ch1)
  Ch2 선택시 M8281(Input mode switching Ch2)
  Ch3 선택시 M8282(Input mode switching Ch3)
  Ch4 선택시 M8283(Input mode switching Ch4)
- Ch1에 입력된 아날로그 데이터 D8280(Input data Ch1)
  Ch2에 입력된 아날로그 데이터 D8281(Input data Ch2)
  Ch3에 입력된 아날로그 데이터 D8282(Input data Ch3)
  Ch4에 입력된 아날로그 데이터 D8283(Input data Ch4)

* 기타 정보는 아날로그 매뉴얼을 참고한다.

3) 가스센서 제어 동작설명

- HMI의 PB1을 터치하면 M1(DR)이 동작한다. (M1 : 환풍기 모터 역할)
- 센서에서 측정 되는 값을 D1에 입력한다.
- 가스가 측정되기 전 기본 상태일 때는 램프1, 2, 3이 점등한다.
- 가스가 측정 되고 특정 값 이상이 감지되면 램프1, 2, 3이 점멸한다.
- 또한 1초 후 M1(DR)이 정지한다.

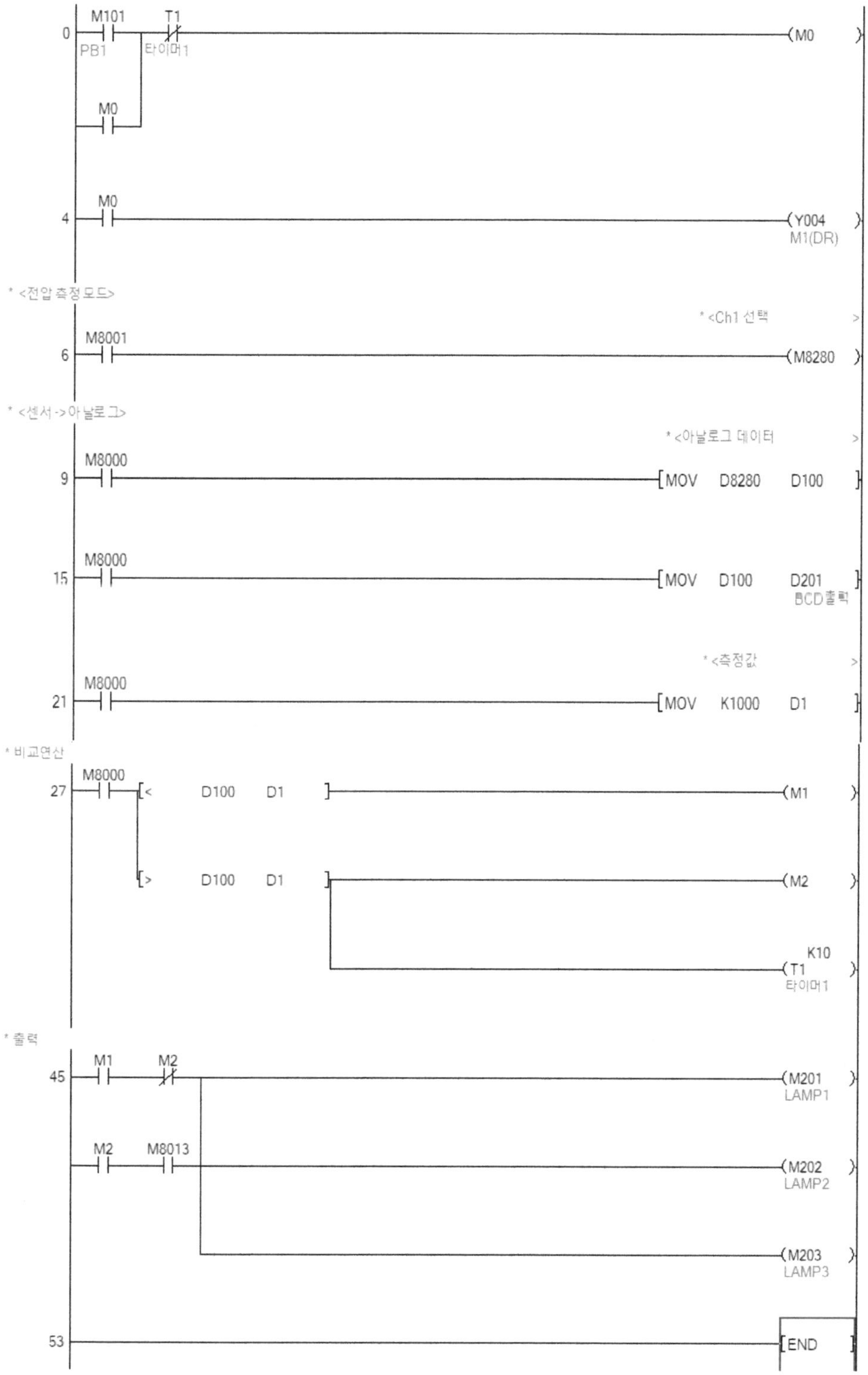
0 M101 T1 (M0)
PB1 타이머1
M0
4 M0 (Y004)
M1(DR)
* <전압 측정모드>
* <Ch1 선택
6 M8001 (M8280)
* <센서->아날로그>
* <아날로그 데이터
9 M8000 [MOV D8280 D100]
15 M8000 [MOV D100 D201]
BCD출력
* <측정값
21 M8000 [MOV K1000 D1]
* 비교연산
27 M8000 [< D100 D1] (M1)
[> D100 D1] (M2)
K10
(T1)
타이머1
* 출력
45 M1 M2 (M201)
LAMP1
M2 M8013 (M202)
LAMP2
(M203)
LAMP3
53 [END]

4.2 아날로그 센서 제어 [응용]

4.2.1 가스센서

1) 프로그램 작성

- GX Works2를 실행하여 프로젝트를 생성하고 PLC통신을 확인한다.
- PLC I/O표를 활용하여 동작에 맞는 PLC래더 프로그램을 작성하고 동작을 확인한다.
- HMI 작화화면을 문제에 맞게 임의로 작성한다.

2) 참고사항

- 전류 선택시 M8000(Always ON) /전압 선택시 M8001(Always OFF)
- Ch1 선택시 M8280(Input mode switching Ch1)
- Ch2 선택시 M8281(Input mode switching Ch2)
  Ch3 선택시 M8282(Input mode switching Ch3)
  Ch4 선택시 M8283(Input mode switching Ch4)
- Ch1에 입력된 아날로그 데이터 D8280(Input data Ch1)
  Ch2에 입력된 아날로그 데이터 D8281(Input data Ch2)
  Ch3에 입력된 아날로그 데이터 D8282(Input data Ch3)
  Ch4에 입력된 아날로그 데이터 D8283(Input data Ch4)

* 기타 정보는 아날로그 매뉴얼을 참고한다.

- 램프 3개 / 데이터 출력 1개를 구성한다.
- 모양은 가스 검출 기계 모형으로 배치한다. (인터넷 검색)

3) 온도센서 제어 동작설명

- 가스센서에서 측정되는 아날로그 데이터 최소값을 확인하여 D1에 입력한다.
- 비교연산을 이용하여 램프 점등을 한다.
- 1000 이하일 때 M1이 ON되어 램프1이 점등된다.
- 1000초과 2000미만일 때 M2가 ON되어 램프2가 점등된다.
- 3000 이상일 때 M3이 ON되어 램프3이 점등된다.
- 값이 커질수록 이전 램프는 점등을 유지하고 있어야한다.
- 측정방법은 센서에 입김을 분다.

4.3 온도센서 제어 [기본]

4.3.1 학습목표

- 온도센서의 특성에 대해서 설명할 수 있다.
- PLC제어에 필요한 배선도를 작성하고 결선할 수 있다.
- PLC를 활용하여 아날로그 제어 프로그램을 작성할 수 있다.

4.3.2 실습 장비 구성

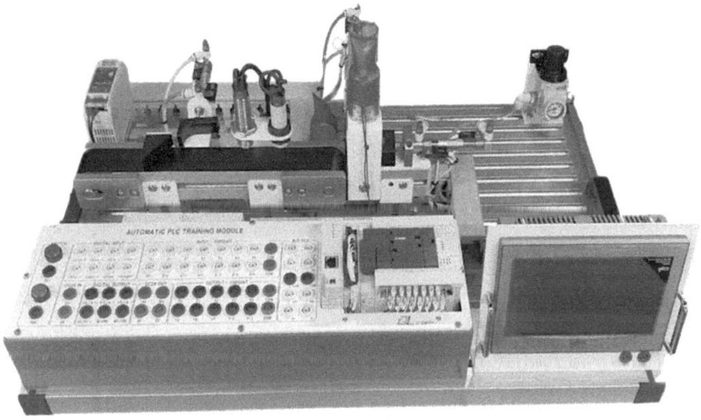

[PLC 실습장비]

[추가 모듈]

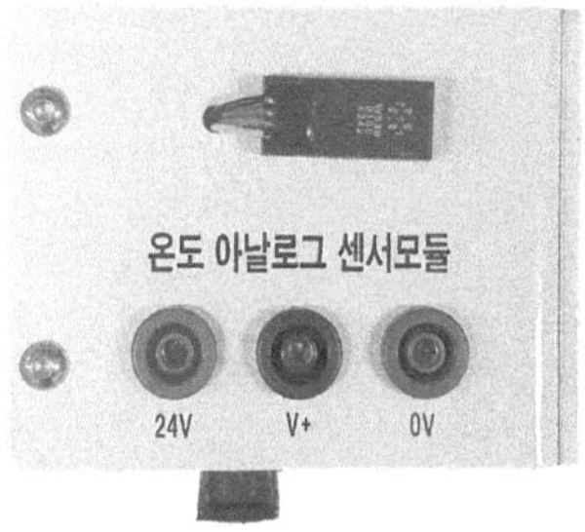	**온도 아날로그 센서모듈** 아날로그 데이터를 통해 현재 주변온도를 측정가능하다. 또한 직접적인 접촉을 통해 온도 변화를 확인할 수 있다.

4.3.3 안전 및 유의사항

- 실습장비전원 전압을 확인하여 조건에 맞는 전원을 인가한다.
- 실습장비의 이동과 전원을 인가할 시에는 지도교수님의 지시를 따른다.
- 실습 시 사용 기구에 대한 취급방법을 숙지한 후 사용한다.
- 실습 중에는 불필요하게 이동하거나 장난하지 않는다.
- 실습 후에는 컴퓨터와 PLC의 전원을 OFF 한다.
- 실습 후에는 연결케이블을 정리한다.
- 감전 사고에 특히 주의 한다.
  - 물이나 땀이 젖은 손은 깨끗이 닦은 후 실습한다.
  - 실습 회로를 구성한 후 전원 인가 전에 철저히 회로를 확인한다.

4.3.4 HMI 전원 및 통신 결선

① 트레이닝 모듈 DC24 OUT의 24V단자와 HMI 24V단자를 연결한다.
② 트레이닝 모듈 DC24 OUT의 0V단자와 HMI 0V단자를 연결한다.

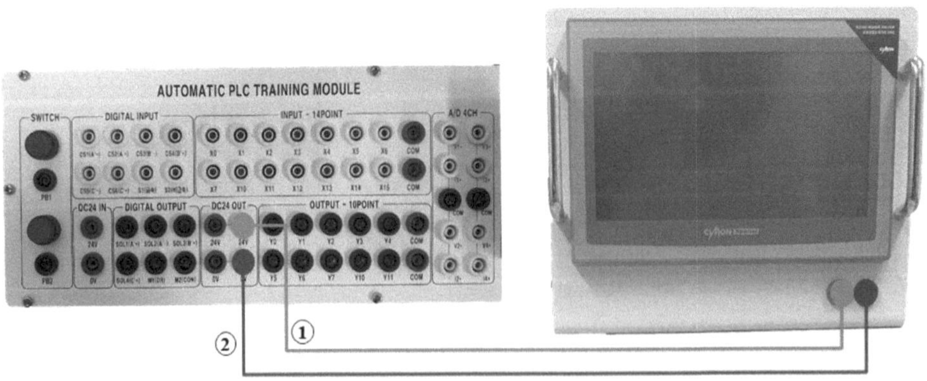

③ 트레이닝 모듈 PLC의 이더넷 단자와 HMI의 이더넷 단자를 이더넷 케이블로 연결한다.

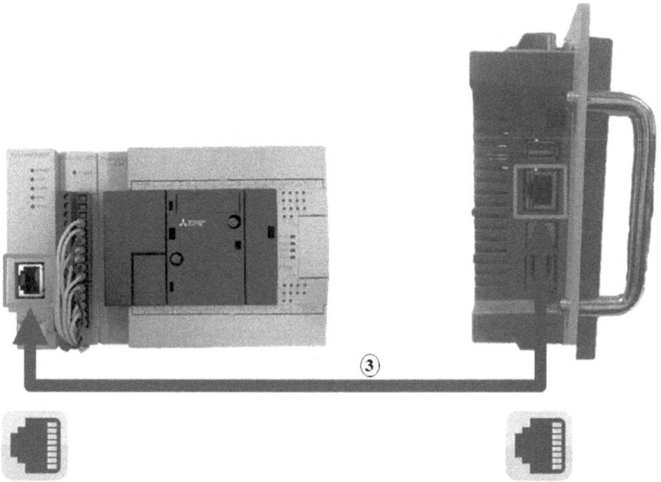

PLC	[IP 주소] - [192.168.1.250] [서브넷 마스크] - [255.255.255.0] [게이트웨이] - [192.168.1.1]
HMI	[IP 주소] - [192.168.1.100]

4.3.5 PLC 입출력 할당

입 력		출 력	
할당	설명	할당	설명
		Y05	M2(CON)

4.3.6 PLC 배선도

+24V 0V　　　　　　　　　　　　　　　　　　　　　　　　+24V 0V

입 력		출 력	
ADRESS	NAME	NAME	ADRESS
		M2(CON)	Y05
COM			COM

4.3.7 PLC I/O 결선

① DC24 OUT의 24V단자와 DC24 IN의 24V단자를 연결한다.
② DC24 OUT의 24V단자와 PLC INPUT파트 COM단자를 연결한다.

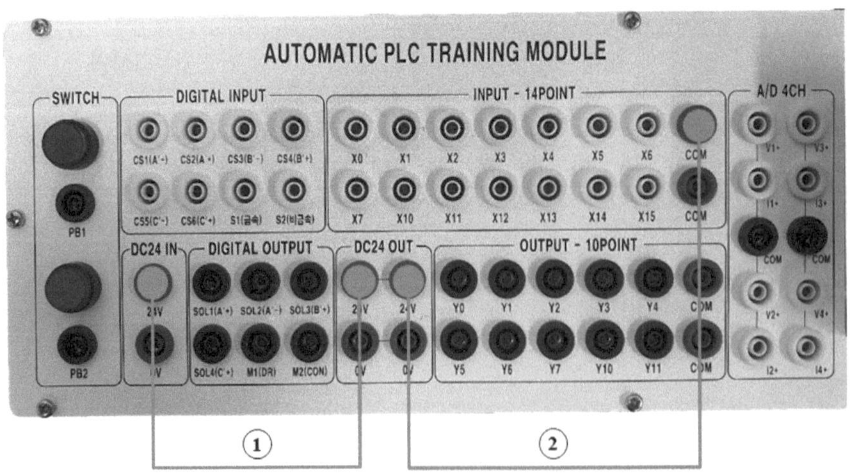

③ DC24 OUT의 0V단자와 DC24 IN의 0V단자를 연결한다.
④ DC24 OUT의 0V단자와 PLC OUTPUT파트 COM단자를 연결한다.

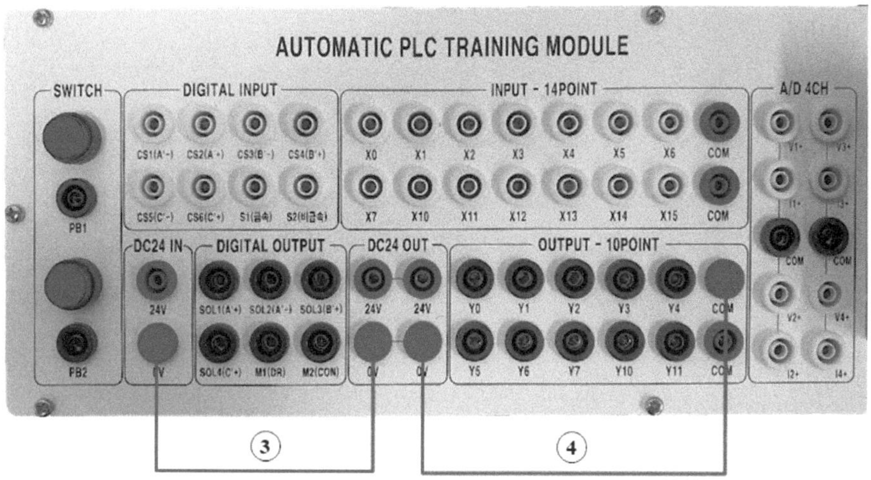

⑤ PLC DC24 OUT의 24V단자와 A/D 4CH의 COM단자를 연결한다.

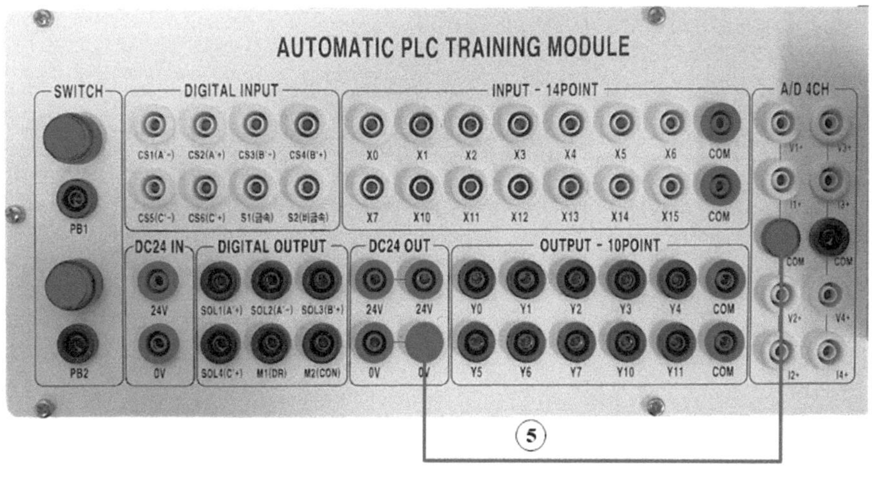

⑥ PLC OUTPUT의 Y05단자와 DIGITAL OUTPUT의 M2(CON)단자를 연결한다.

⑦

⑧ DC24 OUT의 24V단자와 온도 아날로그 센서모듈의 24V단자를 연결한다.

⑨ DC24 OUT의 0V단자와 온도 아날로그 센서모듈의 0V단자를 연결한다.

⑩ A/D 4CH의 V1+단자와 온도 아날로그 센서모듈의 V+단자를 연결한다.

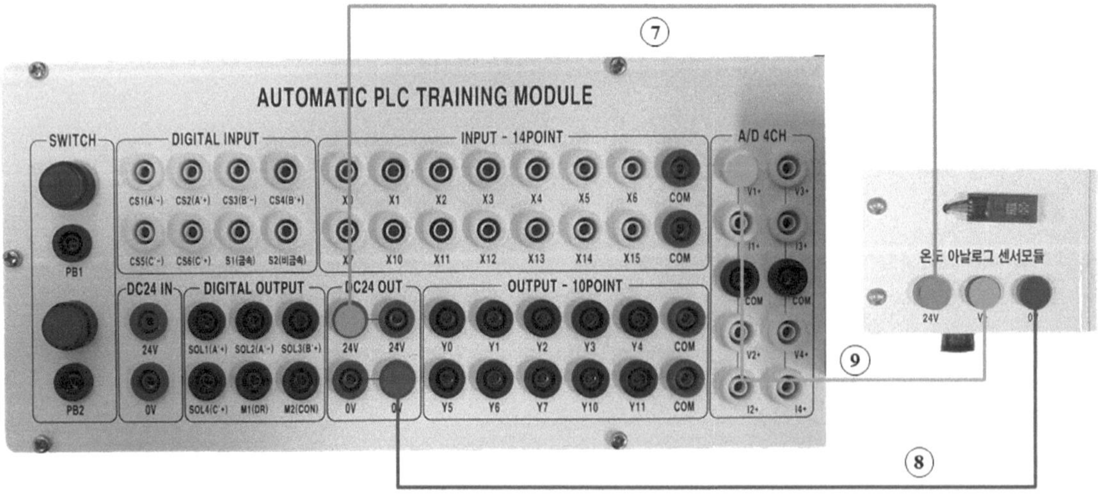

4.3.8 HMI 작화 구성

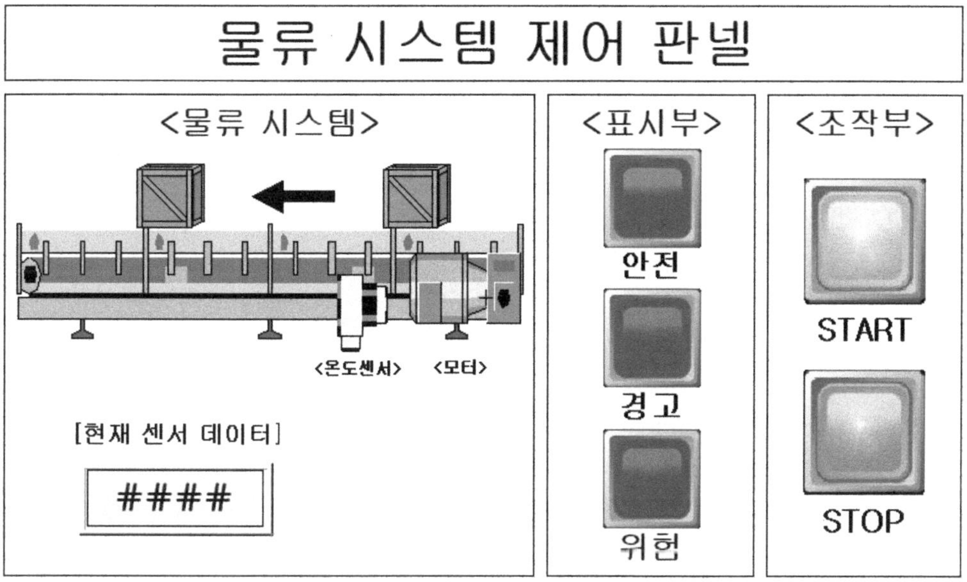

4.3.9 기본 디바이스 태그 정보

번호	목록	이름	종류	디바이스	어드레스
1	스위치1	PB1	디지털	FX.FX	M101
2	램프1	LAMP1	디지털	FX.FX	M201
3	램프2	LAMP2	디지털	FX.FX	M202
4	램프3	LAMP3	디지털	FX.FX	M203
5	출력기	BCD출력	아날로그	FX.FX	D201

4.3.10 PLC 프로그램 작성

1) 프로그램 작성

- GX Works2를 실행하여 프로젝트를 생성하고 PLC통신을 확인한다.
- PLC I/O표를 활용하여 동작에 맞는 PLC래더 프로그램을 작성하고 동작을 확인한다.

2) 참고사항

- 전류 선택시 M8000(Always ON) /전압 선택시 M8001(Always OFF)
- Ch1 선택시 M8280(Input mode switching Ch1)
  Ch2 선택시 M8281(Input mode switching Ch2)
  Ch3 선택시 M8282(Input mode switching Ch3)
  Ch4 선택시 M8283(Input mode switching Ch4)
- Ch1에 입력된 아날로그 데이터 D8280(Input data Ch1)
  Ch2에 입력된 아날로그 데이터 D8281(Input data Ch2)
  Ch3에 입력된 아날로그 데이터 D8282(Input data Ch3)
  Ch4에 입력된 아날로그 데이터 D8283(Input data Ch4)

* 기타 정보는 아날로그 매뉴얼을 참고한다.

3) 온도센서 제어 동작설명

- HMI의 PB1을 터치하면 컨베이어가 동작한다.
- 온도센서에서 측정되는 아날로그 데이터 최소값을 확인하여 D1에 입력한다.
- 온도센서에서 측정되는 아날로그 데이터 최대값을 확인하여 D2에 입력한다.
- 온도센서을 손으로 감싸거나, 입김을 불어서 온도센서의 온도를 올린다.
  이때, 최소 기본 값일 때 램프1이 점등한다.
- 중간값일 때 램프2가 점등한다.
- 최대값일 때 램프3이 점멸한다. 이때 LAMP3이 ON되고 3초 후에 컨베이어는 정지된다.
  최대값일 때는 PB1을 터치하여도 동작하지 않는다.
- HMI의 PB2을 터치하면 컨베이어가 즉시 정지한다.

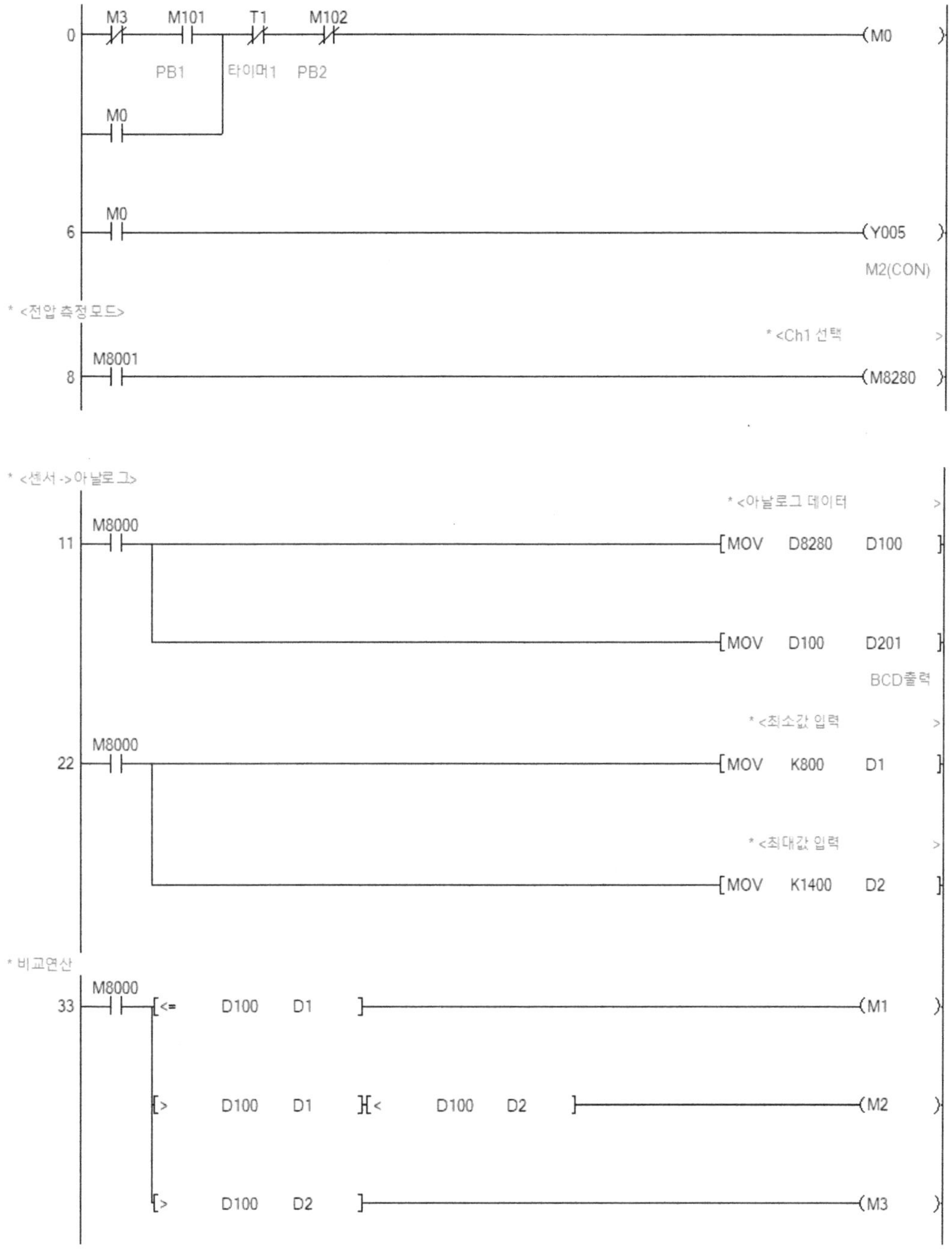
0
M3
M101
T1
M102
M0
PB1
타이머1
PB2
M0
6
M0
Y005
M2(CON)
* <전압 측정모드>
* <Ch1 선택 >
8
M8001
M8280
* <센서 ->아날로그>
* <아날로그 데이터 >
11
M8000
MOV D8280 D100
MOV D100 D201
BCD출력
* <최소값 입력 >
22
M8000
MOV K800 D1
* <최대값 입력 >
MOV K1400 D2
* 비교연산
33
M8000
<= D100 D1
M1
> D100 D1
< D100 D2
M2
> D100 D2
M3

4.4 아날로그 센서 제어 [응용]

4.4.1 온도센서

1) 프로그램 작성

- GX Works2를 실행하여 프로젝트를 생성하고 PLC통신을 확인한다.
- PLC I/O표를 활용하여 동작에 맞는 PLC래더 프로그램을 작성하고 동작을 확인한다.
- HMI 작화화면을 문제에 맞게 임의로 작성한다.

2) 참고사항

- 전류 선택시 M8000(Always ON) /전압 선택시 M8001(Always OFF)
- Ch1 선택시 M8280(Input mode switching Ch1)
  Ch2 선택시 M8281(Input mode switching Ch2)
  Ch3 선택시 M8282(Input mode switching Ch3)
  Ch4 선택시 M8283(Input mode switching Ch4)
- Ch1에 입력된 아날로그 데이터 D8280(Input data Ch1)
  Ch2에 입력된 아날로그 데이터 D8281(Input data Ch2)
  Ch3에 입력된 아날로그 데이터 D8282(Input data Ch3)
  Ch4에 입력된 아날로그 데이터 D8283(Input data Ch4)

* 기타 정보는 아날로그 매뉴얼을 참고한다.

- 램프 10개 / 데이터 출력 1개를 구성한다.
- 모양은 온도계 모형으로 배치한다.

3) 온도센서 제어 동작설명

- 측정할 수 있는 최고의 데이터를 기록하는 실습을 진행한다.
- 온도센서에서 측정되는 아날로그 데이터 최소값을 확인하여 D1에 입력한다.
- 4000을 10으로 나눴을 때 400이므로 1V당 400이 된다.
- 비교연산을 이용하여 램프 점등을 한다.
  400일 때 M1이 ON되어 램프1이 점등된다.
  800일 때 M2가 ON되어 램프2가 점등된다.
  1200일 때 M3이 ON되어 램프3이 점등된다.
  1600일 때 M4가 ON되어 램프4가 점등된다.
  2000일 때 M5가 ON되어 램프5가 점등된다.
  2400일 때 M6이 ON되어 램프6이 점등된다.
  2800일 때 M7이 ON되어 램프7이 점등된다.
  3200일 때 M8이 ON되어 램프8이 점등된다.
  3600일 때 M9가 ON되어 램프9가 점등된다.
  4000일 때 M10이 ON되어 램프10이 점등된다.
- 값이 커질수록 이전 램프는 점등을 유지하고 있어야한다.
- 측정방법은 센서를 손으로 잡고 있는다. (손의 온도 측정)

4.5 공압센서 제어 [기본]

4.5.1 학습목표

- 공압센서의 특성에 대해서 설명할 수 있다.
- PLC제어에 필요한 배선도를 작성하고 결선할 수 있다.
- PLC를 활용하여 아날로그 제어 프로그램을 작성할 수 있다.

4.5.2 실습 장비 구성

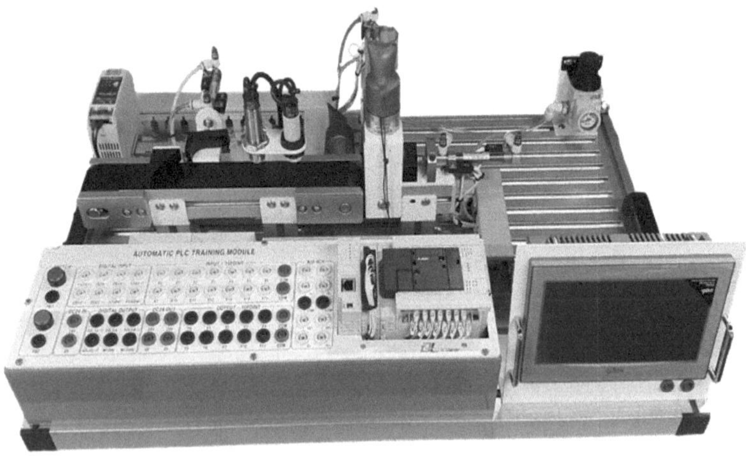

[PLC 실습장비]

[추가 모듈]

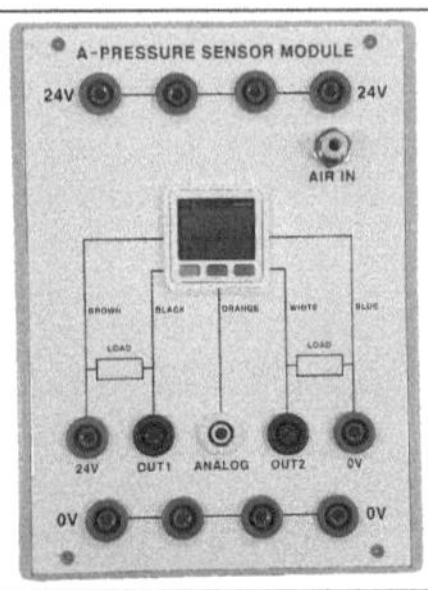	**공압 센서모듈** 아날로그 데이터를 통해 현재 공압을 측정가능하다. 공압을 직접 공급하지 않으면 측정이 불가능하다.

4.5.3 안전 및 유의사항

- 실습장비전원 전압을 확인하여 조건에 맞는 전원을 인가한다.
- 실습장비의 이동과 전원을 인가할 시에는 지도교수님의 지시를 따른다.
- 실습 시 사용 기구에 대한 취급방법을 숙지한 후 사용한다.
- 실습 중에는 불필요하게 이동하거나 장난하지 않는다.
- 실습 후에는 컴퓨터와 PLC의 전원을 OFF 한다.
- 실습 후에는 연결케이블을 정리한다.
- 감전 사고에 특히 주의 한다.
  - 물이나 땀이 젖은 손은 깨끗이 닦은 후 실습한다.
  - 실습 회로를 구성한 후 전원 인가 전에 철저히 회로를 확인한다.

4.5.4 HMI 전원 및 통신 결선

① 트레이닝 모듈 DC24 OUT의 24V단자와 HMI 24V단자를 연결한다.
② 트레이닝 모듈 DC24 OUT의 0V단자와 HMI 0V단자를 연결한다.

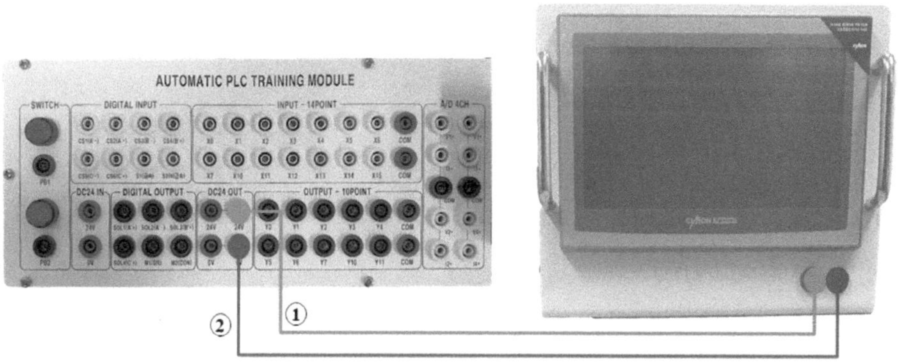

③ 트레이닝 모듈 PLC의 이더넷 단자와 HMI의 이더넷 단자를 이더넷 케이블로 연결한다.

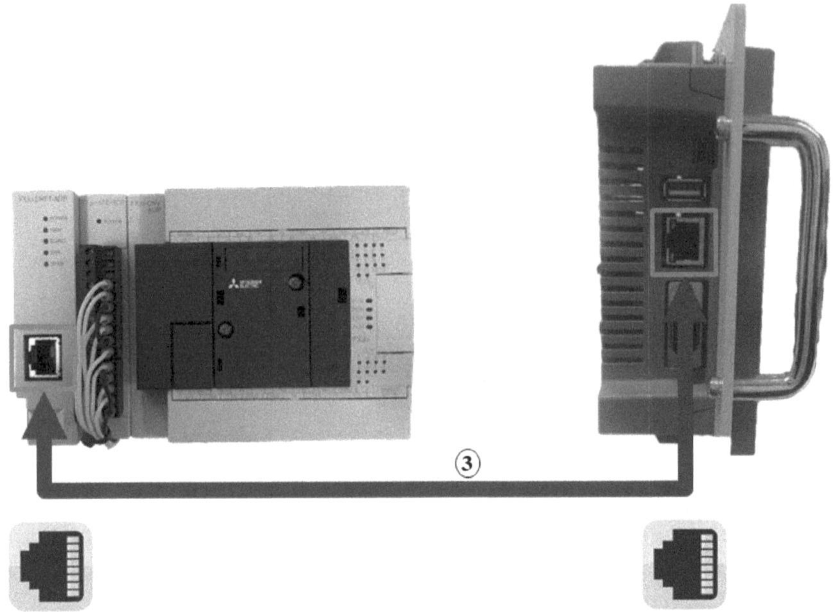

PLC	[IP 주소] - [192.168.1.250] [서브넷 마스크] - [255.255.255.0] [게이트웨이] - [192.168.1.1]
HMI	[IP 주소] - [192.168.1.100]

4.5.5 PLC 입출력 할당

입	력	출	력
할당	설명	할당	설명

PLC 입/출력 할당 없이 진행한다.

4.5.6 PLC 배선도

+24V 0V

입 력		출 력	
ADRESS	NAME	NAME	ADRESS
COM			COM

+24V 0V

PLC 입/출력 할당 없이 진행한다.

4.5.7 PLC I/O 결선

① DC24 OUT의 24V단자와 DC24 IN의 24V단자를 연결한다.
② DC24 OUT의 24V단자와 PLC INPUT파트 COM단자를 연결한다.

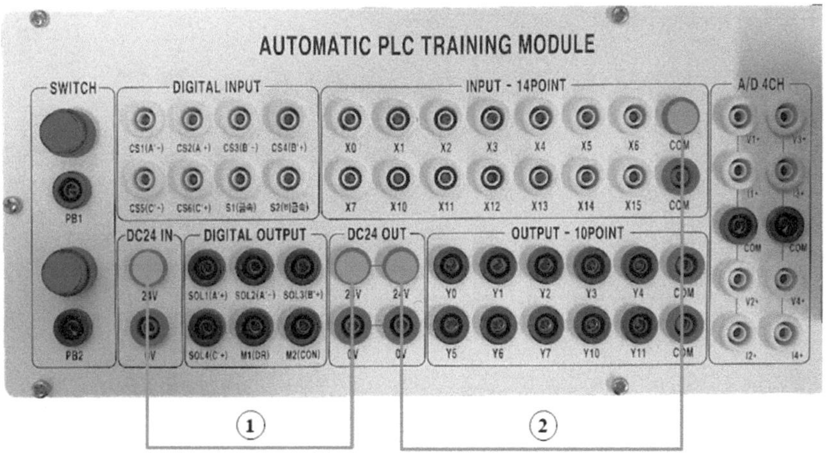

③ DC24 OUT의 0V단자와 DC24 IN의 0V단자를 연결한다.
④ DC24 OUT의 0V단자와 PLC OUTPUT파트 COM단자를 연결한다.

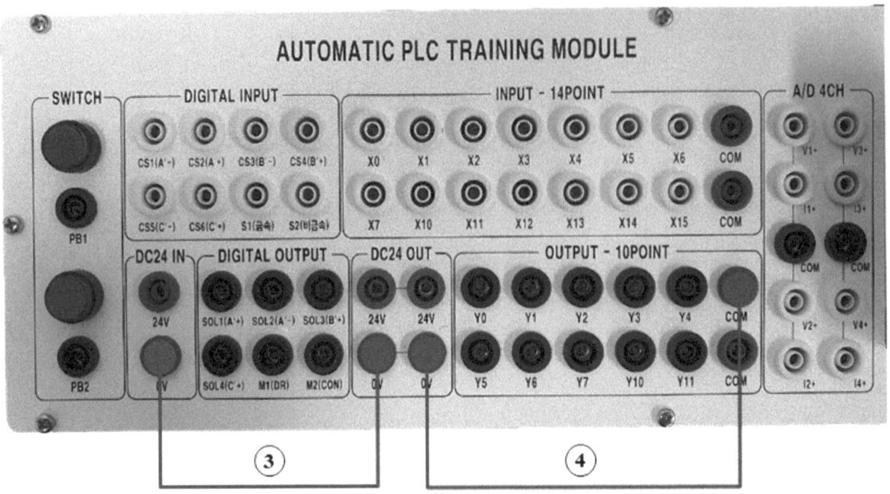

⑤ PLC DC24 OUT의 24V단자와 A/D 4CH의 COM단자를 연결한다.

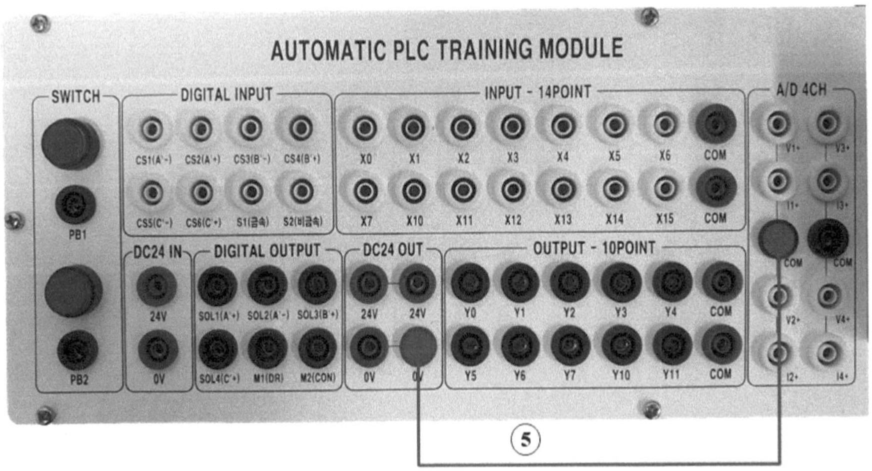

⑥ DC24 OUT의 24V단자와 공압 센서모듈의 24V단자를 연결한다.
⑦ DC24 OUT의 0V단자와 공압 센서모듈의 0V단자를 연결한다.
⑧ A/D 4CH의 V1+단자와 공압 센서모듈의 V+단자를 연결한다.

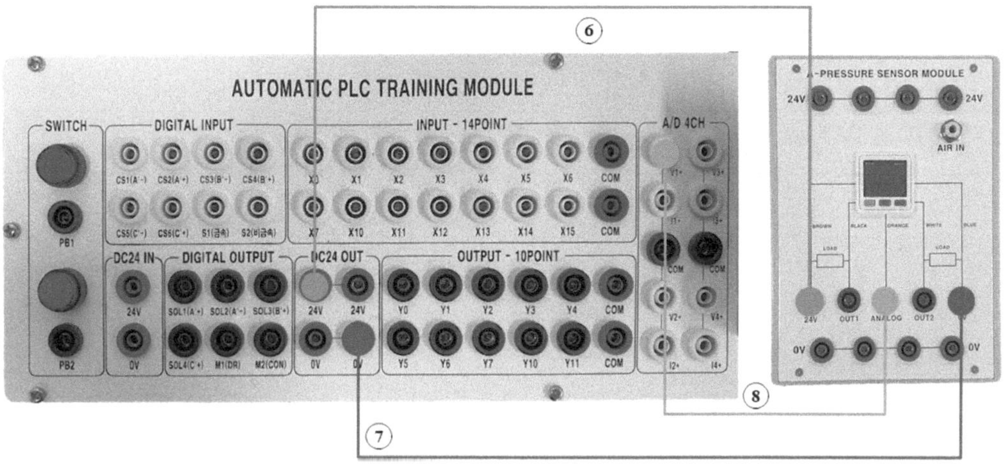

4.5.8 HMI 작화 구성

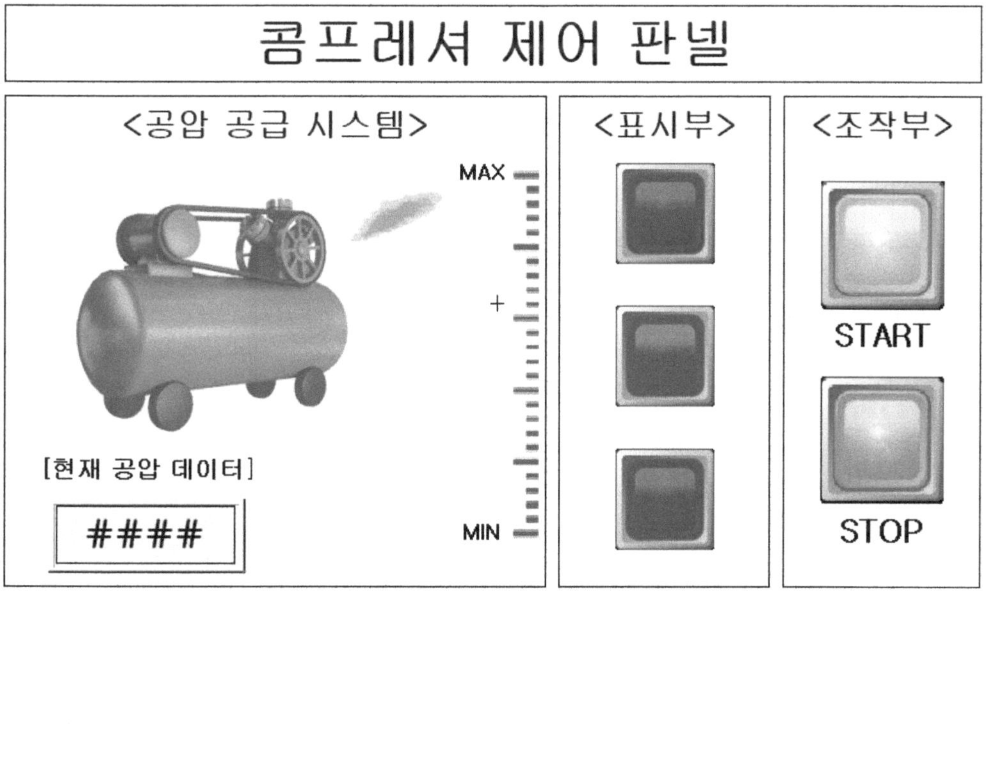

4.5.9 기본 디바이스 태그 정보

번호	목록	이름	종류	디바이스	어드레스
1	스위치1	PB1	디지털	FX.FX	M101
2	램프1	LAMP1	디지털	FX.FX	M201
3	램프2	LAMP2	디지털	FX.FX	M202
4	램프3	LAMP3	디지털	FX.FX	M203
5	출력기	BCD출력	아날로그	FX.FX	D201

4.5.10 PLC 프로그램 작성

1) 프로그램 작성

- GX Works2를 실행하여 프로젝트를 생성하고 PLC통신을 확인한다.
- PLC I/O표를 활용하여 동작에 맞는 PLC래더 프로그램을 작성하고 동작을 확인한다.

2) 참고사항

- 전류 선택시 M8000(Always ON) /전압 선택시 M8001(Always OFF)
- Ch1 선택시 M8280(Input mode switching Ch1)
  Ch2 선택시 M8281(Input mode switching Ch2)
  Ch3 선택시 M8282(Input mode switching Ch3)
  Ch4 선택시 M8283(Input mode switching Ch4)
- Ch1에 입력된 아날로그 데이터 D8280(Input data Ch1)
  Ch2에 입력된 아날로그 데이터 D8281(Input data Ch2)
  Ch3에 입력된 아날로그 데이터 D8282(Input data Ch3)
  Ch4에 입력된 아날로그 데이터 D8283(Input data Ch4)

* 기타 정보는 아날로그 매뉴얼을 참고한다.

3) 공압센서 제어 동작설명

- 공압센서 최소값 데이터는 D1에 저장한다.
  공압센서 최대값 데이터는 D2에 저장한다.
- 처음 공압을 공급하지 않은 상태일 때 램프3이 점등한다. (MIN)
- 공압을 조금 씩 공급하기 시작하여 적정한 상태 일 때 램프2가 점등한다.
- 공압이 너무 많이 공급되면 램프1이 점등한다.
- 압력센서 데이터는 출력부에 표시한다.

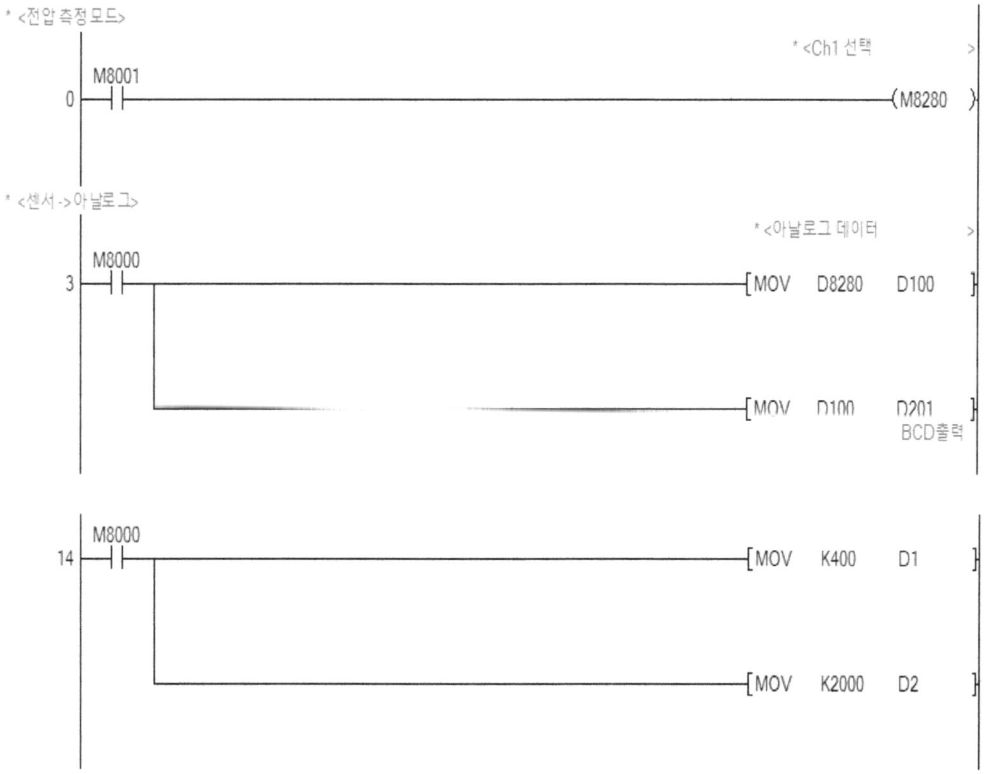

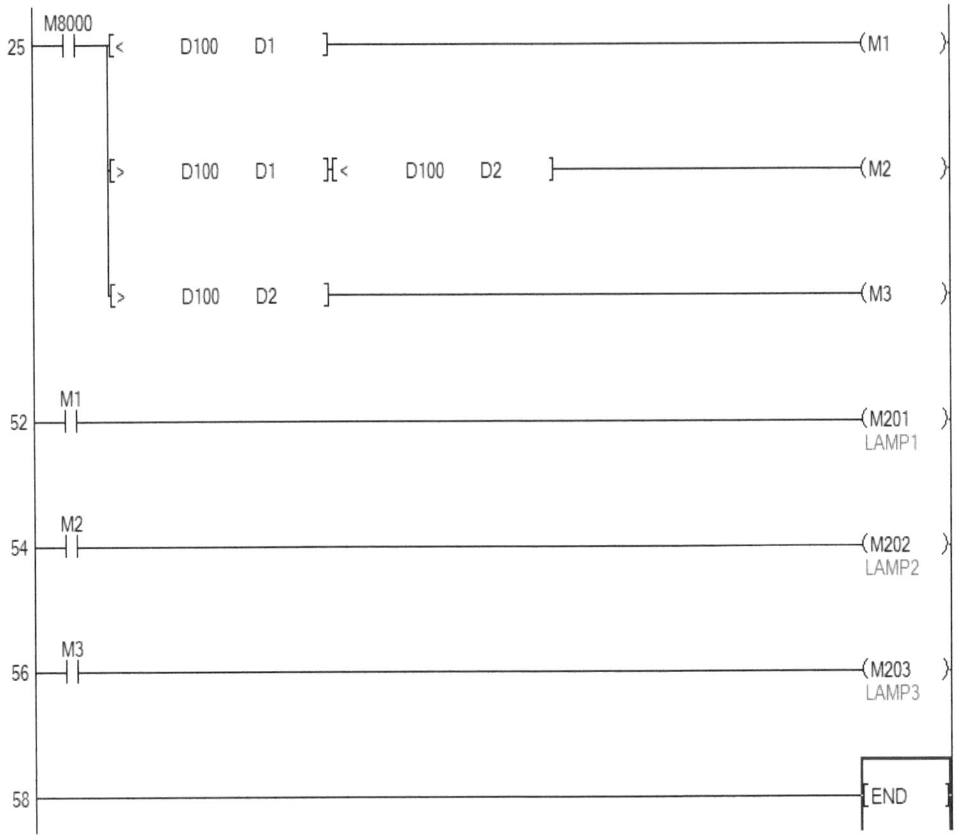

4.6 아날로그 센서 제어 [응용]

4.6.1 센서

1) 프로그램 작성

- GX Works2를 실행하여 프로젝트를 생성하고 PLC통신을 확인한다.
- PLC I/O표를 활용하여 동작에 맞는 PLC래더 프로그램을 작성하고 동작을 확인한다.
- HMI 작화화면을 문제에 맞게 임의로 작성한다.

2) 참고사항

- 전류 선택시 M8000(Always ON) /전압 선택시 M8001(Always OFF)
- Ch1 선택시 M8280(Input mode switching Ch1)
  Ch2 선택시 M8281(Input mode switching Ch2)
  Ch3 선택시 M8282(Input mode switching Ch3)
  Ch4 선택시 M8283(Input mode switching Ch4)
- Ch1에 입력된 아날로그 데이터 D8280(Input data Ch1)
  Ch2에 입력된 아날로그 데이터 D8281(Input data Ch2)
  Ch3에 입력된 아날로그 데이터 D8282(Input data Ch3)
  Ch4에 입력된 아날로그 데이터 D8283(Input data Ch4)

* 기타 정보는 아날로그 매뉴얼을 참고한다.

- 램프 3개 / 데이터 출력 1개를 구성한다.
- 모양은 콤프레셔 모형으로 배치한다.

3) 온도센서 제어 동작설명

- 온도센서에서 측정되는 아날로그 데이터 최소값을 확인하여 D1에 입력한다.
- 실린더를 전/후진 동작을 반복적으로 실행시켜서 공압을 소모한다.
- 콤프레셔가 특정값 이하로 내려가면 동작을 하는 값을 확인한다.
  이 때, 콤프레셔가 동작하면 램프2가 점등한다.
  정지 상태일 때는 램프1이 점등한다.

5
Chapter

인버터 개요

5.1 인버터(Inverter)

5.1 인버터(Inverter)

5.1.1 인버터 정의

전기적으로 DC(직류)를 AC(교류)로 변환하는 역변환 장치로 FA용어로서의 정의로는 상용 전원으로부터 공급된 전력을 입력 받아 자체 내에서 전압과 주파수를 가변하여 전동기에 공급함으로써 전동기 속도를 고효율로 이용하게 제어하는 일련의 장치를 말한다.

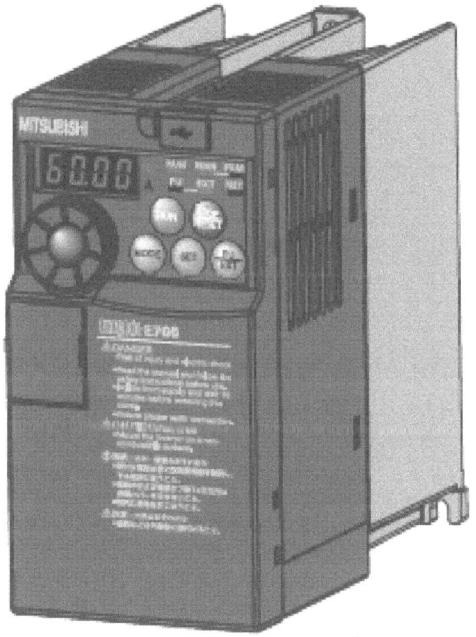

그림 5-1 Mitsubishi FR-E720 인버터

5.1.2 인버터 속도제어로 발생하는 장점

① 에너지 절약 : 부하 상태에 따라서 회전수를 제어함으로써 구동 전력을 절감
② 제품 품질 향상 : 제조 및 가공에 요구되는 최적의 속도를 실현함으로써 품질 향상
③ 생산성 향상 : 생산 제품에 따른 최적의 라인 속도 구현으로 생산성 향상
④ 유지보수성 향상 : 기계에 무리를 주지 않는 운전으로 기기 수명 연장에 기여
⑤ 승차감의 향상 : 최적의 속도 제어로 엘리베이터 등 부하의 승차감 향상
⑥ 환경의 쾌적성 : 공조 등에 있어서 필요 유량에 따라 최적의 환경 실현
⑦ 저소음화 : 부하에 맞게 회전수를 낮춰 기계, 바람의 소음을 저감

5.1.3 인버터의 분류

1) 전류형 인버터

직류회로에 리액터를 사용하여 전류를 일정하게 유지하여 사이리스터 등으로 전류회로를 형성하여 AC를 출력하는 방식. 전원 회생제어가 용이하기 때문에 관성부하의 정역 운전 등에 유리하지만, 고가인 것이 단점이다.

(1) 회로도 및 입출력 파형

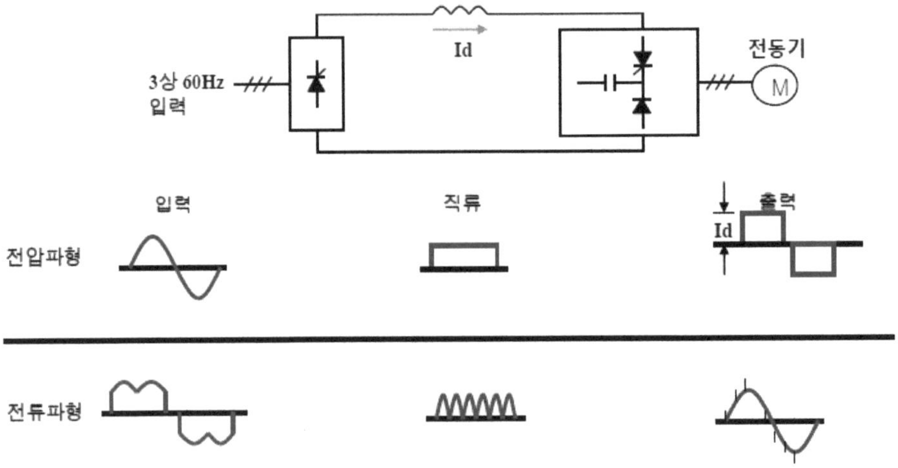

그림 5-2 전류형 인버터의 회로도 및 입출력 파형

2) PAM 전압형 인버터

펄스 파고치 변조 인버터이다. 순변환부에 가변의 직류전압을 만들어 인버터 출력전압을 제어한다. 트랜지스터, 또는 GTO로 직류전압을 스위칭하여 출력주파수를 가변한다. 고주파(400~3000Hz) 인버터에는 필수 방식이다. 최근에는 모터의 저소음화 목적으로 사용되지만 모터 효율, 시동토크 등에 문제가 있다.

(1) 회로도 및 입출력 파형

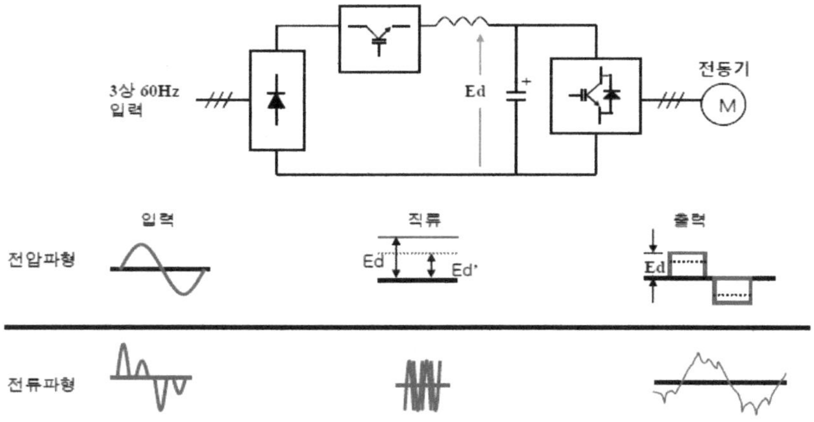

그림 5-3 PAM 전압형 인버터의 회로도 및 입출력 파형

3) PWM 전압형 인버터

직류회로에 콘덴서를 사용하여 전압을 일정하게 유지하면서 트랜지스터, IGBT, GTO를 사용하여 직류전압을 스위칭하는 방식. PWM은 펄스 폭 변조의 의미로 펄스의 폭을 변화시켜 출력 측의 교류전압을 가변한다. 효율, 모터의 토크특성이 좋고 무엇보다도 다른 방식에 비해 경제적이기 때문에 범용 인버터는 대부분 이 방식을 취하고 있다.

(1) 회로도 및 입출력 파형

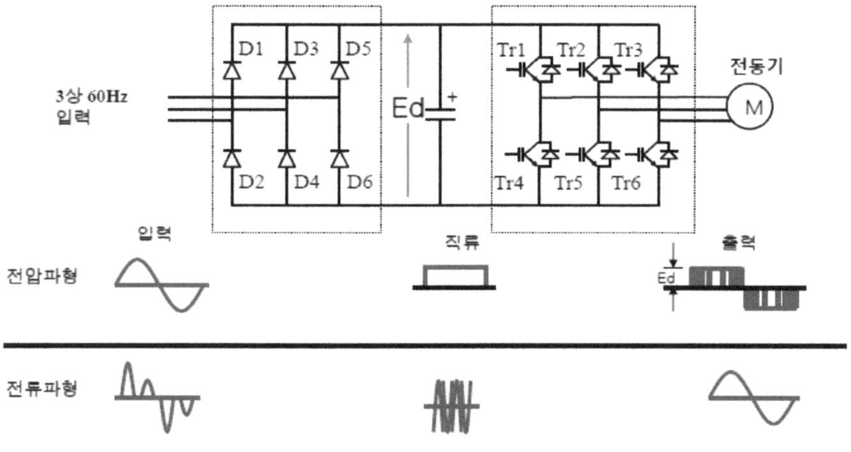

그림 5-4 PWM 전압형 인버터의 회로도 및 입출력 파형

5.1.4 인버터 각 부분 명칭

FR - E720 - 1.5 K □

기호	전압 클래스
E720	3상 200V 클래스
E740	3상 400V 클래스
E720S	단상 200V 클래스
E710W	단상 100V 클래스

인버터 용량[kW]을 나타냅니다.

기호	제어회로 단자 사양
없음	표준 제어회로 단자(플러그 나사식)
SC	세이프티 스톱 대응품

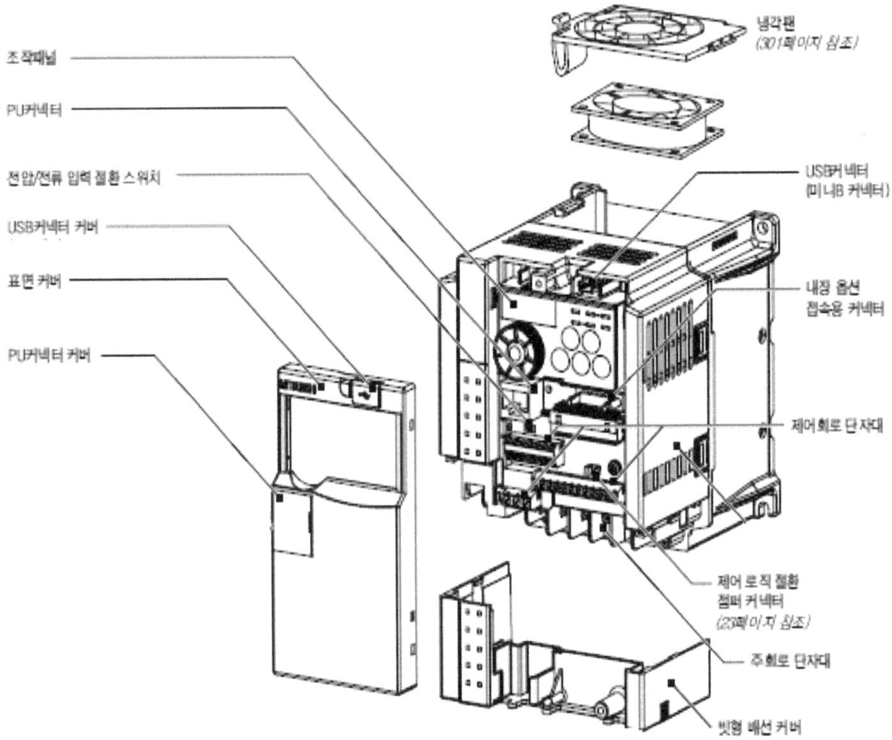

그림 5-5 인버터(FR-E720)의 각 부분별 명칭

5.1.5 인버터와 주변기기

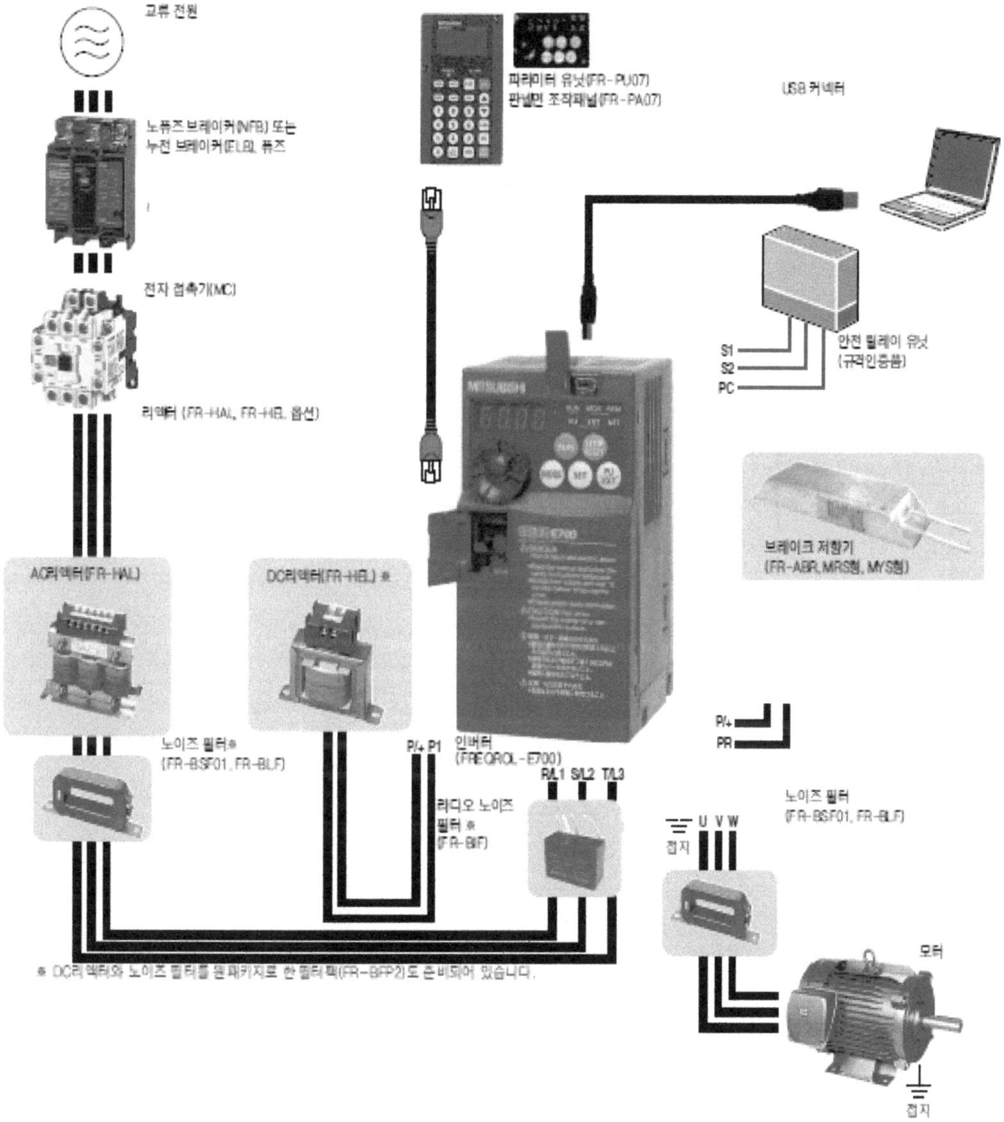

그림 5-6 인버터(FR-720)와 주변기기들

5.1.6 인버터 결선

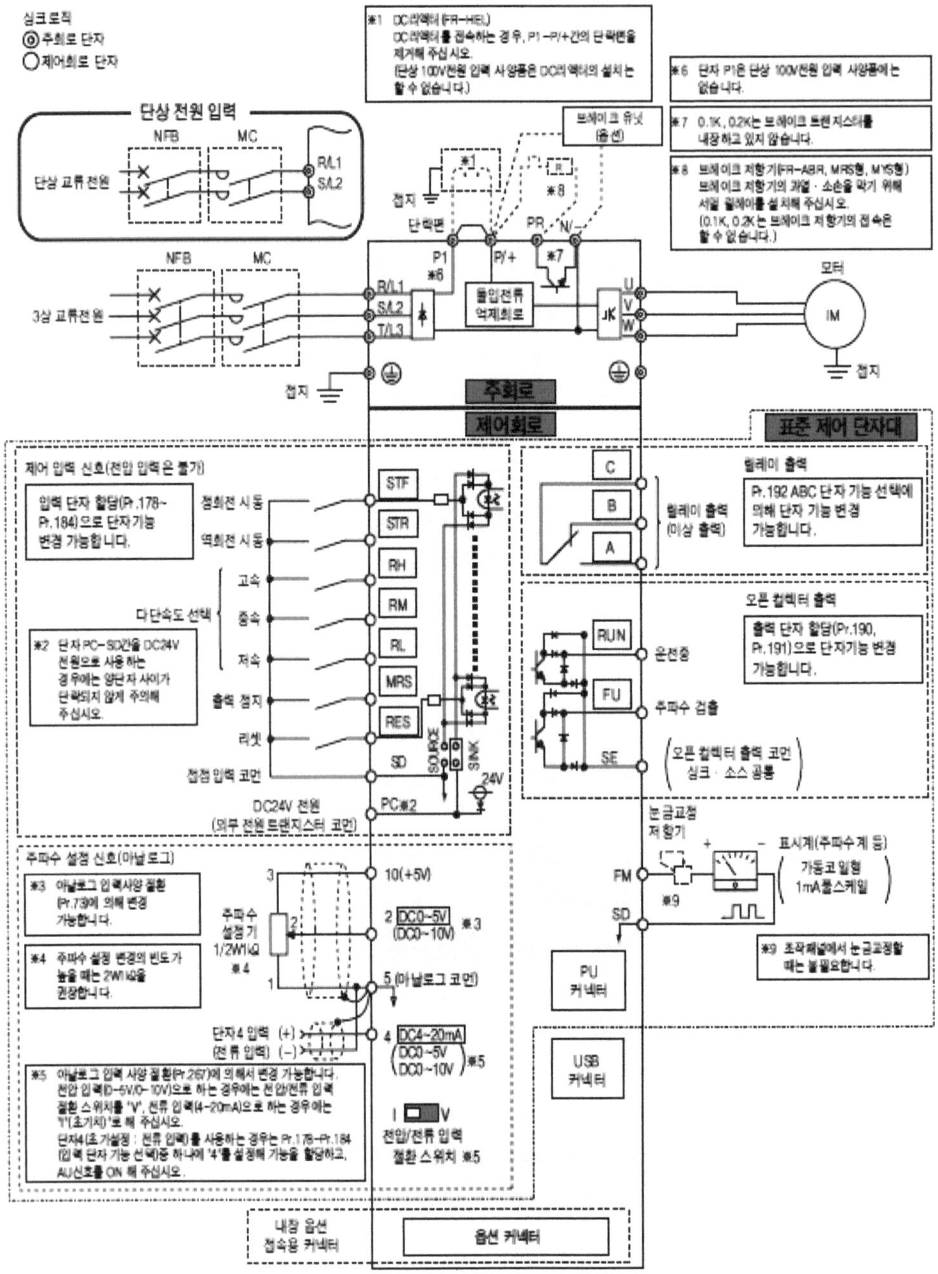

그림 5-7 인버터의 단자 결선도

* 노이즈에 의한 오동작을 방지하기 위해 신호선은 동력선과 10cm이상 떨어뜨려 주십시오.
* 배선시에 인버터 내부에 전선 부서러기를 남기지 말아 주십시오.
전선 조각은 이상, 고장, 오동작의 원인이 됩니다. 인버터는 언제나 깨끗하게 해 주십시오.
제어반 등에 취부홀을 뚫을 때는 절분 등이 인버터에 들어가지 않도록 주의해 주십시오.

5.1.7 인버터 입출력신호 단자의 기능

1) 인버터 입력신호 단자

종류	단자 기호	단자 명칭	단자 기능 설명	정격 사양
주파수 설정	10	주파수 설정용 전원	주파수 설정(속도 설정)용 볼륨을 외부 접속하는 경우의 전원으로서 사용합니다. *(Pr.73 아날로그 입력 선택 참조)*	DC5.2V±0.2V 허용 부하 전류 10mA
	2	주파수 설정(전압)	DC0~5V(또는 0~10V)를 입력하면 5V(10V)에서 최대 출력 주파수가 되고 입출력은 비례합니다. 입력 DC0~5V(초기설정)와 DC0~10V의 절환은 *Pr.73*에서 합니다.	입력 저항 10kΩ±1kΩ 최대 허용 전압 DC20V
	4	주파수 설정(전류)	DC4~20mA(또는 0~5V, 0~10V)를 입력하면 20mA에서 최대 출력 주파수가 되고 입출력은 비례합니다. AU신호 ON일 때만 단자4의 입력 신호가 유효하게 됩니다(단자2 입력은 무효가 됩니다). 단자4(초기설정 : 전류 입력)를 사용하는 경우는 *Pr.178~Pr.184(입력 단자 기능 선택)* 중 하나에 "4"를 설정해서 기능을 할당하고 AU신호를 ON 해 주십시오. 입력4~20mA(초기설정)와 DC0~5V, DC0~10V의 절환은 *Pr.267*에서 합니다. 전압 입력(0~5V/0~10V)으로 하는 경우는 전압/전류 입력 절환 스위치를 "V"로 절환해 주십시오. **표준 제어회로 단자 사양품** / **세이프티 스톱 대응품** 전류 입력 (초기 상태) · 전압 입력 / 전류 입력 (초기 상태) · 전압 입력 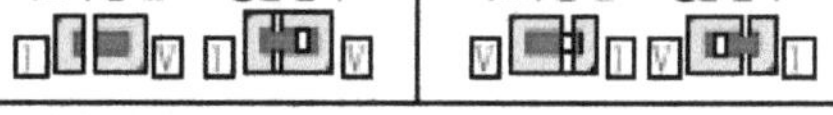	전류 입력의 경우 : 입력 저항 233Ω±5Ω 최대 허용 전류 30mA 전압 입력의 경우 : 입력 저항 10kΩ±1kΩ 최대 허용 전압 DC20V
	5	주파수 설정 코먼	주파수 설정 신호(단자2 또는 4)의 코먼 단자. 대지 접지는 하지 말아 주십시오.	-

<table>
<tr><th>종류</th><th>단자 기호</th><th>단자 명칭</th><th colspan="2">단자기능 설명</th><th>정격 사양</th></tr>
<tr><td rowspan="12">접점 입력</td><td>STF</td><td>정회전 시동</td><td>STF신호 ON으로 정회전, OFF로 정지 지령이 됩니다.</td><td rowspan="2">STF, STR신호가 동시에 ON하면 정지 지령이 됩니다.</td><td rowspan="5">입력 저항 4.7kΩ
개방시 전압
DC21~26V
단락시
DC4~6mA</td></tr>
<tr><td>STR</td><td>역회전 시동</td><td>STR신호 ON으로 역회전, OFF로 정지 지령이 됩니다.</td></tr>
<tr><td>RH,
RM,
RL</td><td>다단 속도 선택</td><td colspan="2">RH, RM, RL신호의 조합에 의해 다단 속도의 선택을 할 수 있습니다.</td></tr>
<tr><td>MRS
*</td><td>출력 정지</td><td colspan="2">MRS신호 ON(20ms이상)으로 인버터의 출력이 정지합니다. 모터를 전자 브레이크로 정지할 때, 인버터의 출력을 차단하기 위해서 사용합니다.
* 표준 제어회로 단자 사양품만 단자 MRS가 있습니다.</td></tr>
<tr><td>RES</td><td>리셋</td><td colspan="2">보호 회로 동작시의 알람 출력을 리셋할 경우에 사용합니다.
RES신호를 0.1s이상 ON한 후, OFF해 주십시오.
초기 설정으로 상시 리셋 가능합니다. Pr.75의 설정에 의해 인버터 알람 발생시만 리셋이 가능하게 됩니다. 리셋 해제 후 약 1s로 복귀합니다.</td></tr>
<tr><td rowspan="3">SD</td><td>접점 입력 코먼(싱크)
(초기설정)</td><td colspan="2">접점 입력 단자(싱크 로직) 및 단자 FM의 코먼 단자.</td><td rowspan="3">-</td></tr>
<tr><td>외부 트랜지스터 코먼
(소스)</td><td colspan="2">소스 로직시에 시퀀서 등의 트랜지스터 출력(오픈 컬렉터 출력)을 접속할 때에는 트랜지스터 출력용 외부 전원 코먼을 이 단자에 접속하면 회돌이 전류에 의한 오동작을 방지할 수가 있습니다.</td></tr>
<tr><td>DC24V 전원 코먼</td><td colspan="2">DC24V 0.1A전원(단자 PC)의 코먼 출력 단자.
단자5 및 단자 SE와는 절연되고 있습니다.</td></tr>
<tr><td rowspan="4">PC</td><td>외부 트랜지스터 코먼,
(싱크)(초기설정)</td><td colspan="2">싱크 로직시에 시퀀서 등의 트랜지스터 출력(오픈 컬렉터 출력)을 접속할 때에는 트랜지스터 출력용 외부 전원 코먼을 이 단자에 접속하면 회돌이 전류에 의한 오동작을 방지할 수가 있습니다.</td><td rowspan="3">전원 전압 범위
DC22~26.5V
허용 부하 전류 100mA</td></tr>
<tr><td>접점 입력 코먼(소스)</td><td colspan="2">접점 입력 단자(소스 로직)의 코먼 단자.</td></tr>
<tr><td>DC24V 전원</td><td colspan="2">DC24V, 0.1A의 전원으로서 사용하는 것이 가능합니다.</td></tr>
<tr><td>세이프티 스톱 입력 단자 코먼 *</td><td colspan="2">세이프티 스톱 입력 단자 S1, S2의 코먼 단자.
* 세이프티 스톱 대응품만 단자 S1, S2가 있습니다.</td><td>-</td></tr>
</table>

2) 인버터 출력신호 단자

<table>
<tr><th>종류</th><th>단자 기호</th><th>단자 명칭</th><th colspan="2">단자 기능 설명</th><th>정격 사양</th></tr>
<tr><td>릴레이</td><td>A, B, C</td><td>릴레이 출력(이상 출력)</td><td colspan="2">인버터의 보호 기능이 동작해서 출력이 정지한 것을 나타내는 1c접점 출력.
이상시 : B-C간 불도통(A-C간 도통),
정상시 : B-C간 도통(A-C간 불도통)</td><td>접점 용량 AC230V 0.3A
(역률=0.4)
DC30V 0.3A</td></tr>
<tr><td rowspan="3">오픈 컬렉터</td><td>RUN</td><td>인버터 운전중</td><td>인버터 출력 주파수가 시동 주파수(초기치 0.5Hz) 이상에서 L레벨, 정지중 및 직류 제동중에는 H레벨이 됩니다. *</td><td rowspan="2">* L레벨이란, 오픈 컬렉터 출력용의 트랜지스터가 ON(도통 상태)이 되는 것을 나타냅니다.
H레벨이란, OFF(불도통 상태)가 되는것을 나타냅니다.</td><td rowspan="2">허용 부하 DC24V
(최대 DC27V) 0.1A
(ON시 최대 전압 강하 3.4V)</td></tr>
<tr><td>FU</td><td>주파수 검출</td><td>출력 주파수가 임의로 설정한 검출 주파수 이상이 되면 L레벨, 미만에서 H레벨이 됩니다. *</td></tr>
<tr><td>SE</td><td>오픈 컬렉터 출력 코먼</td><td colspan="2">단자 RUN, FU의 코먼 단자.</td><td>–</td></tr>
<tr><td>펄스</td><td>FM</td><td>표시계용</td><td>출력 주파수 등 복수의 모니터 항목으로부터 하나를 선택 출력합니다. 인버터 리셋중에는 출력되지 않습니다.
출력 신호는 각 모니터 항목의 크기에 비례합니다.</td><td>출력 항목 :
출력 주파수(초기설정)</td><td>허용 부하 전류 1mA
60Hz시 1440펄스/s</td></tr>
</table>

3) 인버터 통신 단자

종류	단자 기호	단자 명칭	단자 기능 설명
RS-485	–	PU 커넥터	PU커넥터에서 RS-485로 통신을 실시할 수가 있습니다. • 준거 규격 : EIA-485(RS-485) • 전송 형태 : 멀티 드롭 링크 방식 • 통신 속도 : 4800~38400bps • 총연장 : 500m
USB	–	USB 커넥터	PC와 USB 접속해서 FR Configurator의 조작을 할 수 있습니다. • 인터페이스 : USB1.1 준거 • 전송 속도 : 12Mbps • 커넥터 : USB 미니B커넥터(리셉터클 미니B타입)

5.1.8 인버터 파라미터 설정

1) 인버터 패널 구성

인버터는 운전조건을 설정하는 파라미터 변수들을 가지고 있으며 이것을 설정하기 위한 조작 패널이 인버터에 구성되어 있다.

인버터로부터 조작패널은 제거할 수 없습니다.

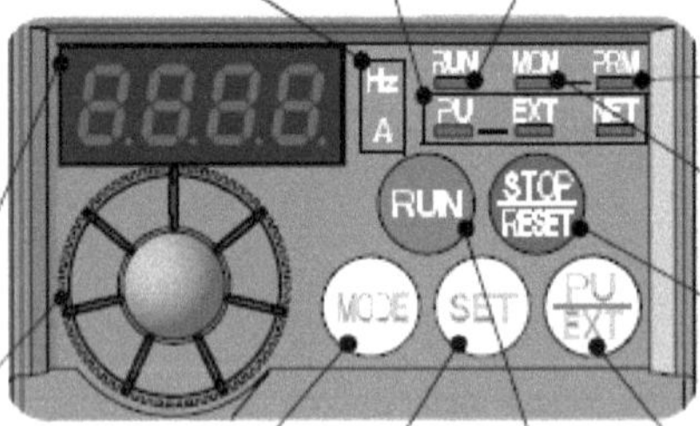

운전모드 표시
PU : PU 운전모드시에 점등합니다.
EXT : 외부 운전모드시에 점등합니다.
(초기설정시는 전원 ON 하면 점등 합니다.)
NET : 네트워크 운전모드시에 점등합니다.
PU, EXT : 외부/PU병용 운전모드1, 2시에 점등합니다.
조작패널에 지령권이 없는 경우, 모두 소등합니다.

단위 표시
- Hz : 주파수를 표시할 때, 점등합니다.
(설정 주파수 모니터를 표시할 때는 점멸합니다.)
- A : 전류를 표시할 때, 점등합니다.

(상기 이외를 표시할 때는 「Hz」, 「A」 함께 소등합니다.)

모니터(4자릿수 LED)
주파수, 파라미터 번호 등을 표시합니다.

M다이얼
(M다이얼 : 미쓰비시 인버터의 다이얼을 나타냅니다.)
주파수 설정, 파라미터의 설정치를 변경합니다.
누르면 아래 표시가 가능합니다.
- 모니터 모드시의 설정 주파수 표시
- 교정시의 현재 설정치 표시
- 에러 이력 모드시의 순번 표시

모드 절환
각 설정모드를 절환합니다.
(PU/EXT)와 동시에 누르면 운전모드를 절환할 수도 있습니다.) *(58페이지 참조)*
길게 누르기(2s)로 조작 록을 할 수가 있습니다. *(261페이지 참조)*

각 설정을 결정
운전중에 누르면 모니터가

운전 주파수 → 출력 전류 → 출력 전압 → (운전 주파수)

이 됩니다.

운전 상태 표시
인버터 동작중에 점등/점멸합니다.※
※ 점등 : 정회전 운전중
천천히 점멸(1.4s 사이클) : 역회전 운전중
빠르게 점멸(0.2s 사이클) :
(RUN) 또는 시동지령이 입력되고 있지만 운전할 수 없는 경우
- 주파수 지령이 시동 주파수 이하인 경우
- MRS신호가 입력되고 있는 경우

파라미터 설정모드 표시
파라미터 설정 모드시에 점등합니다.

모니터 표시
모니터 모드시에 점등합니다.

운전의 정지
운전 지령을 정지합니다.
보호 기능(중고장) 동작시는 알람의 리셋도 실시합니다.

운전모드 절환
PU/외부 운전모드를 설정합니다.
외부 운전모드(별도로 접속한 주파수 설정 볼륨과 시동신호에 의한 운전)을 사용하는 경우는 이 키를 눌러서 운전모드 표시의 EXT가 점등되어 있는 상태로 해 주십시오.
(병용모드에는 (MODE)와 동시 동시누름(0.5s)하던지 *(58페이지 참조)*, Pr.79를 변경해 주십시오.)
PU : PU 운전모드
EXT : 외부 운전모드
PU 정지 해제도 합니다.

시동 지령
Pr.40의 설정에 의해 회전방향을 선택할 수 있습니다.

2) 인버터 조작패널 사용법

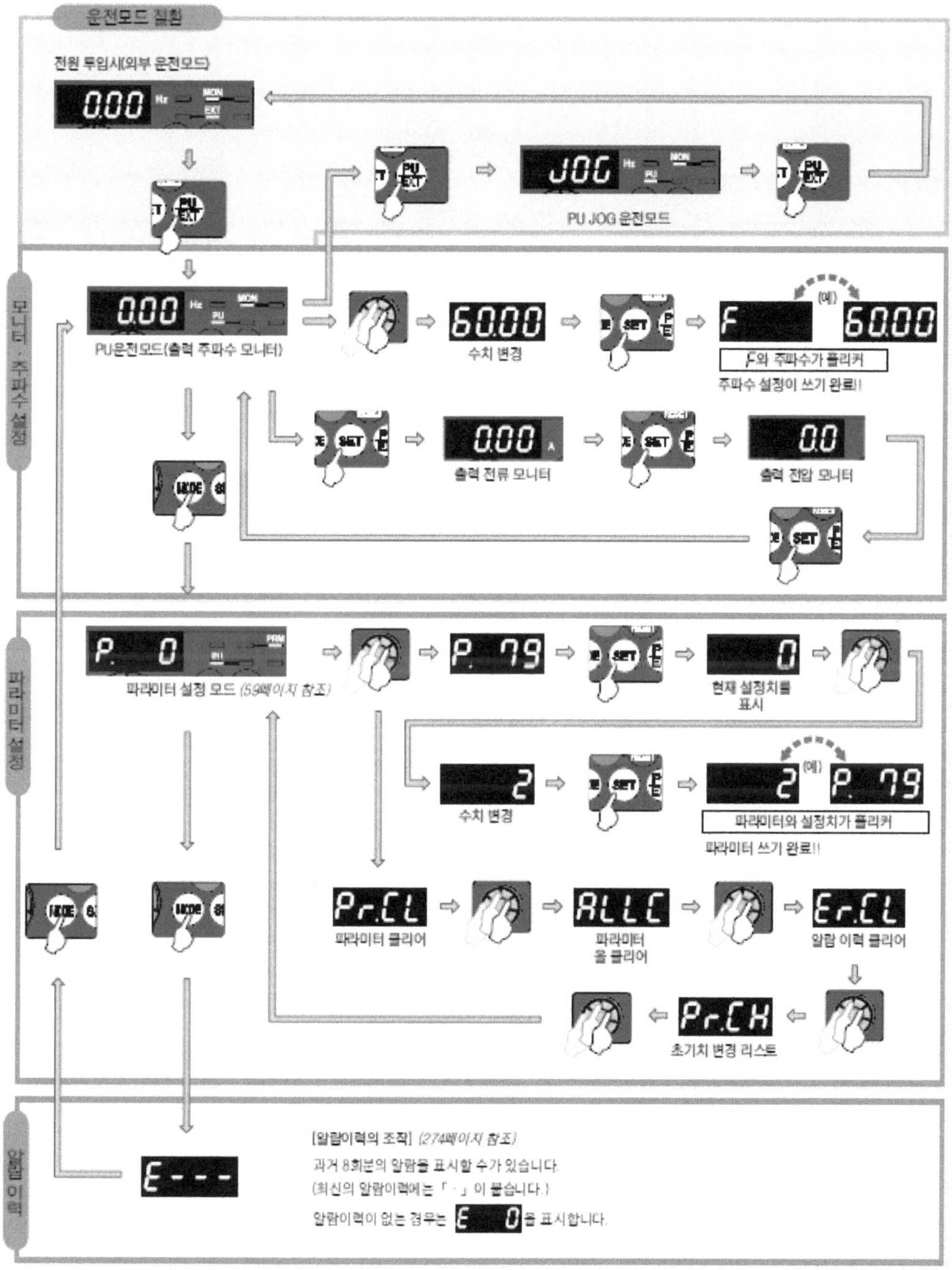

3) 운전모드를 간단설정(간단설정모드)

시동 지령과 속도 지령의 조합에 따른 Pr.79 운전모드 선택의 설정을 간단한 조작으로 할 수 있다.

변경 예 시동 지령 : 외부(STF/STR), 주파수 지령 :  로 운전한다.

조작 / 표시

1. 전원 투입시 화면
모니터가 표시됩니다.

2. (PU/EXT) 와 (MODE) 를 동시에 0.5s 누릅니다.

3.  을 돌려서 79 - 3 에 맞춥니다.
(그외의 설정은 아래표를 참조해 주십시오.)

조작패널 표시	운전방법	
	시동 지령	주파수 지령
79-1 (PU 점멸, PRM 점멸)	RUN	
79-2 (EXT 점멸, PRM 점멸)	외부 (STF, STR)	아날로그 전압 입력
79-3 (PU, EXT 점멸, PRM 점멸)	외부 (STF, STR)	
79-4 (PU, EXT 점멸, PRM 점멸)	RUN	아날로그 전압 입력

4. (SET) 을 눌러서 설정합니다.

플리커 … 파라미터 설정 완료!
⇩ 3s후 모니터 표시가 됩니다.

4) 파라미터 공장 초기화 설정

아래 순서와 같이 조작 패널을 조작하여 인버터의 파라미터를 공장 초기화 한다.

조작 / **표시**

1. 전원 투입시 화면 모니터 표시가 됩니다.
2. (PU/EXT)를 눌러서 PU운전모드로 합니다.
3. (MODE)를 눌러서 파라미터 설정 모드로 합니다.
4. (다이얼)을 돌려서 Pr.CL (ALLC)에 맞춥니다.
5. (SET)을 눌러서 현재 설정되어 있는 값을 읽어냅니다. "0" (초기치)을 나타냅니다.
6. (다이얼)을 돌려서 설정치 "1"로 변경합니다.
7. (SET)을 눌러서 설정합니다.

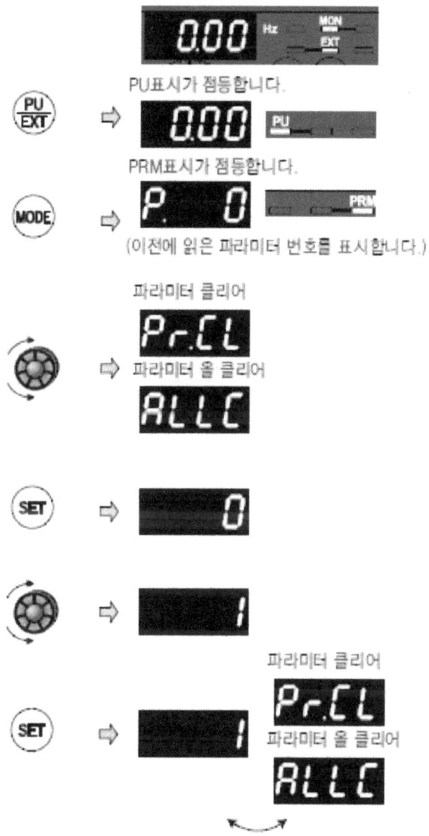

플리커 ··· 파라미터 설정 완료!

- (다이얼)을 돌리면 다른 파라미터를 읽을 수가 있습니다.
- (SET)을 누르면 설정치를 재차 표시합니다.
- (SET)을 2회 누르면 다음의 파라미터를 표시합니다.

설정치	내 용
0	클리어 실행하지 않습니다.
1	파라미터를 초기치로 되돌립니다.(파라미터 클리어는 *교정 파라미터, 단자 기능 선택 파라미터* 등을 제외하고 파라미터를 초기치로 되돌립니다.) 파라미터 클리어, 올 클리어의 여부는 *60페이지*의 파라미터 일람에서 확인해 주십시오.

5) 파라미터일람표

기능	파라미터	명 칭	설정범위	최소 설정 단위	초기치
기본 기능	◎0	토크 부스트	0~30%	0.1%	6/4/3/2% *1
	◎1	상한 주파수	0~120Hz	0.01Hz	120Hz
	◎2	하한 주파수	0~120Hz	0.01Hz	0Hz
	◎3	기저 주파수	0~400Hz	0.01Hz	60Hz
	◎4	3속 설정(고속)	0~400Hz	0.01Hz	60Hz
	◎5	3속 설정(중속)	0~400Hz	0.01Hz	30Hz
	◎6	3속 설정(저속)	0~400Hz	0.01Hz	10Hz
	◎7	가속시간	0~3600/360s	0.1/0.01s	5/10/15s *2
	◎8	감속시간	0~3600/360s	0.1/0.01s	5/10/15s *2
	◎9	전자 서멀	0~500A	0.01A	인버터 정격 전류
-	◎79	운전모드 선택	0, 1, 2, 3, 4, 6, 7	1	0
다단속 설정	24	다단속 설정(4속)	0~400Hz, 9999	0.01Hz	9999
	25	다단속 설정(5속)	0~400Hz, 9999	0.01Hz	9999
	26	다단속 설정(6속)	0~400Hz, 9999	0.01Hz	9999
	27	다단속 설정(7속)	0~400Hz, 9999	0.01Hz	9999
-	29	가감속 패턴 선택	0, 1, 2	1	0
다단속 설정	232	다단속 설정(8속)	0~400Hz, 9999	0.01Hz	9999
	233	다단속 설정(9속)	0~400Hz, 9999	0.01Hz	9999
	234	다단속 설정(10속)	0~400Hz, 9999	0.01Hz	9999
	235	다단속 설정(11속)	0~400Hz, 9999	0.01Hz	9999
	236	다단속 설정(12속)	0~400Hz, 9999	0.01Hz	9999
	237	다단속 설정(13속)	0~400Hz, 9999	0.01Hz	9999
	238	다단속 설정(14속)	0~400Hz, 9999	0.01Hz	9999
	239	다단속 설정(15속)	0~400Hz, 9999	0.01Hz	9999

6) 인버터 운전실습

(1) JOG운전

가) JOG운전 순서

- 조작패널 및 PU(FR-PU04/FR-PU07)에서 JOG 운전모드로 합니다.
- 시동 버튼을 누르고 있는 동안만 운전합니다.

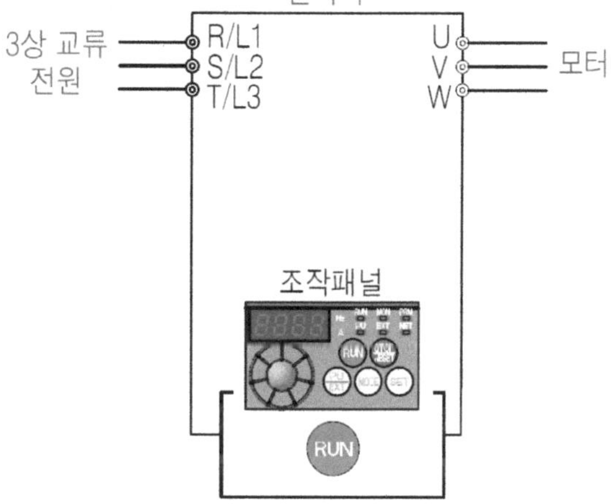

- 인버터 전원을 인가한 후 인버터 조작패널에 운전 표시와 운전모드 표시를 확인한다.

☐ **모니터 모드일 것.**

☐ **정지 중일 것.**

- 를 눌러 PU JOG 운전모드로 변경한다.

- 을 누른다.
- 을 누르고 있는 동안 모터가 회전합니다.
- 5Hz로 회전합니다.

- 을 뗍니다.

나) JOG운전속도 변경

- JOG운전속도를 변경하기 위해서는 인버터의 파라미터 설정이 필요하다. 인버터 파라미터 [P.15 ~ P.16]이 JOG운전에 관련된 파라미터이다.

기능	파라미터 번호	명칭	설정범위	최소설정 단위	초기치
JOG운전	15	JOG 주파수	0~400Hz	0.1Hz	5Hz
	16	JOG 가감속 시간	0~3600/360s	0.1/0.01s	0.5s

- 를 눌러 파라미터 설정 모드로 합니다.

- 을 돌려Pr.15 JOG 주파수에 맞춥니다.

- 을 누르면 현재 설정되어 있는 값이 표시됩니다.(5Hz)

- 을 돌려 설정치를"10.00 "으로 합니다.(10Hz)

- 을 눌러 설정합니다.

플리커…파라미터 설정 완료!

- JOG운전을 통해서 모터의 회전속도가 변경되었는지 확인한다.

(2) 운전모드 설정

- 시동 지령과 속도 지령의 조합에 따른 Pr.79 운전모드 선택의 설정을 간단한 조작으로 할 수 있다.
- 시동 지령 : 외부(STF/STR), 주파수지령 : 로 운전한다.
- 인버터에 전원을 투입하면 인버터의 조작 패널에는 모니터 모드가 된다.

- 와 를 동시에 0.5s 누릅니다.

- 을 돌려서 79 - 3에 맞춥니다.

❑ **그외의 설정은 아래표를 참조해 주십시오.**

조작패널 표시	운전방법	
	시동 지령	주파수 지령
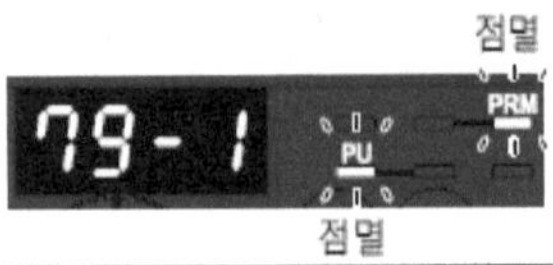		
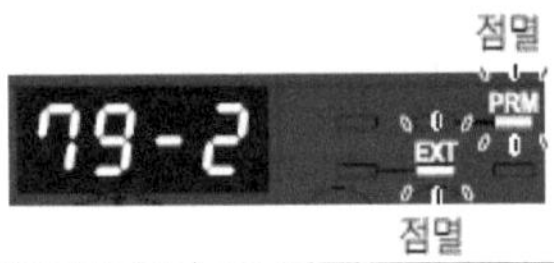	외부 (STF, STR)	아날로그 전압 입력
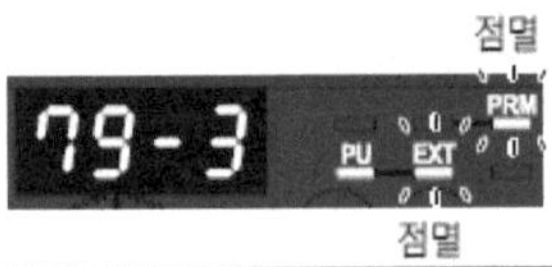	외부 (STF, STR)	
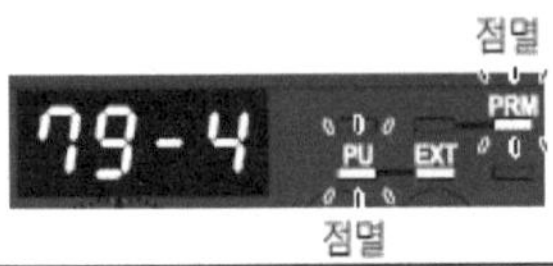		아날로그 전압 입력

- SET을 눌러서 설정합니다.

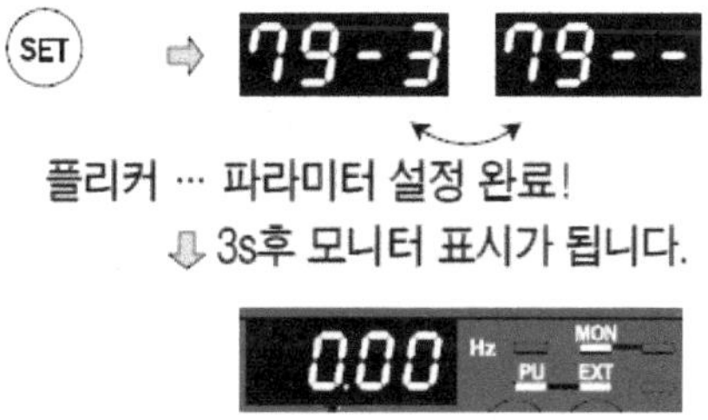

(3) 파라미터 변경

가) 상한/하한 주파수 설정

- 볼륨 등에서 최대 입력 시에 60Hz이상으로 돌지 않도록 설정하는 파라미터 설정이다.

파라미터 번호	명칭	초기치	설정범위	내용
1	상한주파수	120Hz	0~120Hz	출력 주파수 상한 설정
2	하한주파수	0Hz	0~120Hz	출력 주파수 하한 설정

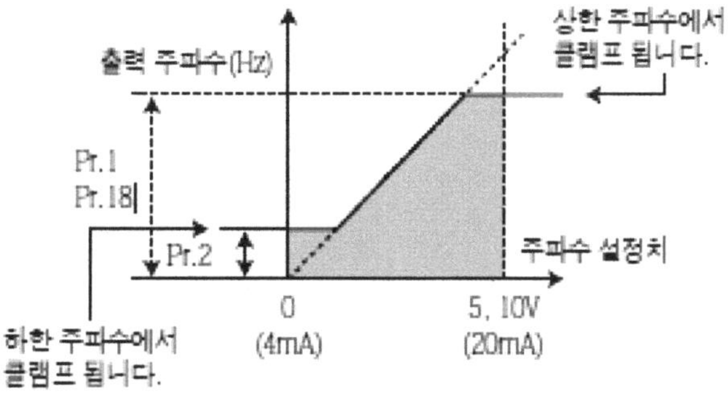

- 인버터에 전원을 투입하면 인버터의 조작 패널에는 모니터 모드가 된다.

- PU/EXT를 눌러서 PU운전모드로 합니다.

PU표시가 점등합니다.

- MODE를 눌러서 파라미터 설정 모드로 합니다.

PRM표시가 점등합니다.

(이전에 읽은 파라미터 번호를 표시합니다.)

- 를 돌려서 P. 1(Pr.1)에 맞춥니다.

- SET을 눌러서 현재 설정되어 있는 값을 읽어냅니다.
- "120.0"(120.0Hz(초기치))를 나타냅니다.

- 를 돌려서 설정치를"60.00"(60.00Hz)로 변경합니다.

- 을 눌러서 설정합니다.

플리커…파라미터 설정 완료!

- 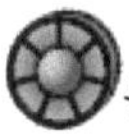를 돌리면 다른 파라미터를 읽어낼 수가 있습니다.
- 을 누르면 설정치를 재차 표시합니다.
- 을 2회 누르면 다음의 파라미터를 표시합니다.

나) 인버터 가감속 설정

- Pr.7 가속 시간에서 천천히 가속하고 싶을 때는 길게, 빠르게 가속하고 싶을 때는 짧게 설정 합니다.
- Pr.8 감속 시간에서 천천히 감속하고 싶을 때는 길게, 빠르게 감속하고 싶을 때는 짧게 설정 합니다.

파라미터 번호	명칭	초기치		설정범위	내용
7	가속 시간	3.7K이하	5s	0~3600/360s ※1	모터가속 시간을 설정
		5.5K이상	10s		
8	감속 시간	3.7K이하	5s	0~3600/360s ※1	모터감속 시간을 설정
		5.5K이상	10s		

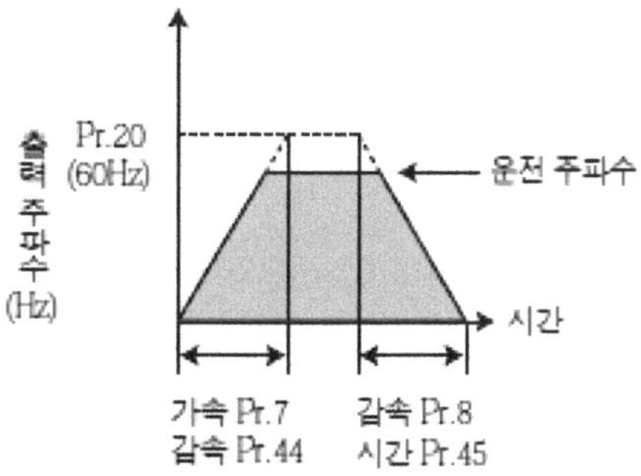

- 인버터에 전원을 투입하면 인버터의 조작패널에는 모니터 모드가 된다.

- PU EXT를 눌러서 PU운전모드로 합니다.

PU표시가 점등합니다.

- MODE를 눌러서 파라미터 설정 모드로 합니다.

PRM표시가 점등합니다.

(이전에 읽은 파라미터 번호를 표시합니다.)

- 를 돌려서 P. 7(Pr.7)에 맞춥니다.

- SET을 눌러서 현재 설정되어 있는 값을 읽어냅니다. "5.0"(5.0s(초기치))를 나타냅니다.

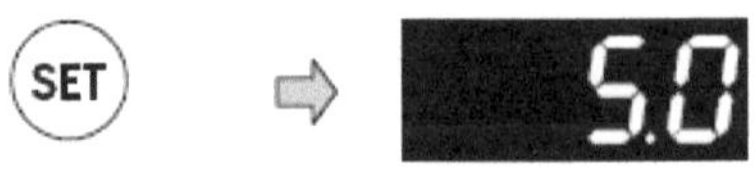

- 를 돌려서 설정치를"10.0"(10.0s)로 변경합니다.

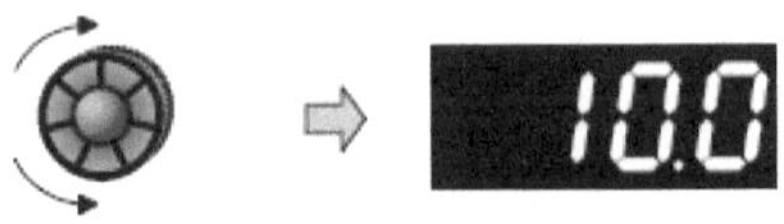

- (SET)을 눌러서 설정합니다.

플리커…파라미터 설정 완료!

- 를 돌리면 다른 파라미터를 읽어낼 수가 있습니다.
- (SET)을 누르면 설정치를 재차 표시합니다.
- (SET)을 2회 누르면 다음의 파라미터를 표시합니다.

6
Chapter

PLC 자동제어 기초실습

6.1 논리회로 실습

➢ 6.1(A) YES논리 프로그램

6.1.1(A) 학습목표

- 논리의 정의와 특성에 대해서 설명할 수 있다.
- PLC제어에 필요한 배선도를 작성하고 결선할 수 있다.
- PLC를 활용하여 YES논리 프로그램을 작성할 수 있다.

6.1.2(A) 실습 장비 구성

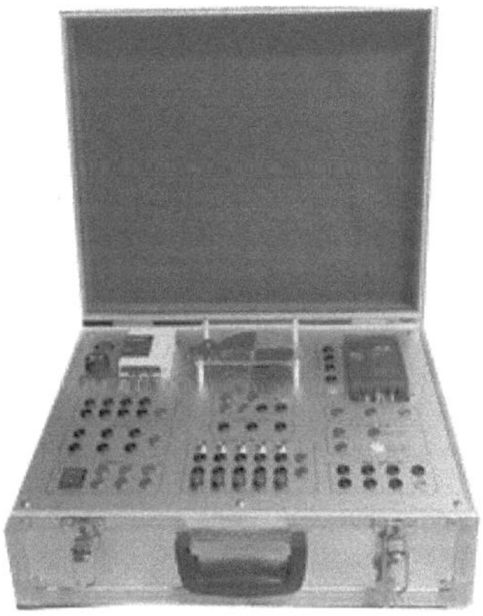

6.1.3(A) 안전 및 유의사항

- 실습장비전원 전압을 확인하여 조건에 맞는 전원을 인가한다.
- 실습장비의 이동과 전원을 인가할 시에는 지도교수님의 지시를 따른다.
- 실습 시 사용 기구에 대한 취급방법을 숙지한 후 사용한다.
- 실습 중에는 불필요하게 이동하거나 장난하지 않는다.
- 실습 후에는 컴퓨터와 PLC의 전원을 OFF 한다.
- 실습 후에는 연결케이블을 정리한다.
- 감전 사고에 특히 주의 한다.
  - 물이나 땀이 젖은 손은 깨끗이 닦은 후 실습한다.
  - 실습 회로를 구성한 후 전원 인가 전에 철저히 회로를 확인한다.

6.1.4(A) PLC I/O 할당

입 력		출 력	
할당	설명	할당	설명
X0	S/W 1	Y0	LAMP 1

6.1.5(A) PLC I/O 배선도

6.1.6(A) PLC 결선

① 파워파트에 24V단자와 PLC INPUT 파트 COM단자를 연결한다.
② 파워파트에 0V단자와 PLC OUTPUT 파트 COM단자를 연결한다.

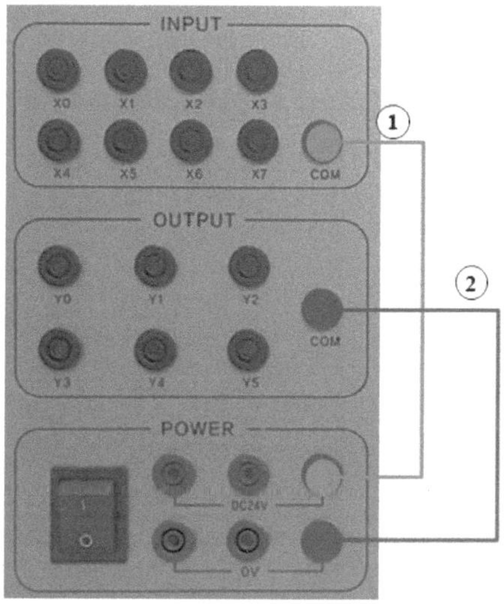

③ PLC INPUT 파트 X0단자와 SWITCH 파트 S/W1단자를 연결한다.
④ 파워파트에 0V단자와 SWITCH 파트 COM단자를 연결한다.

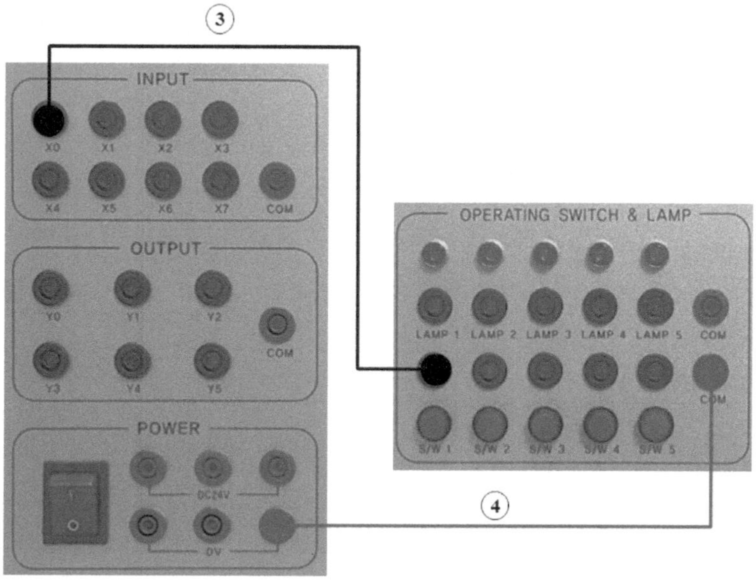

⑤ PLC OUTPUT 파트 Y0단자와 LAMP 파트 LAMP1단자를 연결한다.
⑥ 파워파트에 24V단자와 LAMP 파트 COM단자를 연결한다.

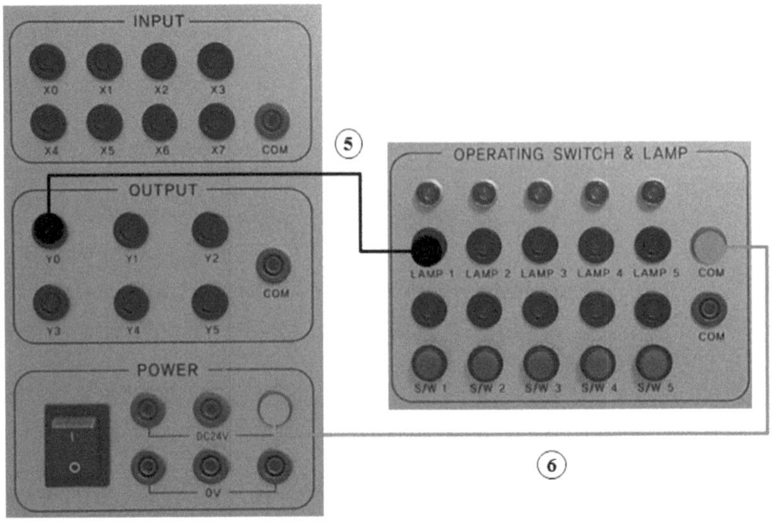

6.1.7(A) PLC 프로그램 작성

1) YES논리 동작설명

- S/W1을 ON하면 LAMP1 점등한다.

2) 프로그램 작성

- GX Works2를 실행하여 프로젝트를 생성하고 PLC통신을 확인한다.
- PLC I/O표를 활용하여 동작에 맞는 PLC래더 프로그램을 작성하고 동작을 확인한다.

➢ 6.1(B) NOT논리 프로그램

6.1.1(B)학습목표

- 논리의 정의와 특성에 대해서 설명할 수 있다.
- PLC제어에 필요한 배선도를 작성하고 결선할 수 있다.
- PLC를 활용하여 NOT논리 프로그램을 작성할 수 있다.

6.1.2(B)실습 장비 구성

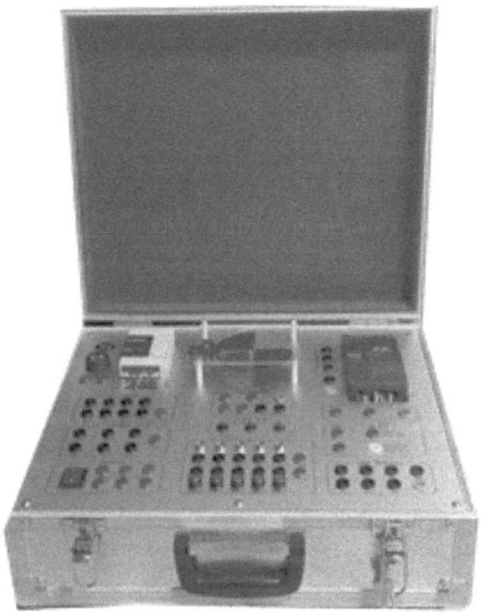

6.1.3((B)안전 및 유의사항

- 실습장비전원 전압을 확인하여 조건에 맞는 전원을 인가한다.
- 실습장비의 이동과 전원을 인가할 시에는 지도교수님의 지시를 따른다.
- 실습 시 사용 기구에 대한 취급방법을 숙지한 후 사용한다.
- 실습 중에는 불필요하게 이동하거나 장난하지 않는다.
- 실습 후에는 컴퓨터와 PLC의 전원을 OFF 한다.
- 실습 후에는 연결케이블을 정리한다.
- 감전 사고에 특히 주의 한다.
  - 물이나 땀이 젖은 손은 깨끗이 닦은 후 실습한다.
  - 실습 회로를 구성한 후 전원 인가 전에 철저히 회로를 확인한다.

6.1.4 (B)PLC I/O 할당

입	력	출	력
할당	설명	할당	설명
X0	S/W 1	Y0	LAMP 1

6.1.5(B) PLC I/O 배선도

6.1.6(B) PLC 결선

① 파워파트에 24V단자와 PLC INPUT 파트 COM단자를 연결한다.
② 파워파트에 0V단자와 PLC OUTPUT 파트 COM단자를 연결한다.

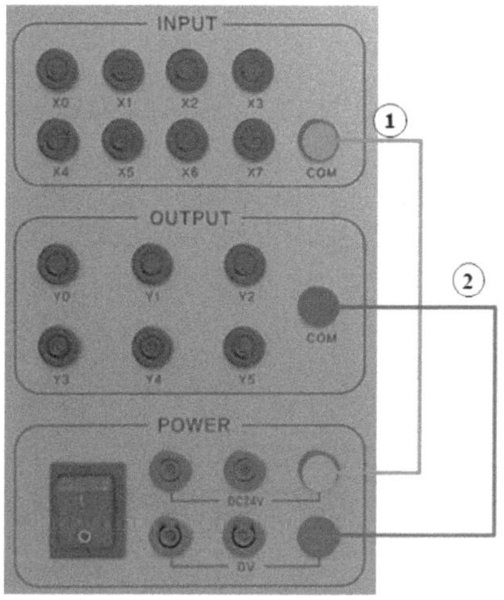

③ PLC INPUT 파트 X0단자와 SWITCH 파트 S/W1단자를 연결한다.
④ 파워파트에 0V단자와 SWITCH 파트 COM단자를 연결한다.

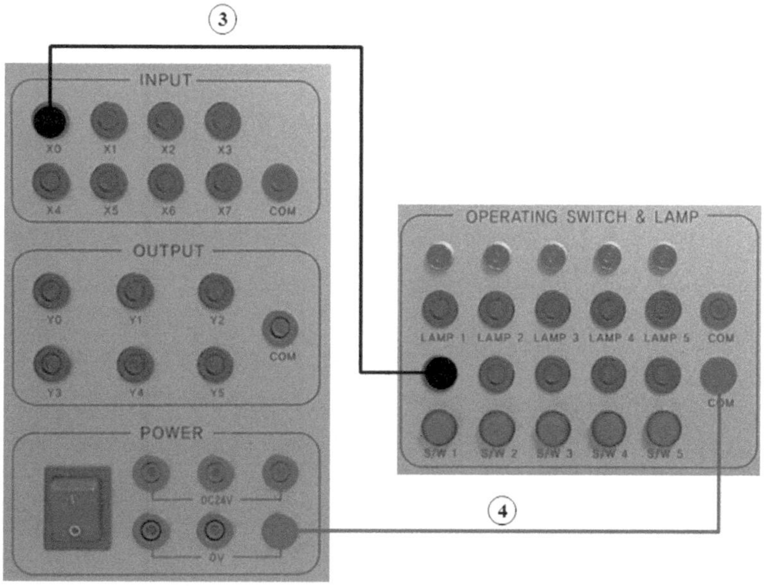

⑤ PLC OUTPUT 파트 Y0단자와 LAMP 파트 LAMP1단자를 연결한다.
⑥ 파워파트에 24V단자와 LAMP 파트 COM단자를 연결한다.

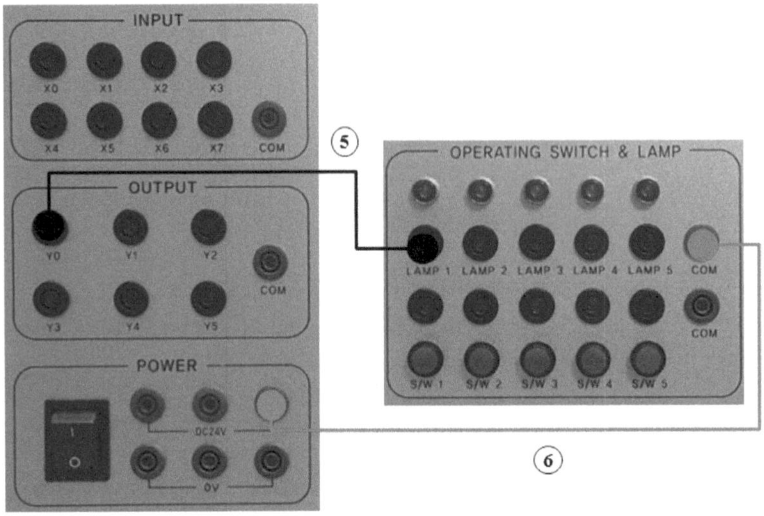

6.1.7(B) PLC 프로그램 작성

1) NOT논리 동작설명

- S/W1을 ON하면 LAMP1 소등한다.

2) 프로그램 작성

- GX Works2를 실행하여 프로젝트를 생성하고 PLC통신을 확인한다.
- PLC I/O표를 활용하여 동작에 맞는 PLC래더 프로그램을 작성하고 동작을 확인한다.

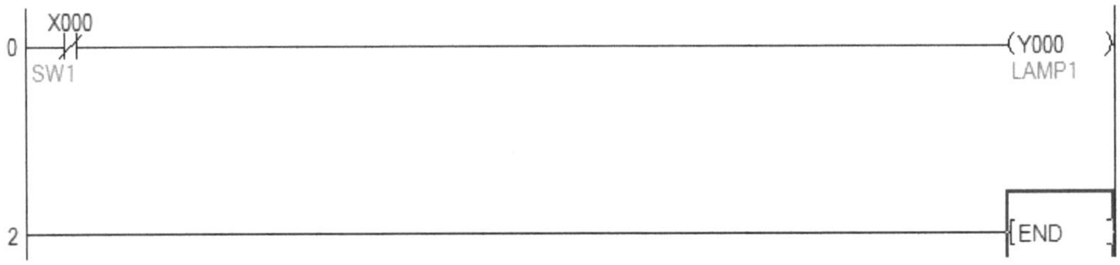

➢ 6.1(C) AND논리 프로그램

6.1.1(C) 학습목표

- 논리의 정의와 특성에 대해서 설명할 수 있다.
- PLC제어에 필요한 배선도를 작성하고 결선할 수 있다.
- PLC를 활용하여 AND논리 프로그램을 작성할 수 있다.

6.1.2(C) 실습 장비 구성

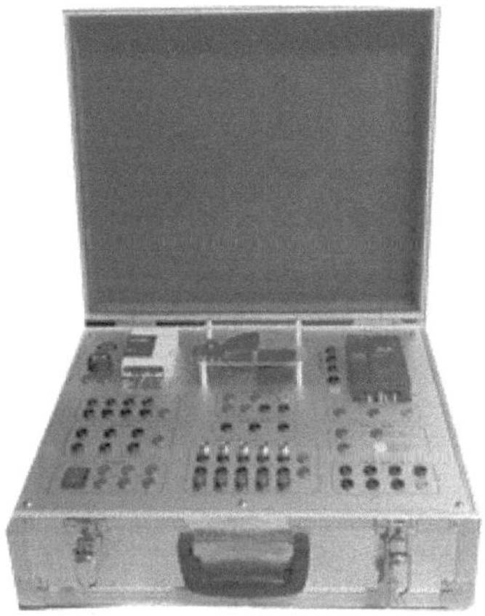

6.1.3(C) 안전 및 유의사항

실습장비전원 전압을 확인하여 조건에 맞는 전원을 인가한다.

실습장비의 이동과 전원을 인가할 시에는 지도교수님의 지시를 따른다.

실습 시 사용 기구에 대한 취급방법을 숙지한 후 사용한다.

실습 중에는 불필요하게 이동하거나 장난하지 않는다.

실습 후에는 컴퓨터와 PLC의 전원을 OFF 한다.

실습 후에는 연결케이블을 정리한다.

감전 사고에 특히 주의 한다.

- 물이나 땀이 젖은 손은 깨끗이 닦은 후 실습한다.
- 실습 회로를 구성한 후 전원 인가 전에 철저히 회로를 확인한다.

6.1.4(C) PLC I/O 할당

입 력		출 력	
할당	설명	할당	설명
X0	S/W 1	Y0	LAMP 1
X1	S/W 2		

6.1.5(C) PLC I/O 배선도

6.1.6(C) PLC 결선

① 파워파트에 24V단자와 PLC INPUT 파트 COM단자를 연결한다.
② 파워파트에 0V단자와 PLC OUTPUT 파트 COM단자를 연결한다.

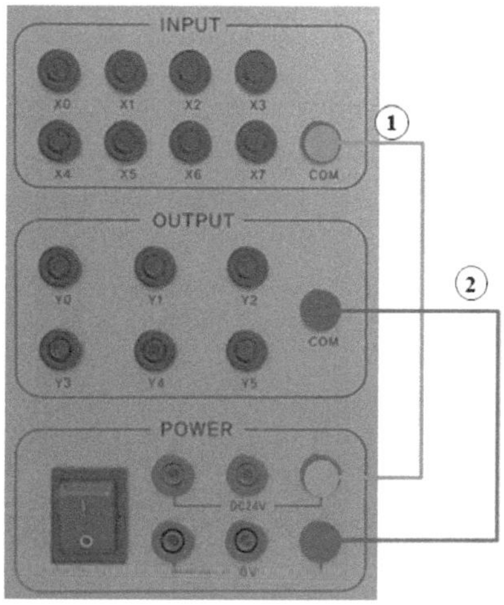

③ PLC INPUT 파트 X0단자와 SWITCH 파트 S/W1단자를 연결한다.
④ PLC INPUT 파트 X1단자와 SWITCH 파트 S/W2단자를 연결한다.
⑤ 파워파트에 0V단자와 SWITCH 파트 COM단자를 연결한다.

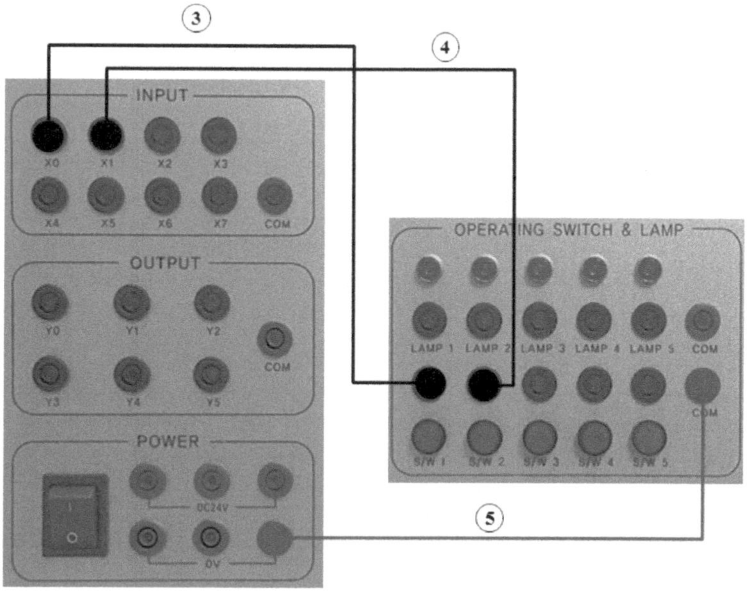

⑥ PLC OUTPUT 파트 Y0단자와 LAMP 파트 LAMP1단자를 연결한다.
⑦ 파워파트에 24V단자와 LAMP 파트 COM단자를 연결한다.

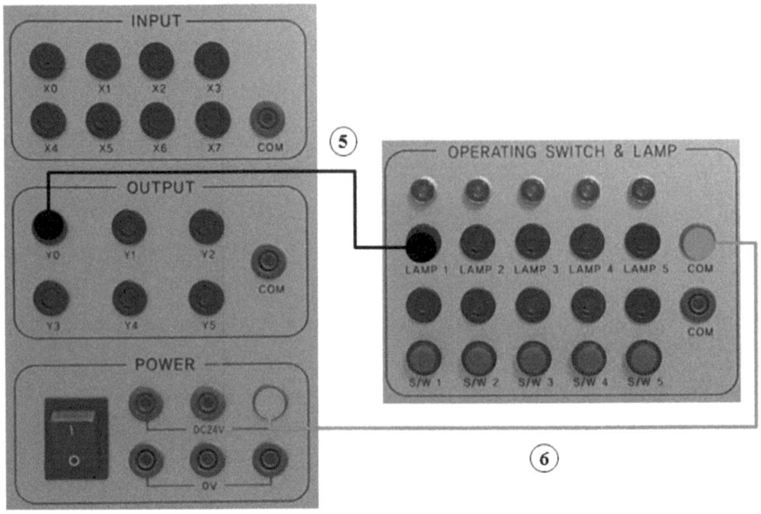

6.1.7(C) PLC 프로그램 작성

1) AND논리 동작설명

- S/W1와 S/W2를 ON하면 LAMP1 점등한다.

2) 프로그램 작성

- GX Works2를 실행하여 프로젝트를 생성하고 PLC통신을 확인한다.
- PLC I/O표를 활용하여 동작에 맞는 PLC래더 프로그램을 작성하고 동작을 확인한다.

➢ 6.1(D) OR논리 프로그램

6.1.1(D) 학습목표

- 논리의 정의와 특성에 대해서 설명할 수 있다.
- PLC제어에 필요한 배선도를 작성하고 결선할 수 있다.
- PLC를 활용하여 OR논리 프로그램을 작성할 수 있다.

6.1.2(D) 실습 장비 구성

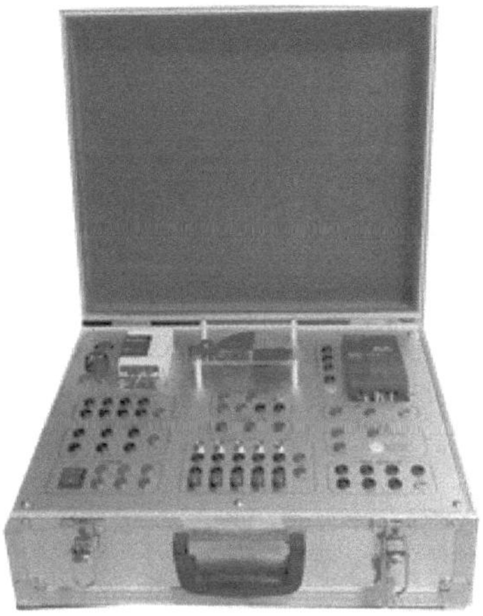

6.1.3(D) 안전 및 유의사항

- 실습장비전원 전압을 확인하여 조건에 맞는 전원을 인가한다.
- 실습장비의 이동과 전원을 인가할 시에는 지도교수님의 지시를 따른다.
- 실습 시 사용 기구에 대한 취급방법을 숙지한 후 사용한다.
- 실습 중에는 불필요하게 이동하거나 장난하지 않는다.
- 실습 후에는 컴퓨터와 PLC의 전원을 OFF 한다.
- 실습 후에는 연결케이블을 정리한다.
- 감전 사고에 특히 주의 한다.
  - 물이나 땀이 젖은 손은 깨끗이 닦은 후 실습한다.
  - 실습 회로를 구성한 후 전원 인가 전에 철저히 회로를 확인한다.

6.1.4(D) PLC I/O 할당

입 력		출 력	
할당	설명	할당	설명
X0	S/W 1	Y0	LAMP 1
X1	S/W 2		

6.1.5(D) PLC I/O 배선도

6.1.6(D)PLC 결선

① 파워파트에 24V단자와 PLC INPUT 파트 COM단자를 연결한다.
② 파워파트에 0V단자와 PLC OUTPUT 파트 COM단자를 연결한다.

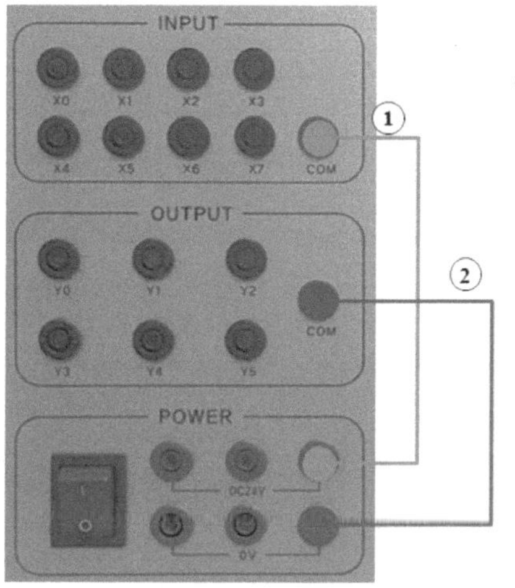

③ PLC INPUT 파트 X0단자와 SWITCH 파트 S/W1단자를 연결한다.
④ PLC INPUT 파트 X1단자와 SWITCH 파트 S/W2단자를 연결한다.
⑤ 파워파트에 0V단자와 SWITCH 파트 COM단자를 연결한다.

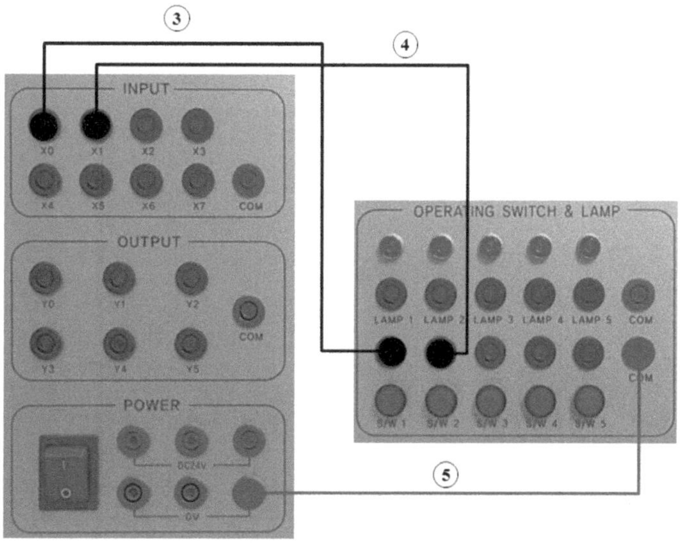

⑥ PLC OUTPUT 파트 Y0단자와 LAMP 파트 LAMP1단자를 연결한다.
⑦ 파워파트에 24V단자와 LAMP 파트 COM단자를 연결한다.

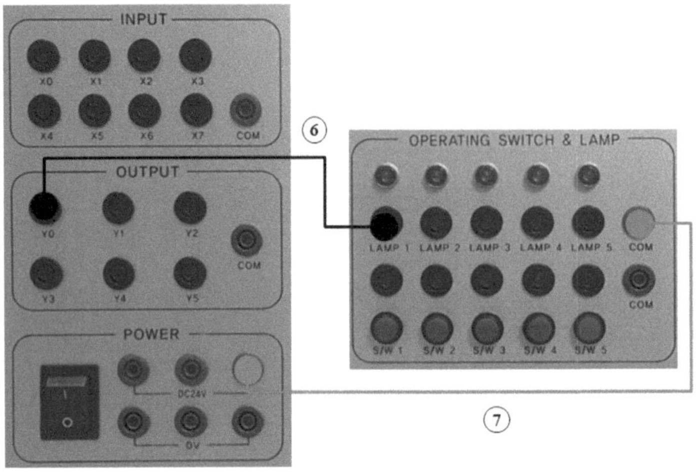

6.1.7(D)PLC 프로그램 작성

1) AND논리 동작설명

- S/W1또는 S/W2를 ON하면 LAMP1 점등한다.

2) 프로그램 작성

- GX Works2를 실행하여 프로젝트를 생성하고 PLC통신을 확인한다.
- PLC I/O표를 활용하여 동작에 맞는 PLC래더 프로그램을 작성하고 동작을 확인한다.

6.2 자기유지 프로그램

➢ 6.2(A)OFF우선 자기유지 프로그램

6.2.1(A) 학습목표

- OFF우선 자기유지회로 정의와 특성에 대해서 설명할 수 있다.
- PLC제어에 필요한 배선도를 작성하고 결선할 수 있다.
- PLC를 활용하여 OFF우선 자기유지 프로그램을 작성할 수 있다.

6.2.2(A) 실습 장비 구성

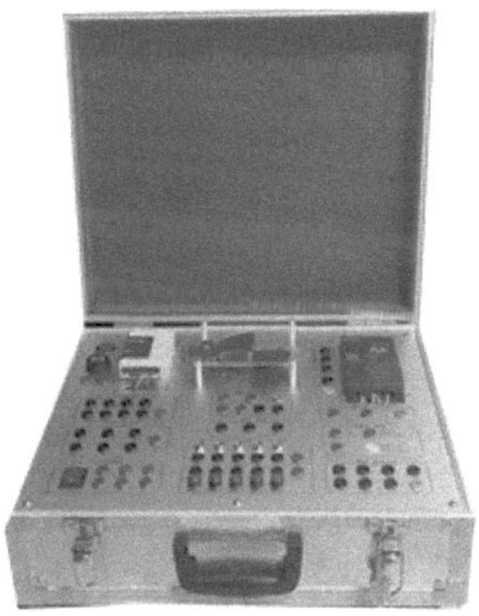

6.2.3(A) 안전 및 유의사항

- 실습장비전원 전압을 확인하여 조건에 맞는 전원을 인가한다.
- 실습장비의 이동과 전원을 인가할 시에는 지도교수님의 지시를 따른다.
- 실습 시 사용 기구에 대한 취급방법을 숙지한 후 사용한다.
- 실습 중에는 불필요하게 이동하거나 장난하지 않는다.
- 실습 후에는 컴퓨터와 PLC의 전원을 OFF 한다.
- 실습 후에는 연결케이블을 정리한다.
- 감전 사고에 특히 주의 한다.
  - 물이나 땀이 젖은 손은 깨끗이 닦은 후 실습한다.
  - 실습 회로를 구성한 후 전원 인가 전에 철저히 회로를 확인한다.

6.2.4(A) PLC I/O 할당

입 력		출 력	
할당	설명	할당	설명
X0	S/W 1	Y0	LAMP 1
X1	S/W 2		

6.2.5(A) PLC I/O 배선도

6.2.6(A) PLC 결선

① 파워파트에 24V단자와 PLC INPUT 파트 COM단자를 연결한다.
② 파워파트에 0V단자와 PLC OUTPUT 파트 COM단자를 연결한다.

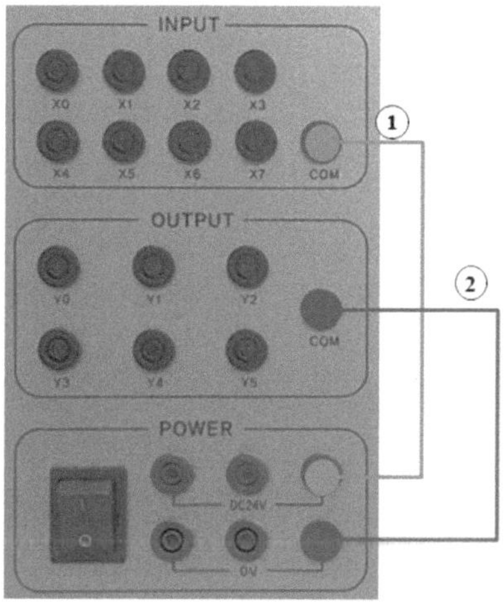

③ PLC INPUT 파트 X0단자와 SWITCH 파트 S/W1단자를 연결한다.
④ PLC INPUT 파트 X1단자와 SWITCH 파트 S/W2단자를 연결한다.
⑤ 파워파트에 0V단자와 SWITCH 파트 COM단자를 연결한다.

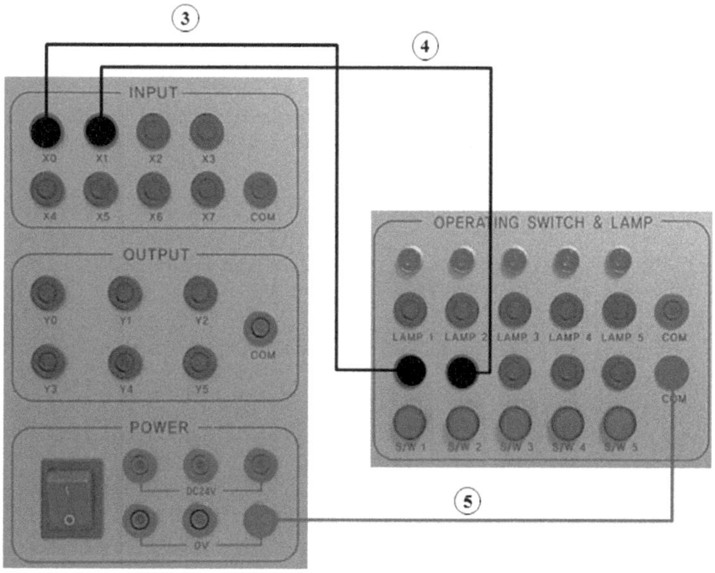

⑥ PLC OUTPUT 파트 Y0단자와 LAMP 파트 LAMP1단자를 연결한다.
⑦ 파워파트에 24V단자와 LAMP 파트 COM단자를 연결한다.

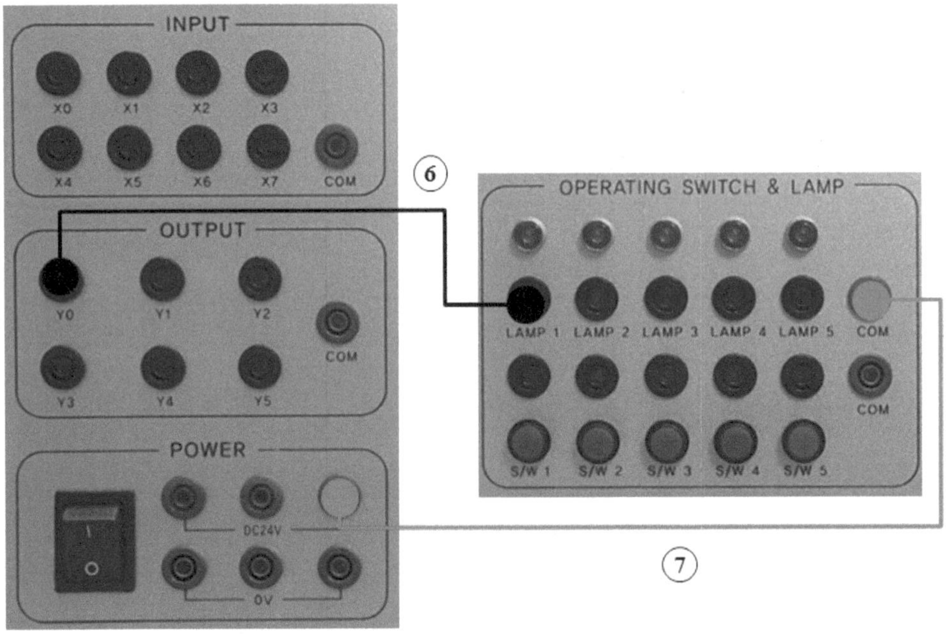

6.2.7(A) PLC 프로그램 작성

1) OFF우선 자기유지 동작설명

- S/W1을 ON/OFF하면 LAMP1 점등(유지)한다.
- S/W2를 ON/OFF하면 LAMP1 소등한다.
- S/W1과 SW2을 동시에 ON하면 LAMP1은 점등하지 않는다.

2) 프로그램 작성

- GX Works2를 실행하여 프로젝트를 생성하고 PLC통신을 확인한다.
- PLC I/O표를 활용하여 동작에 맞는 PLC래더 프로그램을 작성하고 동작을 확인한다.

➢ 6.2(B) ON우선 자기유지 프로그램

6.2.1(B) 학습목표

- ON우선 자기유지회로 정의와 특성에 대해서 설명할 수 있다.
- PLC제어에 필요한 배선도를 작성하고 결선할 수 있다.
- PLC를 활용하여 ON우선 자기유지 프로그램을 작성할 수 있다.

6.2.2(B) 실습 장비 구성

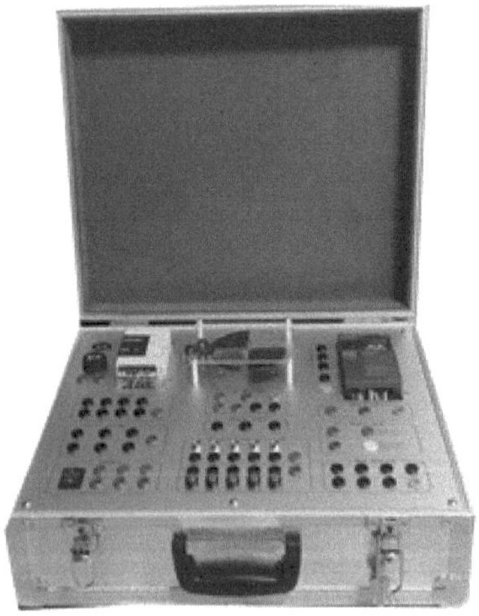

6.2.3(B) 안전 및 유의사항

- 실습장비전원 전압을 확인하여 조건에 맞는 전원을 인가한다.
- 실습장비의 이동과 전원을 인가할 시에는 지도교수님의 지시를 따른다.
- 실습 시 사용 기구에 대한 취급방법을 숙지한 후 사용한다.
- 실습 중에는 불필요하게 이동하거나 장난하지 않는다.
- 실습 후에는 컴퓨터와 PLC의 전원을 OFF 한다.
- 실습 후에는 연결케이블을 정리한다.
- 감전 사고에 특히 주의 한다.
  - 물이나 땀이 젖은 손은 깨끗이 닦은 후 실습한다.
  - 실습 회로를 구성한 후 전원 인가 전에 철저히 회로를 확인한다.

6.2.4(B) PLC I/O 할당

입 력		출 력	
할당	설명	할당	설명
X0	S/W 1	Y0	LAMP 1
X1	S/W 2		

6.2.5(B) PLC I/O 배선도

6.2.6(B) PLC 결선

① 파워파트에 24V단자와 PLC INPUT 파트 COM단자를 연결한다.
② 파워파트에 0V단자와 PLC OUTPUT 파트 COM단자를 연결한다.

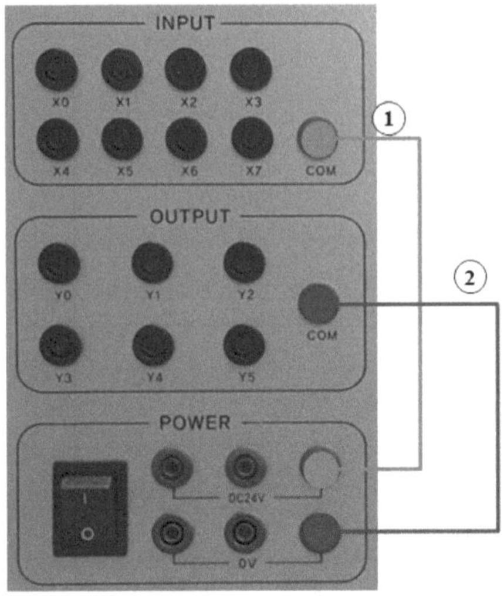

③ PLC INPUT 파트 X0단자와 SWITCH 파트 S/W1단자를 연결한다.
④ PLC INPUT 파트 X1단자와 SWITCH 파트 S/W2단자를 연결한다.
⑤ 파워파트에 0V단자와 SWITCH 파트 COM단자를 연결한다.

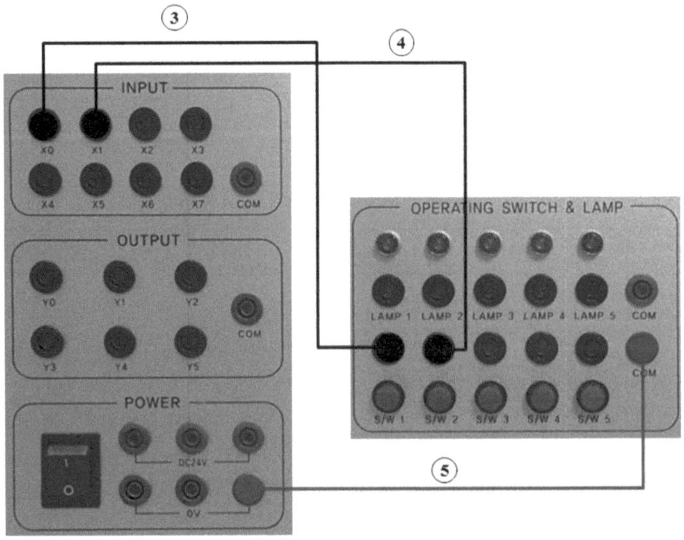

⑥ PLC OUTPUT 파트 Y0단자와 LAMP 파트 LAMP1단자를 연결한다.
⑦ 파워파트에 24V단자와 LAMP 파트 COM단자를 연결한다.

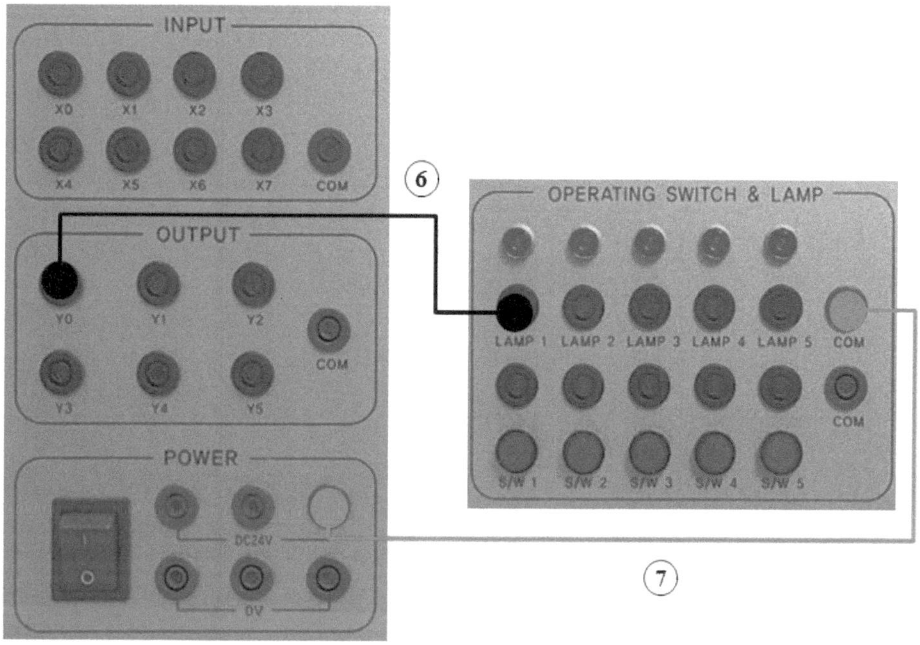

6.2.7(B) PLC 프로그램 작성

1) ON우선 자기유지 동작설명

- S/W1을 ON/OFF하면 LAMP1 점등(유지)한다.
- S/W2를 ON/OFF하면 LAMP1 소등한다.
- S/W1과 SW2를 동시에 ON하면 LAMP1은 점등한다.

2) 프로그램 작성

- GX Works2를 실행하여 프로젝트를 생성하고 PLC통신을 확인한다.
- PLC I/O표를 활용하여 동작에 맞는 PLC래더 프로그램을 작성하고 동작을 확인한다.

6.3 인터록 프로그램

6.3.1 학습목표

- 인터록회로 정의와 특성에 대해서 설명할 수 있다.
- PLC제어에 필요한 배선도를 작성하고 결선할 수 있다.
- PLC를 활용하여 인터록 프로그램을 작성할 수 있다.

6.3.2 실습 장비 구성

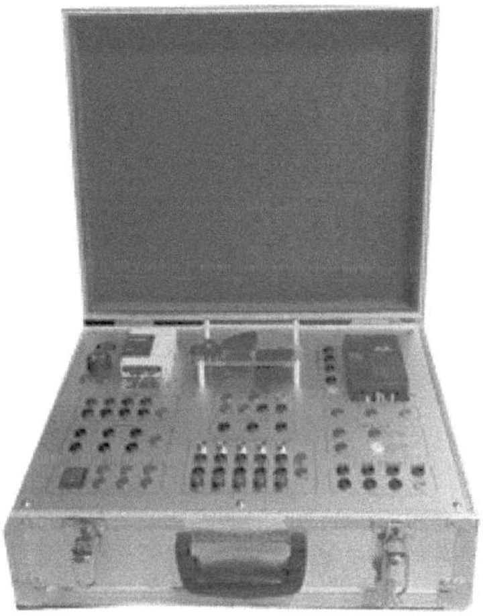

6.3.3 안전 및 유의사항

- 실습장비전원 전압을 확인하여 조건에 맞는 전원을 인가한다.
- 실습장비의 이동과 전원을 인가할 시에는 지도교수님의 지시를 따른다.
- 실습 시 사용 기구에 대한 취급방법을 숙지한 후 사용한다.
- 실습 중에는 불필요하게 이동하거나 장난하지 않는다.
- 실습 후에는 컴퓨터와 PLC의 전원을 OFF 한다.
- 실습 후에는 연결케이블을 정리한다.
- 감전 사고에 특히 주의 한다.
  - 물이나 땀이 젖은 손은 깨끗이 닦은 후 실습한다.
  - 실습 회로를 구성한 후 전원 인가 전에 철저히 회로를 확인한다.

6.3.4 PLC I/O 할당

입 력		출 력	
할당	설명	할당	설명
X0	S/W 1	Y0	LAMP 1
X1	S/W 2	Y1	LAMP 2

6.3.5 PLC I/O 배선도

6.3.6 PLC 결선

① 파워파트에 24V단자와 PLC INPUT 파트 COM단자를 연결한다.
② 파워파트에 0V단자와 PLC OUTPUT 파트 COM단자를 연결한다.

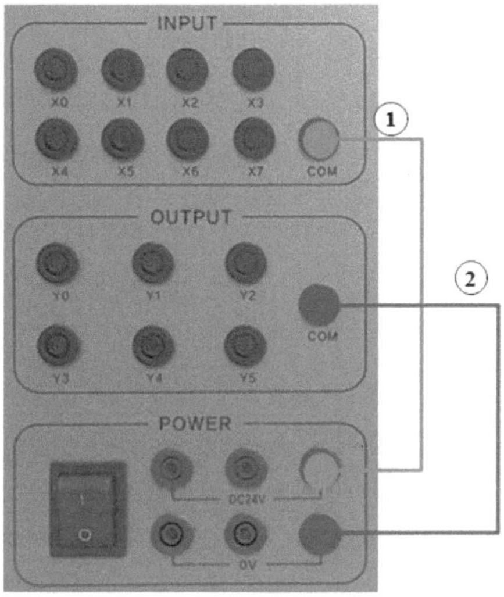

③ PLC INPUT 파트 X0단자와 SWITCH 파트 S/W1단자를 연결한다.
④ PLC INPUT 파트 X1단자와 SWITCH 파트 S/W2단자를 연결한다.
⑤ 파워파트에 0V단자와 SWITCH 파트 COM단자를 연결한다.

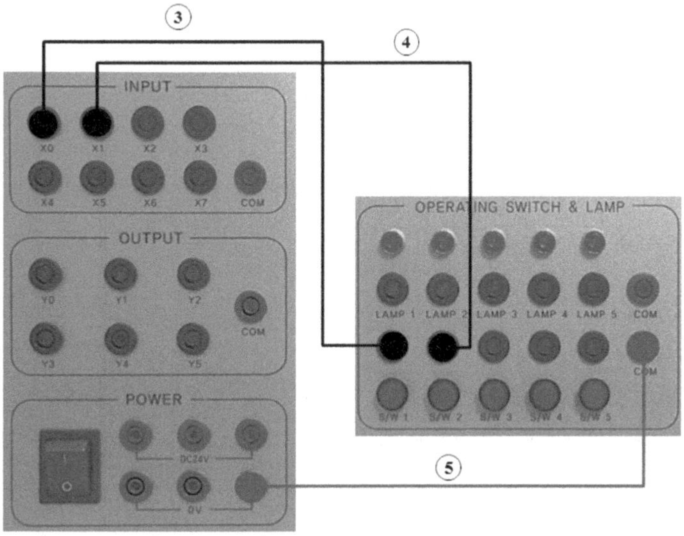

⑥ PLC OUTPUT 파트 Y0단자와 LAMP 파트 LAMP1단자를 연결한다.
⑦ PLC OUTPUT 파트 Y1단자와 LAMP 파트 LAMP2단자를 연결한다.
⑧ 파워파트에 24V단자와 LAMP 파트 COM단자를 연결한다.

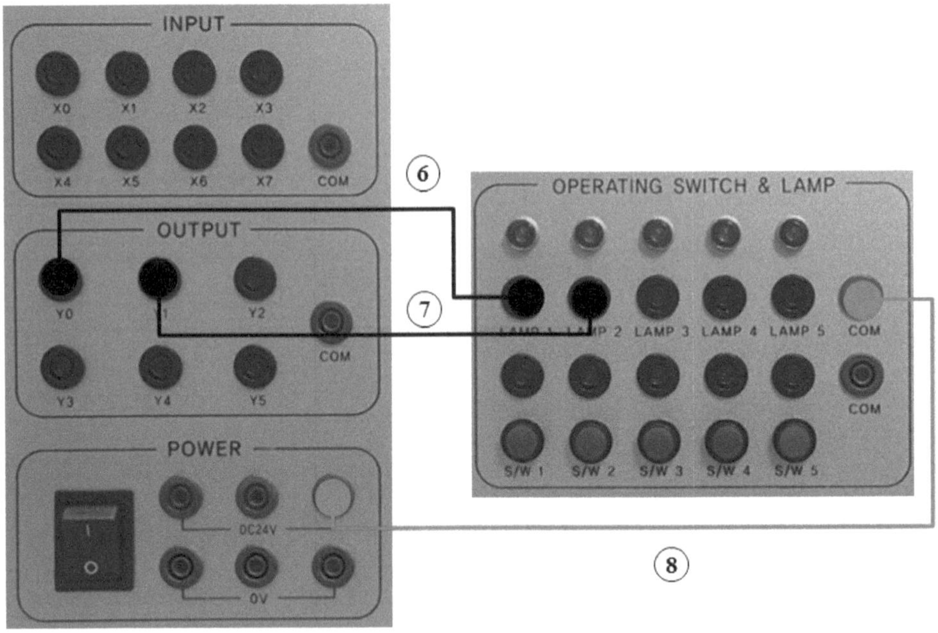

6.3.7 PLC 프로그램 작성

1) 인터록 동작설명

- S/W1을 ON하면 LAMP1 점등한다.(이때 S/W2 동작회로 작동X)
- S/W2를 ON하면 LAMP2 점등한다.(이때 S/W1 동작회로 작동X)

2) 프로그램 작성

- GX Works2를 실행하여 프로젝트를 생성하고 PLC통신을 확인한다.
- PLC I/O표를 활용하여 동작에 맞는 PLC래더 프로그램을 작성하고 동작을 확인한다.

0
X000
M2
M1
SW1
3
X001
M1
M2
SW2
6
M1
Y000
LAMP1
8
M2
Y001
LAMP2
0
END

6.4 타이머 프로그램

6.4.1 학습목표

- 타이머회로 정의와 특성에 대해서 설명할 수 있다.
- PLC제어에 필요한 배선도를 작성하고 결선할 수 있다.
- PLC를 활용하여 타이머 프로그램을 작성할 수 있다.

6.4.2 실습 장비 구성

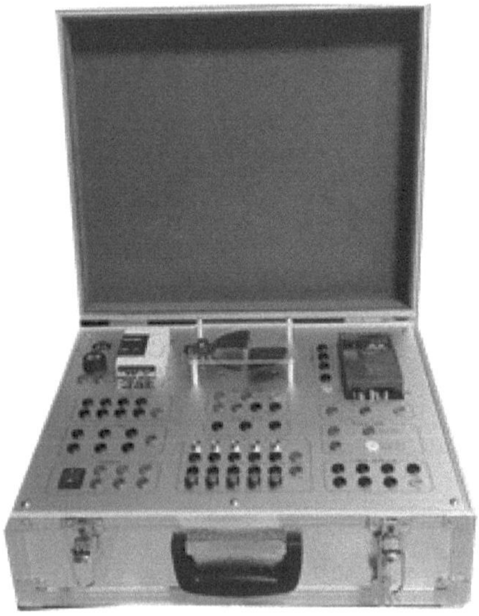

1) 안전 및 유의사항

- 실습장비전원 전압을 확인하여 조건에 맞는 전원을 인가한다.
- 실습장비의 이동과 전원을 인가할 시에는 지도교수님의 지시를 따른다.
- 실습 시 사용 기구에 대한 취급방법을 숙지한 후 사용한다.
- 실습 중에는 불필요하게 이동하거나 장난하지 않는다.
- 실습 후에는 컴퓨터와 PLC의 전원을 OFF 한다.
- 실습 후에는 연결케이블을 정리한다.
- 감전 사고에 특히 주의 한다.
  - 물이나 땀이 젖은 손은 깨끗이 닦은 후 실습한다.
  - 실습 회로를 구성한 후 전원 인가 전에 철저히 회로를 확인한다.

6.4.3 PLC I/O 할당

입	력	출	력
할당	설명	할당	설명
X0	S/W 1	Y0	LAMP 1
X1	S/W 2		

6.4.4 PLC I/O 배선도

6.4.5 PLC 결선

① 파워파트에 24V단자와 PLC INPUT 파트 COM단자를 연결한다.
② 파워파트에 0V단자와 PLC OUTPUT 파트 COM단자를 연결한다.

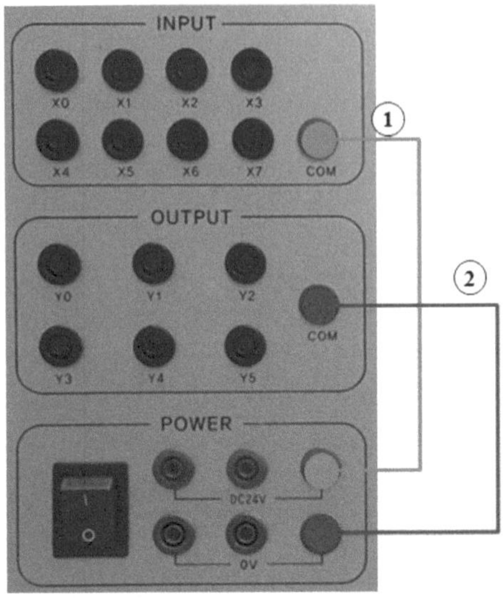

③ PLC INPUT 파트 X0단자와 SWITCH 파트 S/W1단자를 연결한다.
④ PLC INPUT 파트 X1단자와 SWITCH 파트 S/W2단자를 연결한다.
⑤ 파워파트에 0V단자와 SWITCH 파트 COM단자를 연결한다.

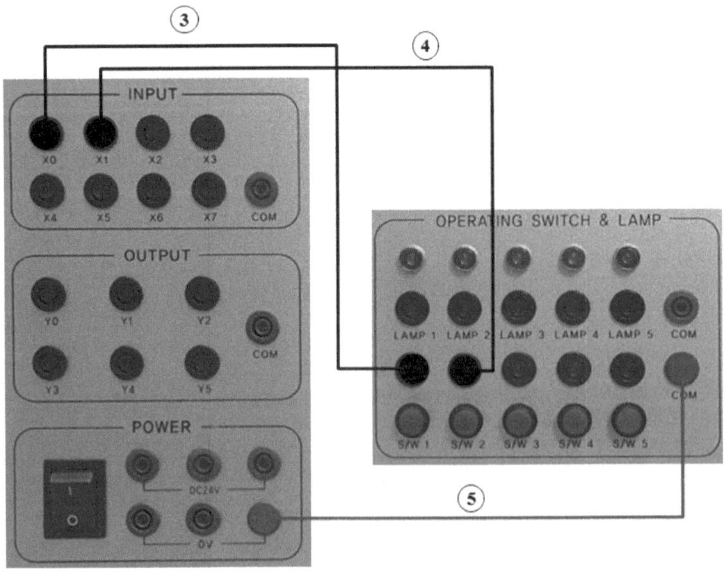

⑥ PLC OUTPUT 파트 Y0단자와 LAMP 파트 LAMP1단자를 연결한다.
⑦ 파워파트에 24V단자와 LAMP 파트 COM단자를 연결한다.

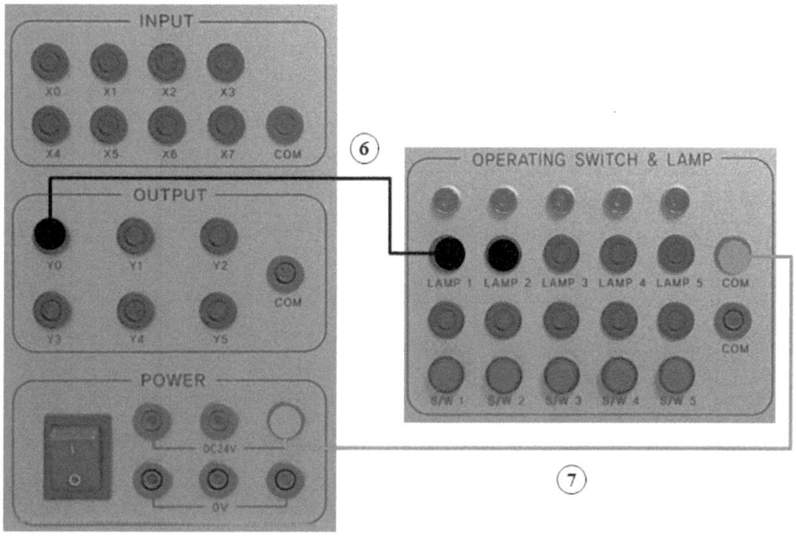

6.4.6 PLC 프로그램 작성

1) 타이머 동작설명

- S/W1을 ON/OFF하면 타이머 3초 후 LAMP1 점등한다.
- S/W2를 ON하면 LAMP1 소등한다.

2) 프로그램 작성

- GX Works2를 실행하여 프로젝트를 생성하고 PLC통신을 확인한다.
- PLC I/O표를 활용하여 동작에 맞는 PLC래더 프로그램을 작성하고 동작을 확인한다.

X000
X001
0
SW1
SW2
M1
M1
M1
4
K30
T1
T1
8
Y000
LAMP1
10
END

6.5 타이머 응용프로그램

6.5.1 학습목표

- 타이머회로 정의와 특성에 대해서 설명할 수 있다.
- PLC제어에 필요한 배선도를 작성하고 결선할 수 있다.
- PLC를 활용하여 1초 점멸 타이머응용 프로그램을 작성할 수 있다.

6.5.2 실습 장비 구성

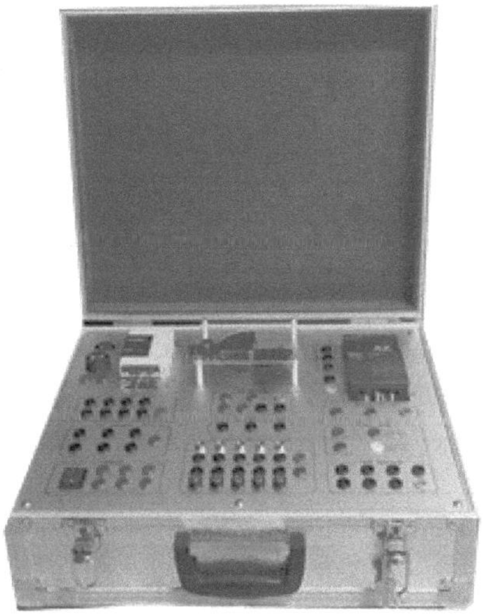

6.5.3 안전 및 유의사항

- 실습장비전원 전압을 확인하여 조건에 맞는 전원을 인가한다.
- 실습장비의 이동과 전원을 인가할 시에는 지도교수님의 지시를 따른다.
- 실습 시 사용 기구에 대한 취급방법을 숙지한 후 사용한다.
- 실습 중에는 불필요하게 이동하거나 장난하지 않는다.
- 실습 후에는 컴퓨터와 PLC의 전원을 OFF 한다.
- 실습 후에는 연결케이블을 정리한다.
- 감전 사고에 특히 주의 한다.
  - 물이나 땀이 젖은 손은 깨끗이 닦은 후 실습한다.
  - 실습 회로를 구성한 후 전원 인가 전에 철저히 회로를 확인한다.

6.5.4. PLC I/O 할당

입 력		출 력	
할당	설명	할당	설명
X0	S/W 1	Y0	LAMP 1
X1	S/W 2		

6.5.5 PLC I/O 배선도

6.5.6 PLC 결선

① 파워파트에 24V단자와 PLC INPUT 파트 COM단자를 연결한다.
② 파워파트에 0V단자와 PLC OUTPUT 파트 COM단자를 연결한다.

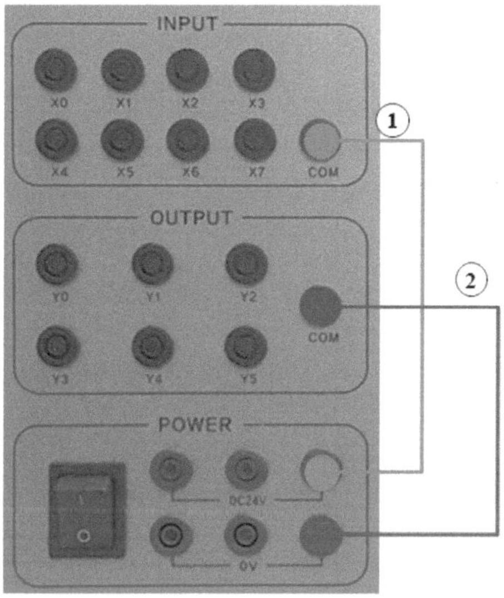

③ PLC INPUT 파트 X0단자와 SWITCH 파트 S/W1단자를 연결한다.
④ PLC INPUT 파트 X1단자와 SWITCH 파트 S/W2단자를 연결한다.
⑤ 파워파트에 0V단자와 SWITCH 파트 COM단자를 연결한다.

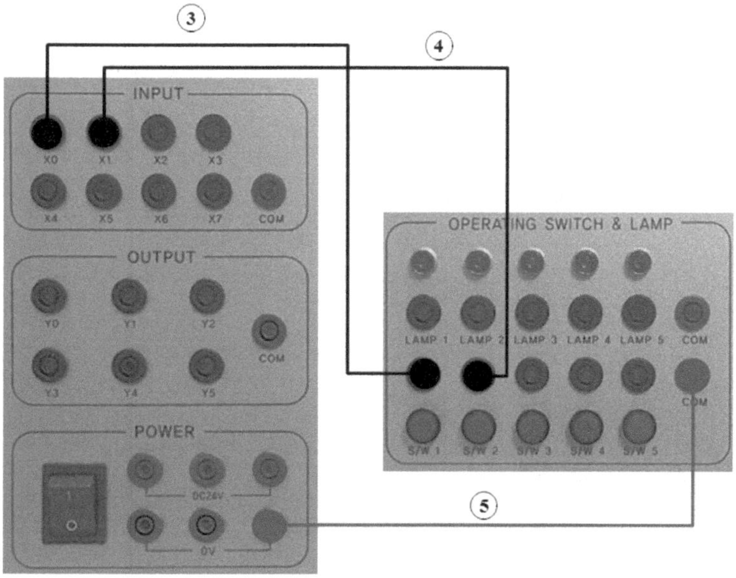

⑥ PLC OUTPUT 파트 Y0단자와 LAMP 파트 LAMP1단자를 연결한다.
⑦ 파워파트에 24V단자와 LAMP 파트 COM단자를 연결한다.

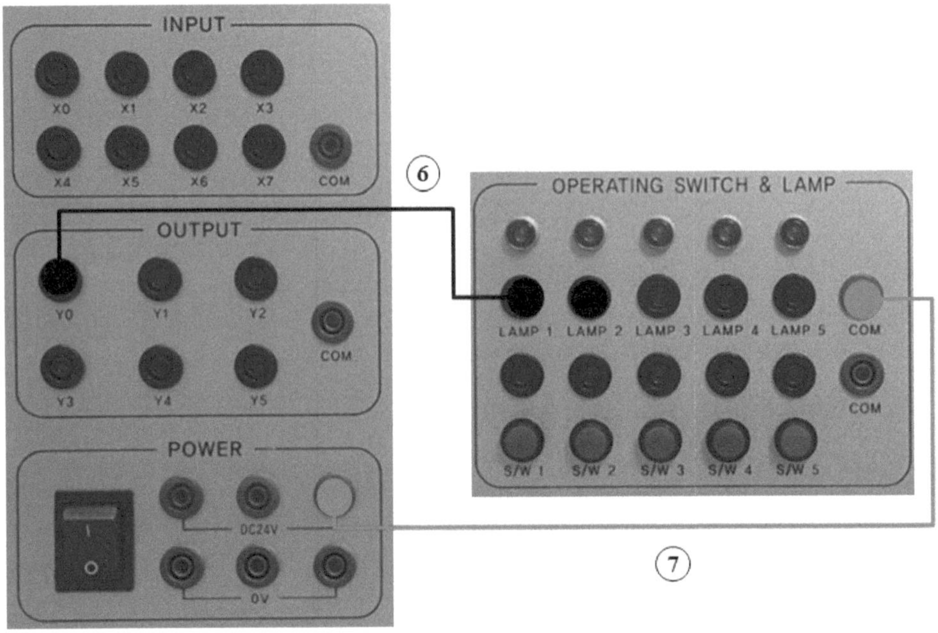

6.5.7 PLC 프로그램 작성

1) 타이머응용 동작설명

- S/W1을 ON/OFF하면 LAMP1 1초 ON 1초 OFF 점멸동작을 한다.
- S/W2를 ON/OFF하면 LAMP1 소등한다.

2) 프로그램 작성

- GX Works2를 실행하여 프로젝트를 생성하고 PLC통신을 확인한다.
- PLC I/O표를 활용하여 동작에 맞는 PLC래더 프로그램을 작성하고 동작을 확인한다.

6.6 카운터 프로그램

6.6.1 학습목표

- 카운터 정의와 특성에 대해서 설명할 수 있다.
- PLC제어에 필요한 배선도를 작성하고 결선할 수 있다.
- PLC를 활용하여 카운터 프로그램을 작성할 수 있다.

6.6.2 실습 장비 구성

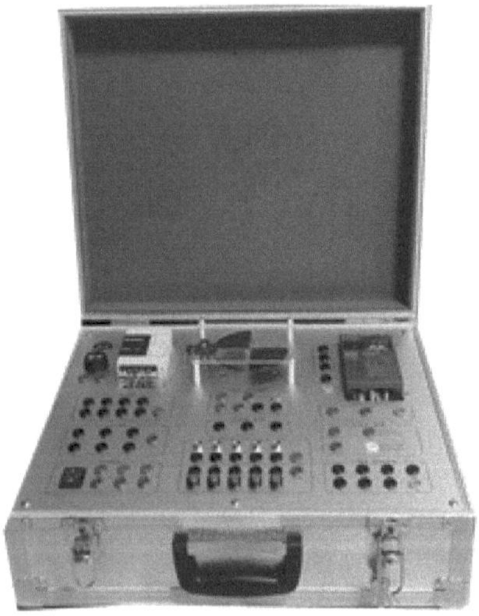

6.6.3 안전 및 유의사항

- 실습장비전원 전압을 확인하여 조건에 맞는 전원을 인가한다.
- 실습장비의 이동과 전원을 인가할 시에는 지도교수님의 지시를 따른다.
- 실습 시 사용 기구에 대한 취급방법을 숙지한 후 사용한다.
- 실습 중에는 불필요하게 이동하거나 장난하지 않는다.
- 실습 후에는 컴퓨터와 PLC의 전원을 OFF 한다.
- 실습 후에는 연결케이블을 정리한다.
- 감전 사고에 특히 주의 한다.
  - 물이나 땀이 젖은 손은 깨끗이 닦은 후 실습한다.
  - 실습 회로를 구성한 후 전원 인가 전에 철저히 회로를 확인한다.

6.6.4 PLC I/O 할당

입	력	출	력
할당	설명	할당	설명
X0	S/W 1	Y0	LAMP 1
X1	S/W 2		

6.6.5 PLC I/O 배선도

6.6.6 PLC 결선

① 파워파트에 24V단자와 PLC INPUT 파트 COM단자를 연결한다.
② 파워파트에 0V단자와 PLC OUTPUT 파트 COM단자를 연결한다.

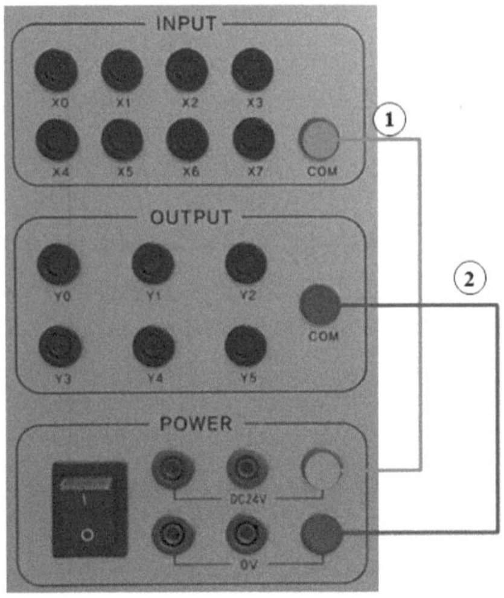

③ PLC INPUT 파트 X0단자와 SWITCH 파트 S/W1단자를 연결한다.
④ PLC INPUT 파트 X1단자와 SWITCH 파트 S/W2단자를 연결한다.
⑤ 파워파트에 0V단자와 SWITCH 파트 COM단자를 연결한다.

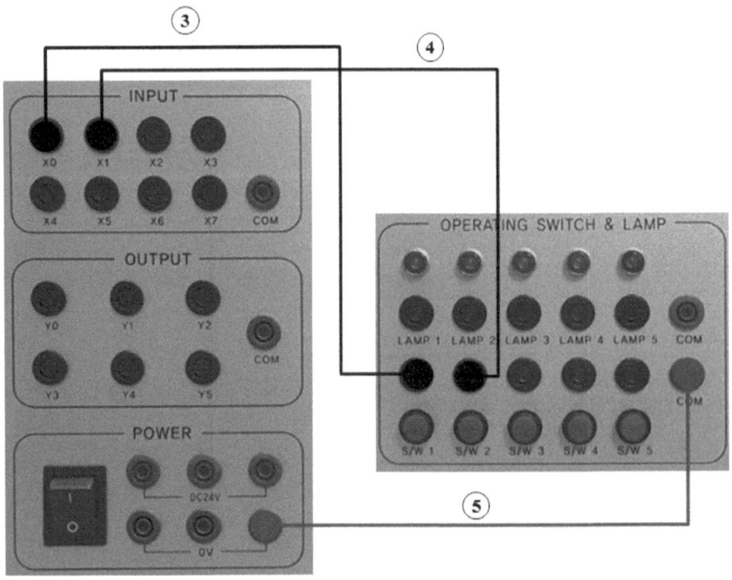

⑥ PLC OUTPUT 파트 Y0단자와 LAMP 파트 LAMP1단자를 연결한다.
⑦ 파워파트에 24V단자와 LAMP 파트 COM단자를 연결한다.

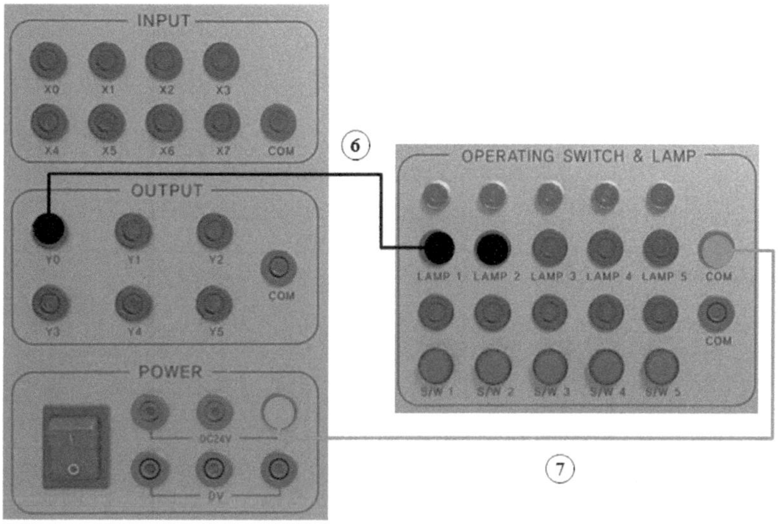

6.6.7 PLC 프로그램 작성

1) 카운터 동작설명

- S/W1을 3회 ON/OFF하면 LAMP1 점등한다.
- S/W2를 ON/OFF하면 LAMP1 소등하고 카운터는 리셋 된다.

2) 프로그램 작성

- GX Works2를 실행하여 프로젝트를 생성하고 PLC통신을 확인한다.
- PLC I/O표를 활용하여 동작에 맞는 PLC래더 프로그램을 작성하고 동작을 확인한다.

X000
K3
0
(C1
SW1
카운터 3 회
X001
4
[RST C1]
SW2
카운터 3 회
C1
7
(Y000
카운터 3 회
LAMP1
9
[END

6.7 카운터 응용프로그램

6.7.1 학습목표

- 카운터 정의와 특성에 대해서 설명할 수 있다.
- PLC제어에 필요한 배선도를 작성하고 결선할 수 있다.
- PLC를 활용하여 카운터 응용 프로그램을 작성할 수 있다.

6.7.2 실습 장비 구성

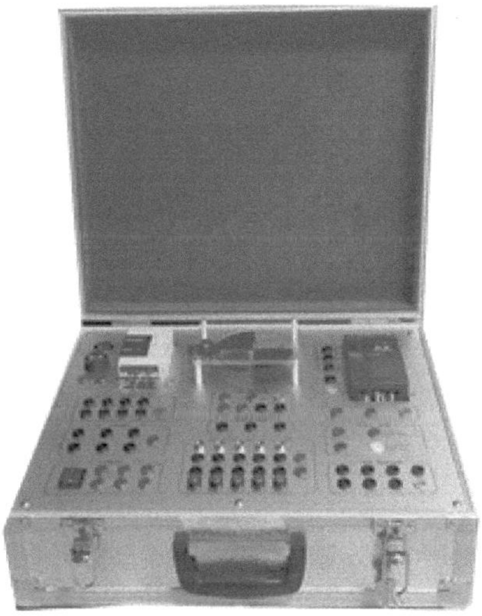

6.7.3 안전 및 유의사항

- 실습장비전원 전압을 확인하여 조건에 맞는 전원을 인가한다.
- 실습장비의 이동과 전원을 인가할 시에는 지도교수님의 지시를 따른다.
- 실습 시 사용 기구에 대한 취급방법을 숙지한 후 사용한다.
- 실습 중에는 불필요하게 이동하거나 장난하지 않는다.
- 실습 후에는 컴퓨터와 PLC의 전원을 OFF 한다.
- 실습 후에는 연결케이블을 정리한다.
- 감전 사고에 특히 주의 한다.
  - 물이나 땀이 젖은 손은 깨끗이 닦은 후 실습한다.
  - 실습 회로를 구성한 후 전원 인가 전에 철저히 회로를 확인한다.

6.7.4 PLC I/O 할당

입력		출력	
할당	설명	할당	설명
X0	S/W 1	Y0	LAMP 1
X1	S/W 2	Y1	LAMP 2

6.7.5 PLC I/O 배선도

PLC 입 력			PLC 출 력		
입력주소	이름	설명	설명	이름	출력주소
X0	SW1	시작	램프1	LAMP1	Y0
X1	SW2	리셋	램프2	LAMP2	Y1
COM단자					COM단자

6.7.6 PLC 결선

① 파워파트에 24V단자와 PLC INPUT 파트 COM단자를 연결한다.
② 파워파트에 0V단자와 PLC OUTPUT 파트 COM단자를 연결한다.

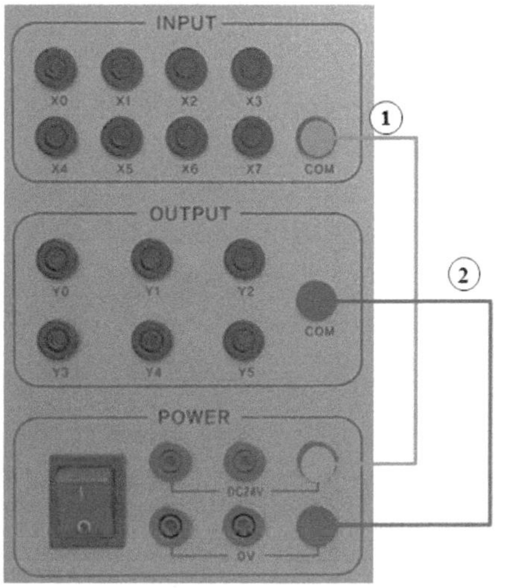

③ PLC INPUT 파트 X0단자와 SWITCH 파트 S/W1단자를 연결한다.
④ PLC INPUT 파트 X1단자와 SWITCH 파트 S/W2단자를 연결한다.
⑤ 파워파트에 0V단자와 SWITCH 파트 COM단자를 연결한다.

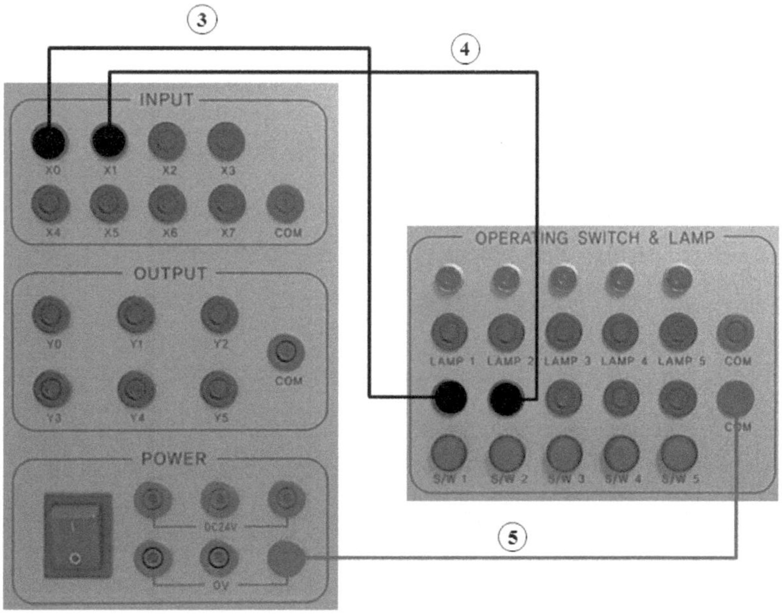

⑥ PLC OUTPUT 파트 Y0단자와 LAMP 파트 LAMP1단자를 연결한다.
⑦ PLC OUTPUT 파트 Y1단자와 LAMP 파트 LAMP2단자를 연결한다.
⑧ 파워파트에 24V단자와 LAMP 파트 COM단자를 연결한다.

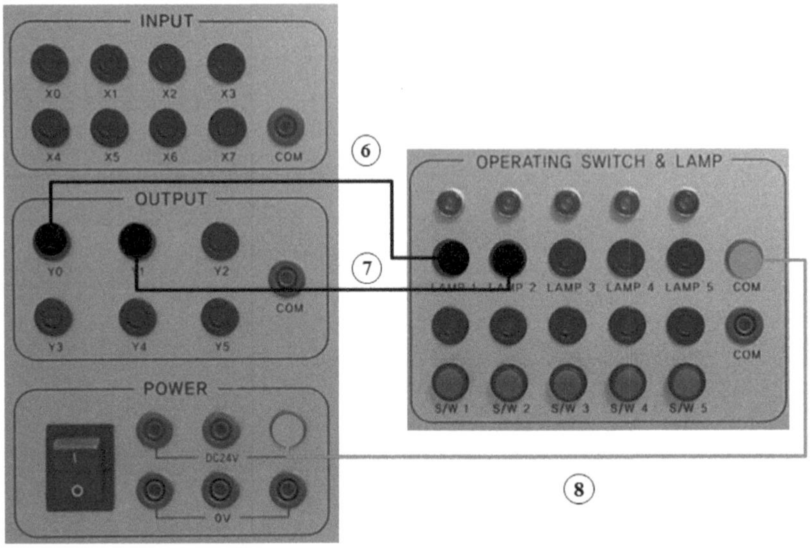

6.7.7 PLC 프로그램 작성

1) 카운터 동작설명

- S/W1을 1회 ON/OFF하면 LAMP1 점등한다.
- S/W1을 2회 ON/OFF하면 LAMP2 점등한다.
- S/W1을 3회 ON/OFF하면 LAMP1, LAMP2 소등한다.
- S/W2를 ON/OFF하면 전체 카운터는 리셋된다.

2) 프로그램 작성

- GX Works2를 실행하여 프로젝트를 생성하고 PLC통신을 확인한다.
- PLC I/O표를 활용하여 동작에 맞는 PLC래더 프로그램을 작성하고 동작을 확인한다.

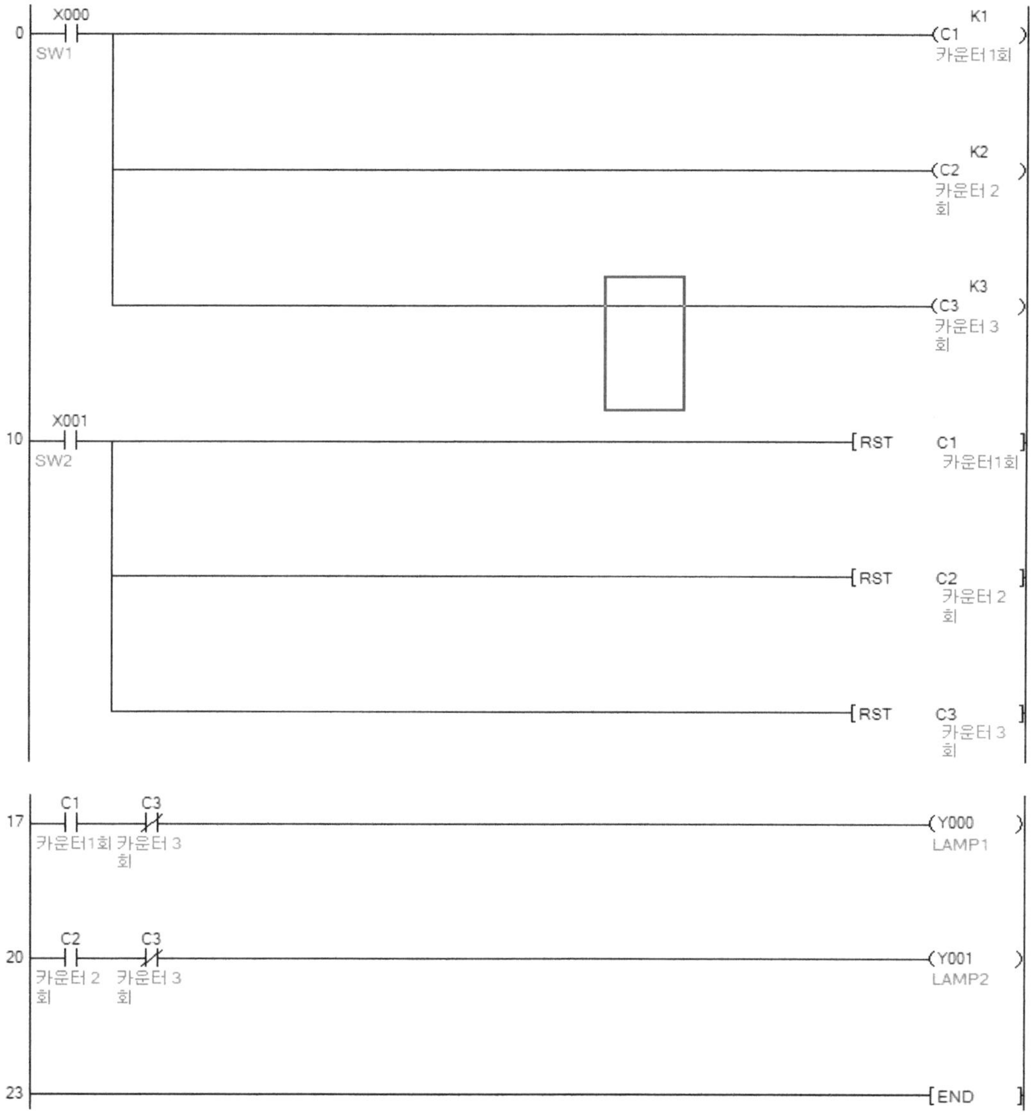
X000
SW1
K1
C1
카운터1회
K2
C2
카운터 2회
K3
C3
카운터 3회
X001
SW2
RST C1
카운터1회
RST C2
카운터 2회
RST C3
카운터 3회
C1
카운터1회
C3
카운터 3회
Y000
LAMP1
C2
카운터 2회
C3
카운터 3회
Y001
LAMP2
END

6.8 카운터/타이머 응용 프로그램

6.8.1 학습목표

- 카운터/타이머 응용프로그램 특성에 대해서 설명할 수 있다.
- PLC제어에 필요한 배선도를 작성하고 결선할 수 있다.
- PLC를 활용하여 카운터 타이머 응용 프로그램을 작성할 수 있다.

6.8.2 실습 장비 구성

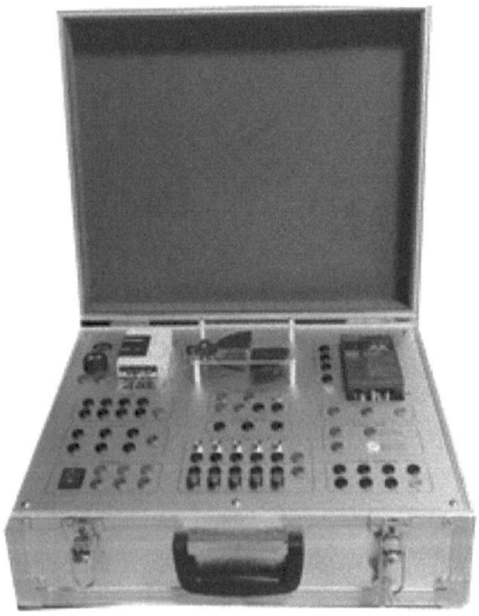

6.8.3 안전 및 유의사항

- 실습장비전원 전압을 확인하여 조건에 맞는 전원을 인가한다.
- 실습장비의 이동과 전원을 인가할 시에는 지도교수님의 지시를 따른다.
- 실습 시 사용 기구에 대한 취급방법을 숙지한 후 사용한다.
- 실습 중에는 불필요하게 이동하거나 장난하지 않는다.
- 실습 후에는 컴퓨터와 PLC의 전원을 OFF 한다.
- 실습 후에는 연결케이블을 정리한다.
- 감전 사고에 특히 주의 한다.
  - 물이나 땀이 젖은 손은 깨끗이 닦은 후 실습한다.
  - 실습 회로를 구성한 후 전원 인가 전에 철저히 회로를 확인한다.

6.8.4 PLC I/O 할당

입 력		출 력	
할당	설명	할당	설명
X0	S/W 1	Y0	LAMP 1
X1	S/W 2	Y1	BUZZER 1

6.8.5 PLC I/O 배선도

6.8.6 PLC 결선

① 파워파트에 24V단자와 PLC INPUT 파트 COM단자를 연결한다.
② 파워파트에 0V단자와 PLC OUTPUT 파트 COM단자를 연결한다.

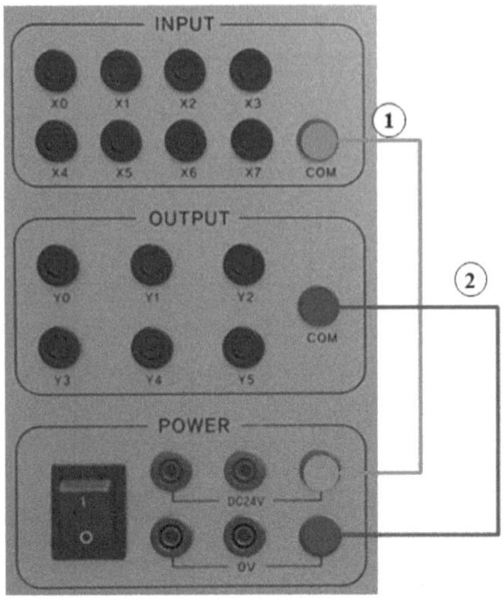

③ PLC INPUT 파트 X0단자와 SWITCH 파트 S/W1단자를 연결한다.
④ PLC INPUT 파트 X1단자와 SWITCH 파트 S/W2단자를 연결한다.
⑤ 파워파트에 0V단자와 SWITCH 파트 COM단자를 연결한다.

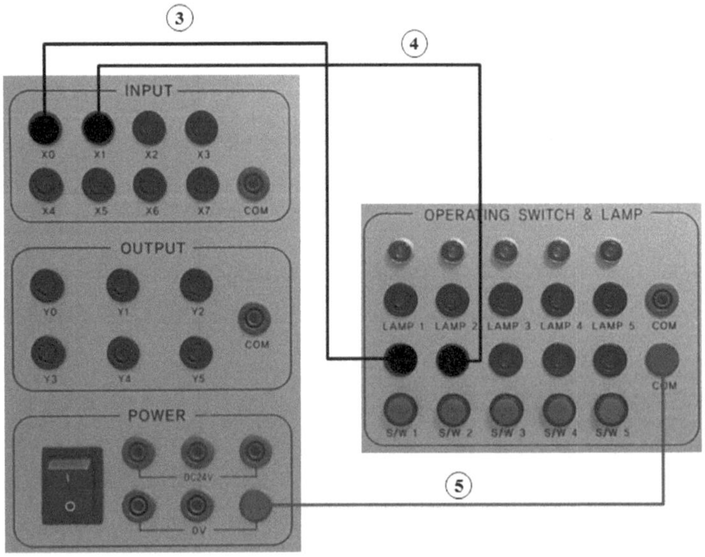

⑥ PLC OUTPUT 파트 Y0단자와 LAMP 파트 LAMP1단자를 연결한다.
⑦ 파워파트에 24V단자와 LAMP 파트 COM단자를 연결한다.

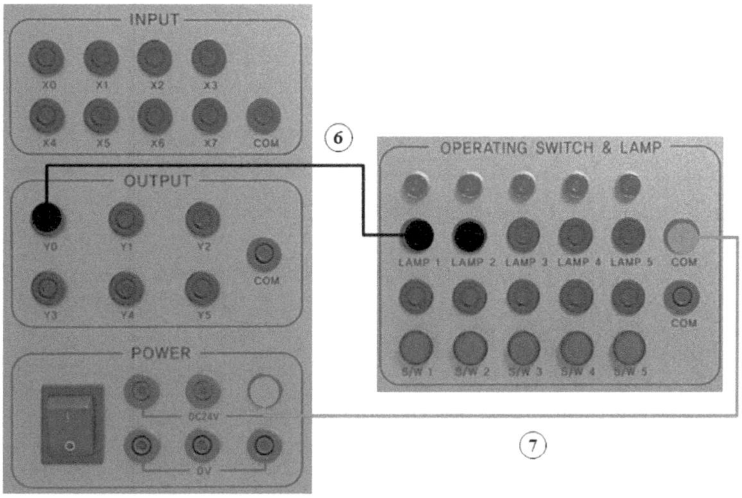

⑧ PLC OUTPUT 파트 Y1단자와 BUZZER 파트 0V단자를 연결한다.
⑨ 파워파트에 24V단자와 BUZZER 파트 DC24V단자를 연결한다.

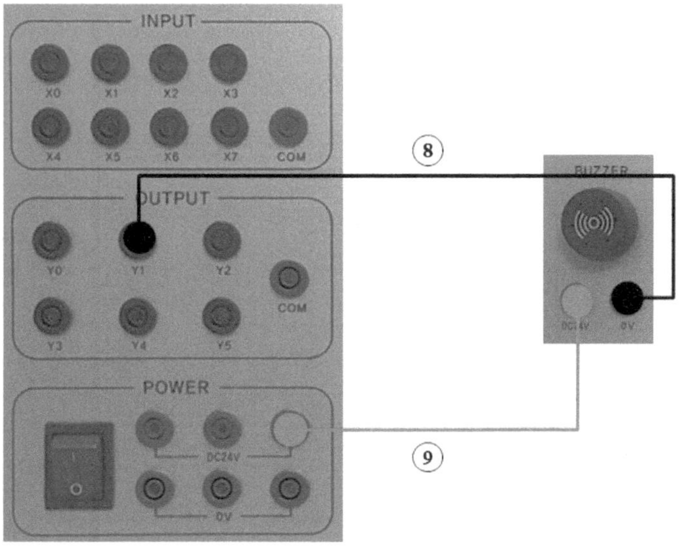

6.8.7 PLC 프로그램 작성

1) 카운터/타이머 응용 동작설명

- S/W1을 ON/OFF하면 LAMP1 3초간 점등한 뒤 소등한다.
- S/W1 ON/OFF 3회 입력하면 더 이상 LAMP가 점등하지 않고 부저가 울린다.
- S/W2를 ON/OFF하면 전체 카운터는 리셋 되면서 부저가 울리지 않는다.

2) 프로그램 작성

- GX Works2를 실행하여 프로젝트를 생성하고 PLC통신을 확인한다.
- PLC I/O표를 활용하여 동작에 맞는 PLC래더 프로그램을 작성하고 동작을 확인한다.

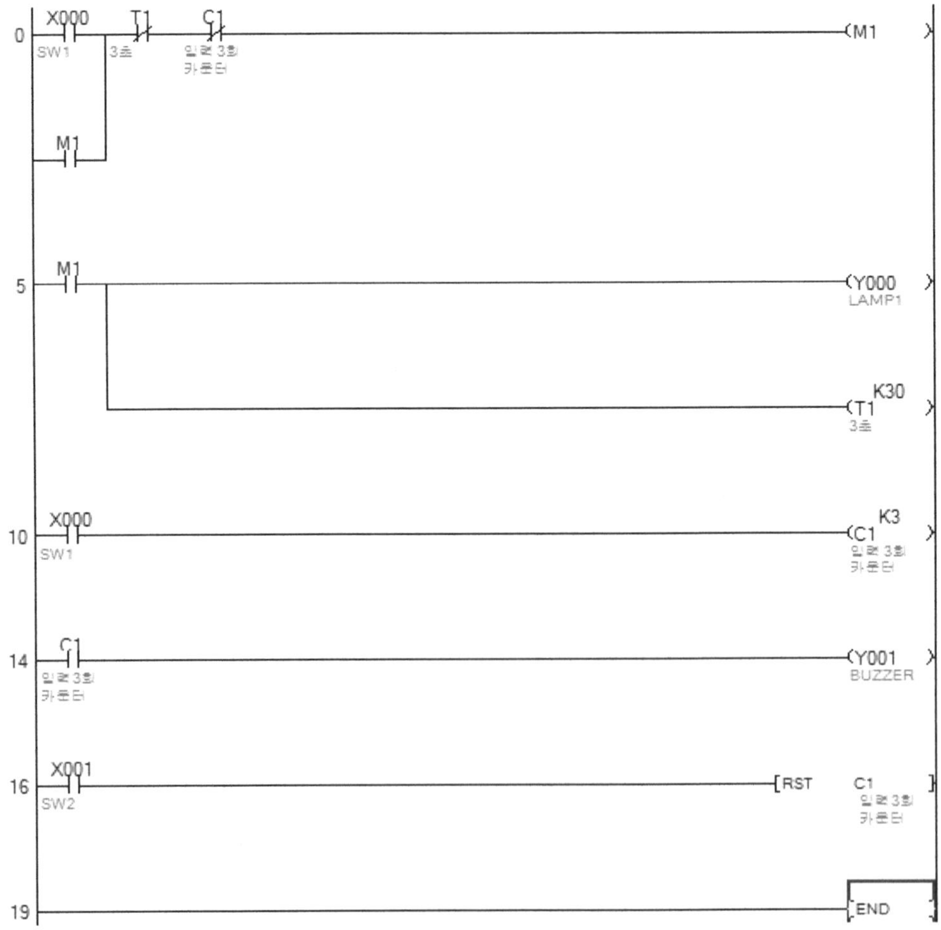

6.9 MOV명령 프로그램

6.9.1 학습목표

- MOV명령 정의와 특성에 대해서 설명할 수 있다.
- PLC제어에 필요한 배선도를 작성하고 결선할 수 있다.
- PLC를 활용하여 MOV 프로그램을 작성할 수 있다.

6.9.2 실습 장비 구성

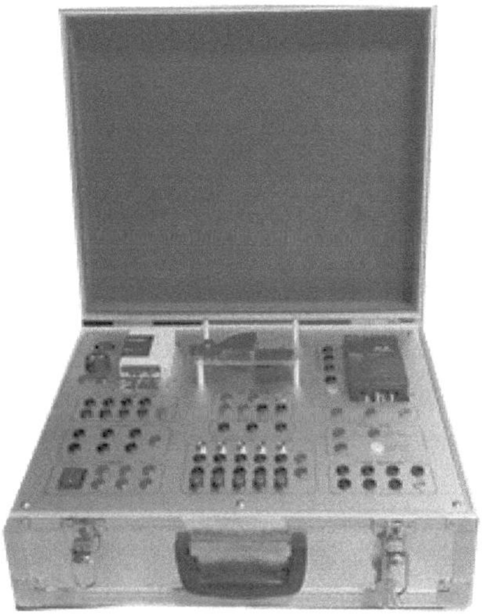

6.9.3 안전 및 유의사항

- 실습장비전원 전압을 확인하여 조건에 맞는 전원을 인가한다.
- 실습장비의 이동과 전원을 인가할 시에는 지도교수님의 지시를 따른다.
- 실습 시 사용 기구에 대한 취급방법을 숙지한 후 사용한다.
- 실습 중에는 불필요하게 이동하거나 장난하지 않는다.
- 실습 후에는 컴퓨터와 PLC의 전원을 OFF 한다.
- 실습 후에는 연결케이블을 정리한다.
- 감전 사고에 특히 주의 한다.
  - 물이나 땀이 젖은 손은 깨끗이 닦은 후 실습한다.
  - 실습 회로를 구성한 후 전원 인가 전에 철저히 회로를 확인한다.

6.9.4 PLC I/O 할당

입 력		출 력	
할당	설명	할당	설명
X0	S/W 1	Y0	LAMP 1
X1	S/W 2		

6.9.5 PLC I/O 배선도

6.9.6 PLC 결선

① 파워파트에 24V단자와 PLC INPUT 파트 COM단자를 연결한다.
② 파워파트에 0V단자와 PLC OUTPUT 파트 COM단자를 연결한다.

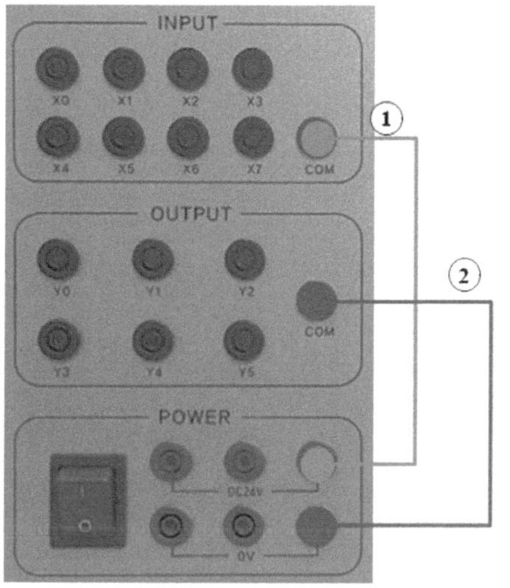

③ PLC INPUT 파트 X0단자와 SWITCH 파트 S/W1단자를 연결한다.
④ PLC INPUT 파트 X1단자와 SWITCH 파트 S/W2단자를 연결한다.
⑤ 파워파트에 0V단자와 SWITCH 파트 COM단자를 연결한다.

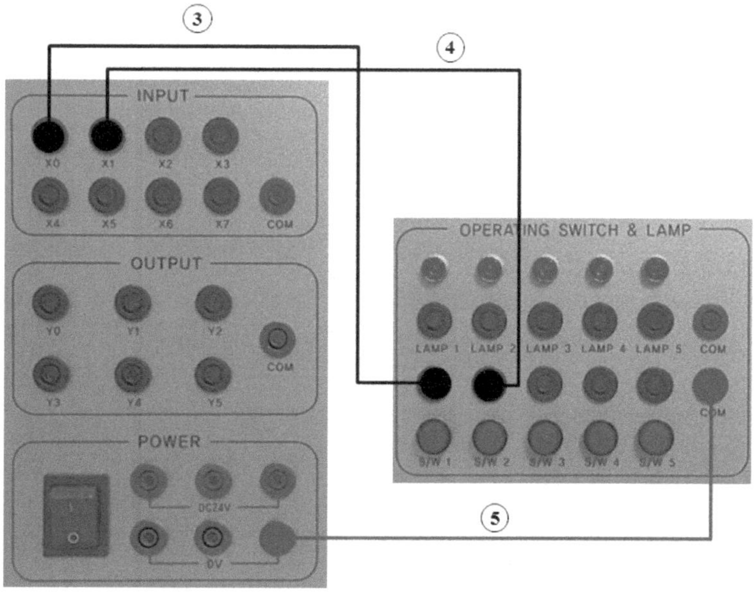

⑥ PLC OUTPUT 파트 Y0단자와 LAMP 파트 LAMP1단자를 연결한다.
⑦ 파워파트에 24V단자와 LAMP 파트 COM단자를 연결한다.

⑧

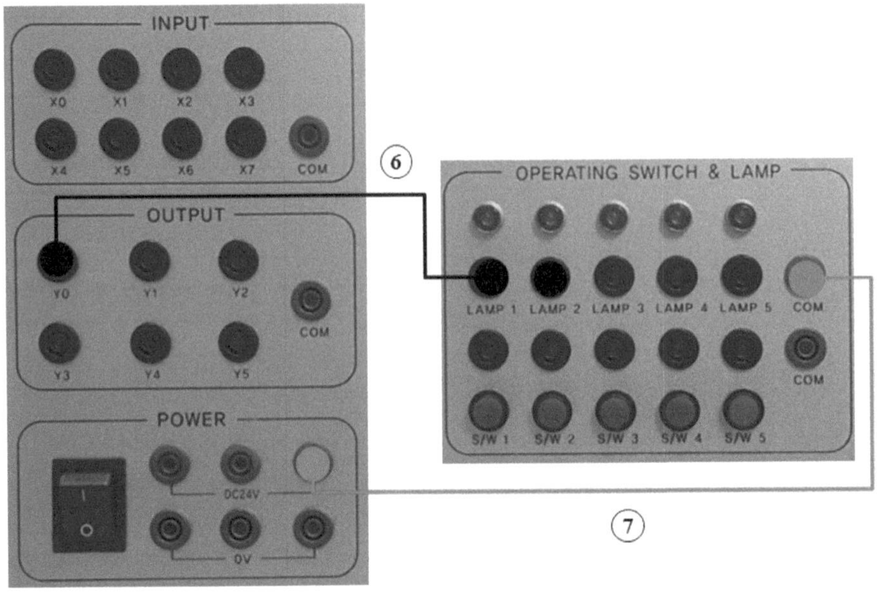

6.9.7 PLC 프로그램 작성

1) MOV명령 프로그램 동작설명

- S/W1을 ON/OFF하면 LAMP1 점등한다.
- S/W2를 ON/OFF하면 LAMP1 소등한다.
  단, MOV명령을 이용하여 LAMP 동작 프로그램을 구현한다.

2) 프로그램 작성

- GX Works2를 실행하여 프로젝트를 생성하고 PLC통신을 확인한다.
- PLC I/O표를 활용하여 동작에 맞는 PLC래더 프로그램을 작성하고 동작을 확인한다.

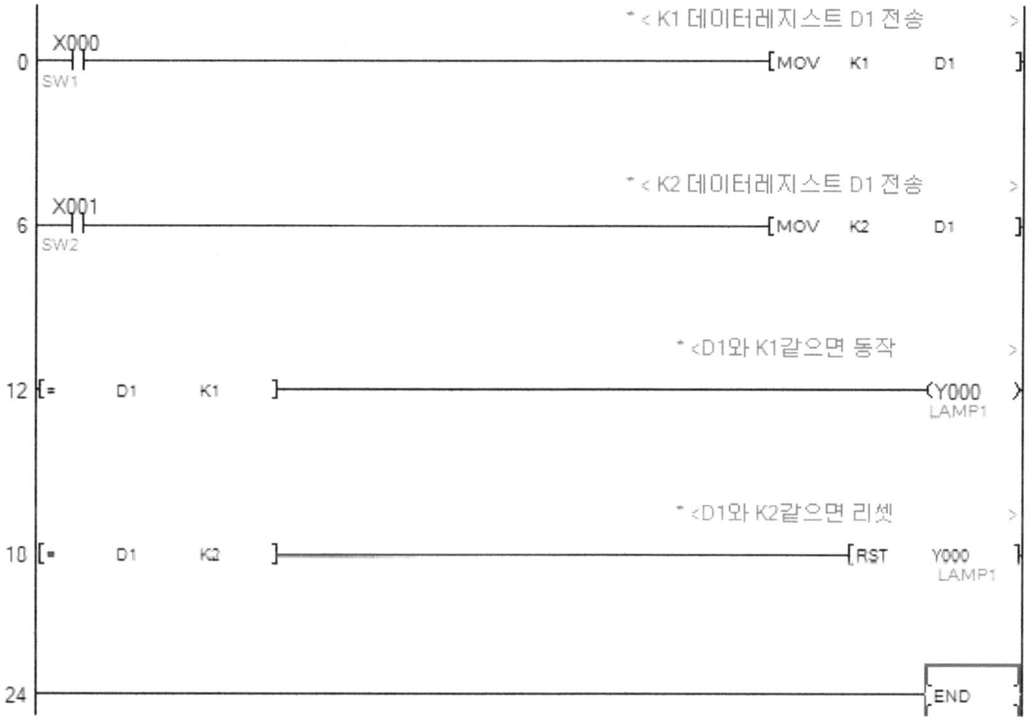

6.10 비교연산명령 프로그램

6.10.1 학습목표

- 비교연산명령 정의와 특성에 대해서 설명할 수 있다.
- PLC제어에 필요한 배선도를 작성하고 결선할 수 있다.
- PLC를 활용하여 비교연산명령 프로그램을 작성할 수 있다.

6.10.2 실습 장비 구성

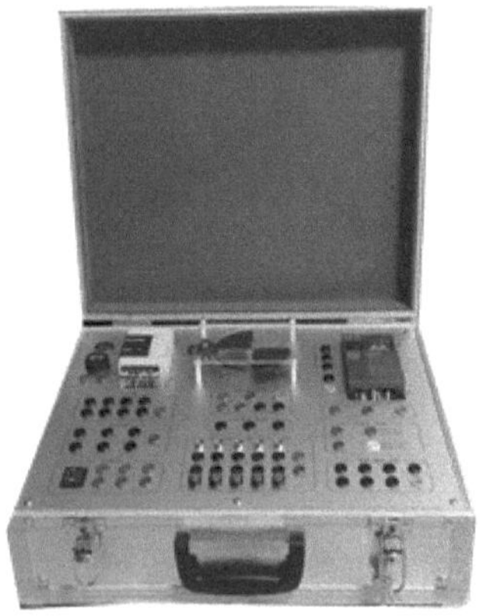

6.10.3 안전 및 유의사항

- 실습장비전원 전압을 확인하여 조건에 맞는 전원을 인가한다.
- 실습장비의 이동과 전원을 인가할 시에는 지도교수님의 지시를 따른다.
- 실습 시 사용 기구에 대한 취급방법을 숙지한 후 사용한다.
- 실습 중에는 불필요하게 이동하거나 장난하지 않는다.
- 실습 후에는 컴퓨터와 PLC의 전원을 OFF 한다.
- 실습 후에는 연결케이블을 정리한다.
- 감전 사고에 특히 주의 한다.
  - 물이나 땀이 젖은 손은 깨끗이 닦은 후 실습한다.
  - 실습 회로를 구성한 후 전원 인가 전에 철저히 회로를 확인한다.

6.10.4 PLC I/O 할당

입력		출력	
할당	설명	할당	설명
X0	S/W 1	Y0	LAMP 1
X1	S/W 2	Y1	LAMP 2
X2	S/W 3	Y2	LAMP 3

6.10.5 PLC I/O 배선도

6.10.6 PLC 결선

① 파워파트에 24V단자와 PLC INPUT 파트 COM단자를 연결한다.
② 파워파트에 0V단자와 PLC OUTPUT 파트 COM단자를 연결한다.

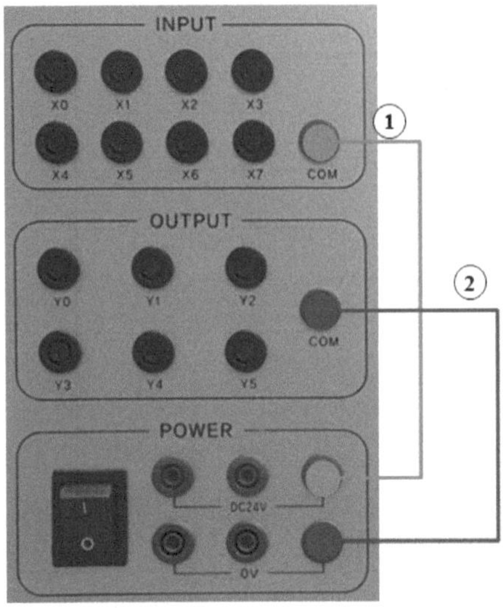

③ PLC INPUT 파트 X0단자와 SWITCH 파트 S/W1단자를 연결한다.
④ PLC INPUT 파트 X1단자와 SWITCH 파트 S/W2단자를 연결한다.
⑤ PLC INPUT 파트 X2단자와 SWITCH 파트 S/W3단자를 연결한다.
⑥ 파워파트에 0V단자와 SWITCH 파트 COM단자를 연결한다.

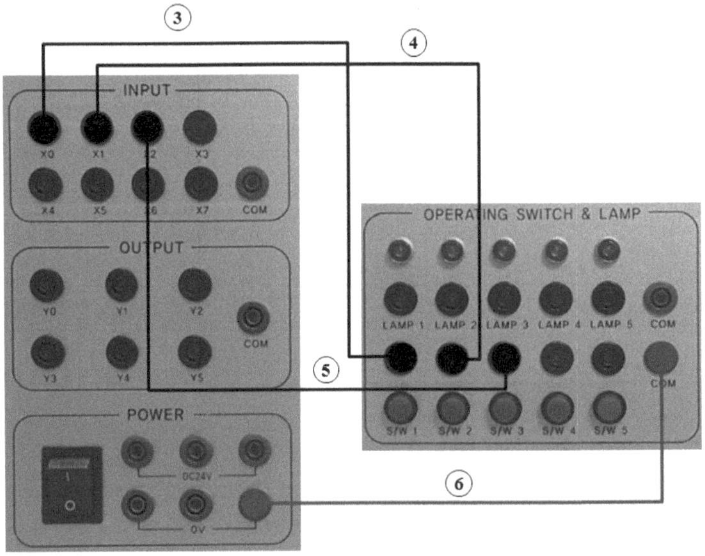

⑦ PLC OUTPUT 파트 Y0단자와 LAMP 파트 LAMP1단자를 연결한다.
⑧ PLC OUTPUT 파트 Y1단자와 LAMP 파트 LAMP2단자를 연결한다.
⑨ PLC OUTPUT 파트 Y2단자와 LAMP 파트 LAMP3단자를 연결한다.
⑩ 파워파트에 24V단자와 LAMP 파트 COM단자를 연결한다.

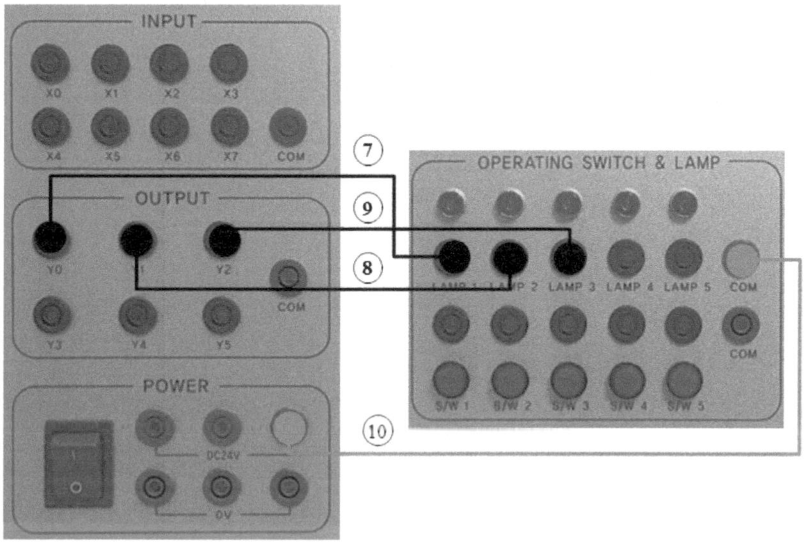

6.10.7 PLC 프로그램 작성

1) 비교연산명령 프로그램 동작설명

- S/W1을 ON/OFF하면 D1에 100의 값이 들어간다.
- S/W2을 ON/OFF하면 D1에 200의 값이 들어간다.
- S/W3을 ON/OFF하면 D1에 300의 값이 들어간다.
- 기준값은 200 이고 D의 값이 기준값보다 작으면 LAMP1이 점등된다.
- D1의 값이 기준 값과 같으면 LAMP2가 점등된다.
- D1의 값이 기준 값보다 크면 LAMP3이 점등된다.

2) 프로그램 작성

- GX Works2를 실행하여 프로젝트를 생성하고 PLC통신을 확인한다.
- PLC I/O표를 활용하여 동작에 맞는 PLC래더 프로그램을 작성하고 동작을 확인한다.

6.11 인버터 정역 프로그램

6.11.1 학습목표

- 인버터 정역회로 정의와 특성에 대해서 설명할 수 있다.
- PLC제어에 필요한 배선도를 작성하고 결선할 수 있다.
- PLC를 활용하여 인버터 정역 프로그램을 작성할 수 있다.

6.11.2 실습 장비 구성

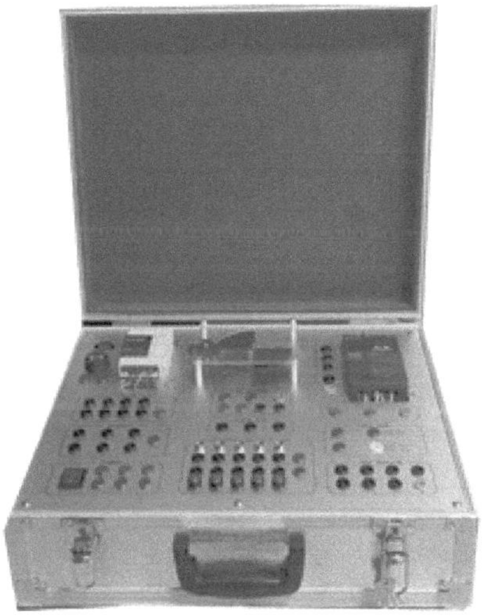

6.11.3 안전 및 유의사항

- 실습장비전원 전압을 확인하여 조건에 맞는 전원을 인가한다.
- 실습장비의 이동과 전원을 인가할 시에는 지도교수님의 지시를 따른다.
- 실습 시 사용 기구에 대한 취급방법을 숙지한 후 사용한다.
- 실습 중에는 불필요하게 이동하거나 장난하지 않는다.
- 실습 후에는 컴퓨터와 PLC의 전원을 OFF 한다.
- 실습 후에는 연결케이블을 정리한다.
- 감전 사고에 특히 주의 한다.
    - 물이나 땀이 젖은 손은 깨끗이 닦은 후 실습한다.
    - 실습 회로를 구성한 후 전원 인가 전에 철저히 회로를 확인한다.

6.11.4 PLC I/O 할당

입 력		출 력	
할당	설명	할당	설명
X0	S/W 1	Y0	STF
X1	S/W 2	Y1	STR
X2	S/W 3		

6.11.5 PLC I/O 배선도

6.11.6 인버터 결선도

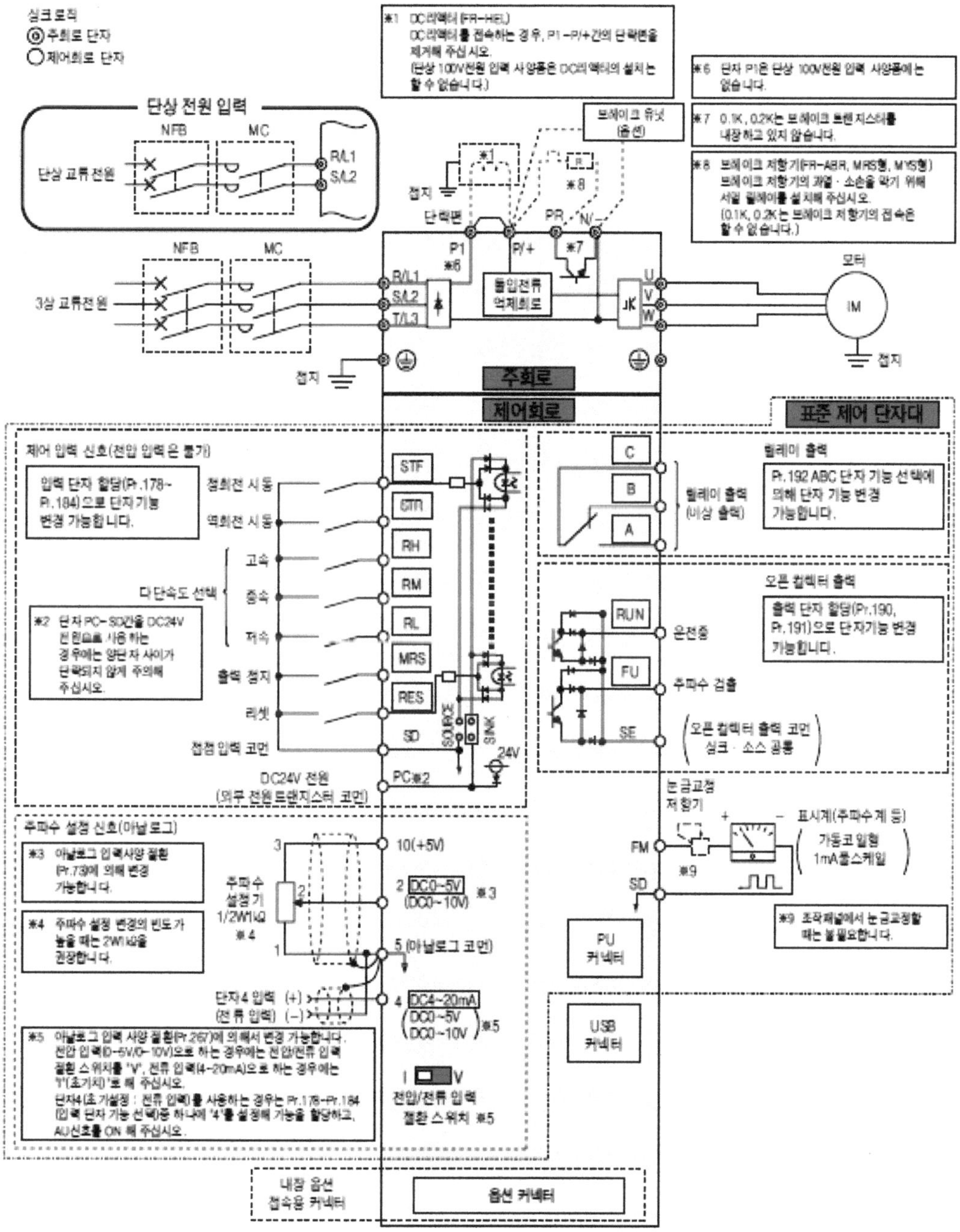

싱크로직
주회로 단자
제어회로 단자
단상 전원 입력
NFB
MC
단상 교류전원
R/L1
S/L2
3상 교류전원
T/L3
접지
단락편
P1
P/+
PR
N/-
브레이크 유닛 (옵션)
돌입전류 억제회로
모터
IM
U
V
W
주회로
제어회로
표준 제어 단자대
제어 입력 신호(전압 입력은 불가)
입력 단자 할당(Pr.178~Pr.184)으로 단자기능 변경 가능합니다.
정회전 시동
역회전 시동
고속
중속
저속
다단속도 선택
출력 정지
리셋
접점 입력 코먼
STF
STR
RH
RM
RL
MRS
RES
SD
SOURCE
SINK
24V
DC24V 전원 (외부 전원트랜지스터 코먼)
PC
릴레이 출력
Pr.192 ABC 단자 기능 선택에 의해 단자 기능 변경 가능합니다.
릴레이 출력 (이상 출력)
C
B
A
오픈 컬렉터 출력
출력 단자 할당(Pr.190, Pr.191)으로 단자기능 변경 가능합니다.
RUN
운전중
FU
주파수 검출
SE
오픈 컬렉터 출력 코먼 싱크 · 소스 공통
주파수 설정 신호(아날로그)
주파수 설정기 1/2W1kΩ
10(+5V)
2 DC0~5V (DC0~10V)
5 (아날로그 코먼)
단자4 입력 (+) (-) (전류 입력)
4 DC4~20mA (DC0~5V DC0~10V)
전압/전류 입력 절환 스위치
눈금교정 저항기
표시계(주파수계 등)
가동코일형 1mA풀스케일
FM
SD
PU 커넥터
USB 커넥터
내장 옵션 접속용 커넥터
옵션 커넥터

6.11.7 PLC 결선

① 파워파트에 24V단자와 PLC INPUT 파트 COM단자를 연결한다.
② 파워파트에 0V단자와 PLC OUTPUT 파트 COM단자를 연결한다.

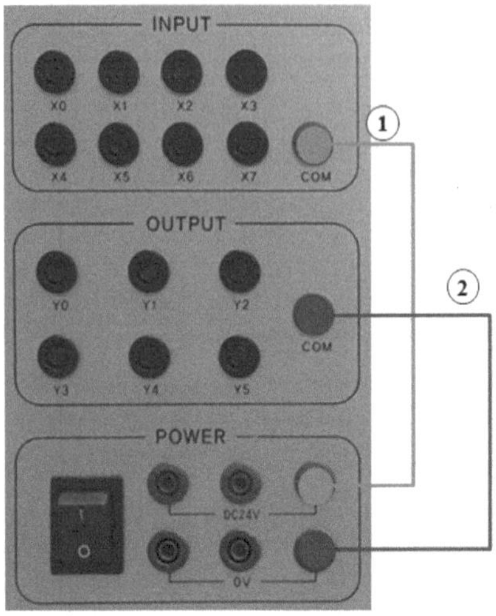

③ PLC INPUT 파트 X0단자와 SWITCH 파트 S/W1단자를 연결한다.
④ PLC INPUT 파트 X1단자와 SWITCH 파트 S/W2단자를 연결한다.
⑤ PLC INPUT 파트 X2단자와 SWITCH 파트 S/W3단자를 연결한다.
⑥ 파워파트에 0V단자와 SWITCH 파트 COM단자를 연결한다.

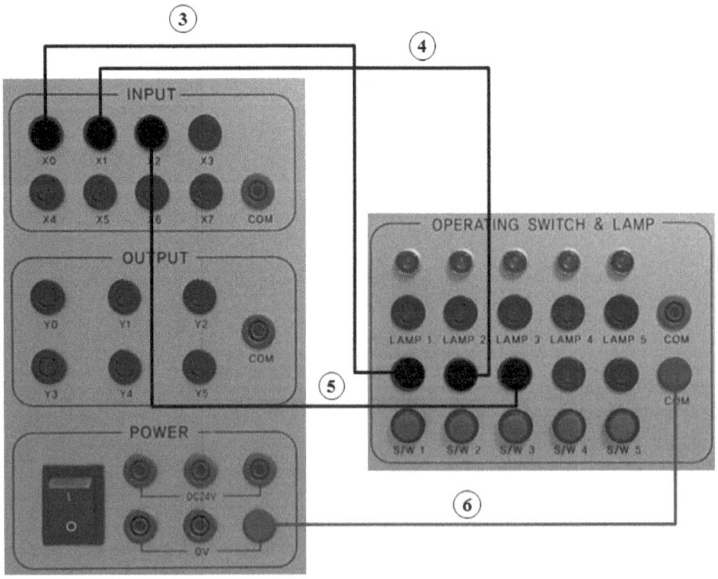

⑦ PLC OUTPUT 파트 Y0단자와 제어 입력신호 파트 STF 단자를 연결한다.
⑧ PLC OUTPUT 파트 Y1단자와 제어 입력신호 파트 STR 단자를 연결한다.
⑨ 파워파트에 0V단자와 제어 입력신호 파트 SD 단자를 연결한다.

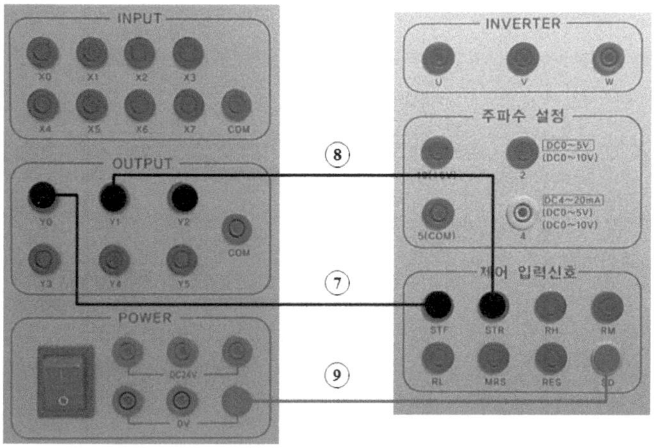

6.11.8 인버터 결선

① AC MOTOR 피크 R 단지외 INVCRTCR 파트 U 단자를 연결한다.
② AC MOTOR 파크 S 단자와 INVERTER 파트 V 단자를 연결한다.
③ AC MOTOR 파크 T 단자와 INVERTER 파트 W 단자를 연결한다.

※ 동작하는 인버터에 연결된 유도전동기의 회전 방향이 제어 조건과 일치하지 않는다면 인버터의 출력단 U, V, W 단자에 연결된 모터의 결선 U상과 W상의 결선을 바꾸어 결선한다.

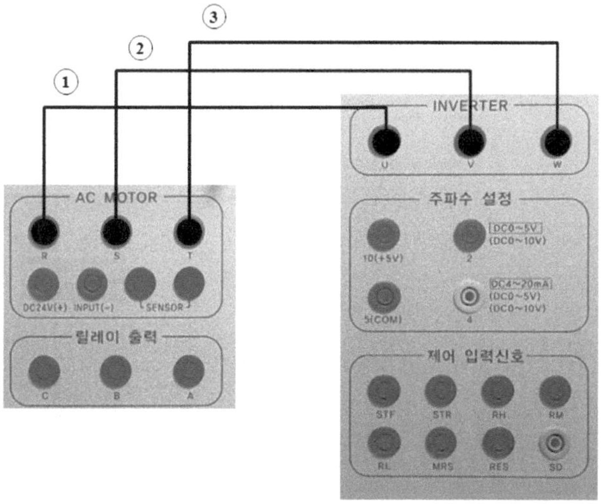

6.11.9 인버터 파라미터 설정

1) 운전모드 설정

- 시동 지령과 속도 지령의 조합에 따른Pr.79 운전모드 3번 선택하여 설정한다.

변경 예 시동 지령 : 외부(STF/STR), 주파수 지령 : (다이얼) 로 운전한다.

조작	표시
1. 전원 투입시 화면 모니터가 표시됩니다.	0.00 Hz MON EXT
2. (PU/EXT) 와 (MODE) 를 동시에 0.5s 누릅니다.	(PU/EXT) (MODE) ⇨ 79-- PRM 점멸
3. (다이얼) 을 돌려서 79-3 에 맞춥니다. (그외의 설정은 아래표를 참조해 주십시오.)	⇨ 79-3 PU EXT PRM 점멸

조작패널 표시	운전방법	
	시동 지령	주파수 지령
79-1 (PU 점멸, PRM 점멸)	(RUN)	(다이얼)
79-2 (EXT 점멸, PRM 점멸)	외부 (STF, STR)	아날로그 전압 입력
79-3 (PU EXT 점멸, PRM 점멸)	외부 (STF, STR)	(다이얼)
79-4 (PU EXT 점멸, PRM 점멸)	(RUN)	아날로그 전압 입력

4. (SET) 을 눌러서 설정합니다.

(SET) ⇨ 79-3 ↔ 79--

플리커 ··· 파라미터 설정 완료!

⇩ 3s후 모니터 표시가 됩니다.

0.00 Hz MON PU EXT

6.11.10 PLC 프로그램 작성

1) 인버터 정역 프로그램 동작설명

- S/W1을 ON/OFF하면 AC 모터 정회전 동작(역회전 동작X)
- S/W2를 ON/OFF하면 AC 모터 역회전 동작(정회전 동작X)
- S/W3을 ON/OFF하면 AC 모터 동작 정지

2) 프로그램 작성

- GX Works2를 실행하여 프로젝트를 생성하고 PLC통신을 확인한다.
- PLC I/O표를 활용하여 동작에 맞는 PLC래더 프로그램을 작성하고 동작을 확인한다.

6.12 인버터 다단속도제어 프로그램

6.12.1 학습목표

- 인버터 다단속도제어 정의와 특성에 대해서 설명할 수 있다.
- PLC제어에 필요한 배선도를 작성하고 결선할 수 있다.
- PLC를 활용하여 인버터 다단속도제어 프로그램을 작성할 수 있다.

6.12.2 실습 장비 구성

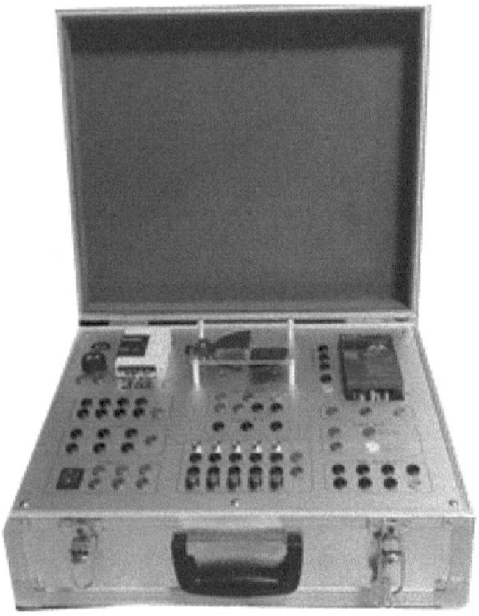

6.12.3 안전 및 유의사항

- 실습장비전원 전압을 확인하여 조건에 맞는 전원을 인가한다.
- 실습장비의 이동과 전원을 인가할 시에는 지도교수님의 지시를 따른다.
- 실습 시 사용 기구에 대한 취급방법을 숙지한 후 사용한다.
- 실습 중에는 불필요하게 이동하거나 장난하지 않는다.
- 실습 후에는 컴퓨터와 PLC의 전원을 OFF 한다.
- 실습 후에는 연결케이블을 정리한다.
- 감전 사고에 특히 주의 한다.
  - 물이나 땀이 젖은 손은 깨끗이 닦은 후 실습한다.
  - 실습 회로를 구성한 후 전원 인가 전에 철저히 회로를 확인한다.

6.12.4 PLC I/O 할당

입 력		출 력	
할당	설명	할당	설명
X0	S/W 1	Y0	STF
X1	S/W 2	Y1	STR
X2	S/W 3	Y2	RH
X3	S/W 4	Y3	RM
		Y4	RL
		Y5	LMAP1

6.12.5 PLC I/O 배선도

+24V 0V

PLC 입 력			PLC 출 력		
입력주소	이름	설명	설명	이름	출력주소
X0	SW1	정회전	정회전	STF	Y0
X1	SW2	역회전	역회전	STR	Y1
X2	SW3	정지	고속	RH	Y2
X3	SW4	단수 증가	중속	RM	Y3
			저속	RL	Y4
			동작표시	LAMP 1	Y5
COM단자					COM단자

+24V 0V

6.12.6 인버터 결선도

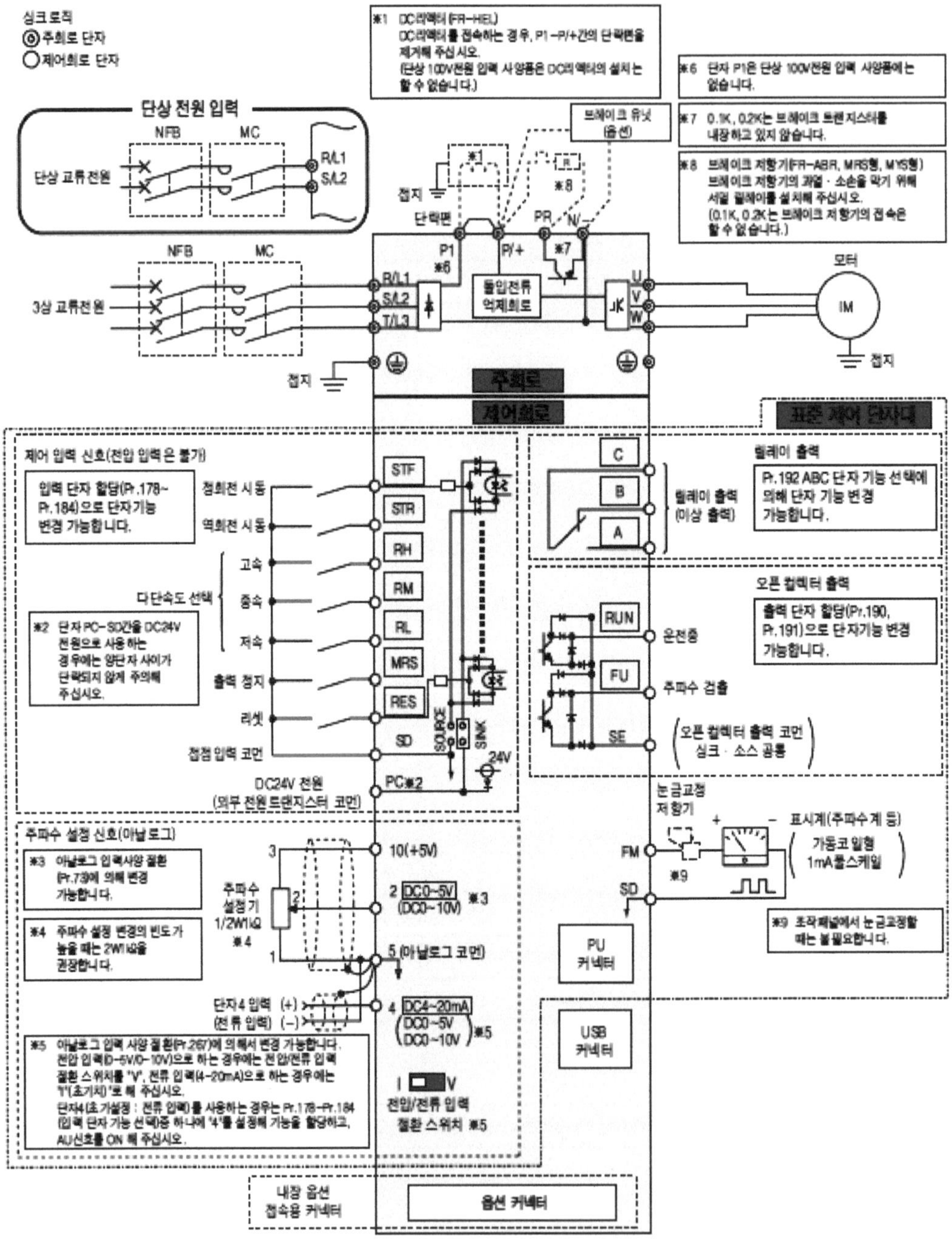
싱크로직
주회로 단자
제어회로 단자
단상 전원 입력
NFB
MC
R/L1
S/L2
단상 교류전원
3상 교류전원
T/L3
P1
P/+
PR
N/-
단락편
접지
돌입전류 억제회로
모터
IM
주회로
제어회로
표준 제어 단자대
브레이크 유닛 (옵션)
제어 입력 신호(전압 입력은 불가)
정회전 시동
역회전 시동
고속
중속
저속
다단속도 선택
출력 정지
리셋
접점 입력 코먼
STF
STR
RH
RM
RL
MRS
RES
SD
SOURCE
SINK
24V
DC24V 전원
PC
릴레이 출력
C
B
A
오픈 컬렉터 출력
RUN
운전중
FU
주파수 검출
SE
주파수 설정 신호(아날로그)
10(+5V)
DC0~5V
DC0~10V
5 (아날로그 코먼)
DC4~20mA
주파수 설정기 1/2W1kΩ
단자4 입력 (+)
(전류 입력) (−)
전압/전류 입력 절환 스위치
FM
SD
표시계(주파수계 등)
가동코일형 1mA풀스케일
눈금교정 저항기
PU 커넥터
USB 커넥터
내장 옵션 접속용 커넥터
옵션 커넥터

6.12.7 PLC 결선

① 파워파트에 24V단자와 PLC INPUT 파트 COM단자를 연결한다.
② 파워파트에 0V단자와 PLC OUTPUT 파트 COM단자를 연결한다.

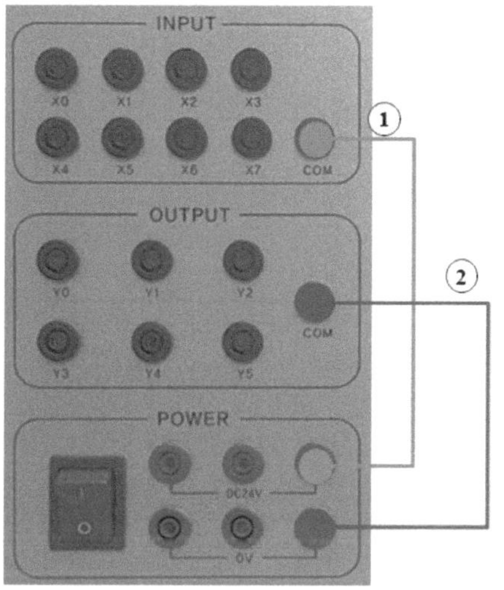

③ PLC INPUT 파트 X0단자와 SWITCH 파트 S/W1단자를 연결한다.
④ PLC INPUT 파트 X1단자와 SWITCH 파트 S/W2단자를 연결한다.
⑤ PLC INPUT 파트 X3단자와 SWITCH 파트 S/W3단자를 연결한다.
⑥ PLC INPUT 파트 X4단자와 SWITCH 파트 S/W4단자를 연결한다.
⑦ 파워파트에 0V단자와 SWITCH 파트 COM단자를 연결한다.

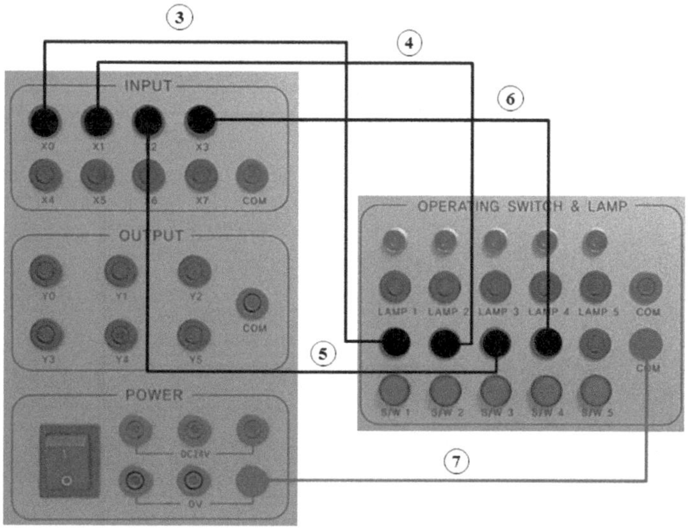

⑧ PLC OUTPUT 파트 Y0단자와 제어 입력신호 파트 STF 단자를 연결한다.
⑨ PLC OUTPUT 파트 Y1단자와 제어 입력신호 파트 STR 단자를 연결한다.
⑩ 파워파트에 0V단자와 제어 입력신호 파트 SD 단자를 연결한다.

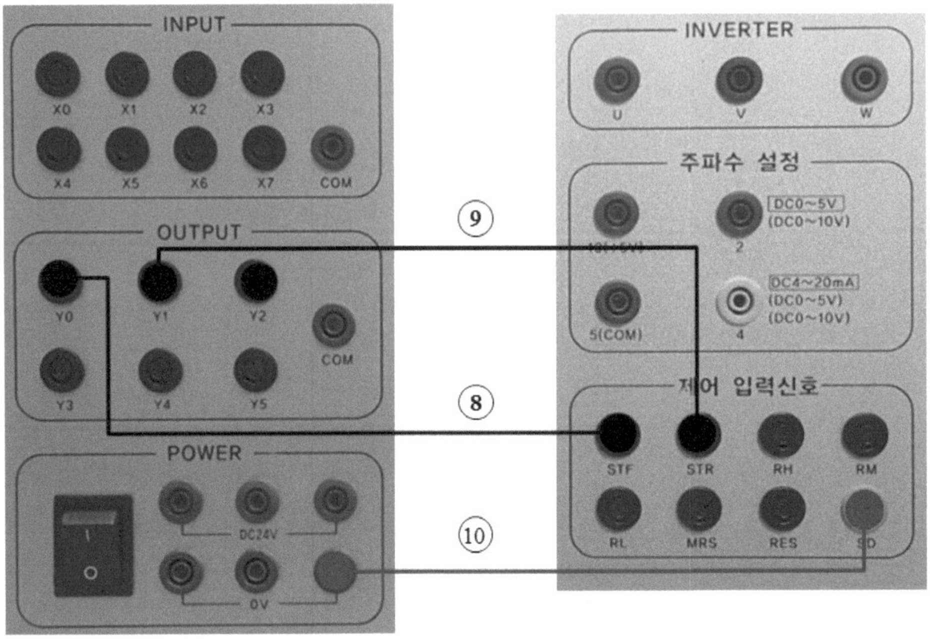

⑪ PLC OUTPUT 파트 Y2단자와 제어 입력신호 파트 RH 단자를 연결한다.
⑫ PLC OUTPUT 파트 Y3단자와 제어 입력신호 파트 RM 단자를 연결한다.
⑬ PLC OUTPUT 파트 Y4단자와 제어 입력신호 파트 RL 단자를 연결한다.

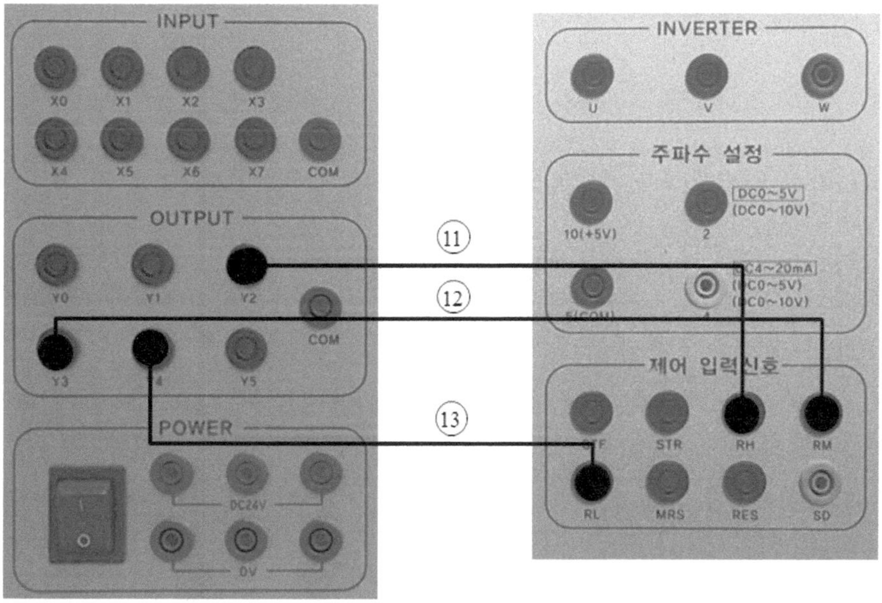

⑭ PLC OUTPUT 파트 Y5단자와 LAMP 파트 LAMP1단자를 연결한다.
⑮ 파워파트에 24V단자와 LAMP 파트 COM단자를 연결한다.

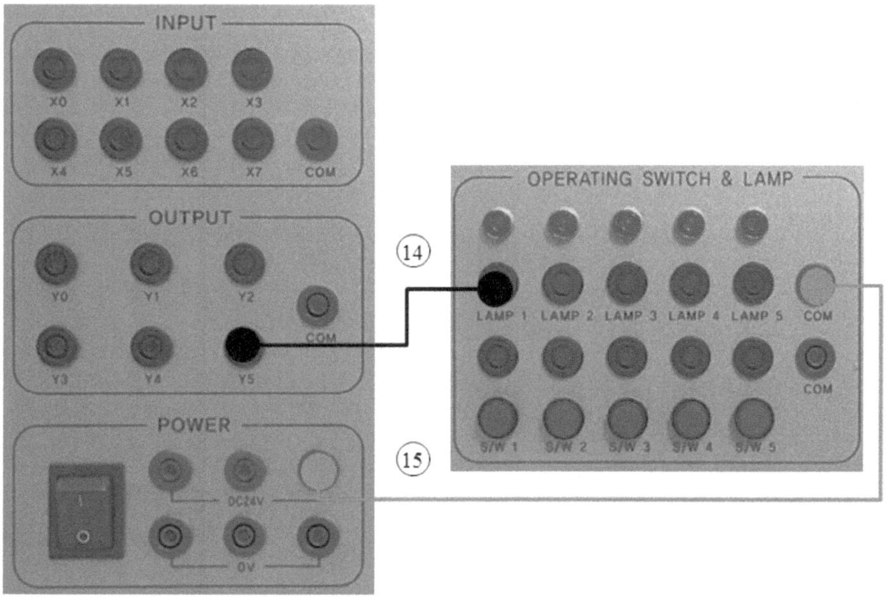

6.12.8 인버터 결선

① AC MOTOR 파크 R 단자와 INVERTER 파트 U 단자를 연결한다.
② AC MOTOR 파크 S 단자와 INVERTER 파트 V 단자를 연결한다.
③ AC MOTOR 파크 T 단자와 INVERTER 파트 W 단자를 연결한다.

※ 동작하는 인버터에 연결된 유도전동기의 회전 방향이 제어 조건과 일치하지 않는다면 인버터의 출력단 U, V, W 단자에 연결된 모터의 결선 U상과 W상의 결선을 바꾸어 결선한다.

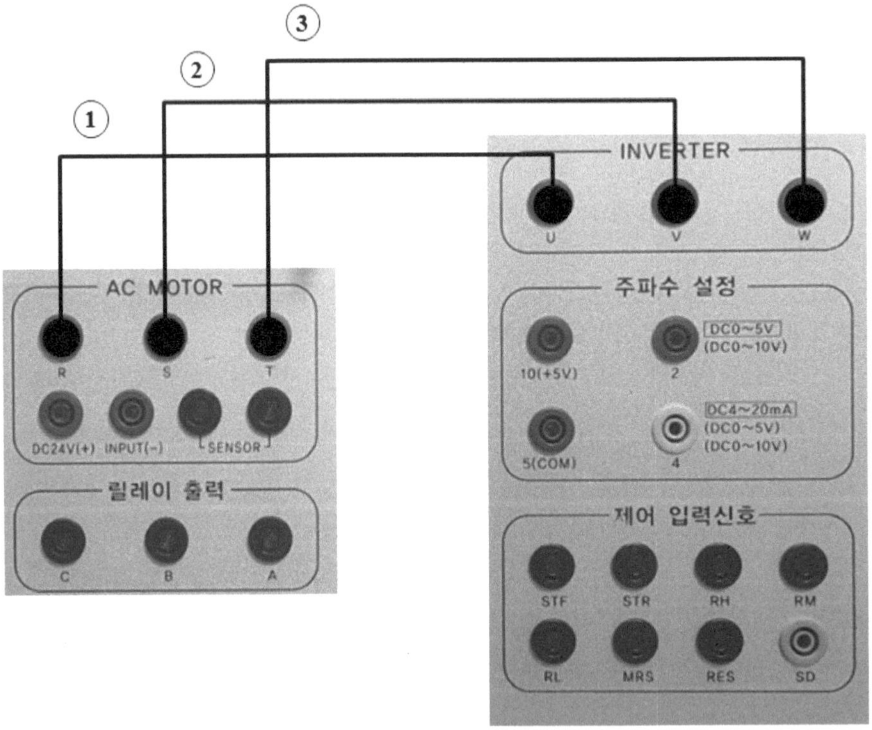

6.12.9 인버터 파라미터 설정

1) 운전모드 파라미터 설정

- 시동 지령과 속도 지령의 조합에 따른 Pr.79 운전모드 3번 선택하여 설정한다.

변경 예 시동 지령 : 외부(STF/STR), 주파수 지령 : (다이얼) 로 운전한다.

조작	표시
1. 전원 투입시 화면 모니터가 표시됩니다.	
2. (PU/EXT) 와 (MODE) 를 동시에 0.5s 누릅니다.	
3. (다이얼) 을 돌려서 79 - 3 에 맞춥니다. (그외의 설정은 아래표를 참조해 주십시오.)	

<table>
<tr><th rowspan="2">조작패널 표시</th><th colspan="2">운전방법</th></tr>
<tr><th>시동 지령</th><th>주파수 지령</th></tr>
<tr><td>79-1 (PU 점멸, PRM 점멸)</td><td>RUN</td><td>(다이얼)</td></tr>
<tr><td>79-2 (EXT 점멸, PRM 점멸)</td><td>외부
(STF, STR)</td><td>아날로그
전압 입력</td></tr>
<tr><td>79-3 (PU EXT 점멸, PRM 점멸)</td><td>외부
(STF, STR)</td><td>(다이얼)</td></tr>
<tr><td>79-4 (PU EXT 점멸, PRM 점멸)</td><td>RUN</td><td>아날로그
전압 입력</td></tr>
</table>

4. (SET) 을 눌러서 설정합니다.

플리커 ··· 파라미터 설정 완료!

⇩ 3s후 모니터 표시가 됩니다.

2) 고속/중속/저속 주파수 파라미터 설정

- 인버터 속도 제어를 위해 Pr.4, 5, 6에 아래 표를 참고하여 파라미터 설정 주파수를 입력한다.

설정단수	운전주파수	주파수 신호	정역회전 신호	설정 파라미터
3단	60.00Hz	RH	STF / STR	Pr. 4
2단	30.00Hz	RM	STF / STR	Pr. 5
1단	10.00Hz	RL	STF / STR	Pr. 6

아래 표는 다단속도제어 관련 파라미터 설정 내용

파라미터 번호	명 칭	초기치	설정범위	내 용
4	3속 설정(고속)	60Hz	0~400Hz	RH-ON시의 주파수
5	3속 설정(중속)	30Hz	0~400Hz	RM-ON시의 주파수
6	3속 설정(저속)	10Hz	0~400Hz	RL-ON시의 주파수
24 *	다단속 설정(4속)	9999	0~400Hz, 9999	RH, RM, RL, REX 신호의 조합에 의해 4속~15속의 주파수 설정이 가능 9999 : 선택하지 않는다
25 *	다단속 설정(5속)	9999	0~400Hz, 9999	
26 *	다단속 설정(6속)	9999	0~400Hz, 9999	
27 *	다단속 설정(7속)	9999	0~400Hz, 9999	
232 *	다단속 설정 (8속)	9999	0~400Hz, 9999	
233 *	다단속 설정 (9속)	9999	0~400Hz, 9999	
234 *	다단속 설정 (10속)	9999	0~400Hz, 9999	
235 *	다단속 설정 (11속)	9999	0~400Hz, 9999	
236 *	다단속 설정 (12속)	9999	0~400Hz, 9999	
237 *	다단속 설정 (13속)	9999	0~400Hz, 9999	
238 *	다단속 설정 (14속)	9999	0~400Hz, 9999	
239 *	다단속 설정 (15속)	9999	0~400Hz, 9999	

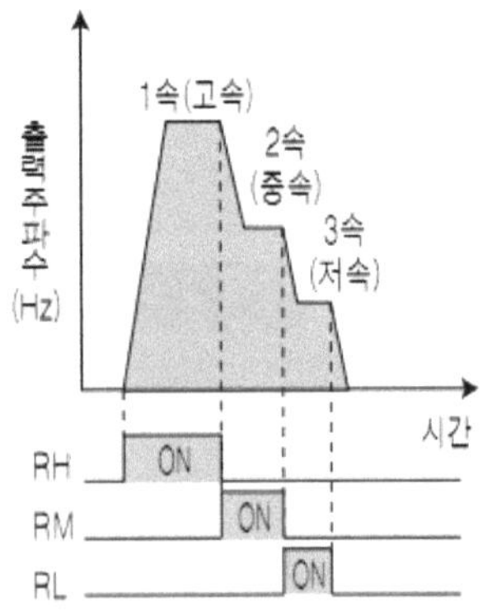

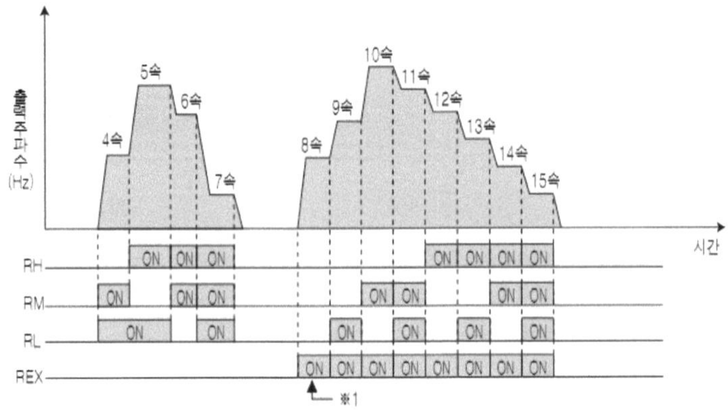

6.12.10 PLC 프로그램 작성

1) 인버터 정역 프로그램 동작설명

- S/W1을 ON/OFF하면 AC 모터 정회전 동작(역회전 동작X)
- S/W2를 ON/OFF하면 AC 모터 역회전 동작(정회전 동작X)
- S/W3을 ON/OFF하면 AC 모터 동작 정지
- 동작형태에 따른 LAMP1 표시 (정회전 : 점등), (역회전: 점멸)
- AC모터 동작시 S/W4을 ON/OFF 횟수에 따라서 모터회전 속도 변경(1->2->3->1 • • • 순서로 동작)

2) 프로그램 작성

- GX Works2를 실행하여 프로젝트를 생성하고 PLC통신을 확인한다.
- PLC I/O표를 활용하여 동작에 맞는 PLC래더 프로그램을 작성하고 동작을 확인한다.

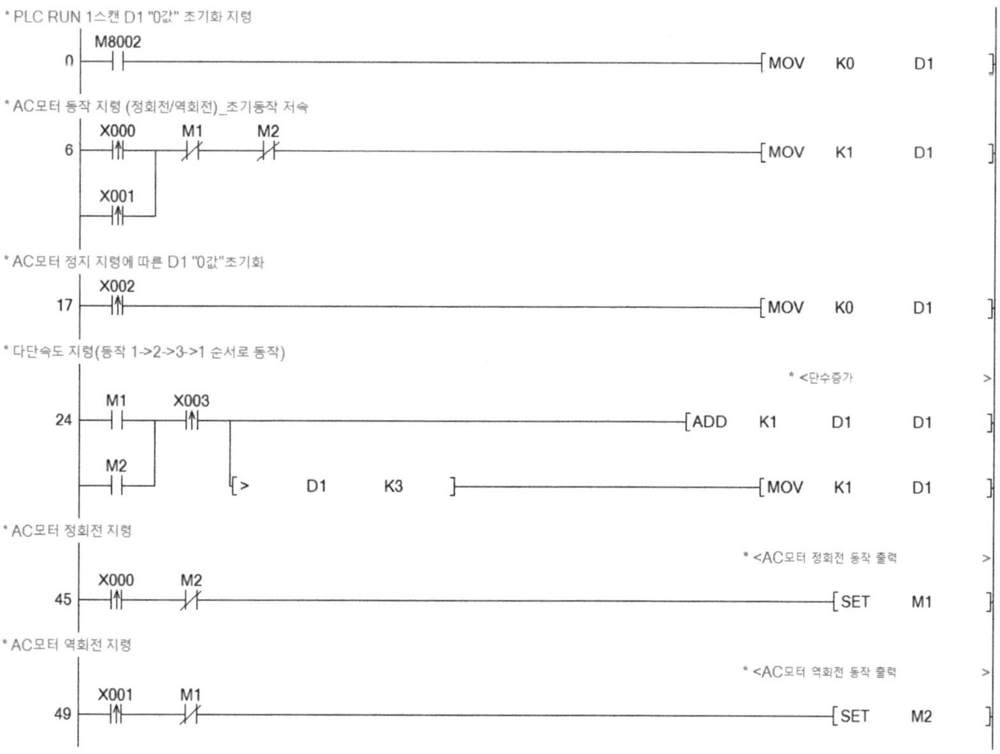

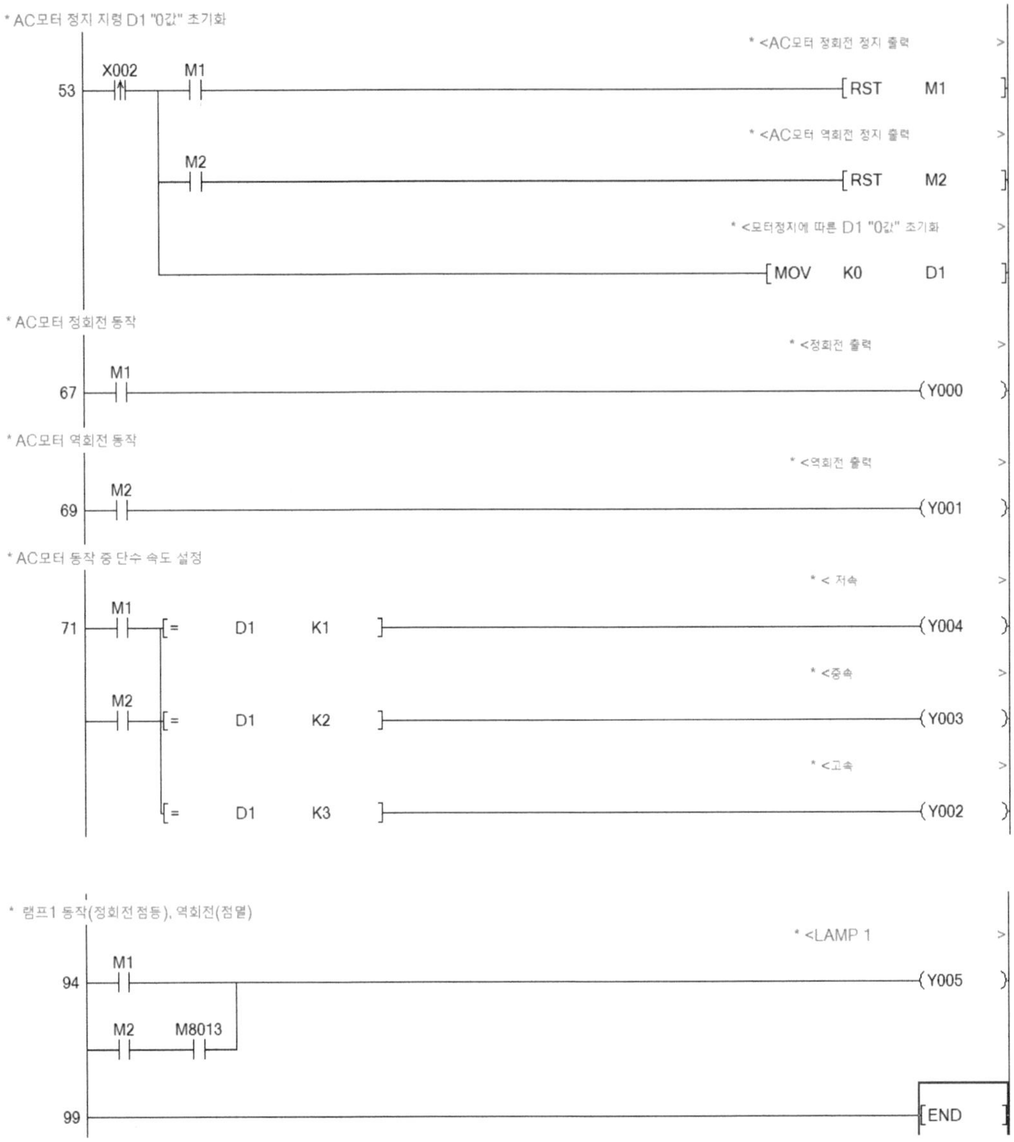
* AC모터 정지 지령 D1 "0값" 초기화
* <AC모터 정회전 정지 출력 >
53
X002
M1
RST M1
* <AC모터 역회전 정지 출력 >
M2
RST M2
* <모터정지에 따른 D1 "0값" 초기화 >
MOV K0 D1
* AC모터 정회전 동작
* <정회전 출력 >
67
M1
Y000
* AC모터 역회전 동작
* <역회전 출력 >
69
M2
Y001
* AC모터 동작 중 단수 속도 설정
* < 저속 >
71
M1
= D1 K1
Y004
* <중속 >
M2
= D1 K2
Y003
* <고속 >
= D1 K3
Y002
* 램프1 동작(정회전 점등), 역회전(점멸)
* <LAMP 1 >
94
M1
Y005
M2
M8013
99
END

6.13 인버터 선풍기 제어 프로그램

6.13.1 학습목표

- 인버터 제어 정의와 특성에 대해서 설명할 수 있다.
- PLC제어에 필요한 배선도를 작성하고 결선할 수 있다.
- PLC를 활용하여 인버터 선풍기 제어 프로그램을 작성할 수 있다.

6.13.2 실습 장비 구성

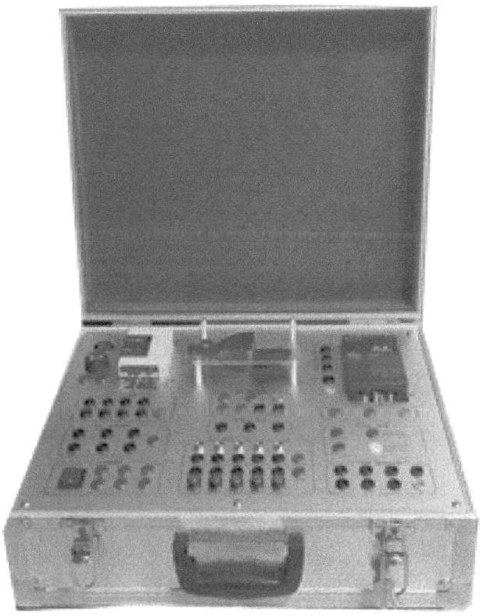

6.13.3 안전 및 유의사항

- 실습장비전원 전압을 확인하여 조건에 맞는 전원을 인가한다.
- 실습장비의 이동과 전원을 인가할 시에는 지도교수님의 지시를 따른다.
- 실습 시 사용 기구에 대한 취급방법을 숙지한 후 사용한다.
- 실습 중에는 불필요하게 이동하거나 장난하지 않는다.
- 실습 후에는 컴퓨터와 PLC의 전원을 OFF 한다.
- 실습 후에는 연결케이블을 정리한다.
- 감전 사고에 특히 주의 한다.
  - 물이나 땀이 젖은 손은 깨끗이 닦은 후 실습한다.
  - 실습 회로를 구성한 후 전원 인가 전에 철저히 회로를 확인한다.

6.13.4 PLC I/O 할당

입 력		출 력	
할당	설명	할당	설명
X0	S/W 1	Y0	STF
X1	S/W 2	Y1	STR
X2	S/W 3	Y2	RH
X3	S/W 4	Y3	RM
X4	S/W 5	Y4	RL
		Y5	LMAP1

6.13.5 PLC I/O 배선도

6.13.6 인버터 결선도

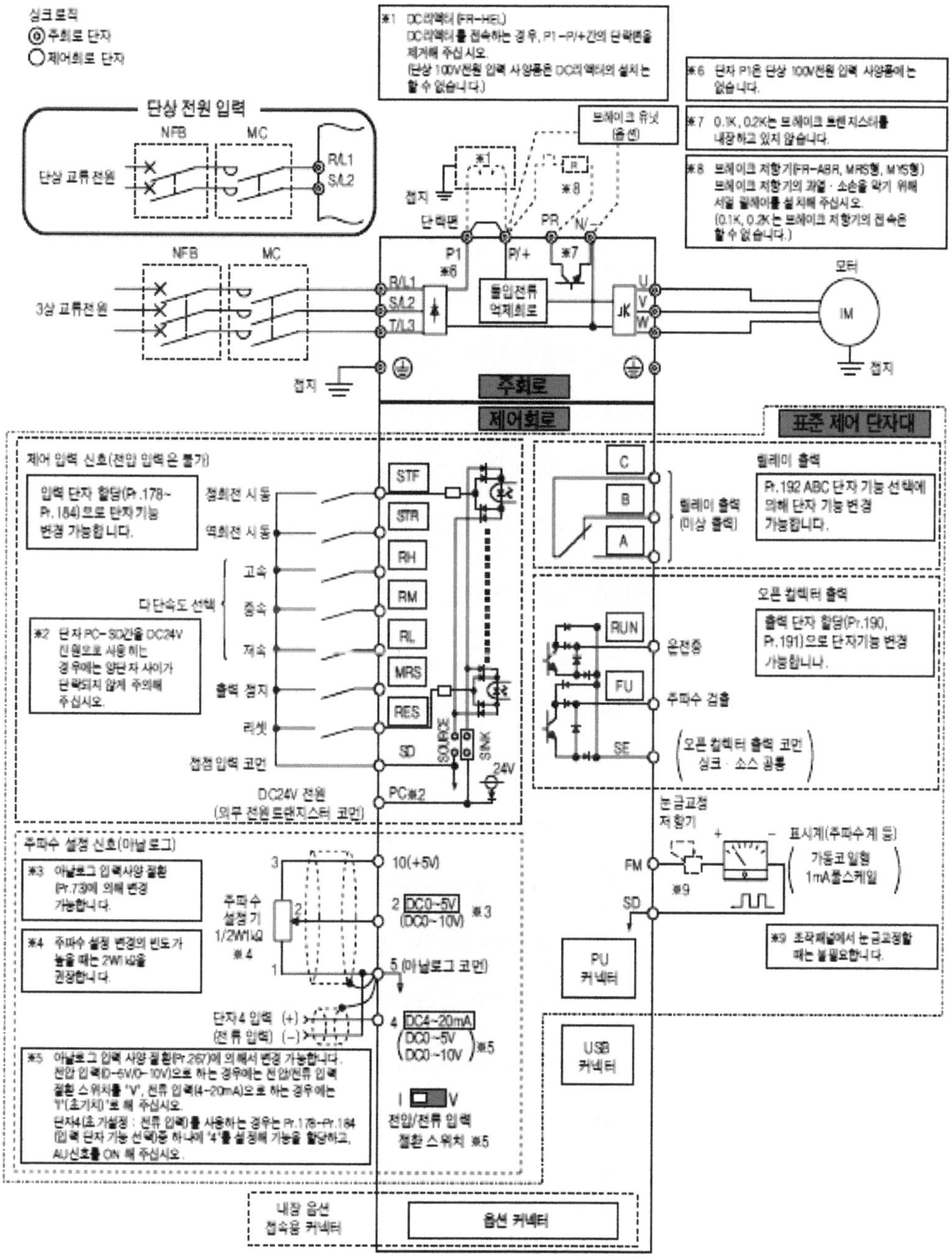
싱크로직
주회로 단자
제어회로 단자
단상 전원 입력
NFB
MC
단상 교류전원
R/L1
S/L2
3상 교류전원
T/L3
접지
단락편
P1
P/+
PR
N/-
돌입전류 억제회로
U
V
W
모터
IM
주회로
제어회로
표준 제어 단자대
STF
STR
RH
RM
RL
MRS
RES
SD
PC
정회전 시동
역회전 시동
고속
중속
저속
다단속도 선택
출력 정지
리셋
접점 입력 코먼
DC24V 전원
SOURCE
SINK
24V
C
B
A
릴레이 출력
RUN
FU
SE
운전중
주파수 검출
오픈 컬렉터 출력
10(+5V)
5 (아날로그 코먼)
FM
SD
PU 커넥터
USB 커넥터
옵션 커넥터

6.13.7 PLC 결선

① 파워파트에 24V단자와 PLC INPUT 파트 COM단자를 연결한다.
② 파워파트에 0V단자와 PLC OUTPUT 파트 COM단자를 연결한다.

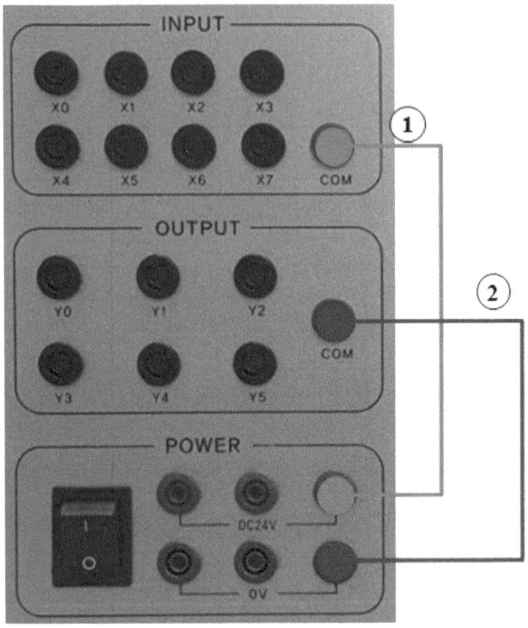

③ PLC INPUT 파트 X0단자와 SWITCH 파트 S/W1단자를 연결한다.
④ PLC INPUT 파트 X1단자와 SWITCH 파트 S/W2단자를 연결한다.
⑤ PLC INPUT 파트 X2단자와 SWITCH 파트 S/W3단자를 연결한다.
⑥ PLC INPUT 파트 X3단자와 SWITCH 파트 S/W4단자를 연결한다.
⑦ PLC INPUT 파트 X4단자와 SWITCH 파트 S/W5단자를 연결한다.
⑧ 파워파트에 0V단자와 SWITCH 파트 COM단자를 연결한다.

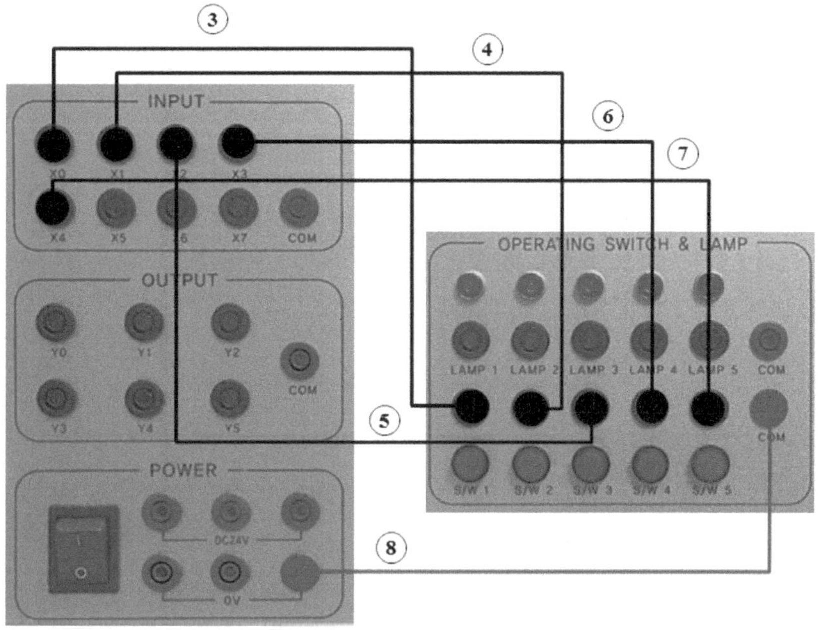

⑨ PLC OUTPUT 파트 Y0단자와 제어 입력신호 파트 STF 단자를 연결한다.
⑩ PLC OUTPUT 파트 Y1단자와 제어 입력신호 파트 STR 단자를 연결한다.
⑪ 파워파트에 0V단자와 제어 입력신호 파트 SD 단자를 연결한다.

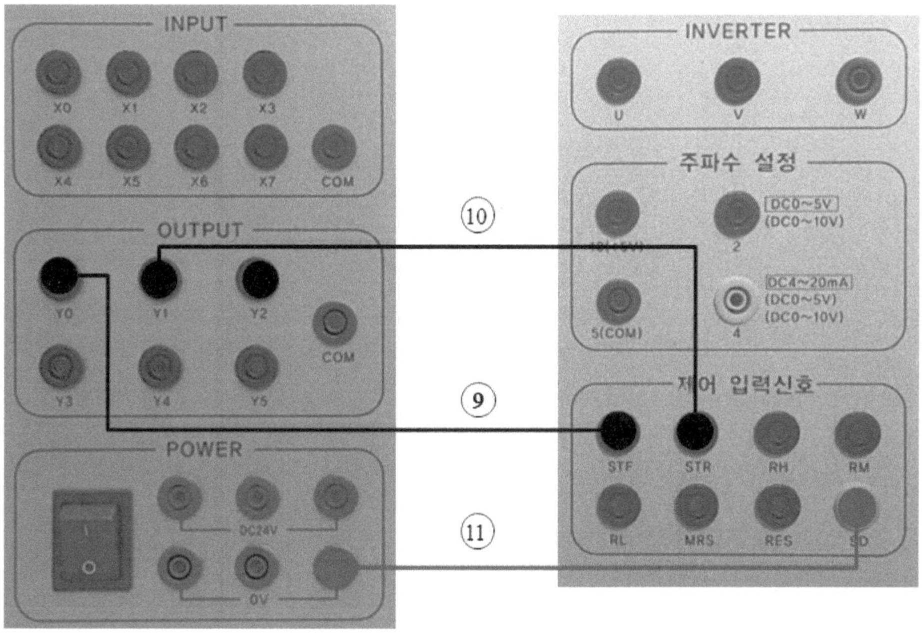

⑫ PLC OUTPUT 파트 Y2단자와 제어 입력신호 파트 RH 단자를 연결한다.
⑬ PLC OUTPUT 파트 Y3단자와 제어 입력신호 파트 RM 단자를 연결한다.
⑭ PLC OUTPUT 파트 Y4단자와 제어 입력신호 파트 RL 단자를 연결한다.

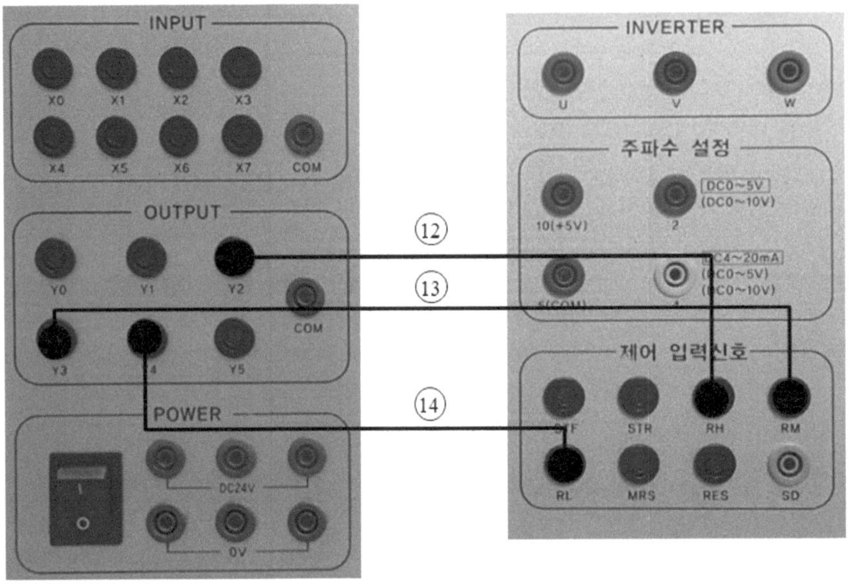

⑮ PLC OUTPUT 파트 Y5단자와 LAMP 파트 LAMP1단자를 연결한다.
⑯ 파워파트에 24V단자와 LAMP 파트 COM단자를 연결한다.

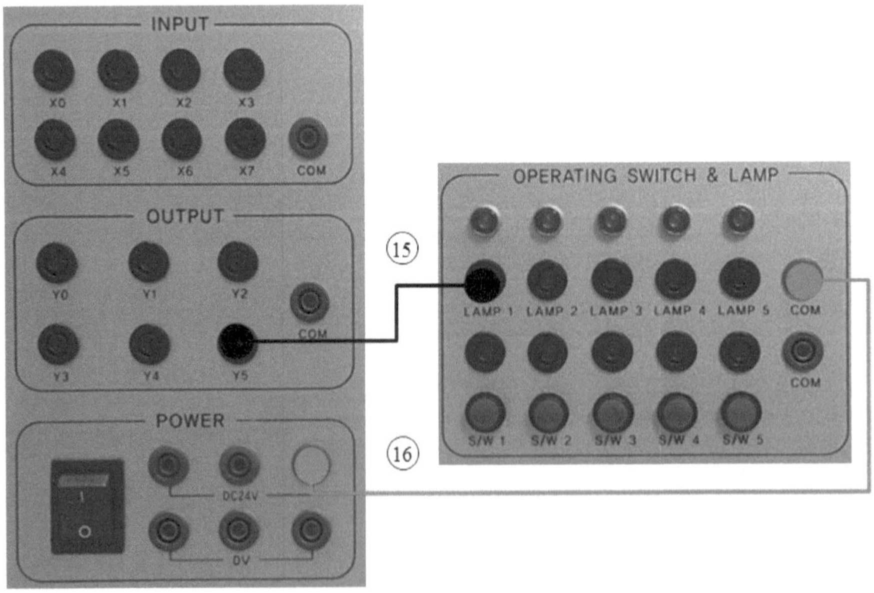

6.13.8 인버터 결선

① AC MOTOR 파크 R 단자와 INVERTER 파트 U 단자를 연결한다.
② AC MOTOR 파크 S 단자와 INVERTER 파트 V 단자를 연결한다.
③ AC MOTOR 파크 T 단자와 INVERTER 파트 W 단자를 연결한다.

※ 동작하는 인버터에 연결된 유도전동기의 회전 방향이 제어 조건과 일치하지 않는다면 인버터의 출력단 U, V, W 단자에 연결된 모터의 결선 U상과 W상의 결선을 바꾸어 결선한다.

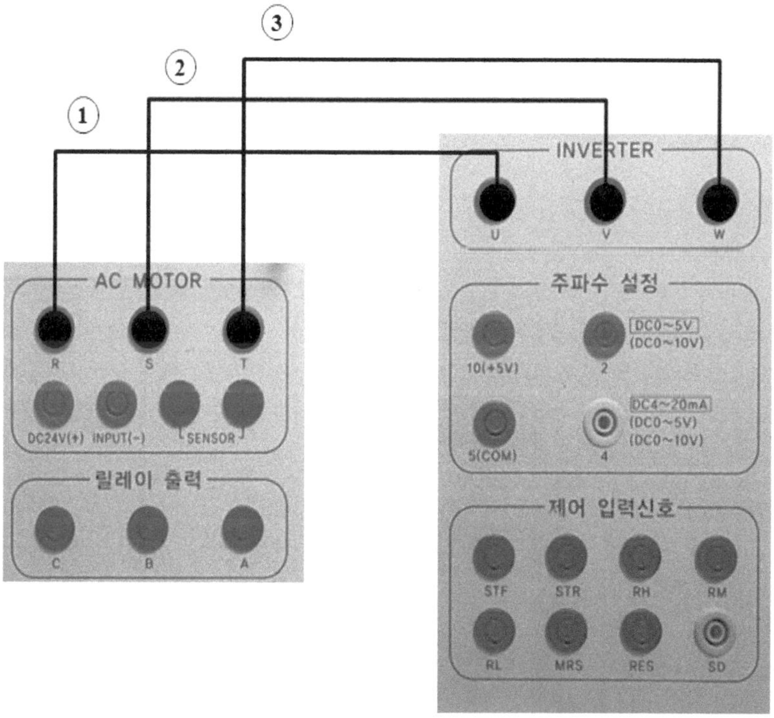

6.13.9 인버터 파라미터 설정

1) 운전모드 파라미터 설정

- 시동 지령과 속도 지령의 조합에 따른 Pr.79 운전모드 3번 선택하여 설정한다.

변경 예 시동 지령 : 외부(STF/STR), 주파수 지령 :  로 운전한다.

— 조작 — — 표시 —

1. 전원 투입시 화면
 모니터가 표시됩니다.

2. (PU/EXT) 와 (MODE) 를 동시에 0.5s 누릅니다.

3.  을 돌려서 79 - 3 에 맞춥니다.
 (그외의 설정은 아래표를 참조해 주십시오.)

조작패널 표시	운전방법	
	시동 지령	주파수 지령
	RUN	
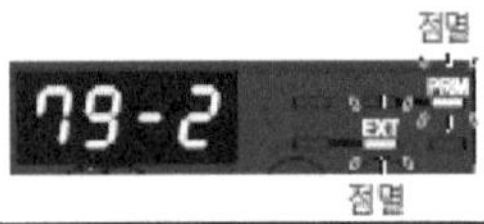	외부 (STF, STR)	아날로그 전압 입력
	외부 (STF, STR)	
	RUN	아날로그 전압 입력

4. (SET) 을 눌러서 설정합니다.

플리커 … 파라미터 설정 완료!
⇩ 3s후 모니터 표시가 됩니다.

2) 고속/중속/저속 주파수 파라미터 설정

- 인버터 속도 제어를 위해 Pr.4, 5, 6에 아래 표를 참고하여 파라미터 설정 주파수를 입력한다.

설정단수	운전주파수	주파수 신호	정역회전 신호	설정 파라미터
3단	60.00Hz	RH	STF / STR	Pr. 4
2단	30.00Hz	RM	STF / STR	Pr. 5
1단	10.00Hz	RL	STF / STR	Pr. 6

- 아래 표는 다단속도제어 관련 파라미터 설정 내용

파라미터 번호	명 칭	초기치	설정범위	내 용
4	3속설정(고속)	60Hz	0~400Hz	RH-ON시의 주파수
5	3속설정(중속)	30Hz	0~400Hz	RM-ON시의 주파수
6	3속설정(저속)	10Hz	0~400Hz	RL-ON시의 주파수
24 ※	다단속설정(4속)	9999	0~400Hz, 9999	RH, RM, RL, REX 신호의 조합에 의해 4속~15속의 주파수 설정이 가능 9999 : 선택하지 않는다
25 ※	다단속설정(5속)	9999	0~400Hz, 9999	
26 ※	다단속설정(6속)	9999	0~400Hz, 9999	
27 ※	다단속설정(7속)	9999	0~400Hz, 9999	
232 ※	다단속설정 (8속)	9999	0~400Hz, 9999	
233 ※	다단속설정 (9속)	9999	0~400Hz, 9999	
234 ※	다단속설정 (10속)	9999	0~400Hz, 9999	
235 ※	다단속설정 (11속)	9999	0~400Hz, 9999	
236 ※	다단속설정 (12속)	9999	0~400Hz, 9999	
237 ※	다단속설정 (13속)	9999	0~400Hz, 9999	
238 ※	다단속설정 (14속)	9999	0~400Hz, 9999	
239 ※	다단속설정 (15속)	9999	0~400Hz, 9999	

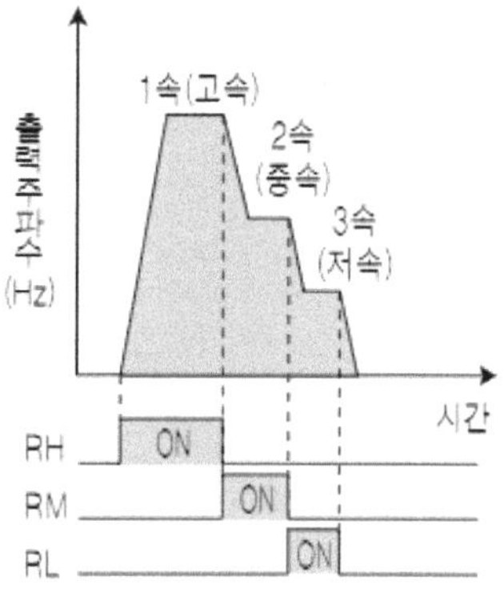

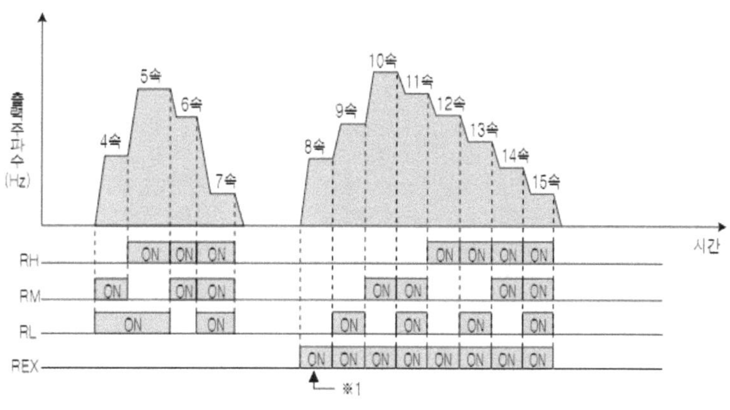

6.13.10 PLC 프로그램 작성

1) 인버터 정역 프로그램 동작설명

- S/W1을 ON/OFF하면 AC 모터 운전 정지
- S/W2를 ON/OFF하면 AC 모터 정회전 1단 속도 운전
- S/W3을 ON/OFF하면 AC 모터 정회전 2단 속도 운전
- S/W4을 ON/OFF하면 AC 모터 정회전 3단 속도 운전
- S/W5(고정형 스위치)을 ON/OFF하면 AC 모터 회전 상태에서 10초 후 정지
- 동작형태에 따른 LAMP1 표시 (1단 : 점등), (2단: 1초/점멸), (3단: 100ms/점멸)

2) 프로그램 작성

- GX Works2를 실행하여 프로젝트를 생성하고 PLC통신을 확인한다.
- PLC I/O표를 활용하여 동작에 맞는 PLC래더 프로그램을 작성하고 동작을 확인한다.

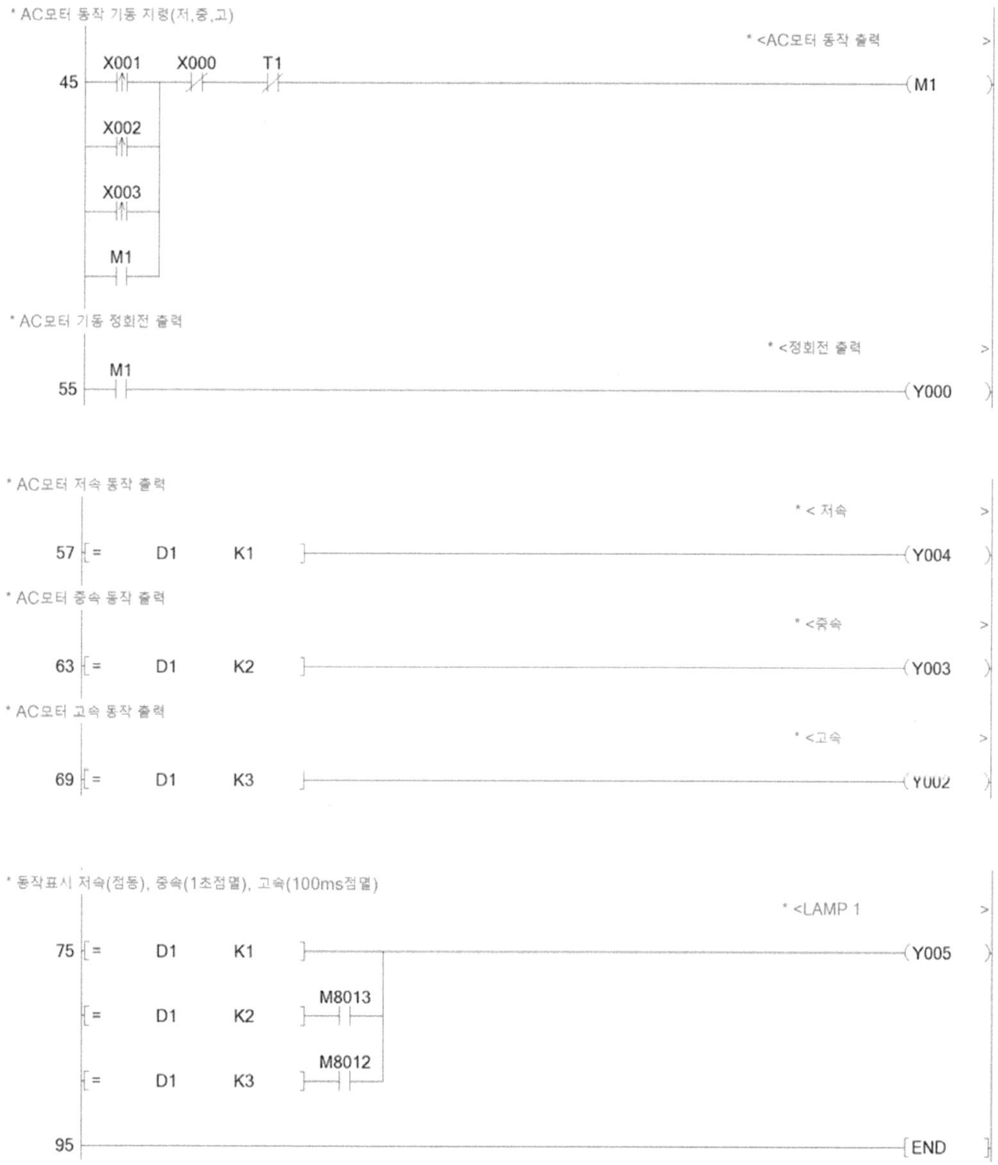
* AC모터 동작 기동 지령(저,중,고)
* <AC모터 동작 출력 >
45
X001
X000
T1
M1
X002
X003
M1
* AC모터 기동 정회전 출력
* <정회전 출력 >
55
M1
Y000
* AC모터 저속 동작 출력
* < 저속 >
57 = D1 K1
Y004
* AC모터 중속 동작 출력
* <중속 >
63 = D1 K2
Y003
* AC모터 고속 동작 출력
* <고속 >
69 = D1 K3
Y002
* 동작표시 저속(점등), 중속(1초점멸), 고속(100ms점멸)
* <LAMP 1 >
75 = D1 K1
Y005
= D1 K2
M8013
= D1 K3
M8012
95
END

참고문헌

[미쓰비시]

GX-Works2 FX 프로그래밍 매뉴얼

MELSEC-FX 시리즈 하드웨어 매뉴얼

FX 아날로그 매뉴얼

스마트팩토리 PLC 응용제어

2021년 2월 20일 초판 인쇄

2021년 2월 25일 인쇄 발행

저　　자　김근수
발 행 인　송기수
발 행 처　도서출판 GS인터비전
편 집 처　도서출판 GS인터비전
인 쇄 처　GS인터비전
등록번호　제 25100-2016-000050 호
I S B N　979-11-5576-360-5(93560)

주　　소 서울 은평구 증산로 15길 69 2층
전　　화 02-976-7898
팩　　스 02-6468-7898
홈페이지 gsintervision.co.kr
E-Mail gsinter7@gmail.com

정 가　27,000원